U0222017

中华文明历史长卷

尹百策◎编著

人间巧艺夺天工

发明创造卷

发明，是人类智慧的升华，改善了人类的生存环境，提高了人类的生活质量，促进了人类社会的发展。

RENJIANQIAOYIDUOTIANGONG

FAMINGCHUANGZAO JUAN

北京工业大学出版社

图书在版编目（CIP）数据

人间巧艺夺天工：发明创造卷 / 尹百策编著 . —北京：
北京工业大学出版社，2013.1
（中华文明历史长卷）
ISBN 978-7-5639-3325-9

Ⅰ . ①人… Ⅱ . ①尹… Ⅲ . ①创造发明—技术史—中
国—古代 Ⅳ . ① N092

中国版本图书馆 CIP 数据核字（2012）第 276328 号

人间巧艺夺天工——发明创造卷

编　　著：尹百策

责任编辑：王轶杰

封面设计：宋双成

出版发行：北京工业大学出版社

　　　　　（北京市朝阳区平乐园 100 号 100124）

　　　　　010-67391722（传真）bgdcbs@sina.com

出 版 人：郝　勇

经销单位：全国各地新华书店

承印单位：三河市元兴印务有限公司

开　　本：787 mm×1092 mm　1/16

印　　张：25

字　　数：404 千字

版　　次：2013 年 1 月第 1 版

印　　次：2021 年 1 月第 2 次印刷

标准书号：ISBN 978-7-5639-3325-9

定　　价：58.80 元

总　序

　　在世界文明的历史长河中，中华文明作为最浩浩荡荡的一条支脉，曾为世界注入过滚滚洪流。至少 3000 年以前，中华文明就已经开始对周边地区产生主导性的影响，带动周边广大地区逐渐走上高等文明之路。马克思关于"四大发明"对世界历史进程影响的论述，仍然是可以成立的："火药把骑士阶层炸得粉碎，指南针打开了世界市场并建立了殖民地，而印刷术则变成了新教的工具……"在这个文明中，读书写字被上升到审美的高度，于是汉字拥有了这世界上独一无二的头衔——书法艺术。在这个文明中，家不仅是安身立命的居所，也是寄情抒怀的天地，于是胸中丘壑化为园林楼台，虽由人作，宛自天开。在这个文明中，人们从艰难到从容地活在每一方水土之上，于是点土成金，向世界奉献了瓷器这朵绚烂的花……无数事实证明，中华文明在诸古代文明中堪称绝无仅有。

　　正因如此，我们精心编写了这套"中华文明历史长卷"丛书，它包括：《人间巧艺夺天工——发明创造卷》、《挥毫落纸如云烟——书法卷》、《淡墨挥毫暗生香——绘画卷》、《巧剜明月染春水——陶瓷卷》、《书卷多情似故人——经典名著卷》、《人间有味是清欢——饮食卷》、《今朝放歌须纵酒——酒文化卷》、《至精至好且不奢——手工艺卷》、《多少楼台烟雨中——古迹卷》、《一尘一刹一楼台——寺庙卷》、《自是林泉多蕴藉——园林卷》、《淡妆浓抹总相宜——山水卷》、《宫阙并随烟雾散——墓葬卷》、《龙章凤姿照鱼鸟——图腾卷》共十四卷。这些辉煌灿烂的古代文明让我们如数家珍，每个领域的每一项成就，如同人类文明天空中的璀璨明星，透射出中华民族耀眼夺目的卓越华魂。

　　作为炎黄子孙，传承并发扬这些文明成果，是我们光荣而神圣的历史使命。虽然有那一百年的备受欺凌，但我们用今天崭新的面貌告诉世界：我们的文明没有中断，智慧仍在传承，这个持续了五千年的古老文明依然具有强盛的生命力！

前　言

　　在中国五千年发展的历史长河中，无论在科学技术还是文化领域里都有大量的发明创造，尤其在农业和天文等方面，中国在 17 世纪以前一直走在世界的前列。本书选择古代社会中 100 多项有较大影响的发明创造，内容涉及农业生产、天文历法、医药卫生、传统建筑、矿产冶炼、军事科技、手工机械、数学成就、哲学成就、文学艺术诸方面。内容全面、丰富，读者从中可以增长知识，启迪智慧，获得收获。

　　中国古代科技主要集中于农业生产、天文历法等领域，因为中国历来以农业立国，重农抑商，农业方面的生产工具、耕作技术及水利建设发展很快。天文和历法也主要适用于农业，当然还有统治阶级的需要，中国古代在天文学方面主要是记录史实，比如为此制造的天文观测仪器，以及天文学专著和历法。

　　除此之外，中国古代科技成就还包括其他诸多领域的建树。当然，以一本书囊括中国古代所有发明创造成就，显然是不现实的。这里介绍的只是其中较为重要的部分，但不可否认的是，读者朋友可以从本书了解和掌握许多相关知识，并深切感受中华民族伟大的智慧。

目　录

人间巧艺夺天工——发明创造卷

军事科技

手工机械

农 业 生 产

　　农业是"国民经济的基础"，被称为人类的"母亲产业"。中国是世界农业的起源中心之一，中国农业最显著的特征就是建立在小农经济制度之上，以提高生产率为目的的精耕细作。本章内容从古代农业生产工具与耕作技术、水利建设、农学著作几方面，向读者展示构成中华文明基础的农业生产发展的历程。

　　农具的产生和发展是与农业的产生和发展同步进行并相互促进的。随着中国古代农业经济的发展，为了增加产量，提高劳动生产率，劳动人民发明创造了多种多样的农业生产工具，如耕犁、三脚耧、龙骨水车、水碓和水磨等，不但数量多，而且在发明时间上多是比较早的，促使耕作技术不断进步，更加注意精耕细作。《齐民要术》中关于"凡秋耕欲深，春夏欲浅"；耕田必须燥湿得所，"水旱不调，宁燥勿湿"；耕田要达到防旱保墒的目的及实行作物轮作等，都是当时耕作技术经验的总结。正是先进的农业工具及耕作技术，促成了农作物种类的增加和单位面积产量的提高。

　　我国自古重农，举凡"水利灌溉、河防疏泛"历代无不列为首要工作。就我国古代重大水利工程而言，几千年来，勤劳、勇敢、智慧的中国人民同江河湖海进行了艰苦卓绝的斗争，修建了无数大大小小的水利工程，有力地促进了农业生产。其中尤以连通二江的广西灵渠、灌溉成都平原的都江堰和沟通南北的大运河最为著名，举世推崇，不仅为中国古代三大水利工程，即在世界水利史上亦属罕见。这些伟大水利工程，先后经历了多年的拓建与经营，工程浩大，人力开凿，迄今仍有灌田、水运及调洪济水之利，诚古今中外水利史上的奇迹。

　　中国古代农业的发展还表现在农学著作的问世。三千多年前的殷代甲骨文中，已经有稻、禾、稷、粟、麦等农作物名称，还有畴、疆、甽、井、圃等有关农业生产、土地整治的文字。我国第一部诗歌总集——《诗经》中有十多篇专门叙述农事的诗，说明周代的农业已经达到相当高的水平。随着农业生产技术的发展，我国先后出现了汉代的《氾胜之书》、北魏贾思勰的《齐民要术》、明朝徐光启的《农政全书》、明朝宋应星的《天工开物》等著名的农学著作。

这些农学著作，反映了我们的祖先在向大自然进军中所取得的伟大胜利成果。

人类生产发展史上当之无愧的里程碑——铁犁

【概述】

铁犁是中国传统农具中最具代表性的生产工具，其发明和使用始于战国时代。铁犁的发明、应用和发展，凝聚了中国人的心血，并显现了他们的智慧。

【耕犁的发展】

最初的耕作农具是耒、耜。耒是由挖草根的尖木棒发展演变而来的，它是一种下部绑有踏脚横木的尖木棒，后来演变为下部膨大的双齿耒。耜是一种由石片演变而来的掘地工具。这两种工具各有优点，结合在一起就成了"耒耜"，它可以看作是犁的最早雏形。

到了夏朝，人们"始作牛耕"。有牛耕，自然要有犁。公元前6世纪，中国就摆脱了劣质犁的束缚，用上了铁制犁。春秋战国之际，牛耕的推广，使得犁的应用得到了大范围的推广。在今河北易县、河南辉县，还有陕西关中各地，都发现了大量的战国铁犁铧，说明那时犁的制作材料已从过去的石制演化为铁制。从耒耜到铁犁、从人耕到牛耕的发展，是人类农业生产技术的一项重大变革。

汉代大力推广先进的生产工具和耕作方法，耕犁也得到了进一步的发展，并且在全国各地广泛使用。两汉之际，出现了全铁制成的犁铧，还加置了犁壁，使它在翻土中有较好的起垄效果。带有犁壁的铁犁不仅可以将土轻松掀到一边，而且可以配合犁铧打出不同的田埂，大大提高了犁的工作效率及用途。到了西汉末期，已经出现了一人一牛的犁耕法，这种牛耕形式影响了我国古代农业两千年，至今也没有太大的改变。

新中国成立后出土的一百多件汉代的铁犁中，有铁口犁铧、尖锋双翼犁铧、舌状梯形犁铧，还有大型的犁铧。从山西平陆等地汉墓中出土的几幅犁耕图中，可以看出汉代耕犁的构造形式。当时的耕犁是铁制的犁铧，已经有犁壁的装置。山东安丘、河南中牟和陕西西安、咸阳、礼泉等地都有汉代铁犁壁出土。犁壁的发明是耕犁的一个重大发展。没有犁壁的耕犁达不到碎土、松土、起垅、作亩的目的，还必须靠锄类和铲类农具的帮助才行；有了犁壁就能翻土碎土，犁壁有一定的方向，向一侧翻转土垡，把杂草埋在下面作肥料，同时还有杀虫的作用。欧洲的耕犁直到公元11世纪才有犁壁的记载，我国至迟到汉代就有了犁壁的装置，比欧洲要早近一千年。

汉代耕犁的木质部分由犁辕、犁梢（犁柄）、犁底（犁床）、犁箭、犁横等部件组成。由此可以看出，汉代的耕犁已经基本定型，它除了有先进的犁壁装置外，还有能调节耕地深浅的犁箭的装置。汉代的犁有双辕和单辕的，基本上是二牛抬扛式的。由于犁是直辕、长辕，耕地的时候，回头转弯都不够灵活，起土费力，效率也不很高。尽管这样，它比战国时期的耕犁已经有了很大的进步。

唐代，陆龟蒙的《耒耜经》详细记述了当时耕犁的部件、尺寸和作用。这种犁的构造是由金属制造的犁镜和犁壁，以及由木材制造的犁底、压镵、犁壁、犁箭、犁评、犁辕等十一个部件组成。这些部件都各有特殊的功能和合理的形式。犁底和压镵把犁头紧紧地固定下来，增强犁的稳定性；犁壁在犁镜之上，是一个呈曲面的复合装置，用来起土翻土的；犁箭和犁评是调节犁地深浅的装置，通过调整犁评和犁箭，使犁辕和犁床之间的夹角张大或缩小，这样就使犁头深入或浅出；犁辕是短辕、曲辕，辕头又有可以转动的犁盘，牲畜是用套耕索来挽犁的……整个耕犁是相当完备、相当先进的，也很轻巧，耕地的时候回头转弯都很灵便，而且入土深浅容易控制，起土省力，效率比较高。

陆龟蒙所叙述的耕犁是中国耕犁发展到比较完备阶段的典型，它的构造要比秦汉时期的犁完备和复杂得多，和现代的耕犁基本相同。这是广大劳动人民在长期的生产斗争实践中不断摸索创造的成果，是劳动人民智慧的结晶。

宋元两代，人们发明了耕犁挂钩和软套，这是农具史上的重要进步。挂钩和软套组合的装置，使耕犁不但适用于水田、平地，还可推广到山区的小块坡地。在缺少耕牛的地区，人们还发明了一种用人力翻土的"踏犁"。

宋元以后，耕犁的形式更加多样化，各地创造了很多新式的耕犁。南方水田用犁镜，北方旱地用犁铧，耕种草莽用犁镑，开垦芦苇蒿莱等荒地用犁刀，耕种海埦地用耧锄。

根据史料记载，在整个古代社会，我国耕犁的发展水平一直处于世界农业技术发展的前列。

【重要意义】

在人类农具发展史上，没有哪一种农具像铁犁那样产生过巨大的影响，它所带来的变革，使中国农业在长达数百年的历史中一直处于世界领先地位。在犁传入欧洲，并被大量仿制而获得普及后，欧洲才掀起近代的农业革命。而正是欧洲农业革命，才导致了工业革命的产生，使西方国家后来居上，一跃成为世界列强。

恩格斯指出："对于大多数国家来说，铁制工具是最后过渡到农业的必要前提，铁对农业提供了犁，犁完成了重大的变革。"铁犁铧的发明是一个了不起的成就，它标志着人类社会发展的新时期，也标志着人类改造自然的斗争进入一个新的阶段。因此，不得不说，铁犁的发明是人类农业发展史上的一次重大革命，是人类生产发展史上当之无愧的里程碑。

播种机的鼻祖——耧车

【概述】

中国在战国时期就有了播种机械。条播机在中国被称为耧车，也叫耧犁，是古代的播种工具，也是现代播种机的前身。

耧车由牲畜牵引，后面有人扶着播种，可以同时完成开沟和下种两项工作。一次种一垄或多垄，传统的最多达五垄。它在播种时能将种子成行地播入地里，使最初粗放的撒播改为条播，播种速度也大大提高了。

耧车有独脚、双脚、三脚和四脚四种，一般常用的多是双脚和三脚。元代的王祯在《农书耒耜门》记载了双脚耧的具体结构："两柄上弯，高可三尺，两足中虚，阔合一垄，横桄四匝，中置耧斗，其所盛种粒各下通足窍。仍旁挟两辕，可容一牛，用一人牵，傍一人执耧，且行且摇，种乃自下。"

现代的播种机的全部功能也不过把开沟、下种、覆盖、压实四道工序接连完成，而我国两千多年前的三脚耧早已把前三道工序连在一起由同一机械来完成。在当时能够创造出这样先进的播种机，确实是一项很重大的成就。耧车是我国古代在农业机械方面的重大发明之一，是后世出现的播种机的鼻祖。

【耧车的发展】

公元前 1 世纪，汉武帝时搜粟都尉赵过总结前人的经验并吸收前代播种机的长处，独具匠心地发明了三脚耧。他还提出并推广代田法，对当时农业生产起到一定促进作用。1959 年在山西平陆枣园村发现一座东汉王莽时期的壁画墓，主室内满绘壁画，其中在南壁和西壁绘有牛耕图和耧播图。耧播图画面上，有一着单衣赤足的农夫驾黄牛，用三脚耧车播种，这两幅图真实地描绘了当时农业生产场面及三脚耧的形象。此外在辽宁辽阳、陕西富平、北京清河等地发现西汉铁耧足，在河南、湖北等地发现汉代耧足。

汉代三脚耧复原模型，现在陈列在中国历史博物馆里。它的构造是这样的：下面三个小的铁铧是开沟用的，叫作耧脚，后部中间是空的，两脚之间的距离是一垄。三根木制的中空的耧腿，下端嵌入耧铧的銎里，上端和子粒槽相通。子粒槽下部前面由一个长方形的开口和前面的耧斗相通。耧斗的后部下方有一个开口，活装着一块闸板，用一个楔子管紧。为了防止种子在开口处阻塞，在耧柄的一个支柱上悬挂一根竹签，竹签前端伸入耧斗下部系牢，中间缚上一块铁块。耧两边有两辕，相距可容一牛。后面有耧柄。

播种前，先要根据种子的类别、颗粒的大小、土壤的干湿等，调节好耧斗开口的闸板，使种子流出的数量和时间符合播种的要求。然后把种子倒入耧斗中，用牛拉着耧车，前面一人牵牛慢行，后面一人扶住耧柄，以耧柄入土的高低控制播种的深度。耧车前行时，后面的人不停地摇动耧柄，耧斗内的种子就不停地通过闸板、子粒槽，分 3 股通过耧腿，顺着耧铧播入开出的沟中。当种子播入土中后，悬挂在耧车后的一根木棒，就会随着耧车的前进，自动把垄上的土耙平，将种子埋在土下。这样，开沟、下种、覆盖三道工序，使用三脚耧一次就完成了。另外，再用砘子压实，使种子和土紧密地附在一起，发芽生长。

与中国的三脚耧车相比，中东的苏米尔人在三千五百年前有过原始的单管种子条播机，但效率很低。1566 年，威尼斯参议院给欧洲最早的条播机授予了专利权，其发明者是卡米罗·托雷洛。留下详细说明的最早条播机是 1602 年波伦亚城的塔蒂尔·卡瓦里纳的条播机，但很原始。欧洲第一个真正的条播机是杰思罗·塔尔发明的。1700 年后不久，此机便已生产，对其叙述发表于 1731年。但欧洲的这种及其后那些类型的条播机既昂贵又不可靠。直到 19 世纪中叶，欧洲才有足够数量的坚实而质量又好的条播机。公元 18 世纪欧洲出现过詹姆斯夏普发明的一种较好的种子条播机，但只单行播种，而且太小，因此，其功能虽好，却没有引起足够重视。由于缺乏这方面的工程技术知识，欧洲在公元19世纪中叶以前的种子条播机基本上无效，也不经济。在种子条播机问题上，欧洲白白浪费了两个世纪的时间，这是因为未能利用耧车固有的原理。

另外需要指出的是，在宋元时期，中国人在耧犁的基础上发明的下粪耧种，使播种和施肥结合在了一起，这是很了不起的改进。

【重要意义】

赵过创制的三脚耧是我国古代农业机械的重大发明之一。三脚耧的发明，大大提高了播种的效率和质量。三脚耧车能够一次完成开沟、下种、覆土等作业，极大提高了农业耕种的效率，同时还能保证行距一致，深度一致，疏密一致，便于出苗后的通风透光和田间管理，使得播种的质量也得以提高。对于这一发明，汉武帝赞美有加，曾经下令在全国范围里推广这种先进的播种机。《汉书·食货志》说："赵过教民种田，其耕耘下种田器皆有便巧。"这里所说的"下种田器"就是三脚耧。而东汉崔寔《政论》中说得比较具体，书中说："其法三犁共一牛，一人将之，下种挽耧，皆取备焉。日种一顷，至今三辅尤赖其利。"时至今日，中国北方许多地方仍然在使用这种耧犁。

与三脚耧车相类似的工具在18世纪左右才在英国出现，它是由杰思罗·塔尔发明的，曾被看作欧洲农业革命的标志之一。不过自此以后，欧洲人开始大量发明有现代意义的农业工具，促进了农业机械化的发展。

有着不朽生命力的灌溉机械——龙骨水车

【概述】

龙骨水车亦称"翻车"、"踏车"、"水车"，是我国古代最著名的农业灌溉机械之一。因为其形状犹如龙骨，故名"龙骨水车"。龙骨水车约始于东汉，三国时工匠马钧曾予以改进，此后在农业上发挥巨大的作用。

【水车结构】

龙骨水车的结构是以木板为槽，尾部浸入水流中，一端有一小轮轴，另一端有大轮轴。龙骨水车固定于堤岸的木架上，用时踩动拐木，使大轮轴转动，带动槽内板叶刮水上行，倾灌于地势较高的田中。

龙骨水车适合近距离，提水高度在1至2米左右，比较适合平原地区使用，或者作为灌溉工程的辅助设施，从输水渠上直接向农田提水。

用于井中取水的龙骨水车是立式的，其传动装置有平轮和立轮两种以转换动力方向。它提水时，一般安放在河边，下端水槽和刮板直伸水下，利用链轮传动原理，以人力（或畜力）为动力，带动木链周而复始地翻转，装在木链上的刮板就能顺着水把河水提升到岸上，进行农田灌溉。这种水车的出现，对解决排灌问题，起了极其重要的作用。

龙骨水车最初是利用人力转动轮轴灌水，后来由于轮轴的发展和机械制造技术的进步，我国人民又创制了利用畜力、风力、水力等转动的多种水车，并且在全国各地广泛使用。

【龙骨水车的发展】

人力龙骨水车最初是以人力做动力，多用脚踏，也有用手摇的。元代《王祯农书》和清代麟庆的《河工器具图说》中关于龙骨车的叙述比较详细。它的构造除压栏和列槛桩外，车身用木板作槽，长2丈，宽4寸到7寸不等，高约1尺，槽中架设行道板一条，和槽的宽窄一样，比槽板两端各短1尺，用来安置大小轮轴。在行道板上下，由一节一节的龙骨板叶用木销子连接起来，很像龙的骨架一样，所以名叫龙骨水车。在上端的大轴的两端，各带四根拐木，作脚踏用，放在岸上的木架之间，人扶着木架，用脚踩动拐木，就带动下边的龙骨板叶沿木槽往上移动，把水带上岸来，流入田间。龙骨板叶绕过上端大轴，又在行道板上边往下移动，绕过下端的轴，重新刮水。这样循环不已，水从低处源源不断地被车上岸来。这就是龙骨车的构造和工作过程。

人力龙骨水车因为用人力，它的汲水量不够大，但是凡临水的地方都可以使用，可以两个人同踏或摇，也可以只一个人踏或摇，很方便，深受人们的欢迎，是应用很广的农业灌溉机械。

大约在南宋初年，龙骨水车有了新的发展，出现了用畜力做动力的龙骨水车，这是龙骨水车发展的一个新阶段。它的水车部分的构造和前面讲的相同，只是动力机械方面有了新的改进。在水车上端的横轴上装有一个竖齿轮，旁边立一根大立轴，立轴的中部装上一个大的卧齿轮，让卧齿轮和竖齿轮的齿相衔接。立轴上装一根大横杆，让牛拉着横杆转动，经过两个齿轮的传动，带动水车转动，把水刮上来。因为畜力比较大，能提高水车的提水高度，汲水量也比较大。

在元代，出现了水力驱动的龙骨水车。该水车在利用流水作动力的灌溉机械上应用了一对大的木齿轮，把水轮的转动传递到水车的轴上，来带动水车把水刮上来，进行灌溉，这是元代机械制造方面的一个巨大的进步，也是人们利用自然力造福于人类的一项重大成就。

明清出现了风力驱动的龙骨水车。风力驱动的龙骨水车的动力装置是风帆，工作机的构造与龙骨水车相同。明代宋应星《天工开物》云："扬郡以风帆数扇，俟风转车，风息则止，此车为救潦，欲去泽水，以便栽种。"

风力提水机械用于太湖流域排水，有风就转且可经常工作。清代长芦利用风力水车提取海水制盐，一具风帆可带动两部水车。

【重要意义】

由于龙骨水车结构合理，可靠实用，所以能一代代流传下来。直到近代，随着农用水泵的普遍使用，它才完成了历史使命，悄悄地退出历史舞台。龙骨水车作为灌溉机具现在已被电动水泵取代了，然而这种水车链轮传动、翻板提升的工作原理，却有着不朽的生命力。

先进的粮食加工机械——扇车、水碓和石磨

【概述】

谷物收获脱粒以后，要加工成米或面才能食用。我国古代在粮食加工方面发明了不少机械，如扇车、水碓和磨，这些机械效率高，应用广，是农业机械方面的重要发明。

【扇车】

扇车也叫风扇，这种古老的农具如今在许多农村已经看不到了。可是在20世纪七八十年代，它还是农村随处可见的最主要清选谷物的机械。改革开放这几十年来，我国的科技真的是突飞猛进，农具革新也不例外。

与刀耕火种比，与铜时代比，扇车已经是相当先进的生产工具了。尽管它如今也已退出历史的舞台，即使还存有，也被遗弃墙角无人问津了，可它当初

出现时却有划时代的意义，绝对可称得上是一项伟大的农具发明。

清选谷物是粮食收获后一项必须进行程序，人类不能食用掺有石子或其他杂质的粮食。扬场一般是用一种农具将晒干的粮食掀向空中，利用风除杂，效率较低不说，还需要较大的场地。而且，如果没有风，或是下雨天，扬场没法进行。到了公元前1世纪，一件新农具出现了，它就是扇车，很好地解决了这一问题。据考古发现，西汉晚期墓葬和东汉墓葬中都有陶制扇车的模型。

扇车的造型有点像蜗牛，利用人力产生风力来扬谷。最初的风扇构造很简单，由顶部装盛谷的漏斗、曲柄摇把的回转扇轮和支撑盛谷漏斗及栏板组成。后来，人们又在漏斗下方安装了一个调节漏口大小的启门。为了使风流集中，人们把扇车的顶部做成长方形，后部做成密封的圆鼓形大箱，箱中一般装有由六个木板组成的风扇轮。扇轮轴的外面装有曲柄摇把，人摇摇把，轴带叶转，风儿就顺着螺旋口（左边）冲出去。人摇得快了风就大，摇得慢了风就小。因杂物比较轻，当它们从漏斗流下时，会被风吹出扇车外，而脱粒的谷物则会缓缓流入车中，从而实现谷杂分离。

旋转式扬谷扇车，是利用空气流动原理，以人力为动力源的农用设备，其功能是将经过舂、碾后的糠、麸，或经过脱粒、晾晒后的秕谷、稗草除去，是粮食入仓、加工的必用农具，因其式样不同，有好多称呼。

扇车主要在南方使用，与扬稻有关。尽管这种扇车的雏形飏车最初是在北方发明的，用于除去小麦和小米的壳，但在几个世纪以后，传到了南方。然而在北方，出于各种经济原因，这种农具却被人遗忘了，许多农民重新使用传统的扬谷法、簸谷法和筛谷法。

宋朝诗人梅尧臣写了一首歌颂风扇车的诗，诗云："田扇非团扇，每来场圃见。因风吹糠秕，编竹破筿箭。任从高下手，不为暄寒变。去粗而得精，持之莫肯倦。"

扇车中的风箱制作工艺较高，旧时有专门制风箱的作坊，一般大户人家才有财力购买。风箱的叶子分四叶、六叶，风箱的形状远看像匹马，近看无头无尾巴。风箱在清扇谷类粮食时，一般两人配合，一个人把场院地上的谷用畚斗倒入风箱斗里，另一个人左手打开活动门，右手握住风箱摇手柄用力摇，将秕谷、稗草从风箱出口处扇出，谷粒从风箱肚下出来，分别落入箩筐内，两人扇一箩谷约需15分钟。农村风箱扇谷有一则谜语："头戴稻桶帽，身穿滚龙袍，有人来开门，地下二股分。"

扇车曾是出口欧洲的"高新科技"产品。英国科技史学家李约瑟博士认为，中国使用扬谷扇车至少要比西方早十四个世纪。大约在1700年至1720年之间，由荷兰船员将旋转式扬谷扇车带到欧洲。大约在这个时期，瑞典人直接从我国南方进口了这种工具。1720年左右，在中国的法国传教士也把几台扬谷扇车带到了法国。

随着科学的发展，扇车早已完成了历史使命，进入农具博物馆成为"古董"，留给人们的只是过去的记忆。

【水碓】

水碓是利用水力舂米的机械，在西汉末年就出现了，汉代桓谭（约公元前23年—公元56年）的《桓子新论》里有关于水碓的记载。

水碓的动力机械是一个大的立式水轮，轮上装有若干板叶，轮轴长短不一，看带动的碓的多少而定。转轴上装有一些彼此错开的拨板，一个碓有四块拨板，四个碓就要十六块拨板。拨板是用来拨动碓杆的。每个碓用柱子架起一根木杆，杆的一端装一块圆锥形石头。下面的石臼里放上准备要加工的稻谷。流水冲击水轮使它转动，轴上的拨板就拨动碓杆的梢，使碓头一起一落地进行舂米。利用水碓，可以日夜加工。

凡在溪流江河的岸边都可以设置水碓。根据水势的高低大小，人们采取一些不同的措施。如果水势比较小，可以用木板挡水，使水从旁边流经水轮，这样可以加大水流的速度，增强冲动力。带动碓的多少可以按水力的大小来定，水力大的地方可以多装几个，水力小的地方就少装几个。设置两个碓以上的叫作连机碓，常用的都是连机碓，一般都是四个碓。

【磨】

磨，最初叫硙，汉代才叫作磨，是用人力或畜力把米、麦、豆等去皮或研磨成粉末的石制工具。1968年，在河北省保定市满城汉墓中，出土一架距今约两千多年的石磨，是由一个石磨和铜漏斗组成的铜、石复合磨。这是我国迄今所发现的最早的石磨实物。

石磨由两块尺寸相同的短圆柱形石块和磨盘构成。一般是架在石头或土坯等搭成的台子上，接面粉用的石制或木制的磨盘上摞着磨的下扇（不动盘）和上扇（转动盘）。两扇磨的接触面上都錾有排列整齐的磨齿，用以磨碎粮食。

上扇有两个（小磨一个）磨眼，供漏下粮食用。两扇磨之间有磨脐子（铁轴），以防止上扇在转动时粮食从下扇上掉下来。有直径超过三尺六寸的大磨，要用三匹马同时拉。一斗（约合25千克）粮食用十多分钟就能磨一遍。一般磨的直径为八十厘米左右，一个人或一头驴就能拉动。小磨直径不足四十厘米，能放在笸箩里，用手摇动，用于拉花椒面等。

据传，石磨是由中国古代优秀的创造发明家鲁班发明的。鲁班叫公输般，因为他是鲁国人，所以又叫鲁班，生活在春秋末期。他发明了木工用的锯子、刨子、曲尺等。他还用他的智慧，解决了人们生活中的不少问题。在鲁班生活的时代，人们要吃米粉、麦粉，都是把米麦放在石臼里，用粗石棍来捣。用这种方法很费力，捣出来的粉有粗有细，而且一次捣得很少。鲁班想找一种用力少收效大的方法。就用两块有一定厚度的扁圆柱形的石头制成磨扇。下扇中间装有一个短的立轴，用铁制成，上扇中间有一个相应的空套，两扇相合以后，下扇固定，上扇可以绕轴转动。两扇相对的一面，留有一个空膛，叫磨膛，膛的外周制成一起一伏的磨齿。上扇有磨眼，磨面的时候，谷物通过磨眼流入磨膛，均匀地分布在四周，被磨成粉末，从夹缝中流到磨盘上，过罗筛去麸皮等就得到面粉。许多农村现在还在用石磨磨面。

我国石磨的发展分早、中、晚三个时期，从战国到西汉为早期，这一时期的磨齿以洼坑为主流，坑的形状有长方形、圆形、三角形、枣核形等，且形状多样、极不规则；东汉到三国为中期，这时期是磨齿多样化发展时期，磨齿的形状为辐射型分区斜线型，有四区、六区、八区型；晚期是从西晋至隋唐并沿用至今，这一时期是石磨发展成熟阶段，磨齿主流为八区斜线型，也有十区斜线型。石磨磨齿纯手工制作是一项专业性很强的复杂技术，其合理、自然、科学的设计特征，是一切现代化工具不可替代的。

磨有用人力的、畜力的和水力的。用水力作为动力的磨，大约在晋代就出现了。水磨的动力部分是一个卧式水轮，在轮的立轴上安装磨的上扇，流水冲动水轮带动磨转动，这种磨适合于安装在水的冲动力比较大的地方。假如水的冲动力比较小，但是水量比较大，可以安装另外一种形式的水磨：动力机械是一个立轮，在轮轴上安装一个齿轮，和磨轴下部平装的一个齿轮相衔接。水轮的转动是通过齿轮使磨转动的。这两种形式的水磨，构造比较简单，应用很广。

随着机械制造技术的进步，后来人们发明一种构造比较复杂的水磨，一个

农业生产

水轮能带动几个磨同时转动，这种水磨叫作水转连机磨。《王祯农书》上有关于水转连机磨的记载。这种水力加工机械的水轮又高又宽，是立轮，须用急流大水，冲动水轮。轮轴很粗，长度要适中。在轴上相隔一定的距离，安装三个齿轮，每个齿轮又和一个磨上的齿轮相衔接，中间的三个磨又和各自旁边的两个磨的木齿相接。水轮转动通过齿轮带动中间的磨，中间的磨一转，又通过磨上的木齿带动旁边的磨。这样，一个水轮能带动九个磨同时工作。

被全世界普遍采用的马具——胸带挽具

【概述】

大约在公元前 4 世纪，我国在马挽具上取得了重大突破。在该世纪生产的一个漆盒上，有一幅中国画，画中马的脖子上有一个轭，经缰绳使其与车辕相连。尽管这还不能被看作是真正令人满意的挽具，但是它取代了"项前肚带挽具"，有利于在马的胸部套一根带子。不久，马脖子上的硬轭也取消了，代之以显然更有效的胸带，通常被称为"胸带挽具"或"缰绳挽具"。

【胸带挽具】

马的项前（喉部）不再套着带子，负重则由胸骨与锁骨承担。为确定不同类型挽具的相对效率，人们进行了实验。套上项前肚带挽具的两匹马，只能拉 0.5 吨重物，而一匹套上肩套挽具的马则能容易地拉 1.5 吨重物品，而套上胸带挽具的马所能拉动的重量仅仅比后者稍微轻一点。正如李约瑟所说："因此，项前肚带挽具不可能拉近代的车辆，即使是空车。"希腊人和罗马人的车辆非常轻，如果用于客运，一般只能乘坐二人。这样，就不能用马实现有效的运输。

一般认为，有两个因素导致我国发明"胸带挽具"。首先住在戈壁沙漠附近的汉人、蒙古人和匈奴人提出了这种想法，因为他们的车往往陷入沙中，使用项前肚带挽具的马无法从沙中解脱出来。其次，人类有自己的拖曳经验。例如，运河船只逆水上行时用人力拉纤，人类会很快认识到，在脖子上套绳是不适当的，应该由胸骨与锁骨来负重。因此，给马使用胸带很可能是受人使用胸带启发的结果。

在"胸带挽具"发明不久，最迟在公元前 1 世纪，中国人就发明了颈圈挽具，比欧洲人足足早一千年。这种挽具通过颈圈内的填充物，给马"隆肉"，有效地克服了马在解剖上的一个缺陷，使马具备牛的特点，避免了马背上的擦伤并引起的疼痛。

在"颈圈挽具"的基础上，中国的先人们又发明了肩套挽具。这种更简单实用的挽具将在颈圈的两侧的挽革直接拴到车上，直至今天仍在全世界普遍采用。

【马具外传】

凡读过古罗马著作的人往往会注意这样一个奇怪的现象：罗马人特别依赖从埃及运来的粮食，好像没有埃及运来的粮食，罗马人就会饿死。难道意大利种的粮食不够罗马人吃吗？还是埃及种的粮食有什么特别，深得罗马人喜爱？答案都不是。原因其实很简单，因为罗马帝国没有一种马挽具能把意大利其他地区的粮食运到罗马。

直至公元 8 世纪前，西方驾驭马匹的唯一手段是"项前肚带挽具"。这种方法有一个很大的弊病：皮带特别容易勒住马的咽喉，马用力越大，皮带会将咽喉勒得越紧，结果自然会使马窒息。这种现象在骑兵作战时表现得更明显。不论马和骑手多么好，远距离骑马都会遇到严重的障碍。而劣马则不仅容易疲劳，而且会闷塞至半死。正因这一点，不论是古希腊还是古罗马，都没有建立强大的骑兵部队。

由于这一致命的弱点，"项前肚带挽具"法驾驭的马匹很难拉负重的车辆。之所以当时罗马和希腊的马车都很轻，就是这个原因。用这种方法长途运输大量粮食，根本就不可能。

在欧洲人深陷马匹不能负重的苦恼之时，相同的难题在公元前 4 世纪的中国就不再发生。聪明的中国人使用一种更合理的"胸带挽具"，这样马的喉部就再也没有负载了，负重则由马胸骨和锁骨来承担。

直到 6 世纪，随着匈奴人入侵匈牙利，"胸带挽具"这一先进的马挽具才由中亚传入欧洲。公元 568 年，阿伐尔人由东方入侵匈牙利时，将胸带挽具传入欧洲。这个民族的人还给欧洲带去了马镫。"胸带挽具"进入欧洲后，先后传给马扎尔人、波希米亚人、波兰人和俄国人，至公元 8 世纪后，欧洲普遍用上了这一先进马挽具。欧洲考古证明，在公元 7 世纪至公元 10 世纪的古墓中发现了胸带挽具遗物。在爱尔兰的一个纪念碑的石刻画上，斯堪的纳维亚人用上了胸带挽具，这是目前欧洲最早的考古证据。

独特的地下水利工程——坎儿井

【概述】

"坎儿井"，是"井穴"的意思。坎儿井是一种独特的地下水利工程，使"火洲"大地留下了一道道地下长河。坎儿井与万里长城、京杭大运河并称为中国古代三大工程。

坎儿井主要分布在新疆东部，尤以吐鲁番盆地地区最为密集。坎儿井的清泉浇灌滋润吐鲁番的大地，使"火洲"戈壁变成绿洲良田，生产出驰名中外的葡萄、瓜果和粮食、棉花、油料等。

【构造原理】

坎儿井是一种结构巧妙的特殊灌溉系统，它由竖井、暗渠、明渠和涝坝四部分组成。总的说来，坎儿井的构造原理是：在高山雪水潜流处，寻其水源，在一定间隔打一深浅不等的竖井，然后再依地势高下在井底修通暗渠，沟通各井，引水下流。地下渠道的出水口与地面渠道相连接，把地下水引至地面灌溉桑田。

竖井是开挖或清理坎儿井暗渠时运送地下泥沙或淤泥的通道，也是送气通风口。井深因地势和地下水位高低不同而有深有浅，一般是越靠近源头竖井就越深，最深的竖井可达九十米以上。竖井与竖井之间的距离，随坎儿井的长度而有所不同，一般每隔二十至七十米就有一口竖井。一条坎儿井，竖井少则十多个，多则上百个。井口一般呈长方形或圆形，长 1 米，宽 0.7 米。在郁郁葱葱的绿洲外围戈壁滩上，现在仍然可以看见顺着高坡而下的一堆一堆的圆土包，形如小火山锥，错落有序地伸向绿洲，这些，就是坎儿井的竖井口。

暗渠又称地下渠道，是坎儿井的主体。暗渠的作用是把地下含水层中的水汇聚到它的身上来，一般是按一定的坡度由低往高处挖，这样，水就可以自动地流出地表来。暗渠一般高 1.7 米，宽 1.2 米，短的一二百米，最长的长达二十五千米，暗渠全部是在地下挖掘。暗渠工程最为艰巨，一般要在地下开凿几千米到几十千米。极为干旱的吐鲁番有着一千五百余条总长五千多千米，号称地下万里长城的坎儿井。

龙口是坎儿井明渠、暗渠与竖井口的交界处，也是天山雪水经过地层渗透，通过暗渠流向明渠的第一个出水口。

暗渠流出地面后，就成了明渠。顾名思义，明渠就是在地表上流的沟渠。人们在一定地点修建了具有蓄水和调节水作用的蓄水池，这种大大小小的蓄水池，就称为涝坝。水蓄积在涝坝，哪里需要，就送到哪里。

【历史成因】

坎儿井之所以在吐鲁番盆地大量兴建，是同当地的自然地理条件密切相关的。吐鲁番盆地北有博格达山，西有喀拉乌成山，每当夏季，大量融雪和雨水流向盆地，渗入戈壁，汇成潜流，为坎儿井提供了丰富的地下水源。吐鲁番土质为砂粒和黏土胶结，质地坚实，井壁及暗渠不易坍塌，这又为大量开挖坎儿井提供了良好地质条件。吐鲁番干旱酷热，水蒸发量大，风季时风沙漫天，往往风过沙停，大量的农田、水渠被黄沙淹没。而坎儿井却在地下暗渠输水，不受季节、风沙影响，蒸发量小，流量稳定，可以常年自流灌溉。

清代萧雄《西疆杂述诗》云："道出行回火焰山，高昌城郭胜连环。疏泉穴地分浇灌，禾黍盈盈万顷间。"它说出了"疏泉穴地"这吐鲁番盆地独特的水利工程最大特点。

坎儿井的历史源远流长。汉代在今陕西关中就有挖掘地下窖井技术的创造，称"井渠法"。汉通西域后，塞外乏水且沙土较松易崩，就将"井渠法"取水方法传授给了当地人民，后经各族人民的辛勤劳作，逐渐趋于完善，发展为适合新疆条件的坎儿井。吐鲁番现存的坎儿井多为清代以来陆续兴建的。另据史料记载，由于清政府的倡导屯垦，坎儿井曾得到大量发展。清末因坚决禁烟而遭贬并充军新疆的爱国大臣林则徐在吐鲁番时，对坎儿井大为赞赏。清道光二十五年（1845年）正月，林则徐赴天山以南履勘垦地，途经吐鲁番县城，在当天日记中写道："见沿途多土坑，询其名，曰'卡井'能引水横流者，由南而弱，渐引渐高，水从土中穿穴而行，诚不可思议之事！"

现在，尽管吐鲁番已新修了大渠、水库，但是，坎儿井在现代化建设中仍发挥着生命之泉的特殊作用。

【坎儿井的贡献】

吐鲁番坎儿井如同其盛产的葡萄一样，闻名中外，坎儿井曾是吐鲁番盆地农田灌溉和日常生产生活的主要水源，时至今日，它在社会经济生活中仍有其重要作用。

坎儿井是我国古代伟大的水利建筑工程之一，它可与长城、大运河相媲美。吐鲁番坎儿井是世世代代生活在吐鲁番的各族劳动人民聪明智慧的结晶；坎儿井水，是吐鲁番各族人民用勤劳的双手和血汗换来的"甘露"。勤劳勇敢的吐鲁番人民自古以来不但为开发大西北，巩固祖国边疆建立过"汗马功劳"，并为神奇的"火州"大地留下了一道道地下长河，给方兴未艾的"吐鲁番学"留下了一部取之不尽、用之不竭的"坎儿井文化"。

坎儿井可减少水流蒸发，避免风沙埋没；可利用地下深层潜水自流灌溉，并随地开挖独立成一灌区，施工比较简单，使用期长；等等。减少地下水的蒸发，这对当地的环境也起到了保护作用。

坎儿井是吐鲁番各族人民与大自然作斗争，开发大西北、利用自然和改造自然的一大功绩。坎儿井的开凿工艺是吐鲁番人民世世代代口授心传的非物质文化遗产，即将申报世界文化遗产。2011年3月14日，吐鲁番申遗坎儿井保护加固设计方案论证会在地区行署举行。在论证会上，设计方中铁西北科学研究院，详细汇报了"吐鲁番地区申遗坎儿井保护加固设计方案"，对坎儿井现状和存在的问题进行了较为全面和系统的分析，阐述了申报文化景观的价值体系和具体要求。

世界水利文化的鼻祖——都江堰

【概述】

都江堰位于四川省都江堰市城西，是一个防洪、灌溉、航运综合水利工程。都江堰是中国古代建设并使用至今的大型水利工程，被誉为"世界水利文化的鼻祖"。

都江堰水利工程是由秦国蜀郡太守李冰及其子率众于公元前256年左右修建的，是全世界迄今为止，年代最久、唯一留存、以无坝引水为特征的宏大水利工程，属全国重点文物保护单位，被确定为世界文化遗产。2007年5月8日，成都市青城山–都江堰旅游景区经国家旅游局正式批准为国家5A级旅游景区。

【修建背景】

现在号称"天府之国"的成都平原，在古代是一个水旱灾害十分严重的地方。李白在《蜀道难》这篇著名的诗歌中"蚕丛及鱼凫，开国何茫然"、"人或成鱼鳖"的感叹和惨状，就是那个时代的真实写照。

岷江是长江上游的一大支流，流经的四川盆地西部是中国多雨地区。发源于四川与甘肃交界的岷山南麓，分为东源和西源，东源出自弓杠岭，西源出自郎架岭。两源在松潘境内漳腊的无坝汇合，向南流经四川省的松潘县、都江堰市、乐山市，在宜宾市汇入长江。主要水源来自山势险峻的右岸，大的支流都是由右岸山间岭隙溢出，雨量主要集中在雨季，所以岷江之水涨落迅猛，水势湍急。在古代，每当岷江洪水泛滥，成都平原就是一片汪洋；一遇旱灾，又是赤地千里，颗粒无收。岷江水患长期祸及西川，鲸吞良田，侵扰民生，成为古蜀国生存发展的一大障碍。

都江堰的创建，又有其特定的历史根源。战国时期，刀兵峰起，战乱纷呈，饱受战乱之苦的人民，渴望中国尽快统一。经过商鞅变法改革的秦国一时名君贤相辈出，国势日盛。他们正确认识到巴、蜀在统一中国中特殊的战略地位，得出"得蜀则得楚，楚亡则天下并矣"的观点。

【修建简介】

秦昭襄王五十一年（公元前256年），秦昭襄王委任知天文、识地理、隐居岷峨的李冰为蜀国郡守。李冰上任后，首先下决心根治岷江水患，发展川西农业，造福成都平原，为秦统一中国创造经济基础。他和他的儿子，吸取前人的治水经验，率领当地人民，主持修建了著名的都江堰水利工程。都江堰的整体规划是将岷江水流分成两条，其中一条水流引入成都平原，这样既可以分洪减灾，又可以引水灌田、变害为利。

（1）宝瓶口的修建过程。首先，李冰父子邀集了许多有治水经验的农民，对地形和水情作了实地勘察，决心凿穿玉垒山引水。由于当时还未发明火药，李冰便以火烧石，使岩石爆裂，终于在玉垒山凿出了一个宽二十米，高四十米，长八十米的山口。因其形状酷似瓶口，故取名"宝瓶口"，把开凿玉垒山分离的石堆叫"离堆"。

之所以要修宝瓶口，是因为只有打通玉垒山，使岷江水能够畅通流向东边，才可以减少西边的江水的流量，使西边的江水不再泛滥，同时也能解除东边地区的干旱，使滔滔江水流入旱区，灌溉那里的良田。这是治水患的关键环节，也是都江堰工程的第一步。

（2）分水鱼嘴的修建过程。宝瓶口引水工程完成后，虽然起到了分流和灌溉的作用，但因江东地势较高，江水难以流入宝瓶口，为了使岷江水能够顺利东流且保持一定的流量，并充分发挥宝瓶口的分洪和灌溉作用，修建者李冰在开凿完宝瓶口以后，又决定在岷江中修筑分水堰，将江水分为两支：一支顺江而下，另一支被迫流入宝瓶口。由于分水堰前端的形状好像一条鱼的头部，所以被称为"鱼嘴"。

鱼嘴的建成将上游奔流的江水一分为二：西边称为外江，它沿岷江河水顺流而下；东边称为内江，它流入宝瓶口。由于内江窄而深，外江宽而浅，这样枯水季节水位较低，则百分之六十的江水流入河床低的内江，保证了成都平原的生产生活用水；而当洪水来临，由于水位较高，于是大部分江水从江面较宽的外江排走，这种自动分配内外江水量的设计就是所谓的"四六分水"。

（3）飞沙堰的修建过程。为了进一步控制流入宝瓶口的水量，起到分洪和减灾的作用，防止灌溉区的水量忽大忽小、不能保持稳定的情况，李冰又在鱼嘴分水堤的尾部，靠着宝瓶口的地方，修建了分洪用的平水槽和"飞沙堰"溢洪道，以保证内江无灾害，溢洪道前修有弯道，江水形成环流，江水超过堰顶时洪水中夹带的泥石便流入到外江，这样便不会淤塞内江和宝瓶口水道，故取名"飞沙堰"。

飞沙堰采用竹笼装卵石的办法堆筑，堰顶做到比较合适的高度，起一种调节水量的作用。当内江水位过高的时候，洪水就经由平水槽漫过飞沙堰流入外江，使得进入宝瓶口的水量不致太大，保障内江灌溉区免遭水灾；同时，漫过飞沙堰流入外江的水流产生了漩涡，由于离心作用，泥沙甚至是巨石都会被抛过飞沙堰，因此还可以有效地减少泥沙在宝瓶口周围的沉积。

飞沙堰的"泄洪道"具有泄洪排沙的显著功能，是都江堰三大件之一，看上去十分平凡，其实它的功用非常之大，可以说是确保成都平原不受水灾的关键要害。古时飞沙堰，是用竹笼卵石堆砌的临时工程；如今已改用混凝土浇铸，以保一劳永逸的功效。

为了观测和控制内江水量，李冰又雕刻了三个石桩人像，放于水中，以"枯水不淹足，洪水不过肩"来确定水位。还凿制石马置于江心，以此作为每年最小水量时淘滩的标准。

在李冰的组织带领下，人们克服重重困难，经过八年的努力，终于建成了这一历史工程——都江堰。

【历史沿革】

秦蜀郡太守李冰建堰初期，都江堰名称叫"湔堋"，这是因为都江堰旁的玉垒山，秦汉以前叫"湔山"，而那时都江堰周围的主要居住民族是氐人、羌人，他们把堰叫作"堋"，所以都江堰就叫"湔堋"。

三国蜀汉时期，都江堰地区设置都安县，因县得名，都江堰称"都安堰"。同时，又叫"金堤"，这是突出鱼嘴分水堤的作用，用堤代堰作名称。

唐代，都江堰改称为"楗尾堰"。因为当时用以筑堤的材料和办法，主要是"破竹为笼，圆径三尺，以石实中，累而壅水"，即用竹笼装石，称为"楗尾"。

直到宋代，在宋史中，才第一次提到都江堰："永康军岁治都江堰，笼石蛇决江遏水，以灌数郡田。"

关于都江这一名称的来源，《蜀水考》说："府河，一名成都江，有二源，即郫江，流江也。"流江是检江的另一种称呼，成都平原上的府河即郫江，南河即检江，它们的上游，就是都江堰内江分流的柏条河和走马河。《括地志》说："都江即成都江。"从宋代开始，把整个都江堰水利系统工程概括起来，叫都江堰，才较为准确地代表了整个水利工程系统，一直沿用至今。

都江堰工程至今犹存。随着科学技术的发展和灌区范围的扩大，从1936年开始，逐步改用混凝土浆砌卵石技术对渠首工程进行维修、加固，增加了部分水利设施，古堰的工程布局和"深淘滩、低作堰"，"乘势利导、因时制宜"，"遇湾截角、逢正抽心"等治水方略没有改变，都江堰以其"历史跨度大、工程规模大、科技含量大、灌区范围大、社会经济效益大"的特点享誉中外、名播遐方，在政治上、经济上、文化上，都有着极其重要的地位和作用。都江堰水利工程成为世界上水资源利用的最佳典范。

【岁修制度】

都江堰有效的管理保证了整个工程历经两千多年依然能够发挥重要作用。汉灵帝时设置"都水掾"和"都水长"负责维护堰首工程；蜀汉时，诸葛亮设堰官，并"征丁千二百人主护"（《水经注·江水》）。此后各朝，以堰首所在地的县令为主管。到宋朝时，制定了施行至今的岁修制度。

古代竹笼结构的堰体在岷江急流冲击之下并不稳固，而且内江河道尽管有排沙机制但仍不能避免淤积。因此需要定期对都江堰进行整修，以使其有效运作。宋朝时，订立了在每年冬春枯水、农闲时断流岁修的制度，称为"穿淘"。岁修时修整堰体，深淘河道。淘滩深度以挖到埋设在滩底的石马为准，堰体高度以与对岸岩壁上的水痕线相齐为准。明代以来使用卧铁代替石马作为淘滩深度的标志，现存三根一丈长的卧铁，位于宝瓶口的左岸边，分别铸造于明万历年间、清同治年间和 1927 年。

【历史事件】

汉武帝元鼎六年（公元前 111 年），司马迁奉命出使西南时，实地考察了都江堰。他在《史记河渠书》中记载了李冰创建都江堰的功绩。后人在岷山及离堆处建西瞻亭、西瞻堂以示纪念。

蜀汉建兴六年（公元 228 年），诸葛亮北征，以都江堰为农业之根本、国家经济发展的重要支柱，征集兵丁一千多人加以守护，并设专职堰官进行经常性的管理维护，开以后历代设专职水利官员管理都江堰之先河。

元世祖至元年间（1264 年—1294 年），意大利旅行家马可·波罗从陕西汉中骑马，行 20 余日抵成都，游览了都江堰。后在其《马可·波罗游记》一书中说："都江水系，川流甚急，川中多鱼，船舶往来甚众，运载商货，往来上下游。"

清同治年间（1862 年—1874 年），德国地理学家李希霍芬来都江堰考察，以行家的眼光，盛赞都江堰灌溉方法之完美世界各地无与伦比。曾于 1872 年在《李希霍芬男爵书简》中设专章介绍都江堰。李希霍芬是把都江堰详细介绍给世界的第一人。

1942 年清明节，四川省政府及灌区十四个县的官员齐集都江堰举行开水典礼，典礼由当时正住在灌县的国民政府主席林森主持。开堰前先在伏龙观祭祀李冰，向李冰神像顶礼膜拜。祭毕，林森及其从祭人员乘轿直赴二王庙祭祀李二郎。祭毕，林森及其从祭人员又转赴都江堰鱼嘴，在鞭炮和万众欢呼声中，亲视开堰放水。

1949 年，中国人民解放军进军四川，入川后贺龙司令员指出，要先抢修都江堰，把已延误的岁修时间抢回来。并决定从军费中拨出专款，确定由王希甫负责，由驻灌县解放军协助抢修。12 月 29 日，成立都江堰岁修工程临时督修处。成都军事管制委员会拨款三万银圆作抢修经费。驻灌县解放军 184 师 1500 余人在师长林彬、政委梁文英指挥下参加抢修工程。整个岁修工程于 1950 年 3 月底全部完工。4 月 2 日按照都江堰传统习惯举行了开水典礼。

【历史意义】

都江堰的创建，开创了中国古代水利史上的新纪元。都江堰不仅是中国古代水利工程技术的伟大奇迹，也是世界水利工程的璀璨明珠。都江堰是全世界迄今为止仅存的一项伟大的"生态工程"。开创了中国古代水利史上的新纪元，标志着中国水利史进入了一个新阶段，在世界水利史上写下了光辉的一章。都江堰水利工程，是中国古代人民智慧的结晶，是中华文化划时代的杰作。

都江堰水利工程，历经两千多年而不衰，是当今世界年代久远、唯一留存、以无坝引水为特征的宏大水利工程。它是中国古代历史上最成功的水利杰作，更是古代水利工程沿用至今，"古为今用"、硕果仅存的奇观。与之兴建时间大致相同的古埃及和古巴比伦的灌溉系统，都因沧海变迁和时间的推移，或淹没、或失效，唯有都江堰至今还滋润着天府之国的万顷良田。

都江堰正确处理鱼嘴分水堤、飞沙堰泄洪道、宝瓶口引水口等主体工程的关系，使其相互依赖，功能互补，巧妙配合，浑然一体，形成布局合理的系统工程，联合发挥分流分沙、泄洪排沙、引水疏沙的重要作用，使其枯水不缺，洪水不淹。都江堰的三大部分，科学地解决了江水自动分流、自动排沙、控制进水流量等问题，消除了水患。

李冰所创建的都江堰是一个科学、完整、极富发展潜力的庞大的水利工程体系，是巧夺天工、造福当代、惠泽未来的水利工程，是区域水利网络化的典范。后来的灵渠、它山堰、渔梁坝、戴村坝一批历史性工程，都有都江堰的印记。

都江堰水利工程的科学奥妙之处，集中反映在以上三大工程组成了一个完整的大系统，形成无坝限量引水并且在岷江不同水量情况下的分洪除沙、引水灌溉的能力，使成都平原"水旱从人、不知饥馑"，适应了当时社会经济发展的需要。新中国成立后，又增加了蓄水、暗渠供水功能，使都江堰工程的科技经济内涵得到了充分的拓展，适应了现代经济发展的需要。

都江堰水利事业工程针对岷江与成都平原的悬江特点与矛盾，充分发挥水体自调、避高就下、弯道环流特性，"乘势利导、因时制宜"，正确处理悬江、岷江与成都平原的矛盾，使其统一在一大工程体系中，变水害为水利。

两千多年前，都江堰取得这样伟大的科学成就，世界绝无仅有，至今仍是世界水利工程的最佳作品。1986 年，时任国际灌排委员会秘书长弗朗杰姆、国际河流泥沙学术会的各国专家参观都江堰后，对都江堰科学的灌溉和排沙功能给予高度评价。1999 年 3 月，联合国人居中心官员参观都江堰后，建议都江堰水利工程参评 2000 年联合国"最佳水资源利用和处理奖"。

【都江堰主要景观】

都江堰不仅是举世闻名的中国古代水利工程，也是著名的风景名胜区。都江堰附近景色秀丽，文物古迹众多，主要有二王庙、伏龙观、安澜索桥等。

二王庙位于岷江右岸的山坡上，前临都江堰，原为纪念蜀王的望帝祠，齐建武（公元 494 年—公元 498 年）时改祀李冰父子，更名为"崇德祠"。宋代以后，李冰父子相继被皇帝敕封为王，故而后人称之为"二王庙"。庙内主殿分别供奉有李冰父子的塑像，并珍藏有治水名言、诗人碑刻等。建筑群分布在都江堰渠首东岸，规模宏大，布局严谨，地极清幽，是庙宇和园林相结合的著名景区。占地约 5 万余平方米，主建筑约 1 万平方米。二王庙分东、西两菀，东菀为园林区，西菀为殿宇区。全庙为木结构建筑，庙寺完全依靠自然地理环境，依山取势，在建筑风格上不强调中轴对称。上下重叠交错，宏伟秀丽，环境幽美。

伏龙观位于离堆公园内。其下临深潭，传说因李冰治水时曾在离堆之下降伏孽龙，故北宋初年人们改祭李冰，取名"伏龙观"。现存殿宇三重，前殿正中立有东汉时期（公元 25 年—公元 220 年）所雕的李冰石像。殿内还有东汉堰工石像、唐代金仙和玉真公主在青城山修道时的遗物——飞龙鼎。

安澜索桥又名"安澜桥"、"夫妻桥"。位于都江堰鱼嘴之上，横跨内外两江，被誉为"中国古代五大桥梁"，是都江堰最具特征的景观。始建于宋代以前，明末毁于战火。古名"珠浦桥"，宋淳化元年改"评事桥"，清嘉庆建新桥更名为"安澜桥"。原索桥以木排石墩承托，用粗竹缆横挂江面，上铺木板为桥面，两旁以竹索为栏，全长约五百米，现在的桥为钢索混凝土桩。

卧铁是埋在内江"凤栖窝"处的淘滩标准，也是内江每年维修清淘河床深浅的标志。相传李冰建堰时在内江河床下埋有石马，作为每年淘滩深度的标准，后来演变为卧铁。现有四根卧铁分别是明朝万历四年、清同治三年、民国十六年和1994年埋下的。现在游客在离堆古园内喷泉处能看到的是这四根卧铁的复制品，其真品还埋在内江河床下。

此外，都江堰还有其他景点，包括奎光塔、虹口景区、南桥、园明宫、清溪园、都江堰城隍庙、玉垒关、离堆公园、秦堰楼、玉垒山公园、掷笔槽、青城外山景区、幸福大道、翠月湖、灵岩寺。

加速秦统一天下的进程——郑国渠

【概述】

郑国渠位于今天陕西省的泾阳县西北二十五千米的泾河北岸，是最早在关中建设的大型水利工程，战国末年秦国穿凿。公元前246年（秦王政元年）秦王采纳韩国人郑国的建议，并由郑国主持兴修的大型灌溉渠，它西引泾水东注洛水，长一百五十多千米，灌溉面积当时号称四万顷，相当于现在二百八十万亩。

【干渠渠道】

关于郑国渠的渠道，《史记》、《汉书》都记得十分简略，《水经注·沮水注》比较详细一些。根据古书记载和今人实地考查，大体说，它位于北山南麓，在泾阳、三原、富平、蒲城、白水等县二级阶地的最高位置上，由西向东，沿线与冶峪、清峪、浊峪、沮漆（今石川河）等水相交。将干渠布置在平原北缘较高的位置上，便于穿凿支渠南下，灌溉南面的大片农田。可见当时的设计是比较合理的，测量的水平也已很高了。

泾河从陕西北部群山中冲出，流至礼泉就进入关中平原。平原东西数百里，南北数十里。平原地形特点是西北略高，东南略低。郑国渠充分利用这一有利地形，在礼泉县东北的谷口开始修干渠，使干渠沿北面山脚向东伸展，很自然地把干渠分布在灌溉区最高地带，不仅最大限度地控制灌溉面积，而且形成了全部自流灌溉系统。郑国渠开凿以来，由于泥沙淤积，干渠首部逐渐填高，水流不能入渠，历代以来在谷口地方不断改变河水入渠处，但谷口以下的干渠渠道始终不变。

【修建背景】

战国后期，秦国逐渐强大，要出兵讨伐东方各国，韩国首当其冲，岌岌可危。想到秦国大兵压境，吞并韩国的情景，韩王不免忧心忡忡。一天，韩王又召集群臣商议退敌之策，一位大臣献计说，秦王好大喜功，经常兴建各种大工程，我们可以借此拖垮秦国，使其不能东进伐韩。韩王听后，喜出望外，立即下令物色一个合适的人选去实施这个"疲秦之计"。后来水工郑国被举荐承担这一艰巨而又十分危险的任务，受命赴秦。

郑国到秦国面见秦王之后，陈述了修渠灌溉的好处，极力劝说秦王开渠引泾水灌溉关中平原北部的农田。秦王采纳了郑国的建议，委托郑国负责在关中修建一条大渠。郑国根据关中平原北部的地形特点，经过精心测量，决定从中山（今陕西泾阳西北）以西谷口的地方开渠，直至洛河，渠长15多千米。

工程进行当中，韩国的疲秦之计被发觉，秦王要杀掉郑国。郑国平静地说："不错，开始我确实是作为间谍建议修渠的。我作为韩国臣民，为自己的国君效力，这是天经地义的事，杀身成仁，也是为了国土社稷。不过当初那疲秦之计，只不过是韩王的一厢情愿罢了。陛下和众大臣可以想想，即使大渠竭尽了秦国之力，暂且无力伐韩，对韩国来说，只是苟安数岁罢了，可是渠修成之后，可为秦国造福万代。在郑国看来，这是一项崇高的事业。郑国并非不知道，天长日久，疲秦之计必然暴露，那将有粉身碎骨的危险。郑国之所以披星戴月，为修大渠呕心沥血，正是不忍抛弃这项崇高事业。若不为此，渠开工之后，恐怕陛下出10万赏钱，也无从找到郑国的下落了。"

秦王被郑国的话打动了，让他继续主持修渠。经过几个寒冬酷暑，经过成千上万民众的艰苦努力和辛勤劳动，大渠终于修成了。渠成之后，引来含有泥沙的泾水灌溉关中北部的盐碱地四万多顷，每亩可以收获粮食六石四斗。于是关中成为肥沃的田野，再也没有荒年。秦国因此富强起来，吞并了各个诸侯国，统一了天下。关中地区的老百姓为了纪念郑国的业绩，就把这条渠命名为"郑国渠"。

【独创之处】

郑国渠这条从泾水到洛水的灌溉工程，在设计和建造上充分利用了当地的河流和地势特点，有不少独创之处。

第一，在渠系布置上，干渠设在渭北平原二级阶地的最高线上，从而使整个灌区都处于干渠控制之下，既能灌及全区，又形成全面的自流灌溉。这在当时的技术水平和生产条件之下，是件很了不起的事。

第二，渠首位置选择在泾水流出群山进入渭北平原的峡口下游，这里河身较窄，引流无须筑过长的堤坝。另外这里河床比较平坦，泾水流速减缓，部分粗沙因此沉积，可减少渠道淤积。

第三，在引水渠南面修退水渠，可以把水渠里过剩的水泄到泾河中去。川泽结合，利用泾阳西北的焦获泽，蓄泄多余渠水。

第四，采用"横绝"技术，把沿渠小河截断，将小河的河水导入干渠之中。"横绝"带来的好处一方面是把"横绝"了的小河下游腾出来的土地（原小河河床）变成了可以耕种的良田。另一方面小河水注入郑国渠，增加了灌溉水源。

【重要意义】

郑国渠是一个规模宏大的灌溉工程。干渠总长一百五十多千米。在关中平原北部，泾、洛、渭之间构成密如蛛网的灌溉系统，使高旱缺雨的关中平原得到灌溉。郑国渠修成后，大大改变了关中的农业生产面貌，用注填淤之水，溉泽卤之地。就是用含泥沙量较大的泾水进行灌溉，增加土质肥力，改造了盐碱地4万余顷。一向落后的关中农业，迅速发达起来，雨量稀少，土地贫瘠的关中，变得富庶甲天下（《史记·河渠书》）。

郑国渠修成后，曾长期发挥灌溉效益，促进了关中的经济发展。司马迁把郑国渠兴建的事迹记载在《史记》中，并将郑国渠与秦国兼并诸侯相联系，足见其对该水利工程评价之高。这项原本为了消耗秦国国力的渠道工程，反而大大增强了秦国的经济实力，加速了秦统一天下的进程。

郑国渠的修成，为充实秦的经济力量，统一全国创造了雄厚的物质条件。

郑国渠渠首工程布置在泾水凹岸稍偏下游的位置，这是十分科学的。在河流的弯道处，除通常的纵向水流外，还存在着横向环流，上层水流由凸岸流向凹岸，河流中最大流速接近凹岸稍偏下游的位置，正对渠口，所以渠道进水量就大得多。同时水里的大量的细泥也进入渠里，进行淤灌。横向环流的下层水流却和上层相反，由凹岸流向凸岸，同时把在河流底层移动的粗砂冲向凸岸，这样就避免了粗砂入渠堵塞渠道的问题。

农业生产

世界古代水利建筑明珠——灵渠

【概述】

灵渠在广西壮族自治区兴安县境内，也叫兴安运河或湘桂运河，由于是在秦朝开凿的，又叫秦凿渠，长三十多千米。灵渠是世界上最古老的运河之一，与都江堰、郑国渠被誉为"秦代三个伟大水利工程"，有着"世界古代水利建筑明珠"的美誉。

【修建背景】

据《史记·主父偃传》记载，"六王毕，四海一"。公元前221年，秦始皇吞并六国、平定中原后，立即派出三十万大军，北伐匈奴；接着，又挥师五十万南下，平定"百越"。公元前219年，秦始皇出巡到湘江上游，他根据当时需要解决南征部队的粮饷运输问题，作出了凿渠运粮的决定。开凿灵渠任务十分艰巨，秦始皇将其交由监御史史禄和三位石匠负责。在杰出的水利家史禄的领导下，秦朝军士和当地人民一起，付出了艰苦劳动，劈山削崖，筑堤开渠，把湘水引入漓江。古人感佩于史禄开凿灵渠居功至伟，称赞他"咫尺江山分楚越，使君才气卷波澜"。兴安县也留下了为纪念三位石匠而留下的"三将军墓"。灵渠凿成通航后，汉代马援，唐代李渤、鱼孟威又继续主持修筑灵渠。灵渠南渠岸边的四贤祠内，至今还供奉着史禄和他们的塑像。

灵渠成了打开南北水路交通的要道，至今有二千二百多年的历史，仍然发挥着功用。灵渠在向世人展示着中华民族不畏艰险、刻苦耐劳精神的同时，也展示着中华民族丰富的智慧和无穷的创造力。

【设计施工】

中国长江流域与珠江流域之间，隔着巍巍的五岭山脉，陆路往来已很难，水运更是无路可通。但是，长江支流的湘江上源与珠江支流的上源，恰好同出于广西兴安县境内，而且近处相距只1.5千米许，中间的低矮山梁，也高不过三十米，宽不过五百米。灵渠的设计者就是利用这个地理条件，硬是凿出一条水道，引湘入漓，蜿蜒行进于起伏的丘陵间，联结起分流南北的湘江、漓江，勾通了长江水系与珠江水系。

灵渠的渠道工程非常艰巨复杂。南渠一路，都是傍山而流，途中要破掉几座拦路的山崖。尤其是在跨越分水岭，即太史庙山时，更要从几十米高的石山身上，劈开一条河道。这样的工程，在一无先进机械，二无炸药的条件下，全凭双手和简单工具，充分表现了当时人的智慧。

灵渠水利枢纽工程虽然简单，但所有设计和施工的参与者忠诚守责，精细严谨地开好每一块石料，接好每一道石缝，才使枢纽的每一个细节都经得起长期风雨的侵袭、流水的冲击，才会屹立两千多年而不朽。

【主要工程】

灵渠的工程主要包括南渠和北渠、大小天平石堤、铧嘴、陡门和秦堤。

南渠和北渠是灵渠的主体工程，总长三十多千米。

大小天平石堤起自兴安城东南龙王庙山下呈"人"字形，左为大天平石堤，伸向东岸与北渠口相接；右为小天平石堤，伸向西岸与南渠口相接。

铧嘴位于"人"字形石堤前端，用石砌成，锐削如铧犁。铧嘴类似都江堰的鱼嘴，当海阳河流来的水大时，灵渠可以通过大小天平等，把洪水排泄到湘江故道去，保证了运河的安全。灵渠选择在湘江和漓江相距很近的地段，这里水位相差不大，并且使运河路线迂回，来降低河床比降，平缓水势，便于行船。在铧嘴前开南北两条水渠，北渠仍通湘江，南渠就是灵渠，和漓江相通。湘江上游，海阳河流来的水被铧嘴一分为二，分别流入南渠和北渠，这样就连接了湘江和漓江。

陡门为提高水位、束水通舟的设施。明、清两代仍有陡门三十多处。船闸主要建于河道较浅、水流较急的地方。秦堤由小天平石堤终点至兴安县城上水门东岸，长两千米。

【屹立千年】

灵渠之所以成为历史上最古老、最有科技含量的大型阻水溢洪滚水坝之一，关键在"水浸松木千年在"。秦人将松木纵横交错排叉式地夯实插放在坝底，其四围再铺以用铸铁件铆住的巨型条石，形成整体。两千多年来任凭洪水冲刷，大坝巍然屹立。内中奥秘，直至20世纪80年代维修大坝时才发现。

灵渠能够保存到现在，除了它自身的坚固之外，显然还与一代代人对它的精心保护分不开。灵渠一些地段滩陡、流急、水浅，航行困难。为解决这个问题，古人在水流较急或渠水较浅的地方，设立了陡门，把渠道划分成若干段，装上闸门，打开两段之间的闸门，两段的水位就能升、降到同一水平，便于船只航行。灵渠最多时有陡门36座，因此又有"陡河"之称。灵渠上的陡门，是世界上最早的船闸，是灵渠上又一个中国古代建筑史上的惊世之作，它对世界水利航运发展有过重大的影响。1986年11月，世界大坝委员会的专家到灵渠考察，称赞"灵渠是世界古代水利建筑的明珠，陡门是世界船闸之父"。

灵渠无论在历朝历代管理灵渠的官员眼里，还是在世代生活于灵渠边的平常百姓心中，都清楚它不可替代的价值，知道它对于中国和个人生活的重要意义，不管是于公于私，还是出于责任或良心，大家都把竭心尽力地管理好和爱护好灵渠，当成天经地义的事情。

【历史地位】

灵渠的设计和布局都很科学，在世界航运史上占有重要的地位。

灵渠的凿通，沟通了湘江、漓江，打通了南北水上通道，为秦王朝统一岭南提供了重要的保证，大批粮草经水路运往岭南，有了充足的物资供应，秦军在百越战场上兵锋凌厉、势如破竹。公元前214年，即灵渠凿成通航的当年，秦兵就攻克岭南，随即设立桂林、象郡、南海三郡，将岭南正式纳入秦王朝的版图，加上在福建建立的闽中郡，使秦朝郡级建置超过三十六个，秦朝因而形成了在中国历史上第一个大一统的中央集权制的国家。

灵渠连接了长江和珠江两大水系，构成了遍布华东华南的水运网。自秦以来，对巩固国家的统一，加强南北政治、经济、文化的交流，密切各族人民的往来，都起到了积极作用。灵渠虽经历代历朝，至今依然发挥着重要作用。

有人用"北有长城，南有灵渠"的说法来证明它的历史地位。作为世界最早的人工运河之一，灵渠曾经导引过无数南来北往的舟船，也曾有过无限的风光；它灌溉土地，泽及天下两千多年而不息，也在无数人的心里留下了美好的记忆。灵渠的魅力绝不需要依靠热闹来体现，灵渠的价值和吸引力也并不以游客多少来衡量。

1963年3月，郭沫若游览灵渠，曾称赞道："秦始皇三十三年史禄所凿灵渠，斩山通道，连接长江、珠江水系，两千余年前有此，诚足与长城南北相呼应，同为世界之奇观。"灵渠在经过了两千多年的风雨岁月，经历了众多的朝代更迭之后，安详得就像一位饱经风雨变化已无忧，见惯世道兴衰而不惊，安然避世于山野的隐者化身，从容淡泊于海阳山下，终日以清清流水为伴，任天上流云往来舒卷，岁月匆匆流逝一去不还。灵渠在沉静中释放令人无法抗拒的力量，使走近它的人变得心境平和，甚至有了那种进入圣地般虔诚的心态。

【灵渠景点】

秦文化广场：宽阔的广场体现出浓郁的秦代文化，有高达3.9米的中国第一壶——龙耳方壶，壶身夔纹装饰，显得华贵庄重，具有皇家气势；有当时秦始皇号召天下归一的诏版，此诏版显示了灵渠的修建促进了中国南北的统一，有细说湘漓同源的石鼓文，有天下统一后的度、量、衡、文字、货币等，无不显示出秦代的风情气势。

四贤祠：四贤祠因奉祀对开凿和完善灵渠有功的秦监御史禄、汉伏波将军马援、唐桂管观察使李渤、防御使鱼孟威而得名，四贤祠元代以前就存在，叫灵济庙，清代太平军攻占兴安时，战火延至四贤祠，祠庙被火焚毁，现存四贤祠为1985年重建，祠内有四贤塑像及天下奇观——古树吞碑。

水街：水街是指古灵渠流经兴安县城的南北两岸，全长980米。因为它依灵渠水而成街，所以人们叫它水街。水街是灵渠历史文化景区的重要部分。整个水街主要体现古建筑文化、古桥文化、石雕文化、灵渠文化和岭南市井风俗文化五大部分。这里的古建筑、亭台、古桥、雕塑等载体鲜活地再现着世界上最古老的运河——灵渠曾经的沧桑和辉煌。这里触手可及的市井风情清晰地演绎着中原文化与岭南文化的碰撞和融合。因此，漫步水街有如徜徉于一条历史文化长廊，这里彰显江南水乡民居的特点，又融入岭南百越民居吊脚楼的特色。

水街的接龙桥始建于宋太平兴国八年（公元983年），现在所见的接龙桥是2003年在原址上重修。这里的"接龙"在当地有三种说法，一是龙驾，二是接龙脉，三是接龙舟。事实上每年的农历五月端午节，兴安县都要举行盛大的龙舟比赛。比赛之前一系列的祭龙仪式必须都是从这里开始的。

水街的望楼是一座以土木为主的各类楼阁式建筑楼，这就是两千多年前兴安秦城望楼的再现。它主要用于瞭望、报警等军事防御的目的。秦始皇为了统一中国，五十万大军发兵岭南，由于遭遇百越民族人民的坚强抵抗而"三年不解甲驰弩"。秦军边开凿灵渠，边在南边灵河与大溶江交汇处的三角洲上筑城屯兵，筑起了最早的秦城。此后，秦汉时期在兴安建造过若干大大小小的城，这些城一直到唐代都是屯兵的要地。至今还留下了五处大小不等的城址，习惯上称秦城遗址。1990年以来，通过对秦城遗址的发掘，发现秦城的四个角上都筑

农业生产

有这样的望楼，城内还发现有炼铁的痕迹。

世界上最长的人工运河——京杭大运河

【概述】

京杭大运河，是世界上里程最长、工程最大、最古老的运河之一，与长城并称为中国古代的两项伟大工程。京杭大运河北起北京（涿郡），南到杭州（余杭），途经北京、天津两市及河北、山东、江苏、浙江四省，贯通海河、黄河、淮河、长江、钱塘江五大水系，全长约一千七百九十四千米，开凿到现在已有两千五百多年的历史。其部分河段依旧具有通航功能。

【历史沿革】

京杭大运河的开凿与演变大致分为三个时期：

第一期为运河的萌芽时期。春秋吴王夫差十年（公元前486年）开凿邗沟（从江都即今扬州市的邗口至山阳即今淮安市的末口），以通江淮。至战国时代又先后开凿了大沟（从今河南省原阳县北引黄河南下，注入今郑州市以东的圃田泽）和鸿沟，从而把江、淮、河、济四水沟通起来。

第二期主要指隋代开凿阶段。隋朝时开凿的运河分为四段，即永济渠、通济渠、邗沟和江南河。

以东都洛阳为中心，于大业元年（公元605年）开凿通济渠，直接沟通黄河与淮河的交通。并改造邗沟和江南运河。两年后又开凿永济渠，北通涿郡。连同公元584年开凿的广通渠，形成多枝形运河系统。到隋炀帝时，为了加强中央集权和南粮北运，开凿京淮段至长江以南的运河，全长两千四百多千米。

第三期运河主要指的是元、明、清开凿阶段。此时期开凿的运河分为通惠河、北运河、南运河、鲁运河、中运河、里运河、江南运河七段。元代开凿的重点段是山东境内泗水至卫河段和大都至通州段。至元（元世祖忽必烈年号）十八年（1281年）开济州河，从任城（济宁市）至须城（东平县）安山，长七十五千米；至元二十六年（1289年）开会通河，从安山西南开渠，由寿张西北至临清，长一百二十五千米千米；至元二十九年（1292年）开通惠河，引京西昌平诸水入大都城，东出至通州入白河，长二十五千米；至元三十年（1293

年）元代大运河全线通航，漕船可由杭州直达大都，成为今京杭运河的前身。

明、清两代维持元代的运河，明时重新疏浚元末已淤废的山东境内河段，从明中叶到清前期，在山东微山湖的夏镇（今微山县）至清江浦（今淮安）间，进行了黄运分离的开泇口运河、通济新河、中河等运河的开挖工程，并在江淮之间开挖月河，进行了湖漕的分离工程。

目前，京杭运河的通航里程为一千四百四十二千米，其中全年通航里程为八百七十七千米，主要分布在山东济宁市以南、江苏和浙江三省。

【历史意义】

京杭大运河是中国古代劳动人民创造的一项伟大工程，是中国仅次于长江的第二条"黄金水道"，是祖先留给我们的珍贵物质和精神财富，是活着的、流动的重要人类遗产，在中国乃至人类历史上具有重要意义。

第一，运河开通促进了整个运河区域社会经济的发展。

大运河的开凿与贯通，营造了新的自然环境、生态环境、生产环境，极大地促进了整个运河区域社会经济的发展。

隋唐以后，运河的贯通直接导致了南北方农业生产技术的广泛交流、南北方农作物品种的相互移植与栽培，促进了南北方商品农业经济的发展。特别是明代中后期，在商品经济发达的江南运河区域，如苏州、杭州等地的某些行业中已出现了资本主义性质的手工工场和包买商。

随着运河区域商品经济的繁荣，更直接导致一批运河城市的兴起。由运河开发、畅通而兴起的商业城市，从今日北京南下，经天津、沧州、德州、临清、聊城、济宁、徐州、淮安、扬州、镇江、常州、无锡、苏州、嘉兴、杭州、绍兴，直到宁波，宛如一串镶嵌在运河上的明珠，璀璨辉映，耀人眼目。其共同特点都是工商繁荣、客商云集、货物堆积、交易繁盛，成为运河上一个个重要的商品集散地。

第二，大运河对封建王朝的政治局势有重要作用。

从历史上看，贯通南北的大运河对历代封建王朝的政治局势有着举足轻重的作用。由于运河区域在全国范围内，始终处于政治、军事、经济、文化诸方面的重要地位，因而成为历代封建王朝着力控制的最重要的区域，每一代的统治者也都要凭借运河这个理想的地理位置、优越的经济条件和人文环境，总揽大局，驾驭全国。

农业生产

因此，大运河也就成了维系中央集权和中国大一统局面的政治纽带，使隋唐以后政治中心逐渐北移的历代皇朝呈现出强烈的大一统色彩，特别是元朝实现全国统一以后，直至明、清两朝，中国再也没有出现大的分裂，从而奠定了祖国大一统局面的坚实基础。

第三，对多元一体文化的形成和发展起着重要的推动作用。

独具特色的运河文化不仅是中华民族多元一体文化的重要组成部分，而且对中华民族多元一体文化的形成和发展起着重要的推动作用。

运河文化以其博大的包容性和统一性、广阔的扩散性和开放性，强大的凝聚力和向心力，不仅加强了中国传统思想文化发源地齐鲁地区与中原地区、江南地区的文化交融，更把汉唐的长安、洛阳，两宋的开封、杭州和金、元、明、清的北京连为一体，不断减少区域文化的差异而呈现共同的文化特征，从而使各个区域文化融合为中华民族的多元一体的大一统文化；同时，也使运河区域成为人才荟萃之地，文风昌盛之区。

第四，扩大对外交往和中外经济文化交流。

南北大运河的开通，使东南沿海地区与全国各地的联系更为直接而紧密，尤其是运河区域经济文化的繁荣与发展，使之成为对外交往和扩大中外经济文化交流的前沿地区。中国的邻近国家和地区以及西亚、欧洲、东非各国纷纷派遣使团和商队来到中国，在各沿海港口靠岸，遂即沿运河航行到达京师及各地，进行着频繁的经济文化交流，有的更直接迁居于运河区，使这一地区成为内迁各少数民族和外国使者、商人、留学生及其他各方人士集中的地区。他们把中国先进的文化带到世界各地，扩大了中国对世界的影响；而国外优秀的文化也传播到中国，不仅更加丰富了运河区域文化的内容，而且也促进了中华民族文化的发展。

第五，新中国成立后大运河的综合效益明显。

新中国成立后，国家将京杭大运河列为重点发展的内河航运主干线之一。尤其是改革开放后，运河建设的步伐进一步加快。运河不仅承担了繁忙的运输重任，同时还发挥着巨大的防洪、灌溉、供水、旅游等多种综合效益。历经沧桑，饱受风雨后的古运河，经过治理，必将重新焕发出青春的生机，对今后运河沿线的经济文化的发展继续发挥重要的作用。

中国古代的伟大发明——养鱼法

【概述】

我国养鱼业的发展源于悠久的历史，是鱼类养殖业的大国，但尚不是强国。

公元前两千五百年，中国人已经懂得养鱼。那时，我国人民能用人工孵化鱼卵，把它养大食用。从古代的池塘养鱼，已发展为水库、湖泊、江河乃至近海海水网箱养鱼。养鱼业对改变农村以及沿海地区的经济结构，改善人民生活都发挥了巨大的作用。从养鱼还发展到养蟹、虾、藻类、贝类、珍珠等。

【历史考据】

早在旧石器时代，如10万年前山西汾河流域的"丁村人"以及一万年前北京周口店"山顶洞人"，就发现渔猎工具。历经新石器时期、夏商周秦汉，渔猎技术不断改进，延续至今。这有考古与文献可以证明。

至于养鱼，甲骨文的记载虽有争议，但《诗经·大雅·灵台》的"王在灵沼，于牣鱼跃"，足见西周初年已有池塘养鱼的可能。这在世界上也属于最早的文献记录了。进入东周时期，据唐欧阳询《艺文类聚》卷九十六《鱼》载："《吴越春秋》（今本《吴越春秋》无此一段文字，是佚文。此段佚文又见于《太平御览》卷八百十二、《事类赋注》二十九、《说郛》卷第二）曰：越王既栖会稽，范蠡等曰：'臣窃见会稽之山，有鱼池，上下二处，水中有三以及江四渎之流，九溪六谷之广。上池宜于君王，下池宜于臣民。畜鱼三年，其利可以致千万，越国当富盈。'"范蠡生活的吴越地区，特别是古越族居住地区，很早就有"饭稻羹鱼"的历史。

2005年，联合国粮农组织给浙江青田县龙现村的稻田养鱼举行世界遗产的挂牌仪式，龙现村的稻田养鱼已有一千二百多年的历史。1978年，在四川勉县东汉墓出土红陶水田模型，稻田中有荷、菱、萍、鳖、鱼模型。鱼类有草鱼、鲫鱼四条。足见稻田养鱼，在两千年前已遍及江南地区。

【历史发展】

早在公元前两千五百年，我们的祖先就已懂得养鱼了，这也使得我国成为世界上人工养鱼最早的国家。尤其令人难以置信的是，那时的人民已学会人工孵化鱼卵，并把它们放入池塘喂养大。

到了殷商时期，我国就有关于养鱼方面的文字记载了。出土的殷商甲骨文上，有"贞其雨，在圃渔"的文字。其中"在圃渔"意思就是在人工的园圃或池塘中捕鱼，这说明当时已经有人工养鱼了。

到了春秋时期，我国已开始大规模养鱼了，《吴郡诸山录》中有"吴王鱼城在其间，当时养成鱼于此"。当时的越国大夫范蠡总结前人的经验，著就人类历史上第一部养鱼专著《养鱼经》。虽然此著全文中只有五百余字，但它以精练的文字对鲤鱼繁育、饲养技术和天然饵料的利用均做了详尽叙述。随后，养殖鲤鱼业获得空前的发展。

到了唐代，由于皇帝姓李，与鲤谐音，鲤鱼一下子成了皇室的象征，官方法律明令禁止捕食鲤鱼，使养鲤业受到很大的摧残。不过，令人欣慰的是，禁鲤令促进了人们对青、草、鲢、鳙的驯养，逐渐形成我国传统四大家鱼混养体系。这是养鱼技术上的一大跃进，使我国的养鱼业跨进了一个新的发展阶段。

到了宋明清后，我国养鱼业进一步发展，饲养技术更加完善，对鱼池建造、鱼种搭配、放养密度、分鱼、投饲与施肥、转塘、鱼病治疗等方面积累了丰富的知识，为今天淡水渔业的发展奠定了坚实的基础。

"眼似珍珠鳞似金，时时动浪出还沈。河中得上龙门去，不叹江湖风月深。"这是唐代诗人章孝标的一首七言绝句《鲤鱼》，它形象地描写了鲤鱼的外形及喜好，写得生动活泼，有跃然纸上之感。

【养鱼专著】

我国养殖鱼类有三千多年的悠久历史，其间有不少关于鱼类的著述。现存的古代鱼书主要有如下数种：

《养鱼经》：又名《范蠡养鱼经》、《陶朱公养鱼法》。春秋战国时期，我国的养鱼业已相当发达，越国大夫范蠡在帮助越王勾践灭吴复国后，辞去官辞，便带着西施隐居在现在的无锡太湖之滨。范蠡提出"种竹养鱼千倍利"的主张，大力发展养鱼事业。公元前475年，范蠡把自己的养鱼经验写成《养鱼经》。全书仅三百四十三字，却开创了我国的科学养鱼记录，比古希腊学者亚里士多德所著《动物史》（该书把鱼列入分类系统）还早一百多年，成为世界上最早的一部养鱼著作。范蠡的养鱼理论中，已提及雌雄鲤鱼配比以及鲤鳖混养等内容，颇有参考价值。

《种鱼经》：亦称《养鱼经》、《鱼经》。作者为明代学者黄省曾。黄省曾，字勉之，别号"五岳山人"，南京吴县人，系嘉靖年间举人。《种鱼经》共一卷，分三篇，分别讲述鱼苗、养鱼方法及鱼的种类，也是较早的一部鱼书。

《闽中海错疏》：分为三卷，为明代屠本畯所著。本畯字田叔，浙江鄞县人，是个学者，写过多种鱼书、农书。本书是他在福建任官时期所作，前面有"自序"，题"万历丙申"，即公元 1596 年。书中专记闽海的水族，计"鳞部"二卷，共一百六十七种；"介部"一卷，共九十种。后面还附记并非产于当地，但时常看到的水产两种。该书在介绍每种水产时都注明形态和习性，有的还附作者的按语，或援引典籍。《闽中海错疏》在描述海产动物生态时，很注重科学性，有的释文还很生动，是一部规模较大的古代鱼书。屠本畯还有一卷《海味索引》，本书的规模不及《闽中海错疏》，但可视为该书的姐妹篇。

《鱼品》：一卷，为明代万历进士顾起元所撰，作者自号"遁园居"，南京江宁人，书中记载了数十种鱼，皆为江东地区所产，文字极为简单。

《渔书》：这是一部残存的鱼类专著，但内容丰富，颇具参考价值。据已故著名农学家王毓瑚推测，"看来全书可能是十四或十六卷"。（《中国农学书录》）残存的为二至十三卷，从卷二到卷十列记水产，每卷为一类，均有卷目，分别标为"神品"、"巨品"、"珍品"、"杂品"、"介品"、"柔品"、"畜品"、"蔬品"、"海兽"，内容杂引古代文献，近似谱录。卷十一为"渔具"，又分"网类"、"杂具"、"渔舟渔筏"等子目。卷十二题"附记载"，征引典籍经文。卷十三题"附记异"，摘录各种杂记小说中的记载。此书留存下来的为明刻残本，作者及年代均无考。但从书中文字可推知作者大约就是该书按语中时时出现的"蠡史"，"蠡"自然取于"范蠡"之意了。又据卷三"海大鱼"条的按语："余家海上，与大海通，故大鱼往往见面知之。"卷四"江瑶柱"条有"余在越三年"，可知作者的家乡一定在沿海地区，但又不是浙江（越）人。《渔书》中所记渔具的内容，为他书所罕见，可称该书特色。书中还记有以声探鱼的古法，如卷四"石首鱼"条写道："每岁四月，自海洋绵亘数里，其声如雷，海人以竹筒探水底，闻其声，用下网截流取之。"这种方法十分可取。

《官井洋讨鱼秘诀》：此书的作者及写作年代亦无考，但书的扉页上注明系清代乾隆八年抄录。官井洋为海名，书中专讲官井洋内的暗礁位置以及鱼群早晚随着潮汐进退的动向，极为详细，并述及寻找鱼群的秘诀，是一本很有实用价值的鱼书。

《记海错》：一卷，系清代训诂大家郝懿行所撰。作者的家乡在山东滨海地区，对大海很熟悉，见过的海产也很多。书中所记海产共四十九种，并征引古籍试加贯通，对某些海产的得名还作了简明的解释。据书前小引所题为"嘉床丁卯"，即1807年成书。

《海错一百录》：这是一部相当全面的福建海产记录，共五卷，为清代郭柏苍所著。郭柏苍，字帘秋，福建侯官人，对当地海产相当熟悉。该书内容包括"记渔、记鱼、记介、记壳石、记虫、记盐、记菜"等部分，并附录"海鸟、海兽、海草"。此书作于光绪十二年，即1886年。

从以上几部鱼书，足见我国古代人民对鱼类已有精深的研究，录之于文人笔下，给今人留下了一份宝贵的财富。

【范蠡对养鱼业的贡献】

范蠡（公元前536年—公元前448年），字少伯，生卒年不详，汉族，春秋楚国宛（今河南南阳）人。春秋末著名的政治家、军事家和实业家。后人尊称"商圣"。他帮助勾践兴越国，灭吴国，一雪会稽之耻，功成名就之后急流勇退，化名姓为鸱夷子皮，变官服为一袭白衣与西施西出姑苏，泛一叶扁舟于五湖之中，在无锡五里湖养鱼以治产，在此著《养鱼经》一书，兼营副业并经商，没有几年，就积累了数千万家产。他仗义疏财，施善乡梓，范蠡的贤明能干被齐人赏识，齐王把他请进国都临淄，拜为主持政务的相国。他喟然感叹："居官至于卿相，治家能致千金；对于一个白手起家的布衣来讲，已经到了极点。久受尊名，恐怕不是吉祥的征兆。"于是，才三年，他再次急流勇退，向齐王归还了相印，散尽家财给知交和老乡。

中国古代养鱼业的发展，深受《养鱼经》的影响，南朝宋刘义庆《世说新语·任诞篇》引《襄阳记》："汉侍中习郁于岘山南，依范蠡养鱼法作鱼池"。对此，郦道元的《水经注·沔水》有较详细的记载：沔水"东南流注马陂水。又东入侍中襄阳侯习郁鱼池。郁依范蠡养鱼法，作大陂，陂长六十步，广四十步，池中起钓台"。1965年，在陕西汉中县东汉墓中出土了按照范蠡《养鱼经》制成的随葬陂池模型。东汉以后，历经魏晋南北朝及其以后，养鱼法在《养鱼经》的基础上，持续发展，唐宋时期，据邵雍《渔樵问答》可知，养鱼工具、技术已达到与现今基本相同的完整模式。随着养鱼业的技术发展，元明清的学者在《养鱼经》的基础上，加以补充完善，如元人王祯《农书》、清人徐光启《农政全书》不但转载《范蠡养鱼经》，还对后来的养鱼捕鱼技术加以补充。明人还于淡水养鱼外，逐步扩展到海鱼，如林日瑞的《渔书》、黄省曾的《种鱼经》一卷、胡世安的《异鱼图赞》、明屠本畯著的《闽中海错疏》三卷、《海味索引》一卷、清郝懿行著《记海错》一百卷等。虽然养鱼从河湖淡水，发展到海产，但究其源均受《养鱼经》的影响。

近代现代养鱼业无论淡水或海产，受国外的船只、工具以及技术的影响，有了新的变化，但传统鱼类养殖经验也深入其中，由此推动我国鱼类养殖业，向更高层次发展。渔业及其水产，已置身世界的前列，水产养殖对我国经济的发展与商品经济贸易都具有举足轻重的地位。

范蠡的《养鱼经》（见于《齐民要术》卷六，因为重点是谈养鱼术，节选时不过四百余字）的内容是说范蠡向齐威王介绍致富之道虽有五种，而首在"水畜"，所谓"水畜"，就是挖池养鱼。接着介绍鱼池的规格以及如何养鱼。此书，在我国有重要影响，而且此书被翻译成日文、英文、俄文、法文、西班牙文等文字，在世界范围内广为传播，所以范蠡也就被民间首推为养鱼业的祖师。范蠡之外，浙江湖州（有中国鱼都之美称）一带民间奉为养鱼的祖师还有杨俊成。杨俊成是三国时建业（今江苏南京）人。他最早人工养殖了"青、草、鲢、鳙"四大家鱼。除杨俊成外，太湖渔民因大禹治水有名，有的地区造禹王庙，每年春季斋祭禹王，并请戏班子演戏酬神；五月、七月，出湖捕鱼时也要祭祀禹王。这种以禹王为保护神的，只在个别地区。也有的以姜太公为渔人或渔业的祖师神，但姜太公、杨俊成与范蠡比较起来的名气也没有范蠡大，范蠡便自然成为头号养鱼业的始祖。

民间关于范蠡的致富之道，传说首先是养鱼，他教人制陶，据说他是陶缸与秤的发明者，他还买卖过药材。在养鱼方面，司马迁称赞他的"授人以鱼，不如授人于渔"的思想。湖州一带民间传说，范蠡曾隐居蠡山养鱼，后至南浔范庄，首创外河拦箦养鱼法。桐庐蠡湖村一带百姓传说，"范蠡教人养鱼，用羊粪喂鱼；湖中栽菱、藕、茭白"，是立体养鱼法。现在陕西汉中出土的东汉仿范蠡养鱼池的陶制模型，也体现了这一养鱼模式。范蠡养鱼法造福后人的传说，直到清与近代还有人记载，如俞蛟《梦厂杂著·湖嘉风月》中载："昔陶朱公《置富奇书》，以养鱼种竹为先务。齐昌境内，遍处皆池沼，既可灌田，复可养鱼，而舍旁及丘陇，皆艺竹，宛有淇澳之风。"

因为范蠡对中国古代文化的影响，各地对范蠡的祭祀、纪念，历数千年而不断。当前，中国各地由于发展经济贸易与打造文化名县、名市的需要，各地为争夺范蠡作为商圣、养鱼、制陶祖师这一文化资源，十分激烈。司马迁在《史记·勾践世家》与《史记·货殖列传》中，曾记载范蠡于灭吴后，先是隐居太湖，再迁齐，后居于陶，并死于陶。从历史延续到今天，人们对范蠡文化资源的争夺与纪念，说明范蠡尚活在民众的心中，把他奉为养鱼业的祖师，只不过反映出他对后世的影响而已。

香飘前年的香茗——茶

【概述】

我国是茶树的原产地之一，也是世界上发现茶树和应用茶叶最早的国家。茶叶在古代称茶，又名槚、茗、荈等。公元前一世纪西汉蜀人王褒《僮约》中就有"武都买茶，杨氏担荷"，"烹茶尽具，酺已盖藏"的话，是我国烹茶、买茶的比较早的记载，也是后世认为饮茶起源于四川的根据之一。

我国茶叶一向以品质优良、品种繁多著称。现在世界上各产茶国家都直接或间接从我国引种过茶树或茶籽。而唐代陆羽（公元733年—公元804年）的《茶经》又是世界上第一部茶的专著。

【茶树栽培】

茶叶的应用，一开始是用野生鲜叶直接作为药用或饮用的，后来才有栽培茶树。我国已有两千多年的种茶历史了。据《四川通志》记载："汉时甘露祖师姓吴名理真"曾在蒙山种茶。晋代常璩《华阳国志》载有"园有芳蒻、香茗"，芳蒻是竹子，香茗是茶。既然种在园中，肯定是人工栽培的茶树。

到唐代，茶树栽培已经扩展到现在的江苏、安徽、江西、四川、湖北、湖南、浙江、福建、广东、云南、陕西、河南等省。当时农民致力种茶，崎角山麓遍植茶树，而且出现了官营茶园，关于茶树栽培的详细记载，比较早的见于唐代的陆羽《茶经》和韩鄂《四时纂要》等；元代的《四时类要》等书，也有关于茶树栽培的详细记载。

茶树是适宜短日照而且耐阴的植物，宋子安《试茶录》说："茶宜高山之阴而喜日阳之早。"一定的阳光照射，能使茶树茂盛，但是日光太强，叶片老得快，制成茶叶品质不好。云雾缭绕的山区出产的茶叶，又嫩又香。所谓"高山出名茶"，就是这个道理。所以我国古代茶园选择的标准，是"宜山中带坡坂"有树荫或北阴的地方，或者是"植木以资茶荫"。这样既有利于排水，又能提高茶树成活率和茶叶的品质。我国著名的绿茶婆源茶，就是栽培在乌柏树下的。如果平地种茶，那就要开沟泄水，因为茶树根受水浸泡容易死去。

【基本茶类】

绿茶：中国产量最多的一类茶叶，是不经过发酵的茶，即将鲜叶经过摊晾后直接下到二三百度的热锅里炒制，以保持其绿色的特点。绿茶具有香高、味醇、形美等特点。著名绿茶有西湖龙井、洞庭湖碧螺春、庐山云雾、信阳毛尖、六安瓜片等。

红茶：与绿茶恰恰相反，是一种全发酵茶。红茶的名字得自其汤色红。中国红茶品种主要有祁红、滇红、霍红、宜红、越红、川红、吴红等。其中尤以祁门红茶最为著名。

黑茶：原料粗老，加工时堆积发酵时间较长，使叶色呈暗褐色。是藏、蒙、维吾尔等我国少数民族不可缺少的日常必需品。黑茶有湖南黑茶、湖北老青茶、广西六堡茶、西路边茶、饼茶、方茶、圆茶等品种。云南普洱茶和湖南的安化黑茶就是中国传统的经典黑茶。

乌龙茶：即青茶，是一类介于红绿茶之间的半发酵茶。它既有绿茶的鲜爽，又有红茶的浓醇。因其叶片中间为绿色，叶缘呈红色，故有"绿叶红镶边"之称。乌龙茶在六大类茶中工艺最复杂的，其中做青工序是形成乌龙茶品质的关键步骤。乌龙茶泡法也很讲究，所以喝乌龙茶也被人称为喝工夫茶。主要花色有武夷岩茶、武夷肉桂、闽北水仙、铁观音、白毛猴、永春佛手、凤凰水仙、台湾乌龙、大红袍等。

黄茶：制法有点像绿茶，不过中间需要闷黄工序。主要花色有君山银针、蒙顶黄芽、北港毛尖、鹿苑毛尖、霍山黄芽、沩江白毛尖、温州黄汤、皖西黄大茶、广东大叶青、海马宫茶等。

白茶：中国的特产，只杀青，不揉捻，再经过晒或文火干燥后的茶。白茶外形、香气和滋味都是非常好的。主要产于福建的福鼎、政和、松溪和建阳等县，有银针、白牡丹、贡眉、寿眉几种。

花茶：最普通的花茶是用茉莉花制的茉莉花茶，普通花茶都是用绿茶制作，也有用红茶制作的。花茶主要以绿茶、红茶或者乌龙茶作为茶坯，配以能够吐香的鲜花作为原料，采用窨制工艺制作而成的茶叶。根据其所用的香花品种不同，分为茉莉花茶、玉兰花茶、桂花花茶、珠兰花茶等，其中以茉莉花茶产量最大。

【功效记载】

古今中外，人们之所以喜欢饮茶，是因为茶叶不仅是一种可口的饮料，而且饮茶有益健康。正因为茶叶具有这种功能，所以茶叶一经传入欧洲，很快就同咖啡、可可一起成为世界三大饮料之一。关于茶叶功效的记载，我国古籍中很多。例如《神农本草经》说，神农尝百草，遇毒，"得茶易解之"；"茶能令人少眠、有力、悦志"。东汉三国的医学家华佗在《食论》中说：苦茶久饮，可以益思。明代顾元庆《茶谱》中说："人饮真茶能止渴，消食，除痰，少睡，利水，明目益思，除烦去腻。人固不可一日无茶。"李时珍《本草纲目》中说："茶苦而寒……最能降火，火为百病，火降则上清矣。""温饮则火因寒气而下降，热饮则茶借火气而升散。"

据近代科学分析研究，饮茶确有清热降火、消食生津、利尿除病、提神醒脑、消除疲劳、恢复体力等功效。实践证明，劳动疲劳之后，脑力劳动困倦的时候，饮浓茶一杯，顿觉精神兴奋。因为茶中含有咖啡因，具有刺激神经、亢进肌肉收缩力、活动肌肉的效能，并能促进新陈代谢。炎热酷暑，喝一杯热茶，便觉凉爽。在丰餐盛宴以后，饮一杯浓茶，油腻食物便容易消化，这是因为茶中含有芳香油，能溶解脂肪。有人曾用白鼠做试验，发现每餐后饮茶十毫升的小白鼠，粪便中所含脂肪酸比不饮茶的少三分之二。还有人证实，茶汁有中和由偏食蛋白或脂肪而引起的酸性中毒的功效。因此一些以肉食为主的民族有"宁可一日无油盐，不可一日无茶"的说法。这些试验结果表明，我国古代关于茶叶功能的记载是相当科学的。

此外，茶中含有多种维生素和氨基酸、矿物质等。维生素C能抗坏血病。维生素B可以减少脑出血的发生。茶鞣质能凝固蛋白质，而且具有杀菌和抑制大肠杆菌、链球菌、肺炎菌活动的作用，因而能治疗细菌性痢疾，对伤寒霍乱也有一定的疗效。茶叶还有助于增强血管弹性，预防动脉硬化。国内外研究结果认为，饮茶对治疗慢性肾炎、肝炎和原子辐射都有一定效果。自古以来，我国中医药方中常常用到茶叶，现在济南中医药方中还经常要用到松萝茶。可见我国古代认为饮茶有益健康，用茶治病，是有科学根据的。

【茶文化】

茶文化是中华传统优秀文化的组成部分，其内容十分丰富，涉及科技教育、文化艺术、医学保健、历史考古、经济贸易、餐饮旅游等学科与行业，包含茶叶专著、茶与诗词、茶与歌舞、茶与小说、茶与美术、茶与婚礼、茶与祭祀、茶与禅教、茶与楹联、茶与谚语、茶事掌故、茶与故事、饮茶习俗、茶艺表演、陶瓷茶具、茶馆茶楼、冲泡技艺、茶食茶疗、茶事博览和茶事旅游等数方面。这里不作详细阐述，只对其现实意义作说明，即茶文化对现代社会的作用，主要有五个方面。

一是茶文化以德为中心，重视人的群体价值，倡导无私奉献，反对见利忘义和唯利是图。主张义重于利，注重协调人与人之间的相互关系，提倡对人尊敬，重视修生养德，有利于人的心态平衡，解决现代人的精神困惑，提高人的文化素质。

二是茶文化是应付人生挑战的益友。在激烈的社会竞争、市场竞争下，紧张的工作、应酬、复杂的人际关系，以及各类依附在人们身上的压力不轻。参与茶文化，可以使精神和身心放松一番，以应付人生的挑战，香港茶楼的这个作用十分显著。

三是有利于社区文明建设。经济上去了，但文化不能落后，社会风气不能污浊，道德不能沦丧和丑恶。改革开放后茶文化的传播表明，茶文化是有改变社会不正当消费活动、创建精神文明、促进社会进步的作用。

四是对提高人们生活质量，丰富文化生活的作用明显。茶文化具有知识性、趣味性和康乐性，品尝名茶、茶具、茶点，观看茶俗茶艺，都给人一种美的享受。

五是促进开放，推进国际文化交流。上海市闸北区连续四届举办国际茶文化节，扩大了闸北区对内对外的知名度，闸北区四套班子一致决定要将茶文化节一直办下去，并在闸北公园投资兴建茶文化景点，以期建成茶文化大观园。

国际茶文化的频繁交流，使茶文化跨越国界，广交天下，成为人类文明的共同精神财富。

【对外传播】

茶不仅是我国人民的传统饮料，也是世界人民普遍爱好的饮料之一，因此，茶很早就成为我国出口的主要商品了。

公元5世纪，我国茶叶开始输入亚洲一些国家，17世纪运往欧美各国。茶叶一旦传入外国，立即受到国外人士的珍视和欣赏，广为宣传。从此中国茶叶的功能和饮用方法先后为世界各国所了解，饮茶风尚逐渐盛行全球。因此我国茶叶输出量与日俱增。19世纪末以前，我国茶叶在世界市场上还是独一无二的。

输出量最盛时期的清光绪十二年（1886年），茶叶出口达二百六十八万担（合13.4万吨），值银五千二百二十万两，占出口总值半数以上，居我国出口商品的第一位。

我国不仅输出茶叶，而且向很多国家提供过茶树或茶籽。公元9世纪初茶树传入日本，17世纪茶籽传入爪哇，18世纪茶籽传入印度，19世纪茶树先后传入俄国和斯里兰卡等国。爪哇和印度还分别在公元1833年和1834年从中国运走茶工和制茶工具，在国内试种茶树和制茶。

新中国成立后，我国茶叶不仅行销五大洲近百个国家和地区，而且为了增进亚非人民的友谊，我国政府还协助马里、几内亚、摩洛哥、阿富汗等国引种了中国茶。现在"友谊之树"已经开花结果。马里的西卡索郊区试种我国茶树采制的第一批茶叶，品质优良，这种茶曾经在巴黎参加农业博览会，荣获一等奖。真是茶香万里，情及五洲。

我国最早的农书——《氾胜之书》

【概述】

《氾胜之书》是西汉晚期的一部重要农学著作，一般认为是我国最早的一部农书。《汉书·艺文志》著录作"《氾胜之》十八篇"，《氾胜之书》是后世的通称。作者氾胜之，汉成帝时人，曾为议郎，在今陕西关中平原地区教民耕种，获得丰收。

《氾胜之书》早佚，北魏贾思勰《齐民要术》多所征引。清人辑佚本以洪颐所辑为优。今人石声汉撰有《氾胜之书今释》、万国鼎撰有《氾胜之书辑释》。

【著作内容】

《氾胜之书》是氾胜之对西汉黄河流域的农业生产经验和操作技术的总结，主要内容包括耕作的基本原则、播种日期的选择、种子处理、个别作物的栽培、收获、留种和贮藏技术、区种法等。就现存文字来看，以对个别作物的栽培技术的记载较为详细。这些作物有禾、黍、麦、稻、稗、大豆、小豆、枲、麻、瓜、瓠、芋、桑十三种。区种法（区田法）在该书中占有重要地位。此外，书中提到的溲种法、耕田法、种麦法、种瓜法、种瓠法、穗选法、调节稻田水温法、桑苗截乾法等，都不同程度地体现了科学的精神。

现存《氾胜之书》的内容主要包括以下三个部分：

第一部分是耕作栽培通论。《氾胜之书》首先提出了耕作栽培的总原则："凡耕之本，在于趣时，和土，务粪泽，早锄早获"；"得时之和，适地之宜，田虽薄恶，收可亩十石"。然后分别论述了土壤耕作的原则和种子处理的方法。前者，着重阐述了土壤耕作的时机和方法，从正反两个方面反复说明正确掌握适宜的土壤耕作时机的重要性。后者包括作物种子的选择、保藏和处理；而着重介绍了一种特殊的种子处理方法——溲种法。此外还涉及播种日期的选择等。

第二部分是作物栽培分论。分别介绍了禾、黍、麦、稻、稗、大豆、小豆、枲、麻、瓜、瓠、芋、桑十三作物的栽培方法，内容涉及耕作、播种、中耕、施肥、灌溉、植物保护、收获等生产环节。

第三部分说的是特殊作物高产栽培法——区种法。这是《氾胜之书》中非常突出的一个部分，《氾胜之书》现存的三千多字中，有关区种法的文字，多达一千多字，而且在后世的农书和类书中多被征引。

【成书背景】

春秋战国时期，以铁器和牛耕的推广为主要标志，我国的农业生产力发生了一个飞跃。但当时的铁农具以小型的镢、铧、锄之类为多，铁犁数量很少，而且形制原始，牛耕的推广还是很初步的。长期的战争又使新的生产力所包含的能量不能充分发挥出来。秦的统一本来给生产力的发展创造了有利的条件，但秦朝的苛政暴敛，无限度地使用民力，又造成了社会生产的破坏。刘邦结束了楚汉相争的局面，重新统一了中国，社会进入了一个相对稳定的时期。汉初统治者吸收了亡秦的教训，实行了"休养生息"的政策，重视对农业生产的保

农业生产

护和劝导，社会经济获得了恢复和发展。到了汉武帝时期，生产力又上了一个新的台阶，以"耦犁"的发明和推广为标志，铁犁牛耕在黄河流域获得了普及，并向其他地区推广开去。春秋战国以来生产力跃进所蕴含的能量，至此充分地迸发出来，农业生产获得全方位的发展，商品经济也呈现出一片繁荣。农业生产力的这种空前的发展，为农业科技的发展提供了新的经验和新的基础。《氾胜之书》正是在这新的基础上对新的经验所作的新的总结。

在战国秦汉农业经济的发展中，关中地区处于领先的地位。商鞅变法后，秦国长期实行奖励耕战的政策，农业经济发展很快，牛耕也比关东（函谷关以东）六国有较大程度的推广，郑国渠的建成又大大加强了秦国的经济实力，奠定了秦统一六国的基础。秦帝国建立后，赋役的重负主要压在原六国的头上，对原秦国本土的经济则采取了保护政策，大量的迁民又使秦本土的人力资源和财力资源获得补充，因此，在六国农业经济濒于崩溃的同时，关中地区的经济却相对稳定和有所发展；从而在楚汉战争中成为支持刘邦取得战争胜利的可靠后方。重新统一后的汉帝国，继续建都关中；关中又成为汉朝政府发展农业生产力的重点地区而获得全国各地人力物力的支持。西汉时期，关中地区兴建了一系列大型水利工程，冬麦的种植有了很大发展，赵过总结的"耦犁"和代田法也是首先在关中地区推广的。关中成了"膏壤沃野千里"的首富之区。据司马迁的估计，"关中之地，于天下三分之一，而人众不过什三；然量其富，什居其六"（《史记·货殖列传》）。氾胜之在这一地区负责劝农工作，使他有机会接触和了解当时最先进的农业生产技术。

我国自战国以后，黄河流域进入大规模开发的新阶段，耕地大为扩展，沟洫农田逐渐废弃，干旱又成为农业生产中的主要威胁。在氾胜之从事劝农活动的关中地区，情况更是这样。这里降水量不多，分布又不均匀，旱涝交替发生，尤以旱的威胁最大。灌溉工程虽有较大发展，但旱地毕竟是大多数，需要尽可能地接纳和保持天然的降水，包括每年西北季风送来的冬雪。总之，这是一个典型的旱农区；这种自然条件在很大程度上制约着农业技术发展的方向。

氾胜之生活的时代，还向农业生产和农业科技提出了一些新的问题和新的要求。一是人口的迅速增加。据《汉书·地理志》所载，汉平帝年间在籍民户为一千二百多万，口数为五千九百多万，这是汉代人口的最高峰。对粮食的需求量也因此越来越大。二是西汉中期以后，土地兼并日益发展，大量农民丧失土地，社会上出现严重的流民问题。成帝时，虽然"天下无兵革之事，号为安乐"（《汉书·食货志》），但更大的社会危机也在酝酿之中。汉朝统治者面临一个如何安置无地或少地农民，稳定和发展农业生产的问题。

《氾胜之书》就是在上述社会背景下出现的，这些背景在《氾胜之书》中都留下了印迹。

【作者事迹】

《氾胜之书》的作者氾胜之，正史中没有他的传，古籍中有关他的事迹的记载也寥寥无几。他是西汉末年人，《汉书·艺文志》注说他在汉成帝时当过议郎。祖籍在山东氾水一带。《广韵》云卷二凡第二十九载，氾姓"出敦煌、济北二望。皇甫谧云：'本姓凡氏，遭秦乱，避地于氾水，因改焉。汉有氾胜之，撰书言种植之事，子辑为敦煌太守，子孙因家焉。'"氾水是济水的支流，在山东曹县北四十里，与定陶县交界。氾胜之虽是山东人，但在西汉京师地区指导农业生产。《汉书·艺文志》注曰："刘向《别录》云，使教田三辅，有好田者师之。徙为御史。"《晋书·食货志》谓："昔者轻车使者氾胜之督三辅种麦，而关中遂穰。"他在这些活动中所积累的经验和资料，是撰写农书的基础，而他也是主要靠《氾胜之书》而闻名后世的。

从现存有关《氾胜之书》的资料看，氾胜之具有突出的重农思想。他说："神农之教，虽有石城汤池，带甲百万，而又无粟者，弗能守也。夫谷帛实天下之命。"把粮食布帛看作国计民生的命脉所系，是当时一些进步思想家的共识；氾胜之的特点是把推广先进的农业科学技术作为发展农业生产的重要途径。他曾经表彰一名佚名的卫尉："卫尉前上蚕法，今上农法。民事人所忽略，卫尉勤之，忠国爱民之至。"在这里，他把推广先进农业科技，发展农业生产提高到"忠国爱民"的高度。

可以说，《氾胜之书》正是在作者的这种思想指导下写成的。

【重要意义】

《氾胜之书》所反映农业科学技术，与前代农书相比，达到一个新的水平。在《氾胜之书》之前最有代表性的农学文献是《吕氏春秋·任地》等三篇。《氾胜之书》所提出的"凡耕之本，在于趣时，和土，务粪、泽，早锄，早获"的耕作栽培总原则，包括了"趣时"、"和土"、"务粪"、"务泽"、"早锄"、"早获"等六个技术环节，不但把《任地》等三篇的精华都概括了进去，而且

農業生產

包含了更为丰富和深刻的内容。如中国传统农学一贯重视对农时的掌握，《氾胜之书》概括为"趣时"的原则。《审时》篇只谈到"得时之稼"和"失时之稼"的利害对比，《氾胜之书》则具体论述了耕作、播种、中耕、施肥、收获等各项农活适期的掌握。就土壤耕作的适期而论，不但有时令的要求、物候的标志，而且有用木橛测候的具体方法。

关于土壤耕作，《吕氏春秋·任地》提出："凡耕之大方：力者欲柔，柔者欲力；息者欲劳，劳者欲息；棘者欲肥，肥者欲棘；急者欲缓，缓者欲急；湿者欲燥，燥者欲湿。"《氾胜之书》用"和土"两个字进行概括，不但尽得其精髓，而且提高了一步。《氾胜之书》还总结了"强土而弱之"、"弱土而强之"等具体的耕作技术，把《任地》《辩土》诸篇"深耕熟耰"技术发展为"耕、摩、蔺"相结合的崭新体系，而扬弃了畎亩结构的形式，使北方旱地耕作技术进入一个新的阶段。

《任地》诸篇没有谈到施肥和灌溉，战国时其他文献有谈到施肥和灌溉的，但很少涉及施肥和灌溉的具体技术；而《氾胜之书》不但把施肥和灌溉作为耕作栽培的基本措施之一，而且记述了施肥和灌溉的具体技术。《氾胜之书》提出的"务粪、泽"的技术原则，是指尽力保持土壤的肥沃和湿润，包括了灌溉和施肥，但不限于灌溉和施肥。事实上，《氾胜之书》更重视通过精细耕作的措施，千方百计使土壤接纳可能接纳的一切降水（包括降雨和降雪），并减少自然蒸发，以保证作物生长对水分的需要。与《任地》诸篇重点讲农田的排涝洗碱不同，《氾胜之书》农业技术的中心环节是防旱保墒。

以上各项技术原则是相互联系、密不可分的；贯彻其中的一根红线就是"三才"理论。"趣时"就是掌握"天时"，它体现在耕作、播种、施肥、灌溉、收获等各个环节中。"和土"就是为作物生长创造一个结构良好、水分、温度等各种条件相互协调的土壤环境，以充分发挥"地利"，"趣时""务粪泽"都是它的手段之一。而无论"趣时""和土"或"务粪泽""早锄早获"，都以发挥人的主观能动性为前提。可以说《氾胜之书》的"耕之本"正是"三才"理论在耕作栽培方面的具体化。

《氾胜之书》不但重视对农业环境的适应与改造，而且着力于农业生物自身的生产能力的提高。也就是说，在"三才"理论的体系中，不但注意"天、地、人"的因素，而且注意"稼"的因素。在《氾胜之书》作物栽培通论部分

人间巧艺夺天工——发明创造卷

中，第一次记述了穗选的技术、作物种子保藏的技术，并且详细介绍了用骨汁、粪汁拌种，以提高种子生活能力的方法。在作物栽培分论部分中，提高作物生产能力的生物技术措施更是屡见不鲜。

《氾胜之书》不但提出了作物栽培的总的原则，而且把这些原则贯彻到各种具体作物的栽培中去。如果说，《吕氏春秋·任地》等三篇是作物栽培通论，那么，《氾胜之书》已经包括了作物栽培的通论和各论了。《氾胜之书》论及的作物有：粮食类的禾（谷子）、黍、宿麦（冬小麦）、旋麦（春小麦）、水稻、小豆、大豆、麻（大麻），油料类的胡麻（芝麻）、荏（油苏子），纤维类的枲（雄株大麻），蔬菜类的瓜、瓠，以及芋、稗、桑等。这些作物的栽培方法，基本上都是第一次见于文献记载的，其中包含了许多重要的农业科技成就。例如，在先秦时代已经观察到大豆根瘤的基础上，指出大豆自身具有肥力——"豆有膏"，并从而提出对豆类的中耕应该有所节制的技术原则。在蔬菜栽培方面，第一次记载了瓠的靠接和瓜、薤、小豆之间间作套种的技术。在水稻栽培方面，第一次记载了通过延长或缩短水道来调节稻田水温的技术等。

《氾胜之书》对冬小麦栽培技术的论述尤详，这和氾胜之曾经在关中推广冬小麦的经历有关。小麦是原产于西亚冬雨区的越年生作物，并不适应黄河流域冬春雨雪相对稀缺的自然条件；但中国传统作物是春种秋收的一年生作物，冬麦的收获正值青黄不接时期，有"续绝继乏"之功，又为社会所迫切需要。我国古代人民为了推广冬麦种植，克服了重重困难。从《氾胜之书》看，已经形成了适应黄河流域中游相对干旱的自然条件的一系列冬麦栽培技术措施。例如及早夏耕，穗选育种，适时播种，渍种抗旱，秋天棘麦壅根，冬天压雪保墒，等等，诸如此类的技术成就还可以举出不少。这些个别作物栽培技术，贯彻了因时、因地、因物制宜的精神。

《氾胜之书》还第一次记载了区田法。这是少种多收、抗旱高产的综合性技术。其特点是把农田做成若干宽幅或方形小区，采取深翻作区、集中施肥、等距点播、及时灌溉等措施，夺取高额丰产。典型地体现了中国传统农学精耕细作的精神。由于作物集中种在一个个小区中，便于浇水抗旱，从而保证最基本的收成。它又不一定要求在成片的耕地，不一定采用铁犁牛耕，但要求投入大量劳力，比较适合缺乏牛力和大农具、经济力量比较薄弱的小农经营。它是适应由于人口增加和土地兼并，许多农民缺乏土地，而自然灾害又时有发生的情况而创造出来的。它历来被作为御旱济贫的救世之方，是最能反映中国传统农学特点的技术之一。

总之，《氾胜之书》是继《吕氏春秋·任地》等三篇以后最重要的农学著作。它是在铁犁牛耕基本普及条件下对我国农业科学技术的一个具有划时代意义的新总结，是中国传统农学的经典之一。

中国现存最完整的农书——《齐民要术》

【概述】

《齐民要术》是北魏时期的中国杰出农学家贾思勰所著的一部综合性农书，也是世界农学史上最早的专著之一。是中国现存的最完整的农书。书名中的"齐民"，指平民百姓。"要术"指谋生方法。

《齐民要术》大约成书于北魏末年，系统地总结了6世纪以前黄河中下游地区农牧业生产经验、食品的加工与贮藏、野生植物的利用等，对中国古代农学的发展产生有重大影响。

【主要内容】

《齐民要术》一书，内容非常丰富全面，因此有农业百科全书之称。总结了6世纪以前我国北方劳动人民长期积累的生产经验，详细介绍了有关粮食作物、蔬菜瓜果、果树林木的种植法，家畜、家禽、鱼类的饲养法，以及食品的酿制与食品的贮藏法。

在耕作技术方面，《齐民要术》一书并没有开篇就直接介绍耕作技术，而是首先提到了气候和土壤条件，可见它们对于农业发展的重要意义。

贾思勰在《齐民要术》中归纳概括了中国黄河中下游的地理特点及气候特征：处于内陆地区；冬冷夏热，四季分明，春季或夏季降雨量稀少，降雨时多为暴雨。针对北方干旱少雨的情况，贾思勰在《齐民要术》中对怎样打井浇地、积雪、冬灌等问题，都提出了许多重要的创造性建议。特别是总结了耕、耙、耱、锄、压等一整套保墒防旱的技术。对于这些环节之间的巧妙配合及灵活操作、运用都做了系统的归纳。

《齐民要术》中列举了形式多样的耕作方式，有深耕、浅耕、初耕、转耕、纵耕、横耕、顺耕、逆耕、春耕、夏耕、秋耕、冬耕等，并详细说明了每一种耕作方式适用于哪些情况，如何具体操作等。在农作物的田间管理过程中，他强调农作物要多锄深锄，锄小，锄早，逐次调整中耕深度。此外，对于已经耕坏了的土地，作者也记述了补救和改良的措施，书中还专门提到了怎样保持和提高地力。

良好的耕作方法为丰收高产打下了坚实的基础，但它并不能完全取代施肥在农事中的作用。施肥工作也是农业生产中不可大意的一环，因此《齐民要术》记载了使用绿肥的方法。贾思勰很重视绿肥作物的栽培和轮作套种，提到了为土壤提供适当肥力的前茬作物。提出了一套完整而又复杂的大田作物的轮作，即"作物轮栽"法。对于豆类，作者还专门比较鉴定了几种主要豆类作物的肥效和不同轮作方式对谷物产量的影响。

在作物栽培种植方面，《齐民要术》叙述的重点放在了农田主要禾谷类作物上。播种是种植中的一个重要环节。在这个环节中，要注意的问题很多，既要考虑作物自身的因素，也要顾及"天时"与"地利"的影响。从广义上讲，播种是一系列的工作。实际上包括了从选种、育苗、播种直至后期预防等步骤。如果没有好的种子，再肥沃的土地也孕育不出丰美的果实。播种的密度不合理，只能浪费土地资源和肥力，或是导致作物争肥，良莠不齐，从整体上降低生产质量。所以选种是首要的、关键的任务。书中记叙了种子单选、单收、单藏、单种种子田、单独加以管理的方法。

选种之后接着要播种，《齐民要术》中介绍了主要粮食及经济作物在具体情况下的播种比例。例如提到麻的播种时，指出麻是一种对土地肥力要求较高的作物，需要良田栽种，如果土地的肥力不够，则要通过施肥来提高地力。每亩良田播三石麻种，如果是薄田的话，则每亩播种二石。又如讲到种小豆时，书中记载道：夏至后十天种小豆是最佳的时节，一亩用豆种八升。初伏终了下种稍差，一亩用一斗豆种。

选择好了优良的种子，确定了科学的播种比例，还应该有一个适宜的播种时机。这个"天时"问题也是不可小视的，《齐民要术》中曾引用了中国古代流传的一句农谚："以时作泽，为上策也"，说明中国的农民在从事生产的过程中就非常重视天时对作物的影响，这种影响是从作物播种之时就开始起作用的。《齐民要术》认为，播种时应该考虑到季节、气候和墒情等几个因素。季节气候的变化很大程度上会影响墒情，《齐民要术》中把播种的时机分成了三类：上时、中时及下时。作者指出如果能够顺应和遵循自然界的时令、节气的变化，预测到土质的肥沃程度，就可以节省人力，还能得到更大的收成。

选择了适宜的播种时机，还应该为种苗挑选合适的土地，没有一块土地是无可挑剔的，但是，田地无论是瘠薄还是肥沃，都应当做到物尽其用。能否取得理想的收益，关键在于种什么、怎么种。贾思勰认为土地的地形条件有高有低，各不相同，山地适宜种茎秆壮实的苗，低洼湿地可以种茎秆稍弱的苗；土质地力各有不同，应该做到肥地晚种，薄地早种。《齐民要术》还提出了"区种法"，通过在区内集中投入、加强管理、合理密植等途径，保证充分供应作物生长所必需的肥水条件，发挥作物最大的潜能，最大限度地提高单位面积产量，同时把耕地向山丘坡地扩展。

在蔬菜瓜果、果树林木的栽培方面，《齐民要术》详细地介绍了蔬菜种植、果树和林木扦插、压条和嫁接等育苗方法以及幼树抚育方面的技术。介绍了葵、蔓菁、蒜、葱、韭、姜、苜蓿等的水土要求、养料条件、采摘及收割方法、储藏方法等；介绍了枣树、桃树、李树、栗树、木瓜、花椒等果树的栽培和养护技术；介绍了桑树、榆树、棠、楮树、槐树、竹子、紫草等经济林木的种植和管理方法。

对于树木果蔬的培植管理，书中提到了许多精确科学的方法和经验。在防治和保护植株方面，《齐民要术》中还提到了很多方法。例如熏烟防霜害；又如将楮子与麻混种，在秋冬时节保留麻，对楮树幼苗有防寒保暖的功用，这种保护植株的方法既简便又有效。

在动物养殖方面，《齐民要术》有六篇分别叙述养牛、马、驴、骡，养羊，养猪，养鸡，养鹅鸭，养鱼。详细记述了家畜饲养的经验，特别是吸收了少数民族的畜牧经验，对家畜的鉴别品种、饲养管理、繁殖仔畜到家畜疾病防治，均有记录；对家畜的鉴别，书中从眼睛、嘴部、眼骨、耳朵、鼻子、脊背、腹部、前腿、膝盖、骨形等方面制定了标准；对于家畜的饲养，书中提到了家畜的居住环境、备粮越冬、幼仔饲养、群养与分养、防止野兽侵害等内容；对于繁殖仔畜，书中介绍了选取良种、家畜的雌雄比例、繁育数量、动物杂交、无性繁殖等内容，对于优化物种、提高生产力有很大的帮助，而且对中国的生物学发展和研究做出了一定的贡献；在家畜疾病防治方面，《齐民要术》还搜集记载了48例兽医处方，涉及外科、内科、传染病、寄生虫病等方面，提出了对病畜要及早发现、预防隔离、注意卫生、积极治疗等主张。其中有的处方具有很高的应用价值，是中国古代畜牧科学的宝贵遗产。例如书中介绍的直肠掏结术和疥癣病的治疗方法，在一千四百多年后的今天仍被广泛运用于兽医领域。

在农产品贮藏、加工及酿造方面，《齐民要术》提到了许多鲜菜冬季贮藏的方法，详细说明了鲜菜冬季贮藏的具体时间、地点的选择、贮藏步骤及来年的实际效果。

《齐民要术》详细介绍了制作酒曲、酿酒、做药米、做酱、做醋、做豆豉、做脯腊、做羹、做饼、做醴酪、做素食、做糖、煮胶等的过程，运用到的制作手法一共包括了蒸制、煎消、炙、烤、煮、熬、过滤、日晒、风干等许多方法。

【成书背景】

《齐民要术》成书的时间为公元6世纪三四十年代，它的问世并不是偶然的，而是有一定的时代背景和客观条件基础的。北魏之前，中国北方处于一种长期的分裂割据局面，一百多年以后，鲜卑族的拓跋氏建立了北魏政权并逐步统一了北方地区，社会秩序由此逐渐稳定，社会经济也随之从屡遭破坏的萧条景象中逐渐恢复过来，得到发展。北魏孝文帝在社会经济方面实施的一系列改革，更是刺激了农业生产的发展，促进了社会经济的进步。尽管如此，当时的农业生产还没有达到很高的水平，有待于得到进一步的发展。贾思勰认为农业科技水平的高低关系到国家是否富强，于是他便萌生了撰写农书的想法。

统治者的励精图治，农业生产的蒸蒸日上，也为贾思勰撰写农书提供了便利的条件。贾思勰为官期间，到过山东、河北、河南等许多地方。每到一处，他都非常重视农业生产，他曾经亲自从事农业生产实践，进行各种实验，饲养过牲畜、栽种过粮食。贾思勰不但注重亲身实践，而且善于向经验丰富的老农学习，吸收劳动人民在长期的生产生活中总结出的宝贵经验。

《齐民要术》是贾思勰在总结前人经验的基础上，结合自己从富有经验的老农当中获得的生产知识以及对农业生产的亲身实践与体验，认真分析、系统整理、概括总结，最后完成了《齐民要术》这部伟大的著作。

【作者简介】

贾思勰，北魏时期益都（今属山东）人。出生在一个世代务农的书香门第，其祖上就很喜欢读书、学习，尤其重视农业生产技术知识的学习和研究，

农业生产

这对贾思勰的一生有很大影响。他的家境虽然不是很富裕，家中却拥有大量藏书，这使他从小就有机会博览群书，从中汲取各方面的知识，为他以后编撰《齐民要术》打下了基础。成年以后，开始走上仕途，曾经做过高阳郡（今山东临淄）太守等官职，并因此到过山东、河北、河南等许多地方。每到一地，他都非常重视农业生产，认真考察和研究当地的农业生产技术，向一些具有丰富经验的老农请教，获得了不少农业方面的生产知识。中年以后，又回到自己的故乡，开始经营农牧业，亲自参加农业生产劳动和放牧活动，对农业生产有了亲身体验，掌握了多种农业生产技术。

大约在北魏永熙二年（533 年）到东魏武定二年（554 年）期间，贾思勰将自己积累的许多古书上的农业技术资料、询问老农获得的丰富经验，以及他自己的亲身实践，加以分析、整理、总结，写成农业科学技术巨著《齐民要术》。

【著作评价】

《齐民要术》是一部世界上最古老而又保存得最完整的百科全书式的著作，所讲述的范围并不囿于农业，还涉及了和农业联系紧密的经济范畴。在介绍种植蔬菜时，著者建议农民如果离城近，就一定要多种瓜、菜、茄子等，既可以满足自己的需求，多余的还可以拿到城里销售，获取利润。可见，作者编写此书的目的在于使农民生活富足，国家增加财政和赋税收入，因此不但介绍了稳产、高产的科学方法，而且也提到了一些致富的经验。因此说《齐民要术》对中国农业研究具有重大意义。

元朝最具影响的农书——《王祯农书》

【概述】

元王朝统治中国九十七年，时间虽不算很长，但在此期间出现了三部比较出色的农学著作。一是元建国初年司农司编写的《农桑辑要》，此后有《王祯农书》和《农桑衣食撮要》。三书中尤以完成于 1313 年的《王祯农书》影响最大。

《王祯农书》在我国古代农学遗产中占有重要地位。它兼论北方农业技术和南方农业技术，并在前人著作基础上，第一次对所谓的广义农业生产知识作了较全面系统的论述，提出中国农学的传统体系。

【主要内容】

《王祯农书》全书分三大部分：

第一部分共有六卷，十九篇。名为"农桑通诀"，即农业通论。书中首先论述了农业、牛耕和桑业的起源；农业与天时、地利及人力三者之间的关系，接着按照农业生产春耕、夏耘、秋收、冬藏的基本顺序记载了大田作物生产过程中，每个环节所应该采取的一些共同的基本措施；最后是"种植"、"畜养"和"蚕缫"三篇，记载有关林木种植，包括桑树、禽畜饲养以及蚕茧加工等方面的技术。在"通诀"这一部分中，还穿插了一些与农业生产技术关系不大的内容，如"祈报"、"劝助"等篇。

第二部分"百谷谱"，共有四卷十一篇，这部分属于作物栽培各论，书中一共叙述了谷属、蔬属等七类，八十多种植物的栽培、保护、收获、贮藏和加工利用等方面的技术与方法，后面还附有一段"备荒论"。

第三部分"农器图谱"是《王祯农书》的重点。这部分共有十二卷之多，篇幅上占全书的五分之四。收集了三百多幅图，分作二十门。

【作者简介】

王祯，字伯善，元代东平（今山东东平）人。中国古代农学、农业机械学家。元成宗时曾任宣州旌德县（今安徽旌德县）县尹、信州永丰县（今江西广丰县）县尹。他在为官期间，生活俭朴，捐俸给地方上兴办学校、修建桥梁、道路、施舍医药，确实给两地百姓做了不少好事。时人颇有好评，称赞他"惠民有为"。（《旌德县志》）王祯像我国古代许多知识分子一样，也继承了传统的"农本"思想，认为国家从中央政府到地方政府的首要政事就是抓农业生产。

王祯同时代人戴表元所写《王伯善农书序》中说，王祯在旌德和永丰任职时，劝农工作取得很大成效，政绩斐然。所采取的方法是每年规定农民种桑树若干株；对麻、苎、禾、黍、穉麦等作物，从播种以至收获的方法，都一一加以指导；还画出"镈、耰、耧、耙、曲"各种农具的图形，让老百姓仿造试制使用。他又"以身率先于下"、"亲执耒耜，躬务农桑"。最后，王祯把教民耕织、种植、养畜所积累的丰富经验，加上搜集到的前人有关著作资料，编撰成《王祯农书》。

【突出特点】

《王祯农书》的特点主要有两个方面，一是它第一次将南北农业技术写进在同一本农书之中。唐宋以前，南方尚没有农书出现，而北方的农书由于受到历史条件的限制，也未能将南方农业的内容写进农书中，唐宋以后，随着《耒耜经》和《陈旉农书》等的出现，填补了南方没有农书的空白，但是南方农书从出现时起就以地方性为特色，元代初年的《农桑辑要》本可以将《陈旉农书》中有关南方农业的内容收录进去，但是，由于《农桑辑要》的写作是在灭宋以前，目的是为了指导黄河中下游的农业生产，因而没有把江南地区的水田生产包括在内，成了这本农书本的最大缺陷，因此在元代统一中国以后，用这本书用来指导全国的农业生产，特别是江南地区的农业生产就显得有不到之处，《王祯农书》就弥补了这一缺陷。

《王祯农书》的第二大特征就是"农器图谱"的写作。这不仅是以前历代无法比拟的，而且后世农书和类书所记载的农具也大多以它为范本。写作农具专著，是从唐宋以后开始的，最早的农具著作是陆龟蒙的《耒耜经》，不过这只是一篇写农具的短文，其中主要记载了江东犁（曲辕犁）等几种农具，宋代以后又出现了曾安止写作的《农器谱》，书中记述了耒耜、耨镈、车戽、蓑笠、篠簀、杵臼、斗斛、釜甑、仓庾等十大类农器，还附有"杂记"，都是根据古代经典，结合当代的形制写出来的。但是这本农书后来已经失传了，曾安止的书可能没有图，宋代还有一本图文并茂的农书，这就是楼璹的《耕织图》，可惜这本书也和曾安止的书一样失传了。但是这两本书对于《王祯农书》的写作有着直接的影响，王祯就是在前人的基础之上，将《农器谱》和《耕织图》结合起来，形成自己的"农器图谱"。"农器图谱"将农器划分为二十门（其中有些并非全部属于农具的范畴，如田制、籍田、太社、薅鼓、梧桐角之类），每门下面又分作若干项，每一项都附有图，一共有三百多幅图，并加以文字说明，记述其结构、来源和用法等，大多数图文后面还附有韵文和诗歌对该种农器加以总结。明代徐光启就认为，王祯的诗学胜于农学，尽管如此，真正确立《王祯农书》在中国农业科学技术史上地位的就是"农器图谱"。

在"农器图谱"中，不仅记载了历史上已有的各种农具，包括已经失传了的农具和机械，如水排，这本是东汉时期发明的一种水利鼓风机，但后来失传了，王祯通过收集，查阅资料，询问请教，终于搞清了水排的构造原理，并将其复原，绘制成图，记载于"农器图谱"之中。而且对宋元时期出现的新农具作了介绍，如整地用的耰刀，施肥用的粪耧，中耕用的耧锄，灌溉用的水转翻车，收麦用的麦钐、麦绰、麦笼；加工用的"水轮三事"；劳动保护用的秧马、耘爪等。"农器图谱"中还记载了当时在印刷和纺织机械方面的贡献。

集历代农业科学的大成之作——《农政全书》

【概述】

《农政全书》作者是明末杰出科学家徐光启，系在对前人的农书和有关农业的文献进行系统摘编译述的基础上，加上自己的研究成果和心得体会撰写而成的。

【作品内容】

《农政全书》"大约删者十之三，增者十之二"，全书分为十二目，共六十卷，五十余万字。十二目中包括：农本三卷；田制二卷；农事六卷；水利九卷；农器四卷；树艺六卷；蚕桑四卷；蚕桑广类两卷；种植四卷；牧养一卷；制造一卷；荒政十八卷。

《农政全书》基本上囊括了古代农业生产和人民生活的各个方面，而其中又贯穿着一个基本思想，即徐光启的治国治民的"农政"思想。贯彻这一思想正是《农政全书》不同于其他大型农书的特色之所在。《农政全书》按内容大致上可分为农政措施和农业技术两部分。前者是全书的纲，后者是实现纲领的技术措施。所以在书中人们可以看到开垦、水利、荒政等一些不同寻常的内容，并且这些内容占了将近一半的篇幅，这是其他的大型农书所鲜见的。

以"荒政"为类，其他大型农书，无论是汉《氾胜之书》，还是北魏《齐民要术》，甚至是元代的《王祯农书》，虽然是以"农本"观念为中心思想，但重点在生产技术和知识，可以说是纯技术性的农书，但都比不上《农政全书》。在《农政全书》中，"荒政"作为一目，有十八卷之多，为全书十二目之冠。目中对历代备荒的议论、政策作了综述，水旱虫灾作了统计，救灾措施及其利弊作了分析，最后附草木野菜可资充饥的植物四百多种。

农业生产

【成书过程】

万历三十五年（1607 年）至三十八年（1610 年），徐光启在为他父亲居丧的三年期间，就在他家乡开辟双园、农庄别墅，进行农业试验，总结出许多农作物种植、引种、耕作的经验，写了《甘薯疏》、《芜菁疏》、《吉贝疏》、《种棉花法》和《代园种竹图说》等农业著作。万历四十一年（1613 年）秋至四十六年（1618 年）闰四月，徐光启又来到天津垦殖，进行第二次农业试验。天启元年（1621 年）又两次到天津，进行更大规模的农业试验，写出了《北耕录》、《宜垦令》和《农遗杂疏》等著作。这两段比较集中的时间里从事的农事试验与写作，为他日后编撰大型农书奠定了坚实的基础。

天启二年（1622 年），徐光启告病返乡，冠带闲住。此时他不顾年事已高，继续试种农作物，同时开始搜集、整理资料，撰写农书，以实现他毕生的心愿。崇祯元年（1628 年），徐光启官复原职，此时农书写作已初具规模，但由于上任后忙于负责修订历书，农书的最后定稿工作无暇顾及，直到死于任上。以后这部农书便由他的门人陈子龙等人负责修订，于崇祯十二年（1639 年），亦即徐光启死后的六年，刻板付印，并定名为《农政全书》。

【作者介绍】

徐光启（1562 年—1633 年），字子先，号玄扈，上海人。明末杰出的科学家。

徐光启出生的松江府是个农业发达之区。早年他曾从事过农业生产，取得功名以后，虽忙于各种政事，但一刻也没有忘怀农本。眼见明朝统治江河日下，屡次陈说根本之计在于农。自号"玄扈先生"，以明重农之志。玄扈原指一种与农时季节有关的候鸟，古时曾将管理农业生产的官称为"九扈"。

徐光启的科学成就是多方面的。他曾同耶稣会传教士利玛窦等人一起共同翻译了许多科学著作，如《几何原本》、《泰西水法》等，成为介绍西方近代科学的先驱；同时他自己也写了不少关于历算、测量方面的著作，如《测量异同》、《勾股义》。他还会通当时的中西历法，主持了一部一百三十多卷的《崇祯历书》的编写工作。除天文、历法、数学等方面的工作以外，他还亲自练兵，负责制造火器，并成功地击退了后金的进攻。著有《徐氏庖言》、《兵事或问》等军事方面的著作。徐光启一生用力最勤、收集最广、影响最深远的还要数农业与水利方面的研究。

【内容评析】

徐光启认为，水利为农之本，无水则无田。当时的情况是，一方面西北方有着广阔的荒地弃而不耕；另一方面京师和军队需要的大量粮食要从长江下游启运，耗费惊人。为了解决这一矛盾，他提出在北方实行屯垦，屯垦需要水利。他在天津所做的垦殖试验，就是为了探索扭转南粮北调的可行性问题，以借以巩固国防，安定人民生活。这正是《农政全书》中专门讨论开垦和水利问题的出发点，从某种意义上来说，这也就是徐光启写作《农政全书》的宗旨。

但是徐光启并没有因为着重农政而忽视技术，相反他还根据多年从事农事试验的经验，极大地丰富了古农书中的农业技术内容。从农政思想出发，徐光启非常热衷于新作物的试验与推广，"每闻他方之产可以利济人者，往往欲得而艺之"。例如当徐光启听到闽越一带有甘薯的消息后，便从莆田引来薯种试种，并取得成功。随后便根据自己的经验，写下了详细的生产指导书《甘薯疏》，用以推广甘薯种植，用来备荒。后来又经过整理，收入《农政全书》。甘薯如此，对于其他一切新引入、新驯化栽培的作物，无论是粮、油、纤维，也都详尽地搜集了栽种、加工技术知识，有的精彩程度不下棉花和甘薯。这就使得《农政全书》成了一部名副其实的农业百科全书。

徐光启摘编前人的文献时，并不是盲目追随古人，卖弄博雅，而是区分糟粕与精华，有批判地存录。徐光启就是在大量摘引前人文献的同时，结合自己的实践经验和数理知识，提出独到的见解。例如，在书中徐光启用大量的事实对"唯风土论"进行了尖锐的批判，提出了有风土论，不唯风土论，重在发挥人的主观能动性的正确观点。对引进新作物、推广新品种，产生了重大的影响，起了很大的推动作用。据统计，徐光启在书中对近八十种作物写有"玄扈先生曰"的注文或专文，提出自己独到的见解与经验，这在古农书中是空前绝后的。

徐光启之所以能够在杂采众家的基础上兼出独见，是与他的勤于咨访、不耻下问的好学精神和破除陈见、亲自试验的科学态度分不开的。徐光启一生以俭朴著称，"于物无所好，唯好经济，考古证今，广咨博讯。遇一人辄问，至一地辄问，闻则随闻随笔。一事一物，必讲究精研，不穷其极不已"。因此，人们在阅读《农政全书》的时候，所了解到的不仅仅是有关古代农业的百科知识，而且还能够了解到一个古代科学家严谨而求实的大家风范。

天 文 历 法

中国是世界上天文学起步最早、发展最快的国家之一。就文献数量来说，天文学可与数学并列，仅次于农学和医学，是构成中国古代最发达的四门自然科学之一。本章内容从天文发现、仪器制作和编订历法三个方面，介绍我国古代天文学的成就。

中国古人在对天文现象进行观察的基础上积累了越来越多的天文学知识，并逐渐形成了内容丰富且具有独特风格的天文学体系。早在新石器时代，中国的先民们就注意到物候和天象的周期变化有密切的联系，于是开始了对日、月等天象的观察。此后，中国人长期不断地辛勤致力于天象的观察和记录，取得了辉煌的成就，留下了关于太阳黑子、彗星、流星、新星等的各种记录。这些天象纪事不仅内容翔实，年代延续，而且许多内容还是世界上最早的记录，对于现代天文学的研究仍起到重要的作用，是一份极为珍贵的文化遗产。

天体测量学是天文学中最古老也是最基本的一个分支，主要是研究如何测定星辰的位置和星辰到达某个位置的时间。我国古代天文学家设计制造了各种精密而先进的天体测量仪器和天文台，在天体测量方面取得了巨大成就，留下了许多珍贵的星图、星表等史料。

中国古代天文学的最主要组成部分是历法，换一句话说，历法是中国古代天文学的核心。中国古代历法不单纯是关于历日制度的安排，它还包括对太阳、月亮和土、木、火、金、水五大行星的运动及位置的计算；恒星位置的测算；每日午中日影长度和昼夜时间长短的推算；日月交食的预报等广泛的课题。从某种意义上讲，中国古代历法的编算相当于近现代编算天文年历的工作。为此，我国古代天文学家展开了一系列的观测与研究活动，譬如对历法诸课题的共同起算点——历元的选定，对一个又一个天文学概念的阐述，对种种天文常数的测算，对各种天文数表的编制，对具体推算方法、天体测量方法和数学方法的抉择和改进，等等。这些就构成了中国古代历法的基本框架和主要内容。

中国对天象的最早认识——天象观测与记载

【概述】

中国古代人们观测天象是很勤谨的，在不同历史发展时期的文献典籍中，有许多关于星宿的叙述和丰富的天象记录。这些天象记录，不但年代连续，而且相当丰富，其中有一些，在现代天文学问题的研究中起着重要的作用。

【天象观测与记载的历史】

原始社会的新石器时代是我国天文学的萌芽阶段。当时的人们开始注意到太阳升落、月亮圆缺的变化，从而产生了时间和方向的概念。从考古发掘看，半坡氏族的房屋都向南开门，一些氏族的墓穴也都向着同一个方向。人们还在陶器上绘制了太阳、月亮乃至星辰的纹样。

《竹书纪年》所载的夏桀十年（约公元前1580年）"夜中星陨如雨"，是世界上最早的流星雨的记载。商代甲骨文中已有日食、月食、新星等天象记载。商代甲骨文中已有十三个月的记载，表明商代的历法中已有闰月。

商代甲骨文中有许多阴、晴、雨、雪等气象记录，还有从小麦拔节到抽穗间一旬的气象记录，这是世界上最早的气象记录之一。

周代已使用"土圭"来观测日影以确定季节，用"刻漏"来记时。

《春秋》中记载了公元前722年至公元前481年的三十六次日食，其中三十二次经推算证明是可靠的，这是上古时期最完整的日食记录。

《春秋》中还有公元前613年有哈雷彗星的最早记录，比西方早六百七十多年。

战国前流传下来的《夏小正》按月记载了自然现象和农事活动，是世界上最早的物候学著作，比西方早一千多年。

战国时甘德的《星占》和石申的《天文》中记载了数百颗恒星的方位，是世界上最古的星表（均已佚）。

我国有世界上最早的关于极光的记载。东汉的《伏侯古今注》载有公元前30年出现的极光。《汉书·天文志》中记载有："元光元年五月，客星见于房。"这记录的是公元前134年出现的一颗新星，这颗新星是中外史书中均有记载的

天文历法

第一颗新星，与其他国家的记载比，我国的记载不仅写明了时间，还写明了方位，因此法国天文学家比奥在著《新星汇编》时把《汉书》的记载列为首位。

《汉书·五行志》中记载了河平元年（前28年）三月出现的太阳黑子情况："河平元年……三月己未，日出黄，有黑气大如钱，居日中央。"这一记录将黑子出现的时间与位置都叙述得详细清楚。美国天文学家海尔会赞叹道："中国古代观测天象，如此精勤，实属惊人。他们观测日斑，比西方早约两千年，历史上记载不绝，并且都很正确可信。"

公元前1世纪，我国已有月光是日光的反射的记载。

司马迁参与改定的《太初历》，具有节气、闰法、朔晦、交食周期等内容，显示了很高的水平。

公元330年前后，西晋虞喜发现岁差。

公元6世纪，北朝张子信发现太阳和行星的视运动有快慢；南朝祖暅之发现极星离北极有一度多的偏离。

《齐民要术》中有关于霜的成因和用熏烟法防止霜冻的记载。

在敦煌发现的唐代的星图中载有一千三百五十多颗星，西方在1608年望远镜发明以前的星图中的星不超过一千零二十二颗。

宋代有1054年超新星爆发的记录，为现代天文学和天体物理学的研究提供了宝贵资料。

1088年至1095年间，北宋沈括在《梦溪笔谈》中提出一种完全根据二十四节气的便于家业生产的先进的阳历。

1247年，南宋已有关于雨量器的记载，使我国成为世界上最早使用雨量器的国家。

1360年左右，元代娄元礼的《田家五行》记载了大量天气谚语，保存了劳动人民丰富的天气预报经验。

14世纪中叶，明代的《白猿献三光图》载有一百三十二幅云图，并与天气预报联系起来，这是世界上最早的云图集，欧洲1879年才出版只有十六幅的云图。

1405年至1433年，明代郑和七次下西洋时所绘制的《航海图》中有许多天文观测记录，是我国古代航海天文学的宝贵资料。

17世纪，清初平民天文学家王锡阐著《晓庵新法》等十三种天文书籍，提出计算金星凌日的凌始和凌终方位角的方法等。

1695 年，清代康熙年间有关于用火炮消除雹害的记载，这是世界上最早的人工防雹的记载。

1695 年，清代康熙时曾在许多地方设点测风，这是世界上最早的气象观测网，当时还发现了锋面不连续的现象。

【星图星表】

我国是世界上天文学发展最早的民族之一，留下了丰富的星图档案。三千多年以前的殷商时代，就有了关于天文星象的文字记载档案，绘画和雕刻天文星象图表也有悠久的历史。据古档案记载和迄今的考古挖掘所得的资料显示，星图的绘制工作最早始于汉代。张衡就曾绘星图《灵宪图》，只可惜是失传了。古星图大致可依性质区分为示意性和科学性两类，前者是为装饰或宗教的目的制作的示意性星图，如汉唐以来的墓室顶部，经常发现有彩绘的或石刻的星图，这类星图绘制得比较粗糙，象征意义远比精确性来得凸显，内容也不完整，有的只绘出单一的星宿（可能和当事人生前的官位相关），有的只绘有部分天区。如洛阳西汉壁画墓中的日、月、星象图，7 世纪绘制的新疆吐鲁番壁画天文图，山东嘉祥武梁祠石刻画像北斗星图和杭州吴越墓石刻星图。

示意性一类重要的星图有五代时期吴越文穆王钱元瓘墓石刻星象图。该星图于公元 941 至公元 960 年间建造，刻星象用阴纹勾刻，比苏州石刻天文图早了三百多年，同时，尺寸约比苏州天文图直径大一倍。星和星之间用线连接，刻工细致，星象位置也相当准确。这两幅石刻星象图刻制着二十八宿和拱极星等部分星宿，每个石刻图上大约有一百八十颗星。

我国的彗星图档案也是一绝。1973 年在湖南长沙马王堆三号汉墓中，出土了一种占卜吉凶的帛书。在这部星占著作中，绘有二十九幅不同形状的彗星图。每幅图上都能看到长长的、像扫帚一样的彗尾，以及圆圈或黑点形状的彗头。每幅彗星图下面都写有占卜的文字，每条占卜文字的开头都写着彗星的名称。这些距今已有二千二百多年的彗星图，是我国也是世界上最早最珍贵无比的彗星图档案。

另一类是常出现在书籍、画卷、石刻仪器等上面具有科学性的星图档案，是古代天文观测者为认知教学和记录天空星官（星官是古时对星星的称呼）位置而绘制的，星图内容较准确、记载的天象也比较完整，有助于我们了解古代人对恒星的观测，和研究地球自转和公转的变迁。只是这类星图档案流传下来的不多，依档案记载所提及的战国时代的甘德、石申、巫咸三家星图、三国时期陈卓编制的星图等都已失传。现存的星图档案中以唐代的敦煌星图、苏州石刻《天文图》星图以及宋代苏颂《新仪象法要》中的星图等较具科学的档案价值。

星表是把测量出的恒星的坐标加以汇编而成的。大约在公元前四世纪的战国时代，魏人石申编写了《天文》一书共八卷，后人称之为《石氏星经》。虽然它到宋代以后失传了，但我们今天仍然能从唐代的天文著作《开元占经》中见到它的一些片段，并从中可以整理出一份石氏星表来，其中有二十八宿距星和一百一十五颗恒星的赤道坐标位置。这是世界上最古老的星表之一。

早在先秦时期，我国古代天文学家就开始绘制星图。现存最早的描绘在纸上的星图是唐代的敦煌星图。唐敦煌星图最早发现于敦煌藏经洞，1907年被英国人斯坦因盗走，至今仍保存在英国伦敦博物馆内。它绘于公元940年，图上共有一千三百五十颗星，它的特点是赤道区域采用圆柱形投影，极区采用球面投影，与现代星图的绘制方法相同，是我国流传至今最早采用圆、横两种画法的星图。

1971年在河北省张家口市宣化区的一座辽代墓里发现了一幅星图。该图绘于1116年，用于墓顶装饰，星图绘画在直径2.17米圆形范围内，绘制方法为盖图式，图中心嵌着一面直径为35厘米的铜镜，外圈是中国的二十八宿，最外层是源于巴比伦的黄道十二宫，从中可看出在天文学领域内中外文化交流的迹象。

1974年在河南洛阳北郊的一座北魏墓的墓顶，又发现了一幅绘于北魏孝昌二年（526年）的星图，全图有星辰三百余颗，有的用直线连成星座，最明显的是北斗七星，中央是淡蓝色的银河贯穿南北。整个图直径7米许。这幅公元4世纪的星象图中，银河纵贯南北，波纹呈淡蓝色，清晰细致。星辰为小圆形，大小不一，计有三百余颗。有些星用画线连起来，表示星宿，最明显的是北斗七星。还有许多作为陪衬用的单个星象，整个图的直径达7米。这个星象图不仅具有象征性的一面，而且有它写实科学性的一面。这幅星象图是我国目前考古发现中年代较早、幅面较大、星数较多的一幅。它比苏州石刻星象图早约七百年，比苏颂《新仪象法要》星图早约五百年，比敦煌唐代星图要早约四百年。它是研究我国古代天文学的一份珍贵的早期实物档案。

现存在苏州博物馆内的苏州石刻天文图，是世界现存最古老的石刻星图之一，刻于 1247 年（南宋丁未年），主要依据 1078 年至 1085 年（北宋元丰年间）的观测结果。图高约 2.45 米，宽约 1.17 米，图上共有星一千四百三十四颗，位置准确。苏州石刻天文图银河的图像清晰，河汉分叉，刻画细致，引人入胜，在一定程度上反映了当时天文学的发展水平。

唐代僧人一行的《唐一行山河分野图》主要表示有京城、州郡、山河以及与之相对应的星次和星宿等，这是一种天文和地理相结合的特殊地图，其表现方法以注记和文学说明为主。该图对于研究我国古代天文分野，即对所谓将地面某一地区与天空中的某一星辰相对应之山脉地络等地理学思想有参考价值。

宋代苏颂《新仪象法要》中所附的星图，是古天文学者们观测星辰的形象记录，它真实地反映出当时天文学家，在天体观测方面所采用的观天技术和获得的观测成果。苏颂的《新仪象法要》写于 1094 年，书中附有 1078 年至 1085 年（元丰年间）实际观测记录的星图，共计有星名者二百八十三个、星数一千四百六十四颗。星图从角宿开始，按二十八宿顺序连续排列，《新仪象法要》中的星图是目前流传下来的全天星图中最古老的星图之一。

福建省莆田县涵江镇天后宫有一幅明代星图，星图有星一千四百颗以上，以三垣二十八宿为主，画有 1572 年在仙后座出现的超新星，根据《明实录》的记载，这颗超新星发生于 1572 年 11 月 8 日，说明这幅星图绘制的上限年代不早于明万历年间（1573 年—1620 年）。又根据说明文字中不避讳孔丘的"丘"和清康熙帝玄烨的"玄"字，可以断定星图档案的年代下限为明末。星图中还用带毛的星表示"气"（星云）等，这又是西方的特色，因此，莆田明代星图可算是中西天文文化交流的一个重要物证。

天球仪的始祖——浑象

【概述】

浑象是一种古代天文仪器，是古代根据浑天说用来演示天体在天球上视运动及测量黄赤道坐标差的仪器，主要用于象征天球的运动，表演天象的变化。

浑象和浑仪合称为浑天象、浑天仪、天象仪，相当于现在的天球仪，同用于观测的浑仪互相混淆，因而有时被称为浑仪。

【浑象功能】

浑象的基本形状是一个大圆球，象征天球，大圆球上布满星辰，画有南北极、黄赤道、恒显圈、恒隐圈、二十八宿、银河等，还有象征地平的圈（在圆球之外）或框，以及象征地体的块（在圆球之内）。由于大圆球的转动带动星辰也转，在地平线以上的部分就是可见到的天象了。

浑象把太阳、月亮、二十八宿等天体以及赤道和黄道都绘制在一个圆球面上，能使人不受时间限制，随时了解当时的天象。白天可以看到当时在天空中看不到的星星和月亮，而且位置不差；阴天和夜晚也能看到太阳所在的位置。用它能表演太阳、月亮以及其他星象东升和西落的时刻、方位，还能形象地说明夏天白天长、冬天黑夜长的道理等。

【创制浑象】

历史上最早记载制造浑象的是耿中丞。西汉末年扬雄所著《法言·重黎》里说："或问浑天，曰：落下闳营之，鲜于妄人度之，耿中丞象之。"这里的耿中丞即汉宣帝时大司农中丞耿寿昌。

耿寿昌是西汉宣帝时的大司农中丞，大概是因为农业生产同天象变化关系密切，他对天文学也有研究。他把从浑天说认识到的天球形象化地表现出来，可见浑象的大体形状应该是个大圆球，在球上布列了许多星辰，大圆球的旋转就表演出天象的变化。可惜，耿寿昌的浑象和著作都未能保留下来，我们无从知道它的具体结构。

耿寿昌创制浑象后，到东汉的张衡水运浑象，又对后世浑象的制造影响很大，张衡设计制造的漏水转浑天仪的核心部分就是浑象。张衡创制的浑象基本构成是一个可以旋转的中空圆球，上面按观测到的实际天象布列星辰。转动圆球，即可演示天体的运动，其作用相当于近代的天球仪，堪称天球仪的始祖。

宋代沈括《梦溪笔谈·象数一》："浑象，象天之器，以水激之，以水银转之，置于密室，与天行相符，张衡、陆绩所为。"张衡以后许多天文学家，如三国时陆绩、王蕃，南北朝时钱乐三，唐代一行、梁令瓒，元代郭守敬等都曾制造过浑象，而且都同水力和机械联系在一起，以取得与天球的周日转动同步的效果。宋代的水运仪象台则达到历史上浑象发展的最高峰。这些实物现在都没有了，现存北京古观象台的浑象是清初南怀仁所造，可算是古代浑象的仿制品。

现在我们能见到的最早的有关浑象的记载要数东汉张衡的《浑天仪图注》。张衡在前人制造浑象的基础上也制造了第一台自动的天文仪器——水运浑象。整个浑象以水力推动，与天球转动合拍，这是在我国古代历史上一个很著名的创造。

水运浑象以直径为五尺（约1.18米，东汉1尺约23.5厘米）的空心铜球表示天球，上面画有二十八宿，中外星官，互成24度交角的黄道和赤道等，黄道上又标明有二十四节气。紧附于天球的有地平环和子午环等。天体半露于地平环之上，半隐于地平环之下。天轴则支架在子午环上，天球可绕天轴转动。同时，又以漏壶流出的水作动力，通过齿轮系的传动和控制，使浑象每日均匀地绕天轴旋转一周，从而达到自动地、近似正确地演示天象的目的。此外，水运浑象还带动有一个日历，能随着月亮的盈亏演示一个月中日期的推移，相当于一个机械日历。

张衡还在水运浑象上加装了一种机械日历，叫"瑞轮蓂荚"，它也是以水力带动，与浑象一起运行的。由于我国古代历法中的"月"以月亮的运行为依据，所以瑞轮蓂荚既可表示日期，又可推知月亮的圆缺，一举两得。

张衡的水运浑象当然由于年代久远而不能见到了，但是张衡浑象的式样已被历代继承下来。历代制造的浑象大都已经毁亡，现存仅有两架，一架在南京紫金山天文台，一架在北京建国门古观象台，均是清代铸造的。

张衡的浑象是世界上第一架以水力驱动的天文演示仪，它不仅包含了十分合理的浑天说理论，而且以当时领先于世界的齿轮传动技术制成，故后人称之为技术与科学结合的典范。

天文观测仪器的先驱——浑仪

【概述】

浑仪，上古时称"璇玑玉衡"，简称"玑衡"。是我国古代天文学家用来测量天体坐标和两天体间角距离的主要仪器。它和浑象合称为浑天仪（又叫天象仪）。

天文历法

在古代，"浑"字含有圆球的意义。古人认为天是圆的，形状像蛋壳，出现在天上的星星是镶嵌在蛋壳上的弹丸，地球则是蛋黄，人们在这个蛋黄上测量日月星辰的位置。因此，把这种观测天体位置的仪器叫作"浑仪"。

【浑仪创制】

有资料表明，我国浑仪的发明大约是在公元前 4 世纪至公元前 1 世纪之间，也就是战国中期至秦汉时期。它是由一重重的同心圆环构成，整体看起来就像一个圆球。中国使用浑仪观测天象比古希腊早约六十年。浑仪是现代天文观测仪器的先驱。

浑仪是以浑天说为理论基础制造的测量天体的仪器。浑天说是我国古代的一种重要宇宙理论，认为"浑天如鸡子，天体圆如蛋丸，地如鸡中黄"，天内充满了水，天靠气支撑着，地则浮在水面上。天的大圆分为 365.25 度，浑天旋轴两端分别称为南极、北极，赤道垂直于天极，黄道斜交着天的大圆，黄赤道交角为 24 度。

【浑仪构成】

早期的浑仪结构比较简单，只有三个圆环和一根金属轴。最外面的那个圆环固定在正南北方向上，叫作"子午环"；中间固定着的圆环平行于地球赤道面，叫作"赤道环"；最里面的圆环可以绕金属轴旋转，叫作"赤经环"；赤经环与金属轴相交于两点，一点指向北天极，另一点指向南天极。在赤经环面上装着一根望筒，可以绕赤经环中心转动，用望筒对准某颗星星，然后，根据赤道环和赤经环上的刻度来确定该星在天空中的位置。

浑仪的最基本构件是四游仪和赤道环。四游仪由窥管和一个双重的圆环组成。窥管是一根中空的管子，类似于近代的天文望远镜，只是没有镜头。双重圆环叫四游环，也叫赤经环，环面上刻有周天度数，可以绕着极轴旋转，窥管夹在四游环上，可以在双环里滑动。转动四游环，并移动窥管的位置，就可以观测任何的天区。赤道环在四游环外，上亦刻有周天度数，固定在与天球赤道平行的平面上。这样，就可以通过窥管观测到待测量的天区或星座，并得出该天体与北极间的距离，称"去极度"，以及该天体与二十八宿距星的距离，称"入宿度"。去极度和入宿度是表示天体位置的最主要数据。

【改进完善】

浑仪的改进和完善，经历了一个由简而繁，而又由繁而简的历程。从汉代到北宋，浑仪的环数不断增加。首先增加的是黄道环，用以观测太阳的位置。接着又增加了地平环和子午环，地平环固定在地平方向，子午环固定在天体的极轴方向。这样，浑仪便形成了二重结构。唐代起，浑仪又发展成三重结构。最外面的一层叫六合仪，由固定在一起的地平环、子午环和外赤道环组成，因东西、南北、上下六个方向叫六合。第二重叫三辰仪，由黄道环、白道环和内赤道环组成，可以绕极轴旋转。其中白道环用以观测月亮的位置。最里层是四游仪。北宋时，又增加有二分环和二至环，即过二分（春分、秋分）点和二至（夏至、冬至）点的赤经环。

多重环结构的浑仪虽是一杰出的创造，在天文学史上也起过重要的作用，但其自身也存在着两大缺陷。一是要把这么多的圆环组装得中心都相重合，十分困难，因而易产生中心差，造成观测的偏差。二是每个环都会遮蔽一定的天区，环数越多，遮蔽的天区也越大，这就妨碍观测，降低使用效率。

为解决这两个缺陷，从北宋起即开始探索浑仪的简化途径。这个浑仪改革的途径由北宋的沈括开辟，元代的郭守敬完成。沈括由两个方面进行改革，一方面是取消白道环，借助数学方法来推算月亮的位置；另一方面是改变一些环的位置，使遮蔽的天区尽量减少。而郭守敬又取消了黄道环，并把原有的浑仪分为两个独立的仪器，使之成为多种用途的天文观测仪器。

还应该指出的是，中国古代浑仪采用的是赤道坐标系统，比西方采用的黄道坐标系统要先进得多，今天已为各国天文台所广泛采用。

当时世界最先进的天文仪器——简仪

【概述】

简仪是元代天文学家郭守敬于公元1276年创制的一种测量天体位置的仪器。因将结构繁复的唐宋浑仪加以革新简化而成，故称简仪。

郭守敬创制的简仪，在清康熙五十四年（1715年）被传教士纪理安当作废铜给熔化了。现在保存在南京紫金山天文台的简仪是明代正统二年到七年（1437年—1422年）间依照元代简仪原样制造的，它原置北京观象台上，1935年迁至南京紫金山天文台。

简仪的创制，是我国天文仪器制造史上的一大飞跃，是当时世界上的一项先进技术。欧洲直到三百多年之后的 1598 年才由丹麦天文学家第谷发明与之类似的装置。

【简仪装置】

简仪的装置包括相互独立的赤道装置和地平装置两部分，以地球环绕太阳公转一周的时间 365.25 日分度。

简仪的赤道装置用于测量天体的去极度和入宿度（赤道坐标），与现代望远镜中广泛应用的天图式赤道装置的基本结构相同。它由北高南低两个支架托着正南北方向的极轴，围绕极轴旋转的是四游双环，四游双环上的窥管两端安有十字丝，这是后世望远镜中十字丝的鼻祖。极轴南端重叠放置固定的百刻环和游旋的赤道环。为了减少百刻环与赤道环之间的摩擦，元代天文学家郭守敬在两环之间安装了四个小圆柱体，这种结构与近代"滚柱轴承"减少摩擦阻力的原理相同。

简仪的地平装置称为立运仪，它与近代的地平经纬仪基本相似。它包括一个固定的阴纬环和一个直立的、可以绕铅垂线旋转的立运环，并有窥管和界衡各一。这个装置可以测量天体的地平方位和地平高度。简仪的底座架中装有正方案，用来校正仪器的南北方向。在明制简仪中正方案改为日晷。

【作者简介】

郭守敬（1231 年—1316 年），河北邢台人，元代著名的天文学家。他自小师从祖父郭荣学习天文、算学和水利。他对天文学尤其感兴趣，常自己动手制造天文土仪器用于观察天象。1276 年，元太祖忽必烈下令编制新历，郭守敬奉命参加修历。四年后，新历《授时历》基本完成。这是中国古代一部优秀的历法，在制定过程中，郭守敬作出了卓越的成绩。

郭守敬在制历之初就提出了"历之本在于测验，而测验之器莫先于仪表"。为此，他在三年之内，共设计出简仪、高表、星晷定时仪，以及立运仪、日月食仪、玲珑仪等新天文仪器，其精巧程度和准确度大大超过前人。除此之外，他还是位杰出的水利专家和地理学家，曾主持了若干重要的水利工程，至今受到中外专家赞誉。

1981 年，为纪念郭守敬诞辰七百五十周年，国际天文学会以他的名字为月球上的一座环形山命名。古代天文学家在给月球上的山起名字时，规定了月球上的山用地球上的山名，月球上的环形山用世界著名的科学家与思想家的名字来命名。这一规定沿用至今。如哥白尼环形山、阿基米得环形山、牛顿环形山、伊巴谷环形山、卡西尼环形山等。在月球背面的环形山中，有四座分别以我国古代天文学家名字命名，他们分别是：石申环形山、张衡环形山、祖冲之环形山和郭守敬环形山。

开启自然灾害预警先河——地动仪

【概述】

自古以来，中国遭受的地震灾害很多。在中国褶皱扭曲的地表上，高山和陡峭的峡谷频繁地受到地震的骚扰，致使居住在那里的人民遭受巨大的灾难。据说，公元155年2月2日的大地震使三个省八十多万人丧生。令人震惊的事实告诉人们，及早报警是必不可少的。

地动仪是汉代科学家张衡的又一传世杰作，在张衡所处的东汉时代，地震比较频繁。据《后汉书·五行志》记载，自汉和帝永元四年（公元92年）到汉安帝延光四年（公元125年）的三十多年间，共发生了二十六次大的地震。地震区有时大到几十个郡，地震引起的江河泛滥、房屋倒塌，给当时的人民造成了巨大的损失。为了掌握全国地震动态，张衡经过长年研究，终于在汉顺帝阳嘉元年（公元132年）发明出了世界上第一架地动仪——候风地动仪。

候风地动仪的出现，开启了人类对地震科学研究的先河，揭开了人类预知自然灾害的序幕。它是人类发明史上的重要成果之一，也是中华民族对世界文明做出的又一重大贡献。

近代的地震仪于1880年由欧洲人制作出来，它的原理和张衡地动仪基本相似，但在时间上却比张衡的"候风地动仪"晚了一千七百多年。

【结构及工作原理】

据《后汉书·张衡传》记载，候风地动仪"以精铜铸成，圆径八尺"，"形似酒樽"，上有隆起的圆盖，仪器的外表刻有篆文以及山、龟、鸟、兽等图形。仪器的内部中央有一根铜质"都柱"，柱旁有八条通道，称为"八道"，还有巧妙的机关。

仪体外部周围有八个龙，按东、南、西、北、东南、东北、西南、西北八个方向布列。龙头和内部通道中的发动机关相连，每个龙头嘴里都衔有一个铜球。对着龙头，八个蟾蜍蹲在地上，个个昂头张嘴，准备承接铜球。当某个地方发生地震时，樽体随之运动，触动机关，使发生地震方向的龙头张开嘴，吐出铜球，落到铜蟾蜍的嘴里，发生很大的声响。于是人们就可以知道地震发生的方向。

【历史实证】

地动仪制成后，人们将信将疑。直到公元138年2月的一天，张衡的地动仪正对西方的龙嘴突然张开来，吐出了铜球。按照张衡的设计，这就是报告西部发生了地震。可是，那一天洛阳一点也没有地震的迹象，也没有听说附近有哪儿发生了地震。因此，大伙儿议论纷纷，都说张衡的地动仪是骗人的玩意儿，甚至有人说他有意造谣生事。过了几天，有人骑着快马来向朝廷报告，离洛阳一千多里的金城、陇西一带发生了大地震，连山都有一部分崩塌下来。

这件事，证明了地动仪的准确性和可靠性。随后，人们对张衡的猜疑和责难平息了，地动仪的神妙便迅速传播开来。

天文钟的祖先——水运仪象台

【概述】

宋元祐三年（1088年），在著名天文学家、药物学家苏颂的倡议和领导下，一座杰出的天文计时仪器——水运仪象台，在当时的京城开封制成。水运仪象台的构思广泛吸收了以前各家仪器的优点，尤其是吸取了北宋初年天文学家张思训所改进的自动报时装置的长处；在机械结构方面，采用了民间使用的水车、筒车、桔槔、凸轮和天平秤杆等机械的工作原理，把观测、演示和报时设备集中起来，组成了一个整体，成为一部自动化的天文台。

苏颂主持创制的水运仪象台是11世纪末我国杰出的天文仪器，它的机械传动装置，类似现代钟表的擒纵器，被英国的李约瑟认为"很可能是欧洲中世纪天文钟的直接祖先"。国际上对水运仪象台的设计给予了高度的评价，认为水运仪象台为了观测上的方便，设计了活动的屋顶，这是今天天文台活动圆顶的祖先。水运仪象台可以反映出中国古代力学知识的应用已经达到了相当高的水平。

水运仪象台在1127年金兵攻陷汴梁时遭到破坏。南宋时期，朝廷曾派人寻找苏颂后人并访求苏颂遗书，还请教过朱熹，想把水运仪象台恢复起来，结果始终没有成功。从此，水运仪象台只能作为史书上的记载见证着中国古代天文仪器和机械制造曾经达到的一个高峰。

【时钟装置】

苏颂所著的《新仪象法要》是苏颂为水运仪象台所作的设计说明书，该著作详细介绍了水运仪象台的设计和制作情况，并附有多幅绘图。根据《新仪象法要》记载，水运仪象台是一座底为正方形、下宽上窄略有收分的木结构建筑，将近十二米，宽二十一米，用木板作台壁，板面画飞鹤。水运仪象台共分为三大层。

上层是一个露天的平台，设有浑仪一座，用龙柱支持，下面有水槽以定水平。浑仪上面覆盖有遮蔽日晒雨淋的木板屋顶，为了便于观测，屋顶可以随意开闭，构思比较巧妙。露台到仪象台的台阶有七米多高。

中层是一间没有窗户的"密室"，里面放置浑象。天球的一半隐没在"地平"之下，另一半露在"地平"的上面，靠机轮带动旋转，一昼夜转动一圈，真实地再现了星辰的起落等天象的变化。

下层设有向南打开的大门，门里装置有五层木阁，木阁后面是机械传动系统。

第一层木阁又名"正衙钟鼓楼"，负责全台的标准报时。木阁设有三个小门。到了每个时辰（古代一天分做十二个时辰，一个时辰又分为时初和时正）的时初，就有一个穿红衣服的木人在左门里摇铃；每逢时正，有一个穿紫色衣服的木人在右门里敲钟；每过一刻钟，一个穿绿衣的木人在中门击鼓。

第二层木阁可以报告十二个时辰的时初、时正名称，相当于现代时钟的时针表盘。这一层的机轮边有二十四个司辰木人，手拿时辰牌，牌面依次写着子初、子正、丑初、丑正等。每逢时初，时正，司辰木人按时在木阁门前出现。

第三层木阁专刻报的时间。共有九十六个司辰木人，其中有二十四个木人报时初、时正，其余木人报刻。例如子正的初刻、二刻、三刻，丑初的初刻、二刻、三刻，等等。

第四层木阁报告晚上的时刻。木人可以根据四季的不同击钲报更数。

第五层木阁装置有三十八个木人，木人位置可以随着节气的变更，报告昏、晓、日出以及几更几筹等详细情况。

五层木阁里的木人能够表演出这些精彩、准确的报时动作，是靠一套复杂的机械装置"昼夜轮机"带动的。而整个机械轮系的运转依靠水的恒定流量，推动水轮做间歇运动，带动仪器转动，因而命名为"水运仪象台"。

【工作原理】

水运仪象台的构思广泛吸收了以前各家仪器的优点。水运仪象台整个机械轮系的运转，依靠的是水的恒定流量。在下隔的中央部分设有一个直径为三米多的枢轮。枢轮上有 72 条木辐，挟持着 36 个水斗和勾状铁拨子。枢轮顶部和边上附设一组杠杆装置，它们相当于钟表中的擒纵器。在枢轮东面装有一组两级漏壶。壶水注入水斗，斗满时，枢轮即往下转动。但因擒纵器的控制，使它只能转过一个斗。这样就把变速运动变为等间歇运动，使整个仪器运转均匀。枢轮下有退水壶。在枢轮转动中各斗的水又陆续回到退水壶里。另用一套打水装置，由打水人驱动水车，把水打回到上面的一个受水槽中，再由槽中流入下面的漏壶中去。因此，水可以循环使用。打水装置和打水人则安置在下隔的北部。

【原件与复原】

水运仪象台原件在靖康之祸（1127 年）时，金兵将水运仪象台掠往燕京（北京）置于司天台，在金朝贞佑二年（1214 年）因不便运输被丢弃，而南宋时苏携保存的手稿因无人理解其中方法而无人能仿造。中华人民共和国成立后，清华大学刘仙洲于 1953 年至 1954 年发表《中国在原动力方面的发明》、《中国在传动机件方面的发明》两篇关于对此仪动力研究的论文，另外英国科技史学者李约瑟对此仪的动力也有研究，在 1956 年于《自然》杂志发表论文。

中国考古学家王振铎于 1958 年最先复原水运仪象台模型，除发表《揭开了中国"天文钟"的秘密》论文并绘制复原详图存世。该复原原件存放于中国历史博物馆；近年主要由苏州市古代天文计时仪器研究所复原并送至各地科技馆或天文馆收藏。

我国现存最古老的天文台——观星台

【概述】

中国古代天文观星台坐落在河南省登封县城东南十五千米的告成镇北，北依嵩山，南望箕山，处颍河之滨，地理位置十分优越，这里曾是古代阳城所在地。

观星台由元代天文学家郭守敬创建，是我国现存最古老的天文台，也是世界上最著名的天文科学建筑物之一。前后院落共分照壁、山门、垂花门、周公测影台、大殿、观星台、螽斯殿等七进，院内复制安装各种天文仪器十多种。它反映了我国古代科学家在天文学上的卓越成就，在世界天文史、建筑史上都有很高的价值。

【建筑格局】

观星台建于元代至元十三年（1276 年）距今已有 700 年的历史，它是我国现存最古老的天文台。是世界上现存较早天文科学建筑物，元世祖忽必烈统一中国后，为了恢复农牧业生产，任用著名科学家郭守敬和王恂等进行历法改革。首先，让郭守敬创制了新的天文仪器，然后又组织了规模空前的天文大地测量，在全国二十七个地方建立了天文台和观测站，登封观星台就是当时的中心观测站。

观星台系砖石混合建筑，由盘旋踏道环绕的台体和自台北壁凹槽内向北平铺的石圭两个部分组成，台体呈方形覆斗状，四壁用水磨砖砌成。台高 9.46 米，连台顶小室统高 12.62 米。合体平面近似正方形，台顶长 8 米多，基边长 16 米多，台四壁明显向中心内倾，其收分比例表现出中国早期建筑的特征。台顶小室是明嘉靖七年（1528 年）修葺时所建。台下北壁设有对称的两个踏道口，人们可以由此登临台顶。在环形踏道及台顶边沿筑有 1.05 米高的阶栏与女儿墙，这些阶栏与女儿墙皆以砖砌壁，以石封顶。为了导泄台顶和踏道上的雨水，在踏道四隅各设水道一孔，水道出水口雕作石龙头状。台的北壁正中，有一个直通上下的凹槽，其东、西两壁有收分，南壁上下垂直，距石圭南端 36 厘米。

在台身北面，设有两个对称的出入口，筑有砖石踏道和梯栏，盘旋簇拥台体，使整个建筑布局显得庄严巍峨。台顶各边有明显收缩，并砌有矮墙（女儿墙），台顶两端小屋中间，由台底到台顶，有凹槽的"高表"。在凹槽正北是三十六块青石平铺的石圭（俗称量天尺）。

【历史地位】

观星台不仅保存了我国古代圭表测影的实物，也是自周公土圭测影以来测影技术发展的高峰，它反映了我国天文科学发展的卓越成就，对于研究我国天文史和建筑史都具有很高的价值。

石圭用来度量日影长短，所以又称"量天尺"。它的表面用三十六块青石板接连平铺而成，下部为砖砌基座。石圭长31.196米，宽0.53米，南端高0.56米，北端高0.62米。石圭居子午方向。圭面刻有双股水道。水道南端有注水池，呈方形；北端有泄水池，呈长条形，泄水池东、西两头凿有泄水孔。池、渠底面，南高北低，注入水后可自灌全渠，不用时水可排出。泄水池下部，有受水石座一方，为东西向长方形，其上亦刻有水槽一周。

郭守敬在元初对古代的圭表进行了改革，新创比传统"八尺之表"高出五倍的高表。它的结构和测影的方法、原理在《元史·天文志》中有较详细的记述。当时建筑在元大都的高表据记载为铜制，圭为石制。表高五十尺，宽二尺四寸，厚一尺二寸，植于石圭南端的石座中，入地及座中十四尺，石圭以上表身高三十六尺，表上端铸二龙，龙身半附表侧，半身凌空擎起一根六尺长、三寸粗的"横梁"。自梁心至表上端为四尺，自石圭上面至梁心四十尺。石圭长度为一百二十八尺，宽四尺五寸，厚一尺四寸，座高二尺六寸。圭面中心和两旁均刻有尺度，用以测量影长。为了克服表高影虚的缺陷，测影时，石圭上还加置一个根据针孔成像原理制成的景符，用以接受日影和梁影。景符下为方框，一端设有可旋机轴，轴上嵌入一个宽二寸、长四寸、中穿孔窍的铜叶，其势南低北高，依太阳高下调整角度。正午时，太阳光穿过景符北侧上的小孔，在圭面上形成一很小的太阳倒像。南北移动景符，寻找从表端横梁投下的梁影。这条经过景符小孔形成的梁影清晰实在、细若发丝。当梁影平分日像时，即可度量日影长度。

登封观星台的直壁和石圭正是郭守敬所创高表制度的仅有的实物例证。所不同的是，观星台是以砖砌凹槽直壁代替了铜表。经过实地勘测推算，直壁高度和石圭长度等结构与《元史》所载多相符合。石圭以上至直壁上沿高三十六尺，从表槽上沿再向上四尺，即为置横梁处，恰在小室窗口下沿，很适合人们在台顶操作。由此至圭面为四十尺。通过仿制横梁、景符进行实测，证明观星台的测量误差相当于太阳天顶距误差三分之一角分。

除了测量日影的功能之外，当年的观星台上可能还有观测星象等设施。元初进行"四海测验"时，在此地观测北极星的记录，已载入《元史·天文志》中："河南府阳城，北极出地三十四度太弱。"（"太弱"为古代一度的十二分之八）又据明万历十年（1582年）孙承基撰《重修元圣周公祠记》碑载："砖崇台以观星。台上故有滴漏壶，滴下注水，流以尺天。"由此可知观星台当是一座具有测影、观星和计时等多种功能的天文台。

中国历代许多天文学家曾到这里进行过天文观测。《周礼·地官·司徒》载："以土圭之法，测土深，正日景，以求地中……日至之景，尺有五寸，谓之地中。"东汉郑玄在注释中引用郑众的话说："土圭之长，尺有五寸。以夏至之日，立八尺之表，其景适与土圭等，谓之地中。今颍川阳城地为然。"

在观星台南二十米处，尚保存有唐开元十一年（公元723年）由天文官南宫说刻立的纪念石表一座，表南面刻"周公测景台"五字。表高196.5厘米，约为唐小尺八尺，表下石座上面北沿6.6厘米至三十七厘米，切近唐小尺1.5尺，故知此表在规制上与《周礼》所载土圭测景说相近。

中华人民共和国成立以后，对观星台台体和有关文物进行了加固维修。1961年，国务院规定登封观星台为全国重点文物保护单位。联合国教科文组织世界遗产委员会第34届大会北京时间2010年8月1日将河南登封"天地之中"历史建筑群列入《世界遗产名录》，使之成为中国的第三十九处世界遗产。包括少林寺常住院、塔林、观星台和初祖庵在内的八处十一项古建精华有了新的"护身符"。

使用最普遍的古代计时器——漏刻

【概述】

漏刻是古人通过计算从容器中流出的水量来计算时刻的计时仪器，不仅古代中国使用，而且古埃及、古巴比伦等文明古国都使用过。最早的漏刻也称箭漏、漏壶。

许多书中都有漏刻的记载，例如，《六韬·分兵》："明告战日，漏刻有时。"《汉书·哀帝纪》："漏刻以百二十为度。"颜师古注："旧漏昼夜共百刻，今增其二十。"南朝梁慧皎《高僧传·释道祖》："山中无漏刻，乃于泉水中立十二叶芙蓉，因流波转，以定十二时，晷影无差焉。"沈括《梦溪笔谈》："国朝置天文院于禁中，设漏刻、观天台、铜浑仪，皆如司天监，与司天监互相检察。"

【工作原理】

漏是指计时用的漏壶，刻是指划分一天的时间单位，它通过漏壶的浮箭来计量一昼夜的时刻。最初，人们发现陶器中的水会从裂缝中一滴一滴地漏出来，于是专门制造出一种留有小孔的漏壶，把水注入漏壶内，水便从壶孔中流出来，另外再用一个容器收集漏下来的水，在这个容器内有一根刻有标记的箭杆，相当于现代钟表上显示时刻的钟面，用一个竹片或木块托着箭杆浮在水面上，容器盖的中心开一个小孔，箭杆从盖孔中穿出，这个容器叫作"箭壶"。

随着箭壶内收集的水逐渐增多，木块托着箭杆也慢慢地往上浮，古人从盖孔处看箭杆上的标记，就能知道具体的时刻。漏刻的计时方法可分为两类：泄水型和受水型。漏刻是一种独立的计时系统，只借助水的运动。后来古人发现漏壶内的水多时，流水较快，水少时流水就慢，显然会影响计量时间的精度。于是在漏壶上再加一只漏壶，水从下面漏壶流出去的同时，上面漏壶的水即源源不断地补充给下面的漏壶，使下面漏壶内的水均匀地流入箭壶，从而取得比较精确的时刻。

【考古发现】

漏刻最早记载见于《周礼》。已出土的最古漏刻为西汉遗物，共有满城铜漏、兴平铜漏、千章铜漏三件。

满城铜漏于1968年在河北省满城西汉中山靖王刘胜之墓中出土。刘胜是汉景帝之子，卒于汉武帝元鼎四年（公元前113），故认为此铜漏应该制造于公元前113年之前，作为陪葬品，现在该铜漏收藏于中国社会科学院考古研究所。该铜漏"作圆筒形，下有三足，通高22.4厘米，壶身接近壶底处有一小管外通，小管已残断"。壶盖上有方形提梁，壶盖和提梁有正相对的长方形小孔各一，作为穿插刻有时辰的标尺之用，壶中的水从小管逐渐外漏，标尺逐渐下降，可观察时辰之变化。从壶的高度分析该壶很小，从一壶水装满到泄放结束估计不足一个时辰或一二刻钟，壶中水量排放从满壶到浅，先后流量不一，故其计时精度不会高，它不能作为天文仪器，只能在日常生活中作为粗略的时段计时工具。

兴平铜漏是 1958 年在陕西省兴平县砖瓦厂工地上挖土制瓦时发现的。兴平铜漏壶现收藏于陕西省茂陵博物馆。兴平铜漏为圆筒形、素面，上有提梁盖，下有三足，壶底端突出一个水嘴。通高 32.3 厘米，壶盖直径 11.1 厘米，盖沿高 1.7 厘米。梁、盖的中央有正相对应的长方形插孔各一个，用以穿插时辰的标尺。壶身口径 10.6 厘米，高 23.8 厘米，嘴长 3.8 厘米，口阔 0.25 厘米，其内为圆筒形，外为圆柱形，与壶壁连接呈漏斗状，水从嘴孔流出。此外，在筒内出水嘴处有一紧贴在筒壁上的云母片，直径约 4 厘米，呈不规则的圆形。

千章铜漏是 1976 年在内蒙古伊克昭盟杭锦旗沙丘内偶然发现的，现收藏于内蒙古自治区博物馆内。该漏壶的壶内底上铸有"千章"二字，壶身正面刻有"千章铜漏"四字。此漏壶是西汉成帝河平二年（公元前 27 年）四月在千章县铸造的。后来又在第二层梁上加刻"中阳铜漏铭"。中阳和千章在西汉皆属西河郡。千章铜漏通高 47.9 厘米，壶身作圆筒形，壶内深 24.2 厘米。近壶底处下斜约 23 度的一断面圆形流管，管上斜长 8.2 厘米，下斜 7.2 厘米，近管端处有一凹槽，管端有小孔。壶身下为三蹄足，高 8.8 厘米。壶盖高 3 厘米，径 20 厘米。盖上有双层梁，通高 14.3 厘米，边框宽 2.3 厘米。第一层梁、第二层梁及壶盖的中央有上下对应的三个长方孔，壶身总重量 6250 克，壶盖 2000 克，全壶总重 8250 克。

漏刻的发明年代已不可考，传说漏刻早在黄帝时代就产生了。最早的漏刻没有箭壶，是把箭杆直接插在漏壶里，随水位下降，退到那一刻度，就可以大致知道什么时刻。这种方法也叫淹箭法。后来，人们在箭杆上随一木块，随漏壶水位下降，木块会带着箭杆下降，这就是沉箭法。再后来，人们发明了前面提到箭壶，即浮箭法。

在中国古代，还出现过一些与漏刻结构原理类似的计时工具，如以称量水重来计量时间的称漏和以沙代水的沙漏等。但中国历史上使用时间最长、应用最广的计时装置还是漏刻。在机械钟传入中国之前，漏刻是我国使用最普遍的一种计时器。它克服了圭表和日晷需要用太阳的影子计算时间，而在阴雨天或夜晚无法用的弱点，成为人类第一种全天候的计时工具。

直观表达地形的手段——立体地图

【概述】

立体地图能够较为直观地、形象地表示实地地形，是表达和传播地理知识的重要手段之一。中国人最迟在公元前3世纪就发明了立体地图。在司马迁写的《史记》中，就记过了一张公元前210年绘制的秦始皇墓地图，书上写道："以水银为百川江河大海，机相灌输，上具天文，下具地理。"1985年6月《每日电讯》的一篇报道说：秦始皇墓地虽然还没有打开，但是可能已经发现了。据说是墓入口处的地方发现了微量的水银。考古学家猜测这可能就是上述立体地图上所示的水银。

【制作历史】

我国和世界上最早的立体地图，是北宋科学家沈括制作的。沈括在边地考察时，仔细观察了沿途地形，回来后，用面糊木屑制作了立体地图模型，并用蜡封，呈给皇帝后，大受嘉奖。后来，黄裳、朱熹等学者也对立体地图十分感兴趣，用黏土、木材制作过许多地图。

大科学家沈括在《梦溪笔谈》中曾记述了木刻的立体地形图。1130年黄裳也制作了一张木刻立体地图。黄裳在《鹤林玉露》里记载了朱熹制作立体地形图的情况："（朱熹）尝欲以木作华夷图，刻山水凹凸之势。合木八片为之。以雌雄榫镶入，可以折。度一人之力可以负之。每出则以自随，后竟未能成。"此图后来引了哲学家朱熹的兴趣，他千方百计地收集木刻地形图，以便进行研究。他自己也有时用黏土，有时用木刻制作立体地形图。

制作立体地图的方法先由中国传向阿拉伯，随后传入欧洲。直到1510年，保罗多克斯制作了欧洲最早的地形图，绘出了奥地利的库夫施泰因的邻近地区。这比中国足足晚了一千七百年。

【定量制图】

纵观整个历史，有无精确的地图，是能否在政治和军事上取胜之关键因素。

看过楚汉相争这段历史的人，应该记得刘邦率大军先于项羽进入咸阳时，萧何做了一件让刘邦费解的事：他没进宫去抢金银珠宝，而去抢了一大批地图。刘邦询问他时，他解释道，要夺天下，这些地图才是无价之宝。可见，在那时人们就意识到握有高质量的地图对夺取政治和军事上的胜利是多么重要！

早在先秦时期，我国的地图学就居于世界领先地位，继发明平面地图、实物地图、彩色地图和立体地图后，到了东汉时期，我国科学家又发明了定量制图法。这是制图法史上的一次重大进步，也是质的飞跃，可以说正是定量制图法的出现，我们才能通过地图准确计算两地的方位和距离，才使地图成为实景的缩影。

定量制图法出现之前，所有的地图只是地形、地貌的大致排列，仅从地图上没法准确判断两地的距离，尤其两地间隔着大山、河流之时。它们的主要作用是提供可行路线。如果我们看现代地图的话，都有会看到地图上有一个比例尺，通过比例尺，我们很快可测算地图上任意两点的距离及方位。规定比例尺其实就是一种定量制图，它的出现在制地图史上有着革命性的意义。

公元 2 世纪时，著名的发明家张衡最先把矩形网格坐标的方法应用于地图，从而可以用一种更科学的方法去计算和研究方位、距离和路程。他在《算网论》一书中详细介绍了精确使用地图坐标的基本原理，为地图运用网格的数学方法奠定了基础。张衡的定量制图法，使方位、距离和路线均可以用一种更为科学的方法来计算和研究，是一种极端数字化的抽象地图，它上面的地理位置可通过计算网格的"X"和"Y"坐标来确定，这一方法完全免除了图形本身的干扰。

在绘图地图时，有六条原则应当遵循：一是分度（分率），这是为地图确定比例尺的方法；二是矩形网格（准望），这是正确表达地图上各个部分之间关系的方法；三是步测直角三角形各边长度（道里），这是确定待推算距离（即三角形中无法步测的第三边边长）的方法；四是测量高低（高下）；五是测量直角和锐角（方邪）；六是测量曲线和直线（迂直）。后面三条原则应根据地形的性质分别加以采用，它们是把平地和丘陵折算成平面距离的方法。

公元 3 世纪时，西晋的裴秀对定量制图法做了进一步的改进。最大的改进就是把平地和丘陵折算成平面距离计算，就算遇到被高山湖海隔绝的地方，也能够如实地反映在地图上。裴秀绘制的地图本身并没有被保存下来，但是这种绘制方法却被流传下来。

在西方，直到 15 世纪才出现了地域较大的地图，这比张衡采用科学的定量制图晚了一千三百年左右。

中国古代专门知识之一——历法

【概述】

中国古代历法是一门很专门的学问，是古天文学的一个分支系统，内容十分丰富，涉及天文、数学、物理等各个科学领域。

【历法系统】

什么是历法？历法研究的对象是什么？简单说来，历法是关于时间的计算方法的科学。比如今天是 2004 年 7 月 2 日，那位清末学者是光绪三十三年三月初九日出生的，唐朝从公元 618 年到 907 年共统治了 290 年，等等，这些就是时间。这些时间的计算单位和数字是怎么来的？是从与人类关系最密切的三个天体——太阳、地球、月亮的运转周期的比例计算出来的。计算时间的三个基本单位是年、月、日。年指地球绕太阳公转一周，月指月亮绕地球公转一周，日指地球自转一周。

准确地计算时间是一件十分复杂的事，复杂的原因在于太阳、地球、月亮这三个天体运转周期的比例都不是整数，谁对谁都无法除尽。我们通常说一年有 12 个月，有 360 日，这只是一个概数。假如一个月真的有 30 整日，一年是 12 整月或 360 整日，那么历法就不能称其为一门学问了。实际情况却是：地球绕太阳一周是地球自转一周的 365 倍多一点，相当于月亮绕地球一周的 12 次再加 5 日多一点；月亮绕地球一周是地球自转一周的 29 倍多一点。它们相互间的比例都有一个除不尽的尾数，这就需要进行很复杂的计算，使年、月、日的周期能够相互配合起来，并且都能用整数进位，便于人们计算、使用，这就是历法。所以又可以说历法是计算太阳、地球、月亮运转周期的比例的学问，是以这三个天体的运转比例为研究对象的。

古今中外有多少种历法，我们没有统计过。总之一个民族有一个民族的历法，一个时代有一个时代的历法。时代愈近，科学愈发达，测试手段愈先进，历法就愈科学。我们中国从古到今使用过的历法，就有一百多种。不过不管有多少种历法，都可以把它们分别归到以下三大系统中去：阳历、阴历、阴阳合历。这是因为计算时间，要么以地球绕太阳公转的周期为基础，要么以月亮绕地球公转的周期为基础，要么把两种周期加以调和。第一种属于阳历系统，第二种属于阴历系统，第三种则属于阴阳合历系统。

　　阳历，是以地球绕太阳公转的周期为计算的基础的，要求历法年同回归年（地球绕太阳公转一周）基本符合。它的要点是定一阳历年为 365 日，机械地分为 12 个月，每月 30 日或 31 日（近代的公历还有 29 或 28 日为一个月者，例如每年二月），这种"月"同月亮运转周期毫不相干。但是回归年的长度并不是 365 整日，而是 365.242199 日，即 365 日 5 时 48 分 46 秒余。这种历法的优点是地球上的季节固定，冬夏分明，便于人们安排生活，进行生产。缺点是历法月同月亮的运转规律毫无关系，月中之夜可以是天暗星明，两月之交又往往满月当空，对于沿海人民计算潮汐很不方便。我们今天使用的公历，就是这种阳历。

　　阴历，是以月亮绕地球公转的周期为计算基础的，要求历法月同朔望月（月亮绕地球公转一周）基本符合。朔望月的长度是 29 日 12 小时 44 分 2.8 秒，即 29.530587 日，两个朔望月大约相当于地球自转 59 周，所以阴历规定每个月中一个大月 30 日，一个小月 29 日，12 个月为一年，共 354 日。由于两个逆望月比一大一小两个阴历月约长 0.061 日（大约 88 分钟），一年要多出 8 个多小时，三年要多出 26 个多小时，即一日多一点。为了补足这个差距，所以规定每三年中有一年安排 7 个大月，5 个小月。这样，阴历每三年 19 个大月 17 个小月，共 1063 日，同 36 个朔望月的 1063.1008 日，只相差约 2 小时 25 分 9.1 秒了。阴历年同地球绕太阳公转毫无关系。由于它的一年只有 354 日或 355 日，比回归年短 11 日或 10 日多，所以阴历的新年，有时是冰天雪地的寒冬，有时是烈日炎炎的盛夏。今天一些阿拉伯国家用的回历，就是这种阴历。

　　阴阳合历，是调和太阳、地球、月亮的运转周期的历法。它既要求历法月同朔望月基本相符，又要求历法年同回归年基本相符，是一种综合阴、阳历优点，调和阴、阳历矛盾的历法，所以叫阴阳合历。我国古代的各种历法和今天使用的农历，都是这种阴阳合历。

【基本内容】

内容之一：年、岁和岁实

在中国古代历法和古代史书中，年和岁有不同的意思。年相当于我们今天的阴历年，一年12或13个月，354或384日。岁相当于今天的阳历年，一年12个月，365或366日。《尚书·尧典》说："期三百有六旬有六日。"司马迁在《史记·五帝本纪》中改作"岁三百六十六日"，说明期就是一岁。年和岁都是历法术语，是时间的计算单位，是用整日、整月进位的，不等于回归年的长度。回归年的长度，在古代历法中叫"岁实"。不过由于测量技术的落后，当时各种历法所定的"岁实"都大于回归年的实际长度。历法一年或一岁都必须用整日、整月计算，使用时才方便，这就不可能同回归年的日数完全相符，所以历法只要求若干历法年的平均日数同回归年接近就行了。

内容之二：置闰法

前面说过，中国古代的历法和今天的农历，都属于阴阳合历系统，即调和阴、阳历矛盾的历法。太阳、地球、月亮的运转周期本来就不能配合，阴阳合历又如何去调和呢？然而我国古代历法用十分巧妙的方法把二者调和得非常协调，这个方法就是置闰法。《尚书·尧典》说："以闰月定四时成岁"，《左传》文公六年说："闰以正时"，就是说的置闰法。

中国古代历法的月，同朔望月基本符合，两个月一大一小共59日，这一点与阴历完全相同。但如果完全按照阴历安排一年12个月，354日，历法月虽然同朔望月基本符合，可是一年比回归年却少了11日多，三年就少了一个月多，过十六七年就会在三伏天里过新年，历法年同地球绕太阳公转的规律就乱套了。为了历法月同朔望月符合，又使历法年同回归年符合，就用置闰的方法来补足这每年11日多的差额。闰者多余也，就是到一定时候增加一个多余的月，不致使历法年同回归年完全脱节。置闰的方法，是逐步完善的。起初，例如商周时期，似乎只知道三年一闰，到战国时就已经知道十九年七闰的闰周了。19年7闰，共235个朔望月。按中国古代大多数历法采用的"四分历"的岁实和朔策（朔望月的长度），19回归年同235朔望月是基本相等的，它们的关系是：

$$19 \times 365.242199 - 235 \times 29.530587 \approx -0.086.$$

也就是说，阳历的19年约等于阴历的19年，阴阳历就调和起来了。

19回归年同235朔望月的日数完全相等，那就说明，任何节气，经过19年又必然回到同一天去。假如今年正月朔日朔旦立春，过19年后也一定是正月朔日立春，只是合朔和交节的时刻相差了0.25日，必须经过4个19年（76年），合朔和交节的时刻才能又回到原来的一点（朔旦）上。因此中国古代历法把19年叫作一章，4章76年叫作节。

十九年七闰的闰周，同今天测用现代仪器实例的长度也基本符合。如19回归年总长6939.6018日，235朔望月总长6939.6879日，二者相差2小时4分16.3秒了。

闰月放在一年中的什么时候？西汉中叶以前都放在年末，如殷周叫"十三月"，秦和西汉初叫"后九月"。从汉武帝施用太初历开始，就规定闰无中气之月。此法一直沿用到今天。

十九年七闰法是我国古代历法的主要特点之一。

内容之三：分至和气

分至就是二分二至，即冬至、春分、夏至、秋分，以此将一回归年的长度划为四等分。这也是我国古代历法的主要特点和关键内容，属于阳历系统。一年之中分至定气准了，历法就比较准确了，而分至中的关键又在于定冬至点。定冬至点的办法比较复杂，要进行天文学上的测试，不是三言两语说得清楚的。在我国古代，定冬至点的办法也有一个发展过程。起初，人们大概是以冬天日影最长的一点为冬至点，到我国战国时天文学发展了，就改用日月相会于某一星座为冬至点了。冬至点是一回归年的起点，地球绕太阳一周再回到冬至点的长度，就是一回归年。这个长度的中分处就是夏至点，二分则在二至的中点，一定是昼夜平分的那一天。

气是包括分至在内在二十四个历法术语，用它们把一回归年划为二十四等分。下面是二十四气：立春、雨水、惊蛰、春分、清明、谷雨、立夏、小满、芒种、夏至、小暑、大暑、立秋、处暑、白露、秋分、寒露、霜降、立冬、小雪、大雪、冬至、小寒、大寒。

这些名称表示了一岁之中我国黄河流域气候、农事与自然现象的变化，如惊蛰意味蛇虫冬眠已醒，芒种说明种子破胎而出，霜降表示开始打霜，等等。一回归年分为二十四气，两气间的长度为十五日多。气是阳历，同地球绕太阳公转一致，每年所在的位置是不变的。二十四气又分为节气、中气两类，以上凡奇数者为节气，偶数者为中气。今天人们习惯上把中气也称为节气，叫二十

天文历法

四节气。气的安排也是逐步完备的。春秋时大概还只知道安排二分二至，战国时则增加了四立：立春、立夏、立秋、立冬，到西汉时二十四节气变很完整了，这见于《淮南子·天文训》。

内容之四：四时

我国古代历法把一历法年分为四时，现在叫四季，每季三个月，有闰之季四个月。正、二、三月为春，四、五、六月为夏，七、八、九月为秋，十、十一、十二月为冬。每时三个月又可称为孟、仲、季月，这样每个月都可以用时名叫出，如孟春是正月，仲夏是五月，季秋是九月等。时是跟历法月走的，同天体运转规律没有直接关系。我国古代史书中凡提到月份时总是冠以时名，所以读古书时必须了解这一点。

内容之五：干支和太岁

学习古代历法和阅读古代史书，时刻同干支打交道。什么是干支？是十天干和十二地枝的简称、简写。这是二十二个中国特有的符号，开始用于人名，后来主要用在历法上。十干是甲、乙、丙、丁、戊、己、庚、辛、壬、癸，十二支是子、丑、寅、卯、辰、巳、午、未、申、酉、戌、亥。十天干十二地支相互交错组合，成为六十个复合符号，就是我们今天说的六十花甲或六十甲子。

六十甲子如下：甲子、乙丑、丙寅、丁卯、戊辰、己巳、庚午、辛未、壬申、癸酉、甲戌、乙亥、丙子、丁丑、戊寅、己卯、庚辰、辛巳、壬午、癸未、甲申、乙酉、丙戌、丁亥、戊子、己丑、庚寅、辛卯、壬辰、癸巳、甲午、乙未、丙申、丁酉、戊戌、己亥、庚子、辛丑、壬寅、癸卯、甲辰、乙巳、丙午、丁未、戊申、己酉、庚戌、辛亥、壬子、癸丑、甲寅、乙卯、丙辰、丁巳、戊午、己未、庚申、辛酉、壬戌、癸亥。

要学点古代历法知识，十干十二支和六十甲子的口诀，应当按顺序背诵下来。因为古代历法的年、月、日，都是按六十甲子表周而复始地排下来的。古代史籍的纪年，序数与干支并用，如明嘉靖三十三年，又可以只称嘉靖甲寅；而纪日就只用干支，称某月甲子，某月戊午，或某月某日甲子，某月某日戊午，决不单叫某月几日。干支口诀不熟，学习古代历法就寸步难行。

岁星纪年和太岁纪年也是学习中国古代文史的人必须知道的。因为在阅读古代史书时会经常碰到它们。岁星纪年是从岁星（木星）的运行周期演化而来的。岁星绕太阳公转一周约十二年（实际是 11.86 年），因此古人把岁星运行的轨道黄道附近划分为十二次，又叫黄道十二宫（木星的行宫），各取一个名称。木星每运行一次，大约相当于地球公转一周，以这些星次的名称来纪年，就是岁星纪年。如前而说到的"岁在星纪"是说丑年，"岁在降娄"是说戌年。

鉴于岁星运行方向同地球正相反，岁星纪年就用起来很不方便，于是人们把岁星运行的轨道自右至左划分为十二等分，叫十二辰，与十二支相应，亦各取一个名称。由于岁星并不是按十二辰的方向运行的，人们就设想有一个假岁星在十二辰的轨道上运行，每运行一辰就是一年，这个假岁星就叫"太岁"，用十二辰纪年，就叫太岁纪年。《资治通鉴》第一卷说"起著雍摄提格，尽玄黓困敦"，是说起于戊寅年，止于壬子年。

内容之六：月建

月建是人们把阴历的十二个月同上面说的黄道附近的十二辰联系起来而规定出来的。月建在夏历、殷历、周历中各不相同。按夏历，将北斗星的斗柄指向寅的叫正月，卯叫二月……丑叫十二月，就称正月建寅，二月建卯。殷历正月建丑，周历正月建子，以下各月以此类推。这就是月建。古代历法把正月建寅之历称为人正历（包括秦汉以后的各种历法和今天的农历），建丑之历为地正历，建子之历为天正历。

月建不同的历法，具体月份的时间是不一样的。如建寅历的七月，在伏天的末尾，立秋、处暑之间，而建子历的七月，则还是百花盛开的初夏。《诗经》的《七月》篇说："七月流火，九月授衣。"但就周历而言，周历七月正当初夏，"火"指大火，即心宿，处于正南方位置最高的地方，并没有"流"，九月以后才逐渐偏西向下降行，"七月流火"说不过去。如果说《七月》是建寅的夏历，则同天象符合起来了。所以读先秦古籍，遇到月份，必须先弄清月建，才能确定具体时间。

内容之七：历元

历元是一部历法推算、排列历表的起点。历法学家们往往要在历史上找到一个理想的时间，作为自己的历法的推算起点，然后依次往后排列年、月、日、时。

我国古代的各种历法都以冬至为一岁之始，朔旦为一月之始，夜半为一日之始，所以，最理想的历元，是一年冬至的年、月、日、时都适逢甲子，至少也要求都逢"子"，从历元开始，年、月、日、时都按六十甲子表顺推，周而复始，循环往复，以至无穷，而又与天体运行吻合。但一年冬至的年、月、日、时都逢"子"的机会很少，都逢甲子的机会更是千年难遇，因此许多历法往往把历元定在几千几万年以前，例如颛顼历从历元到唐元二年已积年2761019年。

内容之八：岁差和赢缩

古人没有现代仪器，太阳、地球、月亮运行的周期完全靠目测，近代术语叫作太阳视运动。比如目测岁实的最简便的方法是以冬天日影最长的一点为起点，经过一个周期再回到这一点的长度，就是目测的岁实，又可叫作太阳年。太阳年不等于加归年。因为地球沿着轨道运动时，受到太阳和月亮引力的影响，地轴以每年约50角秒的速度向西移动，从今天的冬至点到明年的冬至点，太阳并没有回到原来的地方，而是西退了约50.2秒。这种现象叫作"岁差"。这是我国东晋时天文学家虞喜首先发现的。当人们发现岁差后，就知道了太阳视运动在变化之中，应当求出太阳年的平均长度，这才产生了回归年这个天文数据；同时也就懂得了为什么古代天文学家们测量的岁实老是不一致，不同时代的古书记载的恒星位置为什么不同，等等。这对读懂古书很有帮助。

地球绕太阳公转一周的平均长度虽是365.242199日，但它冬夏运行的速度并不一样，冬天转得快些，夏天转得慢些。例如现代仪器测验证明，公历9月16日正午到17日正午只有23时59分39秒，而12月23日正午到24日正午，却有24时0分30秒，快慢的相差达51秒。这种现象叫"赢缩"，快的时候叫赢，慢的时候叫缩。我国在战国时就已经发现了赢缩现象，北齐时天文学家张子信在海岛上一日不懈地观测了三十余年，确凿无误地加以证实。由于发现了赢缩规律，人们在制定历法，安排分至和其他二十个节气时，就知道了不应以地球公转的时间长度来等分，而应以地球公转轨道的周长来等分，这就使历法愈来愈科学了。

内容之九：朔望几弦晦和时辰

据古代历法，一月之中有几日分别叫作朔、上弦、望、下弦、晦。这是根据太阳、地球、月亮运行的不同角度而定的。初一日叫"朔"，取日月合朔后的第一日之义，即月亮居中三个天体成180度；十五或十六日叫"望"，《释名·释天》说："日在东，月在西，遥相望"，则是地球居中成180度；初七或初八日为上弦，二十二或二十三日为下弦，是三个天体按不同的方向成90度；三十或二十九日为晦，一个月的最后一天，取义于月光隐去。因此，日食必发生在朔日，月食必发生在望夜，否则就是历法不准了。

周以前的文献和金文中，往往以朔、望、上下弦把一个月分成四段：从朔到上弦叫"初吉"，从上弦到望叫"既生魄"（魄有时写为霸），从望到下弦叫"既望"，从下弦到晦叫"既死魄"。汉以后这种分法不用了，但学习中国古代史者亦应当了解。

古人把一日分为十二时，与一年的四时名同实异，每时相当于今两小时。时以十二支命名，故又称时辰。从夜半起到次日夜半止。依次称为子时、丑时……亥时。子时大约相当于今北京时间23时到1时，亥时相当21时到23时……另外，一日又可以分为100刻，每刻15分，每分60秒。这里的刻、分、秒比今天公历的刻、分、秒都稍小，不能混同。时刻分秒划分及其长短，都是人们为了计算时间的方便而规定的，同天体运行没有关系。

世界天文学史上的光辉一页——交食研究

【概述】

我国古代对于日、月食成因的科学认识是很早的。《周易·丰》就有"月盈则食"的记载，《诗·十月之交》有"彼月而食，则维其常"的诗句，就认识到月食是有规律的，只有在月望的时候才能发生。我国古代对于日、月食的研究成果，在世界天文学的发展史上，写下了光辉的一页。

【交食的研究】

我国古代对于交食是作了长期认真的分析的，早在西汉以前，就能认识到交食的发生是有一定规律的，是有周期变化的。所谓"交食周期"，就是经过一个周期以后，太阳月亮地球三者又回到了原先的相对位置。从数学上来看，这就是探求朔望月和交点年之间的公倍数问题。由于两者之间没有简单的倍数关系，所以根据不同的精度可以求得不同的交食周期。

战国时期的石申，已经知道日食和月亮有关，认识到日食必定发生在朔或晦。西汉末刘向在《五经通义》中说："日食者，月往蔽之。"可见最迟在西汉的时候，就已经明白了日食产生的原因。东汉张衡在《灵宪》中对月食的成因解释得更清楚，认为月光来自太阳所照，大地遮住了太阳光，便产生月食。

我国古代的历法工作者用自己创立的方法探求交食周期，所采用的数值在世界天文学史上说，也是很先进的。西汉的《三统历》就使用了135个朔望月的交食周期。此后交食周期值的推算不断得到进步，达到很高的精度。西方19世纪才由美国天文学家纽康（1835年－1909年）推得的比较精密的358个朔望月的纽康周期，我国早在唐代的《五纪历》就已经找出了（周期是纽康的2倍）。

利用交食周期，只能预推日、月食发生的大概日期和情况。我国古代天文工作者并不满足于这一结果，而是编制了一套预推交食的计算方法。在《乾象历》中，就早已经求得黄白交角是6度左右，这在当时来说是相当精密的。《乾象历》规定月亮距黄白交点15度以内才能发生日食，后代都用这个数作为会不会发生交食的判据，这就是食限的概念。

沈括在《梦溪笔谈》卷七中曾清楚地解释了为什么不是每一朔望月都发生日月食的道理，指出了黄道和白道并不在一个平面，而是相交的。只有当角度（经度）相同而又靠近的时候（纬度相近），就是在黄道、白道相交的地方，才会互相掩盖。在黄白道正好相交的地方，便发生全食；不在正中，便发生偏食。随着对日月运动研究的深入，推算日月食的方法也越来越改进，预报的结果也越来越精密。

三国时期杨伟的《景初历》开始了预报日食发生的食分大小和亏起方位。刘焯在推算交食的时候第一次考虑到视差对交食的影响（在地球表面观测天体和在地心观测天体所产生的天体位置的差称"视差"）。从唐代僧一行起，开始尝试推算各地交食的情况。隋唐宋元历法水平不断向上发展，因而推算日月食的水平也不断提高。元代郭守敬所推交食是相当准确的，所用方法在世界天文学史上也是很先进的。

世界上最早的天文学著作——《甘石星经》

【概述】

《甘石星经》是世界上最早的天文学著作。

在长期观测天象的基础上，战国时期楚人甘德、魏人石申各写出一部天文学著作。甘德写的《天文星占》共八卷，石申写的《天文》共八卷，后人把这两部著作合为一部，称《甘石星经》。

【作品内容】

《甘石星经》详细记载了五星之运行情况，以及它们的出没规律，并肉眼记录木卫二（甘德所载，1981 年席泽宗指出，但国际上未被承认）；书中记录八百多个恒星的名字，并划分其星官，其体系对后世发展颇有深远影响。书中提及的日食、月食，是天体相互掩食的现象。

《甘石星经》在宋代就失传了，在唐代的《开元占经》中还保存一些片段，南宋晁公武的《郡斋读书志》的书目中保存了它的梗概。

【作者简介】

甘德，战国时楚国人。生卒年不详，大约生活于公元前 4 世纪中期。先秦时期著名的天文学家，是世界上最古老星表的编制者和木卫二的最早发现者。

甘德对行星运动进行了长期的观测和定量的研究。他发现了火星和金星的逆行现象，他指出"去而复还为勾"，"再勾为巳"，把行星从顺行到逆行、再到顺行的视运动轨迹十分形象地描述为"巳"字形。甘德还建立了行星会合周期（接连两次晨见东方的时间间距）的概念，并且测得木星、金星和水星会合周期值分别为：400 日（应为398.9 日）、587.25 日（应为583.9 日）和136 日（应为115.9 日）。他还给出木星和水星在一个会合周期内见、伏的日数，更给出金星在一个会合周期内顺行、逆行和伏的日数，而且指出在不同的会合周期中金星顺行、逆行和伏的日数可能在一定幅度内变化的现象。虽然甘德的这些定量描述还比较粗疏，但它们为后世传统的行星位置计算法奠定了基石。依据《唐开元占经》引录甘德论及木星时所说"若有小赤星附于其侧"等语，有人认为甘德在伽利略之前近两千年就已经用肉眼观测到木星的最亮的卫星——木卫二。若虑及甘德著有关于木星的专著《岁星经》，甘德则是当时认真观测木星和研究木星的名家，且木卫二在一定的条件下确有可能凭肉眼观测到，则这一推测大约是可信的。甘德还以占星家闻名，是在当时和对后世都产生重大影响的甘氏占星流派的创始人，他的天文学贡献同其占星活动是相辅相成的。

石申，又称石申夫或石申父，战国中期天文学家，开封人。石申曾系统地观察了金、木、水、火、土五大行星的运行，发现其出没的规律，记录名字，测定一百二十一颗恒星方位，数据被后世天文学家所用。经过长期观测，详细考核，测出恒星 138 座，810 个。他与甘德根据黄道附近恒星位置及其与北极的距离所制成的图表，是世界上迄今为止发现最早的恒星表，在世界天文史上占有特殊的地位。

月球背面的环形山，都是用已故的世界著名科学家的名字命名的。其中选用了五位中国人的名字，因为石申对天文学研究作出了杰出贡献，所以他的名字也登上了月宫。以石申命名的环形山，位于月球背面西北隅，离北极不远，月面坐标为东 105 度、北 76 度，面积 350 平方千米。

《史记·天官书第五》称石申"因时务论其书传，故其占验凌杂米盐（即细致入微）。"可见功力之深厚。在当时科学技术不发达的情况下，能取得这样大的成果，实在难得。他与齐国的甘德和商朝的巫咸是中国星表的最早编制者，也是世界方位天文学的创始人。他们最早对恒星进行系统的观测，比欧洲的阿里斯拉鲁斯与铁木查理斯还早六十余年，在世界天文史上占有一席特殊的地位。正因为石申对天文学的研究做出了杰出的贡献，所以他的名字登上了月宫。

【作品影响】

《甘石星经》是我国、也是世界上最早的一部天文学著作，是世界最早的天文学著作，是世界上最早的恒星表，比希腊天文学家伊巴谷在公元前 2 世纪测编的欧洲第一个恒星表还早约二百年。后世许多天文学家在测量日、月、行星的位置和运动时，都要用到《甘石星经》中的数据，因此，《甘石星经》在我国和世界天文学史上都占有重要地位。

我国历史上施行最久的历法——《授时历》

【概述】

《授时历》为元至元十三年（1276 年）六月至至元十七年（1280 年）二月间，许衡、王恂、郭守敬、杨恭懿等在东西六七余里，南北长五千千米的广阔地带，建立了二十七个测验所，通过实测完成的。

按照《授时历》，每月为 29.530593 日，以无中气之月为闰月。它正式废除了古代的上元积年，而截取近世任意一年为历元，打破了古代制历的习惯，是我国历法史上的第四次大改革。明初颁行的"大统历"基本上就是"授时历"，如把这两种历法看成一种，可以说是我国历史上施行最久的历法，达 364 年。

【修编过程】

元朝统一中国以前，中国所用的历法是《大明历》。这部使用了七百多年的历法误差很大。元朝皇帝忽必烈决定修改历法，明初宋濂等撰《元史》记载，至元十三年（公元 1276 年）六月，元世祖命王恂与江南日官置局改历，以张易董其事，易恂奏宜得许衡明历理，遂诏命许衡赴京领改历事，至元十五年诏郭守敬，十六年诏杨恭懿改历。而且在《历志》中明确指出许衡为《授时历》主编，"今衡、恂、守敬等所撰《历经》及谦《历议》故存，皆可考据"。在清魏源撰《元史新编·历志》及其他诸多史书中均有同样记载。说明在明、清两朝同样记载许衡为《授时历》主编。

1277 年左右，郭守敬向政府建议，为编制新历法，组织一次全国范围的大规模的天文观测。元世祖接受了建议，派十四名天文学家，到国内各地进行了几项重要的天文观测，历史上把这项活动称为"四海测验"，测定了夏至日的表影长度和昼、夜时间的长度，为编制新历提供了较为精确的数据。在编订新历时，郭守敬提供了不少精确的数据，这确是新历得以成功的一个重要原因。

经过王恂、郭守敬等人的集体努力，到 1280 年（元世祖至元十七年）春天，一部新的历法宣告完成。按照"敬授民时"的古语，取名为《授时历》。同年冬天，正式颁发了根据《授时历》推算出来的下一年的日历。

【作者介绍】

郭守敬（1231 年—1316 年），字若思，汉族，顺德邢台（今河北邢台）人。中国元朝的天文学家、数学家、水利专家和仪器制造专家。

郭守敬幼承祖父郭荣家学，攻研天文、算学、水利。至元十三年（1276 年）元世祖忽必烈攻下南宋首都临安，在统一前夕，命令制定新历法，由张文谦等主持成立新的治历机构太史局。太史局由王恂负责，郭守敬辅助。在学术上则王恂主推算，郭主制仪和观测。至元十五年（或十六年），太史局改称太史院，王恂任太史令，郭守敬为同知太史院事，建立天文台。当时，有杨恭懿等来参与共事。经过四年努力，终于在至元十七年编出新历，经忽必烈定名为《授时历》。

王恂、郭守敬等人曾研究分析汉代以来的四十多家历法，吸取各历之长，力主制历应"明历之理"（王恂）和"历之本在于测验，而测验之器莫先仪表"

天文历法

（郭守敬），采取理论与实践相结合的科学态度，取得许多重要成就。

郭守敬编撰的天文历法著作有《推步》、《立成》、《历议拟稿》、《仪象法式》、《上中下三历注式》和《修历源流》等十四种，共一百零五卷。

为纪念郭守敬的功绩，人们将月球背面的一环形山命名为"郭守敬环形山"，将小行星2012命名为"郭守敬小行星"。

郭守敬为修历而设计和监制的新仪器有：简仪、高表、候极仪、玲珑仪、仰仪、立运仪、证理仪、景符、窥几、日月食仪以及星晷定时仪十二种（史书记载称十三种，有的研究者认为末一种或为星晷与定时仪两种）。

在大都（今北京），郭守敬通过三年半约二百次的晷影测量，定出至元十四年到十七年的冬至时刻。他又结合历史上的可靠资料加以归算，最终得出的结论是一回归年的长度为365.2425日。这个值同现今世界上通用的公历值一样。

晚年，郭守敬致力于河工水利，兼任都水监。至元二十八至三十年，他提出并完成了自大都到通州的运河（白浮渠和通惠河）工程。至元三十一年，郭守敬升任昭文馆大学士兼知太史院事。他主持河工工程期间，制成一些精良的计时器。

【著作意义】

《授时历》是中国古代一部很精良的历法，反映了当时我国天文历法的新水平。它有不少革新创造，例如，定一回归年为365.2425日，比地球绕太阳公转一周的实际时间，仅差26秒，和现代世界通用的公历完全相同。在编制过程中，他们所创立的"三差内插公式"和"球面三角公式"，是具有世界意义的杰出成就。按照《授时历》的推断，大德三年（1299年）八月己酉朔巳时，应有日食，"日食二分有奇"。但到了那一天，"至期不食"。是否《授时历》错了？根据现代天文学推算，那天确实有日食发生，是一次路线经过西伯利亚极东部的日环食。只是食分太小，加之时近中午，阳光很亮，肉眼没能观察到罢了。《授时历》经受住了时间考验。它在我国沿用了三百多年，产生了重大影响。现行公历是在1582年提出的，比《授时历》晚了整整三百年。朝鲜、越南都曾采用过《授时历》。

医药卫生

  中国是医药文化发祥最早的国家之一，从文明的曙光在天幕上耀映亚细亚大地之时，遍及神州大地的簇簇史前文化篝火，由点到面连接起来，形成燎原之势，逐渐地融化在文明时代的光华之中。从此，中国医药学的文明史开始了。中医发源于中国黄河流域，很早就建立了学术体系。中医在漫长的发展过程中，涌现了许多名医，出现了许多创造性的医疗方法和影响深远的名著。

  中医药起源于人类的劳动实践，早在原始社会就有了医药活动，当原始人群应用简陋的石器和木棒挖掘地下的植物根茎，捕猎凶猛的野兽，切割动物的肌肉，敲碎骨髓等的同时，也会用这些简单的工具和动物骨器切开脓包、割除腐肉、刺破放血等，可以说这是最早的医疗器具。在发明制陶技术后，人们曾利用尖锐碎陶片来切割脓包或浅刺身体某些部位进行治疗。当冶金术发明之后，又出现了各种金属制造的医疗工具和针刺用具。另外，我国的"望、闻、问、切"四诊法，以及气功、武术等，同样创造了许许多多的世界先例。

  中医药学的文献史料是中华民族灿烂文化的重要组成部分，是我国人民长期同疾病作斗争的经验、智慧、技术的结晶，它以悠久的发展历史、浓郁的民族特色、系统的理论体系、独特的诊疗方法、确切的临床疗效屹立于世界医药之林，成为人类医学宝库的共同财富。扁鹊、张仲景、李时珍，他们都把大量的实践经验汇集成宝贵的医学资料，对医药学的发展和医药学理论的系统化起到了巨大的作用。

中国特有的"内病外治"医术——针灸

【概述】

  针灸是中医针法和灸法的总称。传统的针灸治疗分为两部分，即针疗法和灸疗法。针法是用金属制成的针，刺入人体一定的穴位，运用手法，以调整气血。针刺法有三棱针刺法、皮肤针刺法、皮内针刺法、火针刺法、芒针刺法等。灸法是用艾绒或其他药物放置在体表的穴位部位上烧灼、温熨，借灸火的温和热力以及药物的作用，通过经络的传导，起到温通气血、扶正祛邪，达到治疗疾病和预防保健目的的一种外治方法。

针灸是一种中国特有的治疗疾病的手段，是一种"内病外治"的医术。

【技术体系】

针灸在长期的医疗实践中，形成了由十四经脉、奇经八脉、十五别络、十二经别、十二经筋、十二皮部以及孙络、浮络等组成的经络理论，以及三百六十一个腧穴以及经外奇穴等腧穴与腧穴主病的知识，发现了人体特定部位之间特定联系的规律，创造了经络学说，并由此产生了一套治疗疾病的方法体系。

针灸技术及相关器具，在形成、应用和发展过程中，具有鲜明的汉民族文化与地域特征，是基于汉民族文化和科学传统产生的宝贵遗产。千百年来，针灸对保卫健康，繁衍民族，有过卓越的贡献，直到现在，仍然担当着这个任务，为广大群众所信赖。

【针灸起源】

针灸学起源中国，具有悠久的历史。传说针灸起源于三皇五帝时期，相传伏羲发明了针灸。而据古代文献《山海经》和《内经》，有用"石篯"刺破痈肿的记载，以及《孟子》："七年之病，求三年之艾"的说法，再根据近年在我国各地所挖出的历史文物来考证，"针灸疗法"的起源就在石器时代。当时人们发生某些病痛或不适的时候，不自觉地用手按摩、捶拍，以至用尖锐的石器按压疼痛不适的部位，而使原有的症状减轻或消失，最早的针具——砭石也随之而生。随着古人智慧和社会生产力的不断发展，针具逐渐发展成青铜针、铁针、金针、银针，直到现在用的不锈钢针。

针灸疗法最早见于战国时代问世的《黄帝内经》一书。《黄帝内经》说："有病颈痈者，或石治之，或针灸治之而皆已。""藏寒生满病，其治宜灸。"其中详细描述了九针的形制，并大量记述了针灸的理论与技术。《山海经》说"有石如玉，可以为针"，是关于石针的早期记载。中国在考古中曾发现过砭石实物。可以说，砭石是后世刀针工具的基础和前身。"砭而刺之"渐发展为针法，"热而熨之"渐发展为灸法，这就是针灸疗法的前身。很多书中都有针灸的内容，例如《史记·扁鹊仓公列传》："或不当饮药，或不当针灸。"晋葛洪

《抱朴子·勤求》：“被疾病则遽针灸。”唐吴兢《贞观政要·征伐》：“道宗在阵损足，帝亲为针灸。”清俞正燮《癸巳类稿·持素毕》：“宗气营卫，有生之常，针灸之外，汤药至齐。”

【理论基础】

针灸医学的理论基础是经络学说。

中医认为，经络是运行气血的一个网络状通路，可将人体各组织器官联系成为一个有机的整体。《黄帝内经·素问》中记载有“气血不顺百病生”的句子。所谓的气血，就是人体内脏的一种能量。它影响生理功能和人体健康。身体健康时气处于平衡状态。气通过全身十四条不同的经脉运行，供养循行路线上的不同器官和组织。如果这种气血混乱可以造成疼痛和器官功能衰弱，引起各种疾病。古代医家把气血在经脉中的运行情况用自然界的水流现象比喻为：“人身血脉似长江，一处不到一处伤。”“痛则不通，通则不痛”。这是中医学自古以来的传统思想。

穴位就位于能量流动的通路上，这种通路称为“经络”，穴道的正确称法应是“经穴”。内脏若有异常，就会反应在位于那条有异常的内脏经络上，更进一步反应在能量不顺的经穴上。因此，给予穴道刺激，使能量流通顺畅，从而达到治病的效果。

人体中，五脏六腑“正经”的经络有十二条（实际上，左右对称共有二十四条）。另外，身体正面中央有“任脉”，身体背面中央有“督脉”，这两脉各有一条特殊经络，纵贯全身。这十四条经络上排列着穴道，称为“正经”共有三百六十五个穴位，和每年的三百六十五天相同，以象征“天人合一”的中国文化基本理论。所以，中医治病，既掌握病情发生与发展，还注意自然环境的外界因素对病人的影响。

穴位，就是出现反应的地方，身体有异常，穴位上便会出现各种相应的反应。这些反应包括：用手指一压，会有痛感，即压痛；以指触摸，有硬块，即硬结；稍一刺激，皮肤便会刺痒，即感觉敏感；出现黑痣、斑，即色素沉淀；和周围的皮肤产生温度差，即温度变化。

【针灸特点】

针灸疗法的特点是治病不靠吃药，只是在病人身体的一定部位用针刺入，达到刺激神经并引起局部反应，或用火的温热刺激烧灼局部，以达到治病的目的。前一种称作针法，后一种称作灸法，统称针灸疗法。

针灸疗法在临床上的应用是：按中医的诊疗方法诊断出病因，找出疾病的关键，辨别疾病的性质，确定病变属于哪一经脉，哪一脏腑，辨明它是属于表里、寒热、虚实中哪一类型，做出诊断。然后进行相应的配穴处方，进行治疗。以通经脉，调气血，使阴阳归于相对平衡，使脏腑功能趋于调和，从而达到防治疾病的目的。

针灸疗法具有很多优点：一是由于针灸疗法具有独特的优势，有广泛的适应性，疗效迅速显著。二是治疗疾病的效果比较迅速和显著，特别是具有良好的兴奋身体机能，提高抗病能力和镇静、镇痛等作用。三是操作方法简便易行。四是医疗费用经济。五是没有或极少副作用，基本安全可靠，又可以协同其他疗法进行综合治疗。这些也都是它始终受到人民群众欢迎的原因。

【针灸发展】

针灸治疗方法是在漫长的历史过程中形成的，其学术思想也随着临床医学经验的积累渐渐完善。1973年长沙马王堆三号墓出土的医学帛书中有《足臂十一脉灸经》和《阴阳十一脉灸经》，论述了十一条脉的循行分布、病候表现和灸法治疗等，已形成了完整的经络系统。《黄帝内经》是现存的中医文献中最早而且完整的中医经典著作，已经形成了完整的经络系统，即有十二经脉、十五络脉、十二经筋、十二经别以及与经脉系统相关的标本、根结、气街、四海等，并对腧穴、针灸方法、针刺适应证和禁忌证等也作了详细的论述，尤其是《灵枢经》所记载的针灸理论更为丰富而系统，所以《灵枢》是针灸学术的第一次总结，其主要内容至今仍是针灸的核心内容，故《灵枢》称为《针经》。继《黄帝内经》之后，战国时代的神医扁鹊所著《难经》对针灸学说进行了补充和完善。

晋代医学家皇甫谧潜心钻研《内经》等著作，撰写成《针灸甲乙经》，书中全面论述了脏腑经络学说，发展并确定了三百四十九个穴位，并对其位置、主治、操作进行了论述，同时介绍了针灸方法及常见病的治疗，是针灸学术的第二次总结。

唐宋时期，随着经济文化的繁荣昌盛，针灸学术也有很大的发展，唐代医学家孙思邈在其著作《备急千金要方》中绘制了彩色的"明堂三人图"，并提出阿是穴的取法及应用。到了宋代，著名针灸学家王惟一编撰了《铜人腧穴针灸图经》，考证了三百五十四个腧穴，并将全书刻于石碑上供学习者参抄拓印，他还铸造了两具铜人模型，外刻经络腧穴，内置脏腑，作为针灸教学的直观教具和考核针灸医生之用，促进了针灸学术的发展。

元代滑伯仁所者的《十四经发挥》，首次将十二经脉与任、督二脉合称为十四经脉，对后人研究经脉很有裨益。

明代是针灸学术发展的鼎盛时期，名医辈出，针灸理论研究逐渐深化，也出现了大量的针灸专著，如《针灸大全》、《针灸聚英》、《针灸四书》，特别是杨继洲所著的《针灸大成》，汇集了明以前的针灸著作，总结了临床经验，内容丰富，是后世学习针灸的重要参考书，是针灸学术的第三次总结。

清初至民国时期，针灸医学由兴盛逐渐走向衰退。1742年吴谦等撰《医宗金鉴》，其《医宗金鉴·刺灸心法要诀》不仅继承了历代前贤针灸要旨，并且加以发扬光大，通篇图文并茂，自乾隆十四年以后（1749年）定为清太医院医学生必修内容。清代后期，道光皇帝为首的封建统治者以"针刺火灸，究非奉君之所宜"的荒谬理由，悍然下令禁止太医院用针灸治病。

中国针灸因具有其独特的优势，远在唐代就已传播到日本、朝鲜、印度、阿拉伯等国家和地区，并在他国开花结果，繁衍出一些具有异域特色的针灸医学。到目前为止，针灸已经传播到世界一百四十多个国家和地区，为保障全人类的生命健康发挥了巨大的作用。

在这里值得一提的是中国针灸的申遗。

2010年9月12日在广东举办的国家中医药发展论坛"珠江论坛"上，中国卫生部副部长、国家中医药管理局局长王国强接受采访时说，卫生部正计划将"中医针灸"申请为世界非物质文化遗产，目前申遗方案已完成并提交。几经努力之后，终于申遗成功。据新华社电联合国教科文组织保护非物质文化遗产政府间委员会于2010年11月16日在肯尼亚内罗毕审议通过中国申报项目"中医针灸"和"京剧"，将其列入"人类非物质文化遗产代表作名录"。

中医诊病的基本方法——四诊法

【概述】

四诊法，是中国古代战国时期的名医扁鹊根据民间流传的经验和他自己多年的医疗实践，总结出来的诊断疾病的四种基本方法，即望诊、闻诊、问诊和切诊，总称"四诊"。

【四诊及其特点】

望诊：是用肉眼观察病人外部的神、色、形、态，以及各种排泄物（如痰、粪、脓、血、尿、月经和血带等），来推断疾病的方法。

闻诊：是通过医生的听觉和嗅觉，收集病人说话的声音和呼吸、咳嗽散发出来的气味等材料，来判断病症的方法。

问诊：是医生通过跟病人或知情人，了解病人的主观症状、疾病发生及演变过程、治疗经历等情况，来诊断的方法。

切诊：主要是切脉，也包括对病人体表一定部位的触诊。中医切脉大多是用手指切按病人的桡动脉处（腕部的寸口），根据病人体表动脉搏动显现的部位、频率、强度、节律和脉波形态等因素组成的综合征象，来了解病人所患病证的内在变化。

以上诊断疾病的四种方法彼此之间不是孤立的，是相互联系的。中医历来强调"四诊合参"，这就是说，必须将四诊收集到的病情，进行综合分析，去粗取精，去伪存真，才能作出由表及里的全面的科学判断。

四诊具有直观性和朴素性的特点，有利于医生在感官所及的范围内，直接地获取信息，即刻进行分析综合，及时做出判断。

【科学基础】

四诊法有深刻的科学基础，四诊的基本原理是建立在整体观念和恒动观念的基础上的，是阴阳五行、藏象经络、病因病机等基础理论的具体运用。物质世界的统一性和普遍联系，就是四诊原理的理论基础。

中国古代医学经典《黄帝内经》上说："人与天地相参也，与日月相应也。"这就是说，人与外界环境是统一的，外界环境对人体机能的活动有影响。

外界环境包括自然环境和社会环境。人是自然界进化的产物。一定的自然环境又是人类赖以生存的必要条件。人与自然环境有着物质的同一性。自然环境对人体机能的影响涉及许多方面，如季节气候的变化，区域环境的差异，等等。就连一天二十四小时的变化对人体机能的活动也产生一定的作用。《黄帝内经》指出："故阳气者，一日而主外，平旦阳气生，日中而阳气隆，日西而阳气已虚，气门乃闭"，也就是说，人体内阳气的活动呈现出规律性的昼夜波动。而这一变化趋势与现代生理学研究所揭示的人体温度日波动曲线是十分吻合的。科学事实证明，古代中医学的认识是符合客观规律的。所以，中国古代医学家很重视问诊，通过问诊，了解患者生病的外界环境，有助于寻找到病症的根源和病变的本质，从而确诊。

古代中医学还认为，人是一个有机的整体。各种脏腑器官、组织在生理和病理上是相互联系、相互影响的。"有诸内，必形诸外"，也就是说，机体的外部表象与内部情况存在着确定的相应关系。这就决定了医生可以通过望诊、闻诊、切诊，观察患者外在的病理表现，揣测内在脏腑的病变情况，从而确诊。

两千多年前战国时期的中国民间医生扁鹊所总结出来的"四诊法"，完全符合现代科学中的整体方法、系统方法、辩证方法等理论，这不能不令人敬佩。

【扁鹊与四诊法】

扁鹊（公元前407—公元前310年），原名秦越人，春秋战国时期名医。勃海郡郑（今河北任丘）人，一说为齐国卢邑（今山东长清）人。

司马迁在《史记·扁鹊仓公列传》中介绍了许多扁鹊的事迹。据记载，扁鹊有一次行医来到陕西的虢国，听说虢太子突然死亡，已半天，尚未入殓，人们正议论着如何为太子筹备丧事。扁鹊从中庶子（侍从官）那里了解到虢太子发病经过，死后征象，他觉得很可疑，于是他对中庶子说："看来太子还没有真死，我能够救活他。"经扁鹊说服，中庶子才入宫报告虢君，虢君在惊疑中将扁鹊请入宫内，扁鹊当即对太子进行了详细的诊察，发现病人尚有微弱的呼吸，两股内侧还有温热，扁鹊断定太子不是真死，当时他对周围队说："太子因为脉乱，故病体静如死状，此称为'尸厥症'（现代医学称为休克或虚脱）。"扁鹊立即叫徒弟子阳用针来针刺三阳五会（百会，在颅顶正中直两耳尖）等穴位，太子不久便苏醒了。他又命徒弟子豹在两胁下用温热药进行热敷，再以汤药调养二十日，终于使太子恢复了健康。虢君对此万分感激，他赞扬扁鹊说："先生真有起死回生的本领啊！如果没有先生赶来救治，我的儿子早就埋到坑里去了。"扁鹊却谦逊地说："我不能使死人复活，太子能活过来，是因为他本来就没有死啊！我不过是把生命垂危的太子治好了而已。"

从以上记载，知道扁鹊已综合地应用"切脉、望色、听声、写形（问诊）"四大诊术来诊察病情。在治疗上，则根据病人的具体情况，采用针灸、按摩、烫贴和汤药等不同方法。由于扁鹊在诊断上掌握了切脉诊病法，因此，司马迁高度赞扬他说："至今天下言脉者，由扁鹊也。"

扁鹊不仅精于切脉，又善于望诊。据载，扁鹊有一次来到齐国的都城临淄，齐桓公田午接见了他，扁鹊通过察言观色，看出齐桓公有病，当时他对桓公说："君有疾，目前尚在腠理（比较浅表的疾病），如不早治，病势将内攻。"桓公听了不以为然地说："我根本没有病啊！"扁鹊走后，桓公对他左右的人说："医生都是好名利的，他们故意把没有病的人说成有病，借此来邀功请赏。"隔了五天，扁鹊又见到桓公，他对桓公说："你的病已经到了血脉，再不治，将会更加严重。"桓公听了很不高兴。又隔了五天，当扁鹊看到桓公时，又郑重地对他说："你的病已经蔓延到肠胃，再拖延下去，恐怕要来不及医治了。"这回桓公听了很生气，仍然不理睬扁鹊。又过了五天，当扁鹊遥遥地望见桓公时，知道病已发展到不可医治的阶段了，立即避他而去。这时桓公派人去问他。扁鹊回答说："病在腠理，应用汤药、热熨就可以治好了；病在血脉，可用针灸治好；病入肠胃内脏，可以内服酒醪汤药治好；现在桓公的病到了骨髓，已没有办法治好了，所以我只好躲开。"又过了五天，桓公果然感到自己不舒服了，他急忙派人去找扁鹊，这时扁鹊已离开齐国到了秦国。不久，齐桓公病死了。

故事表明扁鹊对疾病的认识，已能由外及里，由浅入深，并能根据疾病发展的不同阶段，采取不同的治疗措施。另一方面，表明扁鹊已具有防微杜渐的早期诊断、早期治疗的思想。司马迁因此写下："使圣人预知微，能使良医早从事，则疾可已，身可活也。"

调心、调息、调身的实践活动——气功

【概述】

气功是一种以呼吸的调整、身体活动的调整和意识的调整（调息，调形，调心）为手段，以强身健体、防病治病、健身延年、开发潜能为目的的一种身心锻炼方法。

气功是中国人所独有的，以中医理论内容为核心指导的"调神"的实践活动。

【理疗原理】

古代的养生家认为，"炁"和"气"是两种不同的概念。通俗地讲，"炁"就是人体最初的先天能源，而"气"则是指通过后天的呼吸以及饮食所产生的能量。而气功锻炼主要是通过后天的呼吸等方法来接通先天的"炁"，从而达到养生健身、延年益寿的效果。

气功大致是以调心、调息、调身为手段，以防病治病、健身延年、开发潜能为目的的一种身心锻炼方法。调心是调控心理活动，调息是调控呼吸运动，调身是调控身体的姿势和动作。这三调是气功锻炼的基本方法，是气功学科的三大要素或称基本规范。气功疗法具有综合性的特点，至少它是心理疗法与体育疗法的综合。

【气功分类】

一般而言，气功可分两种，即养气与炼气。养气就是道家静坐功夫，把气运在丹田，使之凝聚不散，不让身外景物诱导而外泄。炼气乃以运行为主。如拳术家在练拳时要用臂力，就把气运到臂上；用腰力，就把气运到腰上；假如四肢百骸都用力时，就把气运到全身。

古代气功一般划分为儒、医、道、释、武术五大派。儒家气功以"修身养气"为目的；医家气功以防病、治病、保健强身为宗旨；道家气功讲究"身心兼修"、"性命双修"等；佛家气功要求"炼心"以求精神解脱，其中入定派强调"四大皆空"，参禅派强调"修身养性"、"普度众生"；武术气功主要为了锻炼身体和提高技艺。近年来，有人依据气功功法的特点，将古代气功归纳为静功与动功，并划分为吐纳、禅定、存想、周天、导引五大派。吐纳派强调呼吸锻炼为主；禅定派强调意念锻炼为主，要求思想内联，静坐凝心，采取一些不复杂的方法来集中意念，一般的静坐均属这一派；存想派也强调意念锻炼为主，但要求用一种想象幻视到某种事物；周天派强调在思想内联的基础上意气相依，推动内气感觉沿自己体内的任、督脉等经络路线周流，也称为内丹派；导引派强调以动功为主，特点是与意气相结合的肢体操作，或作为自我按摩。

气功有硬气功和软气功的区别。硬气功多在中国武术中练习坐马及站桩时同时进行，主要使全身肌肉紧绷，以意识控制各组随意肌及半随意肌，气须要下沉到丹田（概念穴位）部位，现代用语是腹式呼吸，尽量拉下横膈膜，将腹肌的最下面的部分绷紧，自己觉得身中之气到了丹田。软气功不需要紧绷肌肉，将心念注意在深长呼吸上，使之无旁念。软气功不需要大量消耗体力便可以加强肺气量，亦可运动各处肌肉，包括人体内部之半随意肌，活动（被动）人体内部之脏腑器官，所以适合各类人士练习。老人、来经女士、病人等不可以作大运动量的人士特别适合练软气功。

【气功特点】

气功主要有四大特点。

一是气功源自经络、穴位、气血学说。中国传统医学包括丰富的内容，气功是中国传统医学宝库的一颗瑰丽的明珠。经络、穴位、气血学说，是中国传统医学的理论，是中国气功的理论基础。经络、穴位、气血是非常复杂的人体现象。可以简单而形象地解释：经络是气血运行的通道，穴位是气血运行的出入口。

二是中国气功体现了天人合一，人和自然合一、形神合一的整体观。中国气功强调天人合一，人和自然界有着密切不可分割的联系，人的机体受到气候、环境等因素的影响。中国气功重视人与自然界的动态适应。中国气功强调人与社会的统一。社会环境对人的健康和疾病有着密切的关系，中国气功修炼强调人要适应社会。中国气功强调形神统一。气功是一种有中国特色的自我身心锻炼的方法。它既可以提高人体的生理功能，又能提高人体的心理功能。气功提高人体生理功能与心理功能是同时进行的，二者相互联系、相互制约。

三是受其他思想影响。中国气功在其形成和发展的过程中，吸取了道家、佛家、儒家和医家的一些理论及健身祛病的技术，逐步形成中国气功博大精深的理论体系和丰富多彩的养生技术。

【发源发展】

气功发源地是中国。春秋战国时期，一部分气功被概括于"导引按跷"之中。中医专著《黄帝内经》记载"提挈天地，把握阴阳，呼吸精气，独立守神，肌肉若一"、"积精全神"、"精神不散"等修炼方法。《老子》中提到"或嘘或吹"的吐纳功法。《庄子》也有"吹嘘呼吸，吐故纳新，熊经鸟伸，为寿而已矣。此导引之士，养形之人，彭祖寿考者之所好也"的记载。湖南长沙马王堆汉墓出土的文物中有帛书《却谷食气篇》和彩色帛画《导引图》。《却谷食气篇》是以介绍呼吸吐纳方法为主的著作。《导引图》堪称最早的气功图谱，其中绘有四十四幅图像，是古代人们用气功防治疾病的写照。

可气功这个词的出现时间并不是很早，它首先见于晋朝许逊著的《灵剑子》一书。据考察认为此书不是许逊亲自所著，因为书中有很多气功术语都是宋朝以后才开始用的，所以成书时间不会早于宋朝。但它的思想可能是许逊这个门派师传徒，一代一代口传心授传下来的。在《灵剑子》一书中，气功这个词不是作为一个专用名词来使用的。过去练功叫修行，就是修道，也叫行气，可以解释为练周天，也可叫呼吸吐纳，也可称运气、行气，就是把气的功能加强起来，一方面修德，做好事，一方面练，使身体发生变化，到一定程度就叫"道气功成"。

晋朝以后，道教、佛教等宗教在中国兴盛起来了。宗教利用了气功，把气功神秘化了。本来气功是练气修德，很具体很实际的，可是宗教化以后，就追求修炼成神、成仙、成佛了。这么一来，气功的科学本质没有了。但如果翻开中国气功史，可看到就在晋、隋、唐这一时期，有很多古人用气来命名的著作，如《气诀》、《气经》等，书中写的都是练气、用气的内容。《气经》中讲了几十种练气、用气的方法，连发放外气的方法都有，叫"布气"。以后的宗教淹没了气功，气功的名词就没了。

金、元以后，很多练功夫的人，为了抵御外族的侵略，将气功的修炼用到武术上来，逐渐形成了武术气功。随着武术气功的兴起，慢慢破除了宗教的神学思想，武当派、少林派两大家逐渐形成。清末有了武当派的著作，也有了少林派的著作《少林拳术秘诀》，内有专章叫《气功阐微》，专门阐述气功。其中明确指出，"气功之说有二：一养气，一练气。"于是气功一词又逐渐叫起来了，到民国初年搞气功的人就多了。很多医生通过学练道家、佛家功夫，把它用到医疗上来，称之为"气功疗法"。

这样，气功一词，起于晋代许逊《灵剑子》一书中的"道气功成"，以后发展到武术气功，以后成了气功疗法，但气功一词却没有广泛传开。一直到了新中国成立以后，有个老干部将自己练功与多年临床经验予以总结，定了一本《气功疗法实践》，该书在卫生部的关怀下，正式出版，以后还译成外文，"气功疗法"在国内外就传开了。以后又把气功作为中医学的一部分，成立了气功疗养院、气功疗养所，在气功治疗、气功研究方面均取得了很大成绩。

【气功应用】

气功是中国传统医药学的一个重要组成部分。在我国现存最早的医学经典著作《黄帝内经》中，对气功锻炼的方法、理论和治疗效果等内容，都有记载。在《素问》的八十一篇中，就有十几篇直接或间接地谈到有关气功方面的内容。可见，在春秋战国时期以前，气功已成为一种重要的医疗保健方法。

从中医发展史上看，我国历代医家对气功都很重视。不仅在著作中有对气功的论述，而且许多名医本人也是气功实践家。如汉代名医张仲景在其名著《金匮要略》一书中说："四肢才觉重滞，即导引吐纳，针灸膏摩，勿令九窍闭塞。"这里所说的"导引吐纳"就是气功的一种方法。著名的"五禽戏"，相传就是汉代名医华佗所创，流传到今天仍被气功爱好者所喜爱。其后晋代葛洪所著《抱朴子》、南北朝陶弘景所著《养性延命录》、隋代巢元方所著的《诸病源候论》、唐代孙思邈所著《备急千金要方》、王焘所著《外台秘要》、宋代《圣济总录》以及金元四大家的著作中都有气功方面的论述。在明代著名医学家李时珍所著《奇经八脉考》中指出："内景隧道，惟返观者能照察之。"意思是说，在练某种静功的过程中能够觉察出人体的经络变化。清代著名温病学家叶天士和吴鞠通，都有气功的实践和论述。近代名医张锡纯所著《医学衷中参西录》中也有专论气功的章节，并指出学医者应参以静坐。从以上提及的名医和论著与气功的关系，即可知气功养生学历史之悠久，又可见气功在中医学中的重要地位。

就气功在体育上的应用而言，气功和体育锻炼都是人类自我心身锻炼方法，都具有健身作用。气功，尤其是动功，也是一种特殊的体育锻炼。如果去掉对意念、呼吸的特殊要求，则与体育锻炼中的体操无异，只是动作柔和缓慢而已。

传统体育中的武术，与气功更是密不可分。所谓"外练筋骨皮，内练一口气"，就是指武术与气功的结合。武术发展到今天，最引人注目的还是它与气功结合而起到的健身治疗作用。传统气功中的"五禽戏"、"八段锦"等许多功法，往往也同时被归入体育锻炼之列。

体育锻炼着重"调身"，即形体的锻炼，其"调息"的目的是为了在激烈的体育锻炼过程中得到充足的氧气供应，并不断地从体内排除二氧化碳，以保证大脑、肌肉所消耗的能量得以及时的补充，从而保证体育竞技顺利进行。气功更强调人的心理状态对人体健康的影响，强调通过主动的自我精神活动来调整自身的生理活动。在气功入静状态下调动和培育人体的生理潜力，起到强身治病的作用。气功锻炼是在气功入静状态下进行的有呼吸要求的运动，它要求在保持松静自然的基础上，全身协调运动，呼吸柔和细缓，使耗氧量降低，心率减缓，血压降低，在整体上提高身体素质；这与一般的体育锻炼使呼吸加快，耗氧量增多，心率加快，血压升高，从而加快身体某些部分的新陈代谢，使形体按特定的要求完美发展等，有着很大区别。

中华民族的宝贵文化遗产——武术

【概述】

武术，泛指中华民族在日常生活中结合社会哲学、中医学、伦理学、兵学、美学、气功等多种传统文化思想和文化观念，注重内外兼修，诸如整体观、阴阳变化观、形神论、气论、动静说、刚柔说等，逐步形成了独具民族风貌的武术文化体系。

武术具有极其广泛的群众基础，是中国人民在长期的社会实践中不断积累和丰富起来的一项宝贵的文化遗产，是中华民族的优秀文化遗产之一。

武术分类有以地区划分的，有以山脉、河流划分的，有以姓氏或内外家划分的，也有按技术特点划分的。经常坚持武术锻炼能有效地增强体质。武术中的各种拳法、腿法对爆发力及柔韧性要求较高，特别是各关节活动范围较大，对肌肉韧带都有很好的锻炼作用，武术包含多种拧转、俯仰、收放、折叠等身法动作，要求"手到眼到"，"手眼相随"，"步随身行、身到步到"，"手眼身法步，步眼身法合"，对协调性有较高的要求。整套武术往往由几十个动作组成，并在一定时间内完成，所以能使身体各个器官得到锻炼。练习柔和、缓慢、轻灵的拳术，如太极拳，强调以意引导动作，配合均匀深沉的呼吸，可使周身血脉流通，慢性病患者坚持练习此类拳术，能明显地减缓病痛。对抗性的散手、推手、武术短兵、武术长兵等竞技项目，运动激烈，除能增强体质外，还能培养勇敢、机智、敏捷等优良性格。

【武术器械】

武术器械主要来源是冷兵器时代的兵器，如剑、刀、枪、棍等。在中国古代，剑曾一度是战场上最主要的短兵器，之后让位给了刀。而武术家们则以剑和刀为最广泛研习的器械。其他的武术器械包括非战斗使用的武器，如蛾眉刺、双节棍，或一些日常生活中的用具，如绣花针、石磨、铁锅、镰刀、雨伞等。

十八般兵器，泛指多种技艺，其内容在各个时期有所不同。其名称，始见于元曲。近代戏曲界有人称为刀、枪、剑、戟、斧、钺、钩、叉、鞭、锏、锤、抓、镋、棍、槊、棒、拐、流星锤十八种兵器。

【武术特点】

武术既究形体规范，又求精神传意、内外合一的整体观，是中华武术的一大特色。所谓内，指心、神、意等心志活动和气总的运行；所谓外，即手眼身步等形体活动。内与外、形与神是相互联系统一的整体。比如五禽操就是一种模仿虎、鹿、熊、猿、鸟五种动物的奇妙功夫，其精髓就是："外动内静、动中求静、动静兼备、有刚有柔、刚柔并济、练内练外、内外兼练。"

一是寓技击于体育之中。武术最初作为军事训练手段，与古代军事斗争紧密相连，其技击的特性是显而易见的。在实用中，其目的在于杀伤、制限对方，它常常以最有效的技击方法，迫使对方失去反抗能力。这些技击术至今仍在军队、警察中被采用。套路运动是中国武术的一个特有的表现形式，不少动作在技术规格。运动幅度等方面与技击的原形动作有所变化，但是动作方法仍然保留了技击的特性。

二是具有形神兼备的民族风格。"内练精气神，外练筋骨皮"是各家各派练功的准则，如极拳主张身心合修，要求"以心行气，以气运身"。形意拳讲究"内三合，外三合"，大洪拳、少林拳也要求精、力、气、骨、神内外兼修。

此外武术套路在技术上往往要求把内在精气神与外部形体动作紧密相合，完整

人间巧艺夺天工——发明创造卷

一气，做到"心动形随"，"形断意连"，势断气连"。以"手眼身法步，精神气力功"八法的变化来锻炼心身。这一特点反映了中国武术作为一种文化形式在长期的历史演进中备受中国古代哲学、医学、美学等方面的渗透和影响，形成了独具民族风格的练功方法和运动形式。

三是具有广泛的适应性。武术的练习形式和内容丰富多样，有竞技对抗性的散手、推手、短兵，有适合演练的各种拳术、器械的对练，还有与其相适应的各种练功方法。不同的拳种和器械有不同的动作结构、技术要求、运动风格和运动量，分别适应人们不同年龄、性别、体质的需求，人们可以根据自己的条件和兴趣爱好进行选择练习，同时它对场池、器材的要求较低，俗称"拳打卧牛之地"，练习者可以根据场地的大小变化、练习内容和方式，即使一时没有器械也可以徒手练功。一般来说，受时间、季节限制也很小。较之其他体育运动项目，具有更为广泛的适应性，武术能在广大民间历久不衰，与这一特点不无关系，利用这一特点可为现代群众性体育活动提供方便，使武术进一步社会化。

【实用价值】

一是健体防身。武术套路运动的动作包含着屈伸、回环、平衡、跳跃、翻腾、跌扑等，人体各部位几乎都要参与运动。系统地进行武术训练，对人体速度、力量、灵巧、耐力、柔韧等身体素质要求较高，人体各部位"一动无有不动"，几乎都参加运动，使人的身心都得到全面锻炼。

二是锻炼意志。练武对意志品质考验是多面的。练习基本功，要不断克服疼痛，"冬练三九、夏练三伏"，要有常年有恒、坚持不懈的意志品质。套路练习，要克服枯燥，培养刻苦耐劳、砥砺精进、永不自满的品质。遇到强手克服消极逃避关，锻炼勇敢无畏、坚韧不屈的战斗意志。经过长期锻炼，人们可以培养勤奋、刻苦、果敢、顽强、虚心好学、勇于进取的良好习性和意志品德。

三是交流技艺，增进友谊。武术运动蕴含丰富，技理相通，入门之后会有"艺无止境"之感。群众性的武术活动，便成为人们切磋技艺、交流思想、增进友谊的良好手段。

四是治安防身。武术在各种非常时期，对自保和他保有着很强的威力。通过智慧和力量的组合，可以完成特殊的除暴安良的防身任务。不仅可以有效制止坏人坏事的发生发展，还可以保全自己不受侵害。

医药卫生

五是娱乐审美。武术由于非常协调的系统动作、敏捷的反应、舒展的姿势等审美要素，越来越多的人把武术作为一种艺术搬上舞台，向广大观众展示人体所特有的动作韵律美。随着人们生活水平的不断提高，精神文化需要的增强，武术作为休闲娱乐节目会更加深入地走进消费圈中，为武术的原本定义带来时代的革新和质的变化。这可能是武术先祖所没有想到，也不能理解的。但不管什么样，作为中华国宝的武术，通过发挥自身的魅力，会不断发扬光大。

世界上最早的麻醉药——麻沸散

【概述】

麻沸散，是杰出的医学家华佗创制的用于外科手术的麻醉药，是世界上最早的麻醉剂。《后汉书·华佗传》载："若疾发结于内，针药所不能及者，乃令先以酒服麻沸散，既醉无所觉，因刳破腹背，抽割积聚（肿块）。"由此可知，华佗当时在脑外科和普外科及麻醉学方面的技能已达到相当水平。

早在战国时期，扁鹊就曾制造出一种"毒酒"，当然它不是"鸩顶红"，一饮就毙命，而是一种麻醉药。传说中，扁鹊曾用麻醉药将鲁国的公扈、赵国的齐婴两人的心换了。扁鹊发明的麻醉药到底是什么，史书上没有记载。有记载且比较可信的麻醉药是东汉名医华佗发明的麻沸散。

华佗创制的麻沸散是外科手术史上一项划时代的贡献，它对后代有很大的影响。由于麻沸散配方自华佗死后就失传了，直至宋代，我国麻醉技术才有所发展。不久就出现了局部麻醉，正骨用专科麻醉等麻醉方法。而欧洲直到19世纪中叶才使用麻醉药为病人做手术。这之前，他们在做手术时，为减轻病人的痛苦，多采用放血疗法。这种方法是很危害的，血放多了，病人会立即死亡，而血放少了病人一样会很痛苦。

【传说与实证】

传说华佗的儿子沸儿误食了曼陀罗的果实不幸身亡，华佗万分悲痛。为了减轻以后病人在做手术时的痛苦，身为名医的华佗走遍安徽、山东、河南、江苏等地，采用各种药材，在曼陀罗的基础上加了其他的几味中草药，最后研制出了世界上最早的麻醉药。华佗为了纪念他的儿子，就将这种药命名为"麻沸散"。在手术之前，华佗先命病人用酒服下麻沸散，等其无知觉后，才做手术。

相传有一次华佗外出治病途中，遇到一位病人肚子痛得厉害。经诊断，华佗断定他的脾烂了，需要将其摘除。于是，他取出麻沸散，拌酒让病人服下。病人进入梦乡后，华佗随即剖开他的肚子，切除了病脾。将血止住，缝合好伤口，涂上生肌收口的药膏后，仅过一个月，这个病人便痊愈了。

三国时，华佗还为武圣关羽刮骨疗伤。当时，他建议关公用麻沸散，遭到拒绝。结果关公谈笑自若地边下棋边接受了这一手术。这一直为后人乐道。后来曹操得了头痛病，招华佗来医病。华佗建议利用麻沸散对曹操进行开颅手术，可惜曹操疑心太重，误认为他要谋害自己，将他处死。在临刑前，华佗将麻沸散的配方交给一狱卒，可恨的是狱卒的妻子怕连累自己，将配方烧毁。

华佗的被杀，造成了非常严重的后果，麻沸散失传，中医外科受到了重大打击，华佗的重要医方也没有流传下来。华佗之死是中医学史上一个重大的损失，一直到今天，人们对神医华佗之死仍然抱着一种深深的惋惜之情。

《三国演义》中的麻肺汤或麻肺散，即是麻沸散，麻沸散并非罗贯中的杜撰。华佗发明麻沸散绝非偶然，因为他生活的时代是东汉末年，在战争时代，必然有许多战伤。由于缺乏麻醉药，外伤病人在手术过程中，十分痛苦。华佗为了解除人们的疾苦，刻心钻研医学古籍，并勇于实践，他根据《神农本草经》中关于乌头、莨菪子、麻蕡、羊踯躅等功效的记载，又结合自己的临床经验，创造了麻沸散。这是几种具有麻醉作用的药物组成的一个复方，经过多次试验，确有良好的麻醉作用。华佗又从多喝酒能使人醉而不省人事中得到启发，外科手术前将麻沸散和酒一起给病人吞服，加强了麻醉效果。这一方法在外科手术中广泛使用，据记载，华佗曾用酒服麻沸散做过肿瘤切除、胃肠吻合等手术。

非常可惜的是，史书上并没有记载麻沸散的配方，以致它的药物组成，至今还是一个谜。不过，据现代研究，麻沸散的主药是莨菪子。《神农本草经》有莨菪子"多食使人狂走"的记载，"狂走"是由于服了一定量莨菪子之后，发生了麻醉作用而出现神志错乱的现象。现在，人们已经弄清莨菪子中的主要成分也是东莨菪碱和阿托品碱。东莨菪碱具有镇静、镇痛的作用，应用较大剂量后，可产生催眠作用。《神农本草经》还记载了乌头，说"其汁煎之，名'射网'，杀禽兽"。可见乌头也具有麻醉剂的作用。

宋代以后，文献中屡有记载的曼陀罗花是中药麻醉中常用的药物。宋代窦材的《扁鹊心书》（1146年）简要记述了曼陀罗花的麻醉功效："人难忍艾火灸痛，服此即昏睡不知痛，亦不伤人。"后来，李时珍亲自试服了曼陀罗花，进一步证实了它的麻醉性能。曼陀罗花之所以能产生麻醉作用，其有效成分是东莨菪碱。

【华佗简介】

华佗（约公元145年—公元208年），东汉末医学家，字元化，一名旉，汉族，沛国谯（今安徽省亳州市谯城区）人。华佗与董奉、张仲景（张机）并称为"建安三神医"。

华佗生活的时代，当是东汉末年。那时，军阀混乱，水旱成灾，疫病流行，人民处于水深火热之中。当时一位著名诗人王粲在其《七哀诗》里，写了这样两句："出门无所见，白骨蔽平原。"这就是当时社会景况的真实写照。目睹这种情况，华佗非常痛恨作恶多端的封建豪强，十分同情受压迫受剥削的劳动人民。为此，他不愿做官，到处奔跑，为人民解脱疾苦。

华佗行医，并无师传，主要是精研前代医学典籍，在实践中不断钻研、进取。当时我国医学已取得了一定成就，《黄帝内经》、《黄帝八十一难经》、《神农本草经》等医学典籍相继问世，望、闻、问、切四诊原则和导引、针灸、药物等诊治手段已基本确立和广泛运用；而古代医家，如战国时的扁鹊，西汉的仓公，东汉的涪翁、程高等，所留下的不慕荣利富贵、终生以医济世的动人事迹，所有这些不仅为华佗精研医学提供了可能，而且陶冶了他的情操。

华佗精于医药的研究。《后汉书·华佗传》说他"兼通数经，晓养性之术"，尤其"精于方药"。人们称他为"神医"。他曾把自己丰富的医疗经验整理成一部医学著作，名曰《青囊经》，可惜没能流传下来。但不能说，他的医学经验因此就完全淹没了。因为他许多有作为的学生，如以针灸出名的樊阿，著有《吴普本草》的吴普，著有《本草经》的李当之，把他的经验部分地继承了下来。至于现存的华佗《中藏经》，是宋人作品，用他的名字出版的。但其中也可能包括一部分当时尚残存的华佗著作的内容。

人们至今还永远怀念华佗。江苏徐州有华佗纪念墓；沛县有华祖庙，庙里的一副对联，抒发了作者的情感，总结了华佗的一生：

医者剖腹，实别开岐圣门庭，谁知狱吏庸才，致使遗书归一炬；

士贵洁身，岂屑侍奸雄左右，独憾史臣曲笔，反将厌事谤千秋。

祖国医学的理论基础——《黄帝内经》

【概述】

《黄帝内经》简称《内经》，分《灵枢》、《素问》两部分。它是中国传统医学宝库中现存成书最早的一部医学典籍。是研究人的生理学、病理学、诊断学、治疗原则和药物学的医学巨著。相关专家认为，《黄帝内经》可以用三个"第一"给它作一概括：第一部中医理论经典，第一部养生宝典，第一部关于生命的百科全书。

《黄帝内经》为古代医者托黄帝之名所作，其具体作者已不可考。总而言之，非自一人一手，其笔之于书，应在战国，其个别篇章成于两汉。《淮南子·修务训》言："世俗之人多尊古而贱今，故为道者必托之于神农、黄帝而后能入说。"因此，《黄帝内经》之所以冠以"黄帝"之名，意在溯源崇本，借以说明书中所言非虚。

【内容简介】

《黄帝内经》分为《素问》和《灵枢》两部分。《素问》重点论述了脏腑、经络、病因、病机、病证、诊法、治疗原则以及针灸等内容。《灵枢》是《素问》不可分割的姊妹篇，内容与之大体相同。除了论述脏腑功能、病因、病机之外，还重点阐述了经络腧穴，针具、刺法及治疗原则等。其基本精神及主要内容包括：整体观念、阴阳五行、藏象经络、病因病机、诊法治则、预防养生和运气学说，等等。

"整体观念"强调人体本身与自然界是一个整体，同时人体结构和各个部分都是彼此联系的。"阴阳五行"是用来说明事物之间对立统一关系的理论。"藏象经络"是以研究人体五脏六腑、十二经脉、奇经八脉等生理功能、病理变化及相互关系为主要内容的。"病因病机"阐述了各种致病因素作用于人体后是否发病以及疾病发生和变化的内在机理。"诊法治则"是中医认识和治疗疾病的基本原则。"预防养生"系统地阐述了中医的养生学说，是养生防病经验的重要总结。"运气学说"研究自然界气候对人体生理、病理的影响，并以此为依据，指导人们趋利避害。

【主要特点】

一是《黄帝内经》是人文的，而不是纯自然的。它是以人为核心，讲的都是人，而不是物质。它具有一种强烈的人文关怀，具有人文性。

二是《黄帝内经》讲人的生命都是有差异的，而不是普遍的。比如说，它强调的是"辨证论治"，注重人的特异性、特殊性。它还非常强调人的体质，如《灵枢·阴阳二十五人》所指。实际上，人还不止二十五种体质，还可以再扩展。《黄帝内经》就强调人的个体性，或者叫特殊性。

三是《黄帝内经》讲人的生命是整体的，不可分割的。人和自然不能分割，人自身各脏象之间也是不能分割的。比如说《生气通天论》、《四气调神大论》、《阴阳应象大论》等篇章，都是强调人与天的不可分割性、整体性。

四是《黄帝内经》认为人的生命是可以感知、感受的，可以给它定性的。但是人的生命不是通过现在试验室里面试验分析的，不是可以用数学描述的，不是定量的。这可以称为直观性或模糊性。

五是《黄帝内经》认为人是生动的、鲜活的，不是冰冷的。也就是说，它不太重视尸体解剖。《黄帝内经》以前是讲解剖的，雷公学派就强调解剖。如在《灵枢·经水篇》就说："若夫八尺之士，皮肉在此，外可度量切循而得之，其死可解剖而视之。"后来《黄帝内经》却不讲解剖了，这是一个转变。这一点可称为动态性。

【学术思想】

先秦哲学思想及诸子百家对《黄帝内经》都有影响，但主要是儒家和道家。儒家思孟学派、邹衍阴阳五行派的"阴阳五行"学说对《内经》理论体系的建立起到非常重要的作用。《周易》、《尚书》可以看成主要是儒家的著作（当然也有一些道家的思想）。《周易》里面的"阴阳"哲学，《尚书》里面的"五行"学说，还有《论语》里讲的"两端"、"中和"、"和为贵"，《孟子》、《中庸》的"阴阳五行"构成论、"中庸"方法论，对《黄帝内经》都有直接的影响。现存《孟子》、《中庸》里面虽然没有"阴阳五行"的记载，但是1973 年湖南长沙马王堆出土的《五行篇》，学者经研究认为就是思孟学派的著作，思孟学派的五行是：仁义礼智圣（信）。阴阳家的代表人物邹衍也可以看成是儒家。

道家对《黄帝内经》的影响更大。比如王冰编的《黄帝内经》中的第一篇"上古天真论"中非常强调上古真人，这是道家的一种理想人格。《黄帝内经》托名"黄帝"可能是受西汉初年黄老学派的影响。黄老也属于道家。《内经》重"道"，讲"阴阳之道"、"天地之道"、"升降之道"、"医之道"、"养生之道"、"养长之道"，这是受到《老子》万物源于"道"思想的影响。此外老子、庄子的"清净无为"、"道法自然"、"聚气养气"、"求生之厚，长生久视"等思想，更是直接影响了《黄帝内经》的养生、预防、医疗等博大体系的形成。

上述影响反映在《黄帝内经》中，使其具有深刻的学术思想。为了进一步明确这一点，拟从以下几方面加以阐述：

第一，"气"是宇宙万物的本原。

如同老子所说："有物混成，先天地生。寂兮寥兮，独立而不改，周行而不殆，可以为天下母"，"道之为物，惟恍惟惚"，"其上不皎，其下不昧"，"视之不见名曰夷，听之不闻名曰希，搏之不得名曰微"，这都是在说构成世界的原初物质——形而上者的"道"。宋钘、尹文将这种原初物质称之为"气"。《黄帝内经》受这些学说的影响，也认为"气"是宇宙万物的本原。在天地未形成之先便有了气，充满太虚而运行不止，然后才生成宇宙万物，这些气便是天地万物化生的开始。由于气的运动，从此便有了星河、七曜，有了阴阳寒暑，有了万物。阴阳五行的运动，是大地的运动变化和万物的发生与发展的总结。

第二，人与自然的关系。

《黄帝内经》认为人与自然息息相关，是相参相应的。自然界的运动变化无时无刻不对人体发生影响。《素问》说："人以天地之气生，四时之法成。"这是说人和宇宙万物一样，是禀受天地之气而生、按照四时的法则而生长的，所以《素问》说："夫四时阴阳者，万物之根本也。所以圣人春夏养阳，秋冬养阴，以从其根，故与万物沉浮于生长之门。逆其根，则伐其本，坏其真矣。"人生于天地之间，人必须要依赖天地阴阳二气的运动和滋养才能生存，正如《素问》所说："天食人以五气，地食人以五味。五气入鼻，藏于心肺，上使五色修明，音声能彰。五味入口，藏于肠胃，味有所藏，以养五脏气。气和而生，津液相成，神乃自生。"人与自然相参相应的关系在《黄帝内经》中是随处可见的。无论是生理还是病理，无论是养生预防还是诊断与治疗，都离不开这种理论的指导。

第三，人是阴阳对立的统一体。

人是阴阳对立的统一体，这在生命开始时已经决定了。生命体形成之后，阴阳二气存在于其中，互为存在的条件。相互联系、相互转化，又相互斗争。如《素问》所说："阴在内，阳之守也；阳在外，阴之使也。"《素问》说："阴者，藏精而起亟也，阳者，卫外而为固也。"这两句话精辟地解释了人体阴阳的对立统一关系。从人体的组织结构上看，《黄帝内经》也把人体看成是各个层次的阴阳对立统一体。

第四，人体是肝、心、脾、肺、肾五大系统的协调统一体。

《黄帝内经》所说的五脏，实际上是指以肝、心、脾、肺、肾为核心的五大系统。以心为例，心居胸中，为阳中之太阳，通于夏气，主神明，主血脉，心合小肠，生血、荣色，其华在面，藏脉、舍神、开窍于舌、在志为喜。在谈心的生理、病理时，至少要从以上诸方面系统地加以考虑才不至于失之片面。因此可以每一脏都是一大系统，五大系统通过经络气血联系在一起，构成一个统一体。这五大系统又按五行生克制化规律相互协调、资生和抑制，在相对稳态的情况下，各系统按其固有的规律从事各种生命活动。

第五，《黄帝内经》的生命观。

《黄帝内经》否定超自然、超物质的上帝的存在，认识到生命现象来源于生命体自身的矛盾运动。认为阴阳二气是万物的胎始。《素问》说："阴阳者，万物之能（读如胎）始也。"对整个生物界，则曰：天地气交，万物华实；又曰：天地合气，命之曰人。阴阳二气是永恒运动的，其基本方式就是升降出入。《素问》说："出入废，则神机化灭；升降息，则气立孤危。故非出入，则无以生长壮老已；非升降则无以生长化收藏。是以生降出入，无器不有。"《黄帝内经》把精看成是构成生命体的基本物质，也是生命的原动力。《灵枢》说："生之来谓之精，两精相搏谓之神。"在《灵枢》还描绘了胚胎生命的发展过程："人始生，先成精，精成而脑髓生。骨为干，脉为营，筋为刚，肉为墙，皮肤坚而毛发长。"这种对生命物质属性和胚胎发育的认识是基本正确的。

第六，《黄帝内经》的形神统一观。

《黄帝内经》对于形体与精神的辩证统一关系做出了说明，指出精神统一于形体，精神是由形体产生出来的生命运动。如《灵枢·邪气脏腑病形》说："十二经脉、三百六五络，其气血皆上于面而走空窍，其精阳气上走于目而为睛

（视），其别气走于耳而为听，其宗气上出于鼻而为臭，其浊气出于胃走唇舌而为味。"这就将视、听、嗅、味等感觉认为是由于气血津液注于各孔窍而产生的生理功能。对于高级神经中枢支配的思维活动也做出了唯物主义解释。《灵枢》说："故生之来谓之精，两精相搏谓之神，随神往来者谓之魂，并精出入者谓之魄。所以任物者谓之心，心之所忆谓之意，意之所存谓之志，因志而存变谓之思，因思而远慕谓之虑，因虑而处物谓之智。"如此描写人的思维活动基本上是正确的。在先秦诸子中对神以及形神关系的认识，没有哪一家比《黄帝内经》的认识更清楚、更接近科学。关于形神必须统一、必须相得的论述颇多，如《灵枢》："神气舍心，魂魄毕具，乃成为人。"又如《素问》："形与神俱而尽终其天年。"如果形神不统一、不相得，人就得死。如《素问》："形弊血尽……神不使也。"又如《素问》："人身与志不相有，曰死。"《黄帝内经》这种形神统一观点对中国古代哲学是有很大贡献的。

【主要贡献】

《黄帝内经》的内容不仅涉及医学，而且包罗天文学、地理学、哲学、人类学、社会学、军事学、数学、生态学等各项人类所获的科学成就。《黄帝内经》里的一些深奥精辟的阐述，虽然早在两千年前，却揭示了许多现代科学正试图证实的与将要证实的成就。中国古代的医家张仲景、华佗、孙思邈、李时珍等均深受《黄帝内经》思想的熏陶和影响，无不刻苦研读之，深得其精要，而终成中国历史上的一代名医。

《黄帝内经》作为中国传统医学的理论思想基础及精髓，在中华民族近两千年的历史中，它的医学主导作用及贡献功不可没。《黄帝内经》的著成，标志着中国医学由经验医学上升为理论医学的新阶段。

《黄帝内经》总结了战国以前的医学成就，并为战国以后的中国医学发展提供了理论指导。在整体观、矛盾观、经络学、脏象学、病因病机学、养生和预防医学以及诊断治疗原则等各方面，都为中医学奠定了理论基础，具有深远影响。

后世中医者必读的经典——《难经》

【概述】

《难经》，原名《黄帝八十一难经》，传说为战国时扁鹊（秦越人）所作。《隋书·经籍志》虽提及此书，但未言明作者姓名。隋以前托名黄帝撰，唐以后则多题为扁鹊撰，实际上作者不明。

【主要内容】

《难经》以问答解释疑难的形式编撰而成，共讨论了八十一个问题，故又称《八十一难》，全书所述以基础理论为主，还分析了一些病证。《难经》在论述正常脉象及各类疾病所反映出的病脉在疾病诊断方面的意义、各类脉象的鉴别等方面，均发挥了《黄帝内经》的理论，因其丰富而深刻的医理内涵使其成为学习中医者必读的四大经典之一。

《难经》经常引用"经言"，据考是指《素问》、《灵枢》二经，其中以引用《灵枢》之言居多。该书的内容较《内经》更为贴合临床医疗，这表现在较少讨论人体发育、阴阳五行、天人相应等理论问题，而是致力于突出解决与临床诊察治疗紧密相关的一些学术难点。

《难经》主要内容大致为：1 难至 22 难论脉诊，23 难至 29 难论经络，30 难至 47 难论脏腑，48 难至 61 难论病证，62 难至 68 难论腧穴，69 难至 81 难论针法。在以上内容中，以 1 难至 22 论脉最有特色。该书明确指出"独取寸口"，从而简化了在《内经》中多见的遍身诊脉法，这种单纯以寸口脉（桡动脉近腕处）作为切脉部位的做法一直沿用至今。在寸口脉中，该书又分寸关尺，即以"关"（约为桡骨茎突相对应的位置）为界，将寸口脉分为前（寸）、后（尺）两部分，并以之与人体脏腑相对应。这种切脉分部法与《内经》的三部九候法相比，更为简便易行，从而促进了中医诊断技术的发展。

【《难经》并非解释《内经》疑难】

传统观点认为，《难经》一书本于《内经》，是解释《内经》中之疑难者。比如在明代，王九思《难经集注·杨玄操序》："《黄帝八十一难经》者，斯乃勃海秦越人之所作也……按黄帝有《内经》二帙，帙各九卷，而其义幽赜，殆难穷览。越人乃采摘英华，抄撮精要，二部经内凡八十一章。勒成卷轴，伸演其道，探微索隐，传示后昆，名为《八十一难》。以其理趣深远，非卒易了故也，既宏畅圣言，故首称黄帝。"马莳《难经正义·陈懿德序》："玄台之言曰：'《内经》可以称经，而《难经》则以《内经》为难，其经之一字，正指《内经》之经耳，非越人自名其书为经也。'"

再如在清代，叶霖《难经正义·序》："夫'难'，问难也。'经'者，问难《黄帝内经》之义也。"丁锦《古本难经阐注·张序》："《难经》者，《灵》、《素》之精华也。"《古本难经阐注·自序》："《难经》者，扁鹊之所着（著）也。何为乎而名《经》？本于《内经》故名也，《内经》黄帝之《灵枢》、《素问》也。"徐灵胎《难经经释·叙》："《难经》，非经也。以《灵》、《素》之微言奥旨引端未发者，设为问答之语，俾畅厥义也。古人书篇名义，非可苟称，'难'者辩论之谓，天下岂有以'难'名为'经'者，故知《难经》非经也……惟《难经》则悉本《内经》之语，而敷畅其义，圣学之传，惟此为得其宗。然窃有疑焉，其说有即以经文为释者，有悖经文而为释者，有颠倒经文以为释者。"

南京中医学院校释《难经校释·前言》："《难经》是我国古代医学著作之一……全书以阐明《内经》的要旨为主，用问答的体裁，辑为八十一难。"李经纬、林昭庚《中国医学通史·古代卷》："关于《难经》书名的含义，历代学者有着不同的理解和认识，一种观点认为，以'难'字作为问难之'难'（nàn）。清·徐灵胎《难经经释·自序》说：'以《灵》、《素》之微言奥旨，引端未发者，设为问答之语，俾畅厥义也。'另一种观点认为，以'难'字作为难易之'难'（nán）。唐·杨玄操《难经注·序》说：'名为《八十一难》，以其理趣深远，非卒易了故也。'以上两种理解都有其代表性，从该书体例和文义分析，前一种说法似更符《难经》一书内容之本义。"等等。

目前，由中国科学院自然科学史研究所丁元力先生撰写的《〈难经〉并非解答今本《内经》疑义之作》一文，发表于《中医文献杂志》2010 年第 3 期。丁元力先生在文中指出：经研究发现下述证据支持《难经》并非解释《内经》疑难的著作。第一，《难经》中四十余难未指示问难的来源；第二，《难经》解答的问题虽然针对的是"《经》言"，但是，该内容却不见今本《内经》；第三，《难经》问难虽然针对《经》中的内容，而且该内容见于今本《内经》，但是，

《难经》的解答与今本《内经》中的解说冲突或重复。至于《难经》所引之"《经》"究竟为何，需要我们进行更深入的研究探讨，但是若不打破"《难经》是阐释《内经》旨意之作"这种观念的束缚，总以为传统医学的理论莫不是发端于《黄帝内经》，就会限制我们对这一问题进行更深入的思考。这对于探索早期医学发展的多元化模式，以及更客观地认识《难经》的价值也都是不利的。

那么《难经》中之"《经》言"所指为谁？我国当代著名医史文献学家、中医学家、史学家、诗人郭霭春先生《八十一难经集解·序例》说道："因为所谓'经言'，不一定都是出自《素》、《灵》。前古医书，如《上经》、《下经》等早亡佚了。《难经》所引'经言'，安知不出自亡佚的古医经呢？如必以'经言'就是《素》、《灵》之言，试问《素问·离合真邪论》、《调经论》、《解精微论》等篇所引的'经言'，又是出自哪里呢？要知道'《难经》有本之《素》、《灵》者，亦有显然与《素》、《灵》异帜者，间亦有补《素》、《灵》之未备者'。这样说，好像是比较允当的。"

综上所述，《难经》并不是解释《内经》中疑难问题的著作，它与《内经》一样，也是我国古代早期医学著作之一。

【重要影响】

《难经》文字简要，内容又切于实用，学术地位很高，被后世视为可以和《内经》并提的经典医著，研究者甚多。有多种刊本和注释本。

《难经》不但在理论方面丰富了祖国医药学的内容，而且在临床方面颇多论述。除针灸之外，还提出了"伤寒有五"的理论，对后世伤寒学说与温病学说的发展产生了一定的影响。《难经》对诊断学、针灸学的论述也一直被医家所遵循。对历代医学家理论思维和医理研究有着广泛而深远的影响。

现存最早的中药学典籍——《神农本草经》

【概述】

《神农本草经》简称《本草经》或《本经》，是中国现存最早的药物学专著。在我国古代，大部分药物是植物药，所以"本草"成了它们的代名词，

《神农本草经》也以"本草经"命名。汉代托古之风盛行，人们尊古薄今，为了提高该书的地位，增强人们的信任感，这部书借用神农遍尝百草，发现药物这妇孺皆知的传说，将神农冠于书名之首，定名为《神农本草经》。如同《内经》冠以黄帝一样，都是出于托名古代圣贤的意图。

【主要内容】

《神农本草经》全书分三卷，载药365种，文字简练古朴，成为中药理论精髓。在记载的药物的时候，将药物按照效用分为下、中、下"三品"。上品一百二十种，主要是一些无毒药，以滋补营养为主，既能祛病又可长服强身延年；中品一百二十种，一般无毒或有小毒，多数具补养和祛疾的双重功效，但不需久服；下品一百二十五种，是以祛除病邪为主的药物，多数有毒或药性峻猛，容易克伐人体正气，不可过量使用。这种分类方法是最原始的药物分类法，便于选择和使用可以轻身延年及养生保健的药品，同时提供了治疗疾病的安全有效的药物范围。但是，这种分类方法并不能明确分出药性和主治病症的特点，不利于从医者的学习和整理，现在已不常用了。

《神农本草经》依循《内经》提出的君臣佐使的组方原则，也将药物以朝中的君臣地位为例，来表明其主次关系和配伍的法则。《本经》对药物性味也有了详尽的描述，指出寒热温凉四气和酸、苦、甘、辛、咸五味是药物的基本性情，可针对疾病的寒、热、湿、燥性质的不同选择用药。寒病选热药；热病选寒药；湿病选温燥之品；燥病须凉润之流，相互配伍，并参考五行生克的关系，对药物的归经、走势、升降、浮沉都很了解，才能选药组方，配伍用药。

药物之间的相互关系也是药学一大关键，《神农本草经》提出的"七情和合"原则在几千年的用药实践中发挥了巨大作用。药物之间，有的共同使用就能相互辅佐，发挥更大的功效，有的甚至比各自单独使用的效果强上数倍；有的两药相遇则一方会减小另一方的药性，使其难以发挥作用；有的药可以减去另一种药物的毒性，故这类药常在炮制毒性药时或者在方中制约一种药的毒性时使用；有的两种药品本身均无毒，但两药相遇则会产生很大的毒性，损害身体等。这些都是医者或从事药物学研究的人员必备的基本专业知识，十分重要。

总之，《神农本草经》书中对每一味药的产地、性质、采集时间、入药部位和主治病症都有详细记载。对各种药物怎样相互配合应用，以及简单的制剂，都做了概述。更可贵的是早在两千年前，我们的祖先通过大量的治疗实践，已

医药卫生

经发现了许多特效药物，如麻黄可以治疗哮喘，大黄可以泻火，常山可以治疗疟疾，等等。这些都已用现代科学分析的方法得到证实。

【后世辑本】

《神农本草经》原本早已散佚。现所见者，大多是从《证类本草》、《本草纲目》等书所引用的《本经》内容而辑成的。由于重辑者的着眼点和取材不同，因而各种辑本的形式和某些内容有一定的差异。常见的辑本有以下六种。

《神农本经》：明代医学家卢复辑，三卷，是从《证类本草》和《本草纲目》中摘出所引的《本经》原文编辑而成。

《神农本草经》：清代孙星衍、孙冯翼同辑，三卷，是从《证类本草》上的白字辑出。并在每条正文之后，引用了《吴普本草》、《名医别录》、《淮南子》、《抱朴子》、《太平御览》、《尔雅》、《说文》等古书，详加考证，引证翔实，资料丰富，是较好的一种辑本。

《神农本草经》：清代数学家、天文学家、医学家顾观光辑，四卷，分序录、上品、中品、下品四部分。药品次序是依照《本草纲目》卷二所载《神农本草经》目录排列的。经文均依《证类本草》。唐、宋类书所引有出于《证类本草》之外的，也一并辑入。

《神农本草》：日本人森立之辑，四卷，依据《千金方》、《医心方》、《唐本草》、《证类本草》、《本草和名》等重辑而成。别作"考异"，附之于后。

《神农本草经》：以宿学驰名的王闿运辑，三卷，是从《证类本草》辑出。王氏对医学和考据学都不是内行，所以此书内容是比较草率的。

《神农本经》：光绪丙戌举人姜国伊辑，一册，未分卷，据《本草纲目》等辑成。

上述六种辑本，以孙、顾的辑本流行较广。这些辑本经重辑者的研究考证，基本上已接近原来的面目。

【作者小考】

神农不是医药学家，自然也不会是《神农本草经》的真实作者，这一点在中医学界基本得到承认。但是翻开历史，发现有太多的医家都认为《神农本草经》的作者是神农。"神农说"最有力的鼓吹者是陶弘景。《集注·序录》云："旧说皆称神农《本经》，余以为信然。"其后的颜之推、孔志约等也是这样认为的。《颜氏家训》云："典籍错乱，非止于此，譬犹本草，神农所述，而有豫章、朱崖、赵国、常山、奉高、真定、临淄、冯诩等郡县名，出诸药物。"孔志约序《新修本草》云："以为《本草经》者，神农之所作，不刊之书也。"即使到了清代，考据大家赵翼仍迷信陶说，以《本草经》为神农之作，《曝杂记》云："三皇之书，伏羲有《易》，神农有《本草》，黄帝有《素问》。《易》以卜笠存，《本草》《素问》以方伎存。"

由上述可见，在缺乏严谨治学精神和质疑精神的情况下，一个谎言能流传上千年。但也有严谨的学者能够独立思考，对此说提出质疑。梁朝阮孝绪撰《七录》始记有《神农本草经》这本书，计有三卷。是书云："世谓神农尝药。黄帝以前，文字不传，以识相付，至桐雷乃载篇册。然所载郡县多汉时，疑张仲景、华佗窜记其语。"

宋代王应麟也对神农著书说提出质疑，其在《困学纪闻》云："今详神农作本草，非也。三五之世，朴略之风，史氏不繁，纪录无见，斯实后世医工知草木之性，托名炎帝耳。"宋代叶梦得《书传》云："《神农本草》但三卷，所载甚略，初议者与其记出产郡名，以为东汉人所作。"清代姚恒《古今伪书考》云："汉志无本草，按《汉书·平帝纪》，诏天下举知方术本草者。书中有后汉郡县地名，以为东汉人作也。"陈叔方在其所著《颍川语录》中写到《神农本草经》当中使用的某些药名有故意做雅的痕迹。比如，把"黄精"写成"黄独"，"山芋"写成"玉延"，"莲"写成"藕实"，"荷"写成"水芝"，"芋"写成"土芝"，"螃蟹"写成"拥剑"。这种华而不实的故意做雅，是东汉学风的典型表现。早在西汉《淮南子·修务训》中就有："世俗之人，多尊古而贱今，故为道者，必托于神农、黄帝，而后始入说。"一语道破当时的风气。

《神农本草经》的作者是谁呢？通观全书，可以得出此书和《内经》一样并非出于一时一人之手，经历了较长时间的补充和完善。最后的成书时间不会早于东汉。

【著作价值】

《神农本草经》的历史地位不可低估，它将东汉以前零散的药学知识进行了系统总结，其中包含了许多具有科学价值的内容，被历代医家所珍视。而且其作为药物学著作的编撰体例也被长期沿用，作为中国第一部药物学专著，影响是极为深远的。《神农本草经》的价值主要体现在以下几个方面。

一是规定了药物的剂型。《神农本草经》认为："药性有宜丸者，宜散者，

医药卫生

宜水煮者，宜酒渍者，宜膏煎者，亦有一物兼主者，亦有不可入汤、酒者，并随药性，不得违越。"此处一方面体现了在两千年前中药剂型已有的成就，另一方面也体现了药物剂型工艺以及对哪些药宜用哪种剂型的研究经验，如消石"炼之如膏"，术"作煎饵"，茺蔚子"可作浴汤"（外用洗剂），葡萄"可作酒"，白芷"可作面脂"，牛角、（牛）"胆可丸药"，蝟皮"酒煮杀之"，露蜂房"火熬之良"，当归治"金创煮饮之"，雷丸"作膏摩，除小儿百病"，蛇蜕"火熬之良"，贝子"烧用之良"等。此处既讲了药物炮制加工方法，同时也说明了不同药物在具体应用时要适宜于不同的剂型，才能更有效地发挥其治疗效果。

二是对药物治病取效的客观评价。《神农本草经》认为凡"欲治病，先察其源，先候病机，五脏未虚，六府未竭，血脉未乱，精神未散，服药必治。若病已成，可得半愈。病势已过，命将难全"。此处首先告诫人们，有病必须早治；其次强调了疾病的痊愈与否，不能完全依赖药物的作用，主要是机体的防御机能和在药物干预下机体驱邪愈病的内在能力。

三是强调辨证施药。《神农本草经》提出"疗寒以热药，疗热以寒药，饮食不消，以吐下药，鬼疰蛊毒以毒药，痈肿疮疡以疮药，风湿以风湿药，各随其所宜。"此语不但突出了辨证施治用药的主旨，还提示在辨证施治用药的前提下，务必要辨别疾病的性质（寒、热）而用药，辨别病因而审因论治（如"饮食不消"、"风湿"），辨别病情轻重并根据病情轻重而施以用药（如"鬼疰蛊毒"均为重危病证），还要辨别躯体病（如"痈肿疮疡"、"风湿症"）与内脏病（如"鬼疰蛊毒"）的差异而用药。前者用"疮药"、"风湿药"，后者用"毒药"。若通览 365 味药物之主治和功效，还可以发现，书中根据内科疾病、妇科疾病、外科疾病、五官科疾病、皮肤病等不同病种而施以不同药物予以治疗，这些内容都体现其重视辨证施治的用药思想。

四是重视服药时间与疗效的关系。《神农本草经》认为："病在胸膈以上者，先食后服药；病在腹以下者，先服药而后食；病在四肢血脉者，宜空腹而在旦；病在骨髓者，宜饱满而在夜。"这说明作者在认真总结前人用药经验的基础上，认识到服药时间与药物疗效之间的密切关系。

五是践行"药有阴阳"理论的价值。《黄帝内经》是"药有阴阳"理论的创立者，《神农本草经》对这一理论予以践行。所谓"药有阴阳"，其含义甚广。若仅从植物药与矿物药分阴阳，矿物药质地沉重而主降，属性为阴，植物药质地轻清而属阳。若就植物药而言，凡药用其花、其叶、其枝者多属阳，若用其根、其干者多为阴。如若对药物深层的内涵分阴阳，则"阳为气，阴为味……阴味出下窍，阳气出上窍。味厚者为阴，薄为阴之阳。气厚者为阳，薄为阳之阴。味厚则泄，薄则通。气薄则发泄，厚则发热"。又说，"气味辛苦发散为阳，酸苦涌泄为阴"（《黄帝内经·素问·阴阳应象大论》）。四气，又称"四性"，药物之寒、热、温、凉是也，四气之中又有阴阳属性之分，具有温、热之性者为阳，具有寒、凉之性者属阴等，皆属于经文所言"药有阴阳"之意及其意义。

六是指出药有酸、咸、甘、苦、辛五味。《神农本草经》所谓"药有酸、咸、甘、苦、辛五味"，其本义是指人们可以品尝到的药物真实滋味。药物真实滋味不止五种，由于受事物五行属性归类理论的影响，于是自古至今，将药物之滋味统统纳之于五味之中，并将涩味附之于酸，淡味附之于甘，以合药物五味的五行属性归类。

七是指出药物"有寒热温凉四气"。《神农本草经》所言药物有"寒热温凉四气"。四气，即四性，是药物或食物的寒热温凉四种性质，与人们味觉可感知的"有形"五味对言，四气属阳，五味属阴，此即"阳为气，阴为味"（《素问·阴阳应象大论》）之意。而事物之阴阳属性是可分的，"阳中有阴，阴中有阳"，故属阳的药物寒热温凉之性还可再分阴阳。温性、热性为阳，凉性、寒性属阴。热甚于温，寒甚于凉，其中只是程度的差异。就温热而言，常又有微温、温、热、大热的不同量级；寒凉又有凉、微寒、寒、大寒的不同量级，如果在性质上没有寒热温凉明显的性质差异，于是就用"平"标定其性质。

八是认为药"有毒无毒，斟酌其宜"。《神农本草经》说的"有毒无毒，斟酌其宜"，是指临证用药时，务必要先知道哪些药物有毒，哪些药物无毒。有毒之药，其毒性之大小及程度如何等，然后再根据临证实际情况，斟酌用药。

九是认为药有"七情和合"。

《神农本草经·序录》认为：药"有单行者，有相须者，有相使者，有相畏者，有相恶者，有相反者，有相杀者。凡此七情，合和视之"。这就是药物配伍理论中"七情和合"的源头。"七情和合"是指药物配伍中的特殊关系。

《神农本草经》的问世，对我国药学的发展影响很大。在很长一段历史时期内，它是医生和药师学习中药学的教科书，也是医学工作者案头必备的工具书之一。历史上具有代表性的几部《本草》，如《本草经集注》、《新修本草》、《证类本草》、《本草纲目》等，都是渊源于《本经》而发展起来的。但由于历史和时代的局限，《神农本草经》也存在一些缺陷，为了附会一年三百六十五日，书中收载的药物仅三百六十五种，而当时人们认识和使用的药物已远远不止这些。这三百六十五种药物被分为上、中、下三品，以应天、地、人三界，既不能反映药性，又不便于临床使用，这些明显地受到了天人合一思想的影响，而且在神仙不死观念的主导下，收入了服石、炼丹、修仙等内容，并把一些剧毒的矿物药如雄黄、水银等列为上品之首，认为长期服用有延年益寿的功效。这显然是荒谬的。此外，《神农本草经》很少涉及药物的具体产地、采收时间、炮制方法、品种鉴定等内容，这一缺陷直到《本草经集注》才得以克服。

尽管如此，《神农本草经》的历史地位却是不可低估的，作为我国第一部药物学专著，其影响是极为深远的。

临床"医方之祖"——《伤寒杂病论》

【概述】

《伤寒杂病论》是东汉张仲景撰成于公元2世纪末3世纪初的著作，是一部以论述传染病与内科杂病为主要内容的典籍。

该书编成后不久，经北宋校正医书局校刊，历代刻印数十次而流传至今，对中医学治疗急慢性传染病、流行病以及内科杂病等理论和技术的发展，曾产生过极其深远的影响，奠定了各科临床坚实的基础，在几千年来中医学发展过程中，《伤寒杂病论》一直指导着医家的临床实践，受到了极高的崇奉，是临床"医方之祖"。

【内容介绍】

《伤寒杂病论》内容大致包括辨伤寒太阳病、阳明病、少阳病、太阴病、少阴病、厥阴病脉证并治，以及"平脉法"、"辨脉法"、"伤寒例"（此三篇多数学者认为系王叔和编写，非张仲景手撰）、辨痉湿暍、辨霍乱病、辨阴阳易差后劳复脉证并治等；还介绍了汗、吐、下等治法的应用范围及其禁忌。全书以辨六经病脉证和治疗为主体内容。作为临床医学典籍，《伤寒杂病论》记述了113方（其中禹余粮丸单有六名，故实缺一方）。内容以六经辨证为纲，方剂辨证为法。其代表性的治疗方剂则有桂枝汤、麻黄汤、白虎汤、承气汤、柴胡汤、四逆汤、真武汤、理中丸、乌梅丸等方，并列述了各方的方药组成、用法及主治病证。

从《伤寒杂病论》序言中可知，作者张仲景因其宗族中大半死于伤寒，遂"勤求古训，博采众方"，在诊断上融会了四诊（望、闻、问、切）、八纲（阴、阳、表、里、虚、实、寒、热），对伤寒各证型、各阶段的辨脉、审证大法和用药规律以条文的形式作了较全面的阐析。《伤寒杂病论》运用精细的辨证思路和方法，并据较规范化的诊疗原则确立治法，这就是后世所说的辨证论治。这一先进的诊疗思想，成为后学者在诊疗过程中必须遵循的诊治原则，体现了中医学具有独特而完整的医疗体系。

在治法上，此书以内服方法为主。从方药治疗的药性分析，已概括了汗、吐、下、和、温、清、补、消八法，或单用、或数法结合应用、或分阶段论治，方治灵活而法度谨严。张仲景所博采或个人拟制的方剂精于选药、讲究配伍、主治明确、效验卓著，后世尊之为"经方"，誉为"众方之祖"。这些方剂经过千百年临床验证，为中医方剂治疗提供了发展的基础。

【学术特色】

第一，《伤寒杂病论》是"众方之祖"。

由于张仲景的方剂主要特点是在重视实效的基础上，力求方剂主治与药物配伍精审、规范，使医者在诊疗时易于掌握方剂中主药、辅佐药、引经药之间的协调配伍；《伤寒杂病论》突出诊疗、方治，因而宋代研究伤寒学说的名家严器之称该书为"众方之祖"。清代著名伤寒名家柯琴（《伤寒来苏集》作者）郑重指出，学医者不读张仲景书，则"不可以为医"。由此可见《伤寒杂病论》的特殊重要性。对于张仲景方（"经方"）所具有的代表性，研究价值和临床实用性，医者必须加深认识。

方药施治，是临床疗效的重要保证。临床医学基础包含"八纲"、"八法"、"七方"、"十剂"等说。所谓"八纲"，指辨证中的"阴、阳、表、里、虚、实、寒、热"，中医辨证中的八个基本纲领。"八法"指"汗、吐、下、和、温、清、补、消"主要治法。"七方"为"大、小、缓、急、奇、偶、复"七种方药配伍、组成。"十剂"指"宣、通、补、泄、轻、重、滑、涩、燥、湿"十种药剂功用分类法。这些属于中医基础临床多方面内容，在《伤寒杂病论》近四百个方剂中，均可获得明显的体现，后世医学誉之为"经方"的代表，临床医学虽不断有所发展、创新，但基本上难以超越上述所论治法之范畴。从方药治病总的趋势而言，《伤寒杂病论》为后世提供了不可逾越的规范，医者人人必当遵循。

第二，奠定了"辨证论治"坚实的基础。

中医界共知，张仲景著作为后世医学奠立了坚实而广泛的基础。比如说《伤寒论》将"伤寒"病分为"六经"病予以辨证并分证治疗。明代王肯堂《伤寒准绳》曾说："张仲景之法，凡云太阳病者，皆谓脉浮，头项强痛、恶寒也；凡云阳明病者，皆谓胃家实也；凡云少阳病者，皆谓口苦、咽干、目眩也；凡谓太阴病者，皆谓腹满、时痛，泻利；凡曰少阴病者，皆谓脉微细，但欲寐也；凡云厥阴病者，皆谓气上撞心，病吐蛔也。"这就指导读者在六经辨证中如何抓住证脉重点，将不同的病程阶段、病位、证候的伤寒六经病，予以分别施治。

第三，反映了中国早期医学的高水平。

在世界传统医学中，中医药学的领先水平是国际公认的。我国传统医学的"高水平"，主要反映于早期的经典医著。如偏重于学术理论的《内经》、《难经》和以临床医学为主的《伤寒杂病论》。这些我国早期的具有代表性名著，迄今仍被视为是必读之经典。张仲景在序言中也明确表白他是参阅了《内经》、《难经》等书，撰成了《伤寒杂病论》的。如《内经》"上工治未病"思想，仲圣对此，既有所继承，又有所发挥。他在《金匮要略·脏腑经络先后病脉证》中说："……夫治未病者，见肝之病，知肝传脾，当先实脾，四季脾王（王，义同'旺'）不受邪。"这在五脏辨证中，向读者提示"治未病"的具体方法，其医学诊疗水平之高，在于掌握了疾病发展的规律，采取预先防治的措施。

第四，体现了养生思想。

《伤寒杂病论》的养生思想主要表现在以下几点。

一是天人相应的整体观。在人与自然的关系问题上，张仲景以《内经》天人相应的整体观作为指导思想，并且作了进一步的阐发，他曾指出："夫天布五行，以运万类；人禀五常，以有五脏。"（见《伤寒论·自序》）这些生动的描述，就很清楚地说明，人类生活在自然界，并作为自然界的组成部分，人类只有顺应自然界气候的发展变化，才能得以生存，保持健康。由此可见，天人相应的整体观是张仲景养生学的基本出发点和指导思想。

二是防病、抗病重视保津液。津液抗病作用及津液抗病思想在《伤寒杂病论》中有充分反映。人们要想不得病或少得病，必须重视保护体内的津液。人若津液不充，则筋枯髓减，皮槁毛脆，脏腑虚弱，即易为病邪所害。

三是重视用饮食防病、治病。《伤寒杂病论》中的饮食药物系指既可食用，又能防治疾病的动植物及其加工品。由此可见，张仲景对食疗是十分重视的，并已使食疗成为其学术体系的重要组成部分。

四是时时刻刻注意保胃气。张仲景认为，机体的功能与胃气的充沛与否有着十分密切的关系。这是因为机体所需的营养物质有赖于胃气的化生，治疗疾病的药物也需中焦受气取汁以发挥疗效。为此，他不仅重视脾胃阳气的一面，也注意到了脾胃阴液的一面。

第五，对偶统一。

对偶原本是古代文学中常用的一种修辞法。在《伤寒杂病论》中，张仲景面对复杂的病情，常把不同或相反但具有可比性证候放在一起进行对偶分析，以探求其内在规律及相互关系。在阐述病机、辨证、处方用药等方面，对偶统一的思维规律是《伤寒杂病论》的特色之一。

【作者简介】

张仲景，名机，史称"医圣"，南阳郡涅阳（今河南省邓县穰东镇张寨村，另说河南南阳市）人。相传曾举孝廉，做过长沙太守。张仲景是中医界的一位奇才，《伤寒杂病论》是一部奇书，它确立了中医学重要的理论支柱之一——辨证论治的思想，在中医学发展过程中，实属"点睛之笔"。

张仲景生活在东汉末年，当时社会，政治黑暗，朝政腐败。兵祸绵延，到处都是战乱，黎民百姓饱受战乱之灾，加上疫病流行，很多人死于非命，真是"生灵涂炭，横尸遍野"，惨不忍睹。而官府不想办法解救，却在一味地争权夺势，发动战争，欺压百姓。这使张仲景从小就厌恶官场，轻视仕途，怜悯百姓，萌发了学医救民的愿望。汉桓帝延熹四年（公元 161 年），他 10 岁左右时，就拜同郡医生张伯祖为师，学习医术。他博览医书，广泛吸收各医家的经验用于

医药卫生

临床诊断，进步很大，很快便成了一个有名气的医生，以至"青出于蓝而胜于蓝"，超过了他的老师。当时的人称赞他"其识用精微过其师"。

古代封建社会，迷信巫术盛行，巫婆和妖道乘势兴起，坑害百姓，骗取钱财。不少贫苦人家有人得病，就请巫婆和妖道降妖捉怪，用符水治病，结果无辜地被病魔夺去了生命，落得人财两空。张仲景对这些巫医、妖道非常痛恨。每次遇到他们装神弄鬼，误人性命，他就出面干预，理直气壮地和他们争辩，并用医疗实效来驳斥巫术迷信，奉劝人们相信医术。

俗话说，"大兵之后，必有灾年"。东汉末年，战乱频繁，不断的战争导致瘟疫流行。建安年间，瘟疫大流行，前后达五次之多，使很多人丧生，一些市镇变成了空城，其中尤以死于伤寒病的人最多。东汉王朝四分五裂，张仲景官不能做，家也难回。于是他就到岭南隐居，专心研究医学，撰写医书。到建安十五年，终于写成了划时代的临床医学名著《伤寒杂病论》，共十六卷。经后人整理后，成为《伤寒论》和《金匮要略》两本书。

《伤寒杂病论》系统地概括了"辨证施治"的理论，为我国中医病因学说和方剂学说的发展做出了重要贡献。这部著作当中体现出"辨证论治"的重要医学思想，可以说，它的出现对后世中医学发展起到了绝对的主宰作用。也可以说，整部《伤寒杂病论》就是针对当时医生不能具体分析，准确按方用药而著述的一部"纠偏"之书，其中许多条文都是针对所谓"坏症"，就是医生误治后出现的问题而进行纠正性治疗的。后来该书被奉为"方书之祖"。

张仲景写成该书后仍专心研究医学，直到与世长辞。晋武帝司马炎统一天下后的公元285年，张仲景的遗体才被后人运回故乡安葬，并在南阳修建了医圣祠和张仲景墓。

张仲景是中国医学史上一位杰出的医学家。《伤寒杂病论》序中有这样一段话："上以疗君亲之疾，下以救贫贱之厄，中以保生长全，以养其身。"表现了张仲景作为医学大家的仁心仁德，后人尊称他为"经方大师"、"医宗之圣"。

【重要影响】

《伤寒杂病论》是后世业医者必修的经典著作，历代医家对之推崇备至，赞誉有加，至今仍是中国中医院校开设的主要基础课程之一，仍是中医学习的源泉。在这部著作中，张仲景创造了三个世界第一：首次记载了人工呼吸、药物灌肠和胆道蛔虫治疗方法。

《伤寒杂病论》在成书后的近两千年的时间里，一直拥有很强的生命力，它被公认为中国医学方书的鼻祖，并被学术界誉为讲究辨证施治而又自成一家的最有影响的临床经典著作。书中所列药方，大都配伍精当，有不少已经现代科学证实，后世医家按法施用，能取得很好疗效。历史上曾有四五百位学者对其理论方药进行探索，留下了近千种专着、专论，从而形成了中医学术史上甚为辉煌独特的伤寒学派。据统计，截至 2002 年，光是为研究《伤寒杂病论》而出版的书就近两千种。

《伤寒杂病论》不仅成为中国历代医家必读之书，而且还广泛流传到海外，如日本、朝鲜、越南、蒙古等国。特别在日本，历史上曾有专宗张仲景的古方派，直到今天，日本中医界还喜欢用张仲景方，在日本一些著名的中药制药工厂中，伤寒方一般占到 60% 以上。日本一些著名中药制药工厂如小太郎、内田、盛剂堂等制药公司出品的中成药（浸出剂）中，伤寒方一般也占 60% 以上（其中有些很明显是伤寒方的演化方）。可见《伤寒杂病论》在整个世界都有着深远的影响。

《伤寒杂病论》虽是以伤寒证治为主，但书中所贯串的辨证论治精神以及方治中的六经大法，于各科临床均有指导意义。

"东方医药巨典" ——《本草纲目》

【概述】

《本草纲目》是明朝伟大的医药学家李时珍以毕生精力，亲历实践，广收博采，实地考察，对本草学进行了全面的整理总结，历时二十七年编成，是他三十余年心血的结晶。是集中国 16 世纪以前药学成就之大成，在训诂、语言文字、历史、地理、植物、动物、矿物、冶金等方面也有突出成就。

《本草纲目》是我国医药宝库中的一份珍贵遗产。是对 16 世纪以前中医药学的系统总结，被誉为"东方药物巨典"，对人类近代科学影响最大。

【主要内容】

《本草纲目》共有五十二卷，约一百九十万字，分为十六部、六十类。书中载有药物一千八百九十二种，其中载有新药三百七十四种，收集医方一万一千零九十六个（其中8000余首是李时珍自己收集和拟定的），还绘制了一千一百一十一幅精美的插图。每种药物分列释名（确定名称）、集解（叙述产地）、正误（更正过去文献的错误）、修治（炮制方法）、气味、主治、发明（前三项指分析药物的功能）、附方（收集民间流传的药方）等项。

《本草纲目》把植物分为草部、谷部、菜部、果部、本部五部，又把草部分为山草、芳草、湿草、毒草、蔓草、水草、石草、苔草、杂草九类。全书收录植物药有八百八十一种，附录六十一种，共九百四十二种，再加上具名未用植物一百五十三种，共计一千零九十五种，占全部药物总数的58%。

关于《本草纲目》这部书名的由来还有一段有趣的插曲。1578年，年届六旬的李时珍完成了《本草纲目》，只可惜尚未确定书名。一天，他出诊归来，习惯地坐在桌前。当他一眼看到昨天读过的《通鉴纲目》还摆放在案头时，突然心中一动，立即提起笔来，蘸饱了墨汁，在洁白的书稿封面上写下了"本草纲目"四个苍劲有力的大字。他端详着，兴奋地自言自语道："对，就叫'本草纲目'吧！"

为了这部书的体例，李时珍考虑了许久，也翻阅了不少书籍，并从《通鉴纲目》中得到启示，决定采用"以纲挈目"的体例来编这部书，并以"本草纲目"这个名称作为自己搜集、整理、编纂这部书的书名。

李时珍采用以纲挈目的方法，将《本草经》以后历代本草的各种药物资料，重新进行剖析整理，使近二百万字的本草巨著体例严谨，层次分明，重点突出，内容详备，实乃"博而不繁，详面有要"。

【作者简介】

李时珍（1518年—1593年），字东璧，号濒湖，湖北蕲州（今湖北省蕲春县蕲州镇）人，汉族。他是明代著名中医药学家，是中国古代伟大的医学家、药物学家。

李家世代业医，祖父是"铃医"（亦称"走乡医"、"串医"或"走乡药郎"，指游走江湖的民间医生。铃医自古就有，宋元时开始盛行）。父亲李言闻，号月池，是当地名医。那时，民间医生地位很低，李家常受官绅的欺侮。因此，父亲决定让二儿子李时珍读书应考，以便一朝功成，出人头地。

李时珍自小体弱多病，然而性格刚直纯真，对空洞乏味的八股文表现出不屑。自14岁中了秀才后的九年中，其三次到武昌考举人均名落孙山。于是，他放弃了科举做官的打算，专心学医，于是向父亲求说并表明决心："身如逆流船，心比铁石坚。望父全儿志，至死不怕难。"李月池在冷酷的事实面前终于醒悟了，同意儿子的要求，并精心地教他。

在他父亲的教导下，李时珍认识到，"读万卷书"固然需要，但"行万里路"更不可少。于是，他既"搜罗百氏"，又"采访四方"，深入实际进行调查。李时珍穿上草鞋，背起药筐，在徒弟庞宪、儿子建元的伴随下，远涉深山旷野，遍访名医宿儒，搜求民间验方，观察和收集药物标本。每到一地，他都非常注意观察药物的形态和生长情况，并虚心地向各式各样的人请教，其中有采药的、有种田的、捕鱼的、砍柴的、打猎的，他们都热情地帮助李时珍了解各种各样的药物。

李时珍38岁时，被武昌的楚王召去任王府"奉祠正"，兼管良医所事务。三年后，又被推荐上京任太医院判。太医院是专为宫廷服务的医疗机构，当时被一些庸医弄得乌烟瘴气。李时珍在此只任职了一年，便辞职回乡。

李时珍参考历代有关医药及其学术书籍八百余种，结合自身经验和调查研究，历时二十七年编成《本草纲目》一书，该书是中国明代以前药物学的总结性巨著。

李时珍于1593年逝世，享年75岁（虚岁为76岁）。他逝世后，遗体被安葬湖北省蕲春县蕲州镇竹林湖村。

李时珍一生著述颇丰，除代表作《本草纲目》外，还著有《奇经八脉考》、《濒湖脉学》、《五脏图论》等十种著作。这些著作在国内外均有很高的评价，已有几种文字的译本或节译本。这位伟大的科学家将永远被世界人民所怀念。

【医书成就】

《本草纲目》的成就是十分巨大的。它是16世纪以前我国用药经验的一次比较全面、系统的总结，是我国药物学的伟大宝库，在世界科学史上也具有一定的地位。《本草纲目》于17世纪末被传播，先后被译成多种文字，对世界自然科学也有举世公认的卓越贡献。它是几千年来中国明代药物学的总结。这本药典，不论从它严密的科学分类，还是从它包含药物的数目之多和流畅生动的文笔来看，都远远超过古代任何一部本草著作。《本草纲目》具有以下特点。

第一，鉴别或澄清前代本草书中的错误。

在实践的基础上，纠正了前代药物学中的一些错误。如金丹，其主要成分是水银，前代本草书多有服之长生不老之说，李时珍在"水银"条下明确指出，"水银乃至阴之精，得人气熏蒸，则入骨钻筋，绝阳蚀脑。六朝以下贪生者服食，致成废笃而丧厥躯，不知若干人矣。方士固不足道，本草岂可妄言哉！"同时，他也肯定水银的治疗作用，说："水银但不可服食尔，而其治病之功，不可掩也。"当时明朝皇室正讲仙论道，煮鼎烧丹，李时珍敢于正面批驳，表现了大无畏的反迷信精神。他还驳斥了其他一些迷信的说法，如"马精入地变锁阳"，"种决明生子多跛"，"草籽变鱼"，等等。对于前代本草书中的其他错误，他也"夷考其间"，一一作了鉴别或澄清。

第二，全面地总结了历代的用药理论和各种药物的系统知识。

在《本草纲目》的序例中，李时珍摘录了前代四十多种本草书中有关用药理论和经验的内容，分类归纳，如君臣佐使、四气五味、七情和合、标本阴阳、四时用药、脏腑虚实标本用药、药物归经和引经报使等。每种药物下，他分列"正名""释名""正误""集解""修治""气味""主治""发明""附方"等项，作了全面系统的说明。由于这样，他阐明了多种药物的确切疗效，如三七能止血、散血、定痛。大枫子治麻风，土茯苓治梅毒，延胡索止痛，常山截疟，使君子、雷丸、槟榔驱虫等。

第三，分类层次清楚，纲目分明，便于研究和查考。

《本草纲目》药物按水、火、土、金石、草、谷、菜、果、木、服器、虫、鳞、介、禽、兽、人分为十六部，部下分类，类下列纲、目，达到了"振纲分目、区类析族"的作用。

第四，增补了内容。

《本草纲目》补充了许多有效新药，在新增的374种药物中。不少是有效新药，如三七、半边莲、鸦片等。书中还增加了大量矿物、植物、动物、化学等自然科学知识，丰富了世界科学宝库。

当然，限于历史条件，《本草纲目》收载的药物和相应的论述中，也有一些不当之处，如"古镜如古剑，若有神明"，"寡妇床头土，主治耳上蚀疮"，以及"烂灰为蝇"、"腐草为萤"等。但是这些欠缺与《本草纲目》的巨大成就相比，是极为次要的。

【出版传播】

《本草纲目》编写后，李时珍希望早日出版，为了解决《本草纲目》的出版问题，70 多岁的李时珍，从武昌跑到当时出版业中心南京，希望通过私商来解决。由于长年的辛苦劳累，李时珍终于病倒了，病中嘱咐他的孩子们，将来把《本草纲目》献给朝廷，借助朝廷的力量传布于世。可惜李时珍还没有见到《本草纲目》的出版，就与世长辞了。这年（1593 年），他刚满 75 岁。不久，明朝皇帝朱翊钧，为了充实国家书库，下令全国各地向朝廷献书，李时珍的儿子李建元，将《本草纲目》献给朝廷。朝廷批了"书留览、礼部知道"七个字，就把《本草纲目》搁置一边。后来仍在南京的私人刻书家胡承龙的帮助下，在李时珍死后的第三年（1596 年），《本草纲目》出版了。1603 年，《本草纲目》又在江西翻刻。从此，在国内得到广泛的传播。据不完全统计，《本草纲目》在中国至今有三十多种刻本。

1606 年《本草纲目》首先传入日本，1647 年波兰人弥格来中国，将《本草纲目》译成拉丁文流传欧洲。从 17 世纪起，《本草纲目》陆续被译成日、德、英、法、俄等国文字。1953 年出版的《中华人民共和国药典》，共收集 531 种现代药物和制剂，其中采用《本草纲目》中的药物和制剂就有 100 种以上。英国生物学家达尔文称《本草纲目》为"1596 年的百科全书"！

医
药
卫
生

传统建筑

中国古代建筑的类型主要包括宫殿、坛庙、园林、陵墓等，这一系列建筑中的每一砖一瓦、一木一石，无不凝结着中国古代劳动人民的发明智慧，体现着中华民族的创造精神。阅读本章内容，可以使读者领略到那些技术高超、艺术精湛、风格独特的建筑艺术形象，在享受传统建筑艺术美的同时，重温着祖国的历史文化，激发起读者的爱国热情和民族自豪感。

宫殿是国家的权力中心，是国家政权和家族皇权的象征，以其建筑艺术手段表现王朝的巩固和皇帝的无上权威。如北京的故宫，则是世界上现存规模最大、建筑精美、保存完整的大规模宫殿建筑群。

园林可分皇家苑囿与私家园林两大类，由于地理、气候因素，北方、南方园林在风格上也不同。私家园林结合诗情画意，创造出情景兼备、小中见大的"城市山林"，以雅静幽邃为特点。皇家园林模仿各区胜景，表现仙山琼阁，以壮观富丽为特色。现存规模最大、保存最完整的颐和园就是皇家园林的代表。

佛寺以宫殿贵邸为蓝本，逐渐中国化，以体现佛之尊贵，并以之吸引信徒，其建筑主要分为宗教活动及生活用房两部分，也采取院落式布局，并向公众开放和进一步世俗化。山西应县67.31米高的佛宫寺木塔，是世界现存最高的木结构建筑，是我国古建筑中的瑰宝，世界木结构建筑的典范。

中国民居是出现较早，分布较广，数量最多的建筑群落，其建筑表现形式各异，因势而建，具备当地人文及地理环境的优良因素。住宅院落与封建礼法的关系密切，其形式各异，是古代建筑中最具特色的一部分。民居建筑造诣很深，其中不乏有代表性的民居群落，诸如北方的四合院、平遥古城、吊脚楼、傣族竹楼等。

至于我国其他的传统建筑如坛庙建筑、陵墓建筑等，它们同样在世界建筑史上自成系统，独树一帜，是我国古代灿烂文化的重要组成部分。

中国古人创造的世界奇迹——万里长城

【概述】

长城是古代中国在不同时期为抵御塞北游牧部落联盟侵袭而修筑的规模浩大的军事工程的统称。长城东西绵延上万华里，因此又称作万里长城。长城始建于公元前 5 世纪春秋战国时代，公元前 3 世纪秦始皇统一中国，派遣蒙恬率领三十万大军北逐匈奴后，把原来分段修筑的长城连接起来，并且继续修建。其后历代不断维修扩建，到公元 17 世纪中叶，前后修筑了两千多年。长城连续修筑时间之长，工程量之大，施工之艰巨，历史文化内涵之丰富，确是世界其他古代工程所难以相比，堪称文化宝藏，历史丰碑。

【长城规模】

根据历史文献记载，长城超过 5000 千米的有三个朝代：一是秦代，秦始皇时修筑的西起临洮，东止辽东的万里长城；二是汉代，西汉在修缮秦长城的基础上将长城向西延伸至今新疆，东汉在河西长城以南地区修筑了四条长城；三是明代，明代修筑的西起嘉峪关，东到鸭绿江畔的长城，全长 8851.8 千米（2009 年修订）。若把各个时代修筑的长城总计起来，在 5 万千米以上。这些长城的遗址分布在我国今天的北京、甘肃、宁夏、陕西、山西、内蒙古、河北、新疆、天津、辽宁、黑龙江、河南、湖北、湖南和山东等十多个省、市、自治区。其中仅内蒙古自治区境内就有 1.5 万多千米的长城遗址，其次是在甘肃的长城。

由于时代久远，早期各个时代的长城大多残毁不全，现在保存比较完整的是明代修建的长城。长城是我国古代劳动人民创造的伟大的奇迹，是中国悠久历史的见证。

中国近代伟大的民主革命先驱孙中山评论长城时说："中国最有名之工程者，万里长城也……工程之大，古无其匹，为世界独一之奇观。"长城，是中国伟大的军事建筑，它规模浩大、工程艰巨，被誉为古代人类建筑史上的一大奇迹。

传统建筑

【防御体系】

绵延万里的长城它并不只是一道单独的城墙，而是由城墙、敌楼、关城、墩堡、营城、卫所、镇城烽火台等多种防御工事所组成的一个完整的防御工程体系。这一防御工程体系，由各级军事指挥系统层层指挥、节节控制。

以明长城为例，在万里长城防线上分设了辽东、蓟、宣府、大同、山西、榆林、宁夏、固原、甘肃九个军事管辖区来分段防守和修缮东起鸭绿江，西止嘉峪关，全长 7000 多千米的长城，称作"九边重镇"，每镇设总兵官作为这一段长城的军事长官，受兵部的指挥，负责所辖军区内的防务或奉命支援相邻军区的防务。明代长城沿线约有 100 万人的兵力防守。总兵官平时驻守在镇城内，其余各级官员分驻于卫所、营城、关城和城墙上的敌楼和墩堡之内。

【建筑特点】

长城体现出中国人在两千多年的修筑过程中积累的丰富经验。首先是在布局上，秦始皇修筑万里长城时就总结出了"因地形，用险制塞"的经验。两千多年一直遵循这一原则，成为军事布防上的重要依据。在建筑材料和建筑结构上以"就地取材、因材施用"的原则，创造了许多种结构。有夯土、块石片石、砖石混合等结构；在沙漠中还利用了红柳枝条、芦苇与砂粒层层铺筑的结构，这些结构称得上是"巧夺天工"的创造，在今甘肃玉门关、阳关和新疆境内还保存了两千多年前西汉时期这种长城的遗迹。

其次，城墙是长城这一防御工程中的主体部分。它建于高山峻岭或平原险阻之处，根据地形和防御功能的需要而修建，凡在平原或要隘之处修筑得十分高大坚固，而在高山险处则较为低矮狭窄，以节约人力和费用，甚至一些最为陡峻之处无法修筑的地方便采取了"山险墙"和"劈山墙"的办法，在居庸关、八达岭和河北、山西、甘肃等地区的长城城墙，一般平均高约七八米，底部厚六七米，墙顶宽约四五米。在城墙顶上，内侧设宇墙，高一米余，以防巡逻士兵跌落，外侧一面设垛口墙，高两米左右，垛口墙的上部设有望口，下部有射洞和礌石孔，以观看敌情和射击、滚放礌石之用。有的重要城墙顶上，还建有层层障墙，以抵抗万一登上城墙的敌人。到了明代中期，抗倭名将戚继光调任蓟镇总兵时，对长城的防御工事作了重大的改进，在城墙顶上设置了敌楼或敌台，以供巡逻士兵住宿和储存武器粮秣之用，使长城的防御功能极大地加强。

　　再次，关城是万里长城防线上最为集中的防御据点。关城设置的位置至关重要，均是选择在有利防守的地形之处，以收到以极少的兵力抵御强大的入侵者的效果，古称的"一夫当关，万夫莫开"，就生动地说明了关城的重要性。长城沿线的关城有大有小，数量很多。就以明长城的关城来说，大大小小有近千处之多，著名的如山海关、黄崖关、居庸关、紫荆关、倒马关、平型关、雁门关、偏关、嘉峪关等。有些大的关城附近还带有许多小关，如山海关附近就有十多处小关城，共同组成了万里长城的防御工程建筑系统。有些重要的关城，本身就有几重防线，如居庸关除本关外，尚有南口、北口、上关三道关防。北口即八达岭，是居庸关最重要的前哨防线。

　　最后，烽火台是万里长城防御工程中最为重要的组成部分之一。它的作用是作为传递军情的设施。烽火台这种传递信息的工具很早就有了，长城一开始修筑的时候就很好地利用了它而且逐步加以完善，成了古代传递军情的一种最好的方法。传递的方法是白天燃烟，夜间举火，因白天阳光很强，火光不易见到，夜间火光很远就能看见。这是一种传递信息很科学又很迅速的方法。为了报告敌兵来犯的多少，采用了以燃烟、举火数目的多少来加以区别。到了明朝还在燃烟、举火数目的同时加放炮声，以增强报警的效果，使军情顷刻传递千里。在古代没有电话、无线电通信的情况下，这种传递军情信息的办法可以说十分迅速了。关于烽火台的布局也是十分重要的，要紧的是要把它布置在高山险处或是峰回路转的地方，而且必须是要三个台都能相互望见，以便于看见和传递。烽火台在汉代曾经称过亭、亭隧、烽燧等名称，明代称作烟墩。它除了传递军情之外，还为来往使节保护安全，提供食宿、供应马匹粮秣等服务。还有些地段的长城只设烽台、亭燧而不筑墙的，可见烽火台在长城防御体系中的重要性。

　　【修筑历史】

　　长城修筑的历史可上溯到西周时期，周王朝为了防御北方游牧民族猃狁的袭击。曾筑连续排列的城堡"列城"以作防御。春秋战国时期列国诸侯为了相互争霸，互相防守，根据各自的防守需要，在自己的边境上修筑起长城，最早建筑的是公元前7世纪的楚长城，其后齐、韩、魏、赵、燕、秦、中山等大小诸侯国家都相继修筑长城以自卫。这时长城的特点是东、南、西、北方向各不相同，长度较短，从几百千米到一两千米不等。为了与后来秦始皇所修万里长城区别，史家称之为"先秦长城"。

公元前221年，秦始皇并灭了六国诸侯，统一了天下，结束了春秋战国纷争的局面，建立了中国历史上第一个封建集权统一的国家。为了巩固统一帝国的安全和生产的安定，防御北方游牧民族匈奴的侵扰，便大修长城。除了利用原来燕、赵、秦部分北方长城的基础之外，还增筑扩修了很多部分，"西起临洮，东止辽东，蜿蜒一万余里"，长城从此便有了万里长城的称号。自秦始皇以后，凡是统治过中原地区的朝代，几乎都要修筑长城。计有汉、晋、北槐、东魏、西魏、北齐、北周、隋、唐、宋、辽、金、元、明等十多个朝代，都不同规模地修筑过长城，其中以汉、金、明三个朝代的长城规模最大，都达到了五千千米或一万千米。可以说自春秋战国时期开始到清代的两千多年一直没有停止过对长城的修筑。

【相关景点】

围绕长城的很多景点是出游胜地，这里简要介绍八达岭长城、居庸关长城、慕田峪长城和嘉峪关长城。

八达岭长城始筑于明洪武元年（1368年），明代弘治、嘉靖、万历年间曾加以修葺。八达岭长城在明代盛极一时，到清代后就失去其防御的历史作用，不再修葺。它位于北京市延庆县西南部，长城沿山脊延伸，依山而筑。平均高度约7.8米，墙的下宽约6.5米，顶上宽约5.8米。可容五马并骑或士兵十人并行。八达岭地处居庸关关沟北口，地势高峻险要，具有重要的战略地位，京张公路从城门中通过。八达岭与居庸关，翠岭重叠，花木葱茏，早有"居庸叠翠"之称，是古代"燕京八景"之一，是闻名中外的旅游胜地。

居庸关长城是万里长城上著名的军事古关之一，自古以来就是守土戍边的雄关险隘。居庸关处于两山夹峙的关中，是北京通往宣化和大同的重要通道。这里奇山大岭、葱郁林木，素有"关沟七十二景"的美称。1961年经国务院批准公布为第一批国家级重点文物保护单位，1982年又被公布为第一批国家级风景名胜区。

慕田峪长城"东连渤海仙源台，西映居庸紫翠迭"，是北京著名景点之一，位于北京怀柔县境内，是万里长城的精华所在。据文献考证，慕田峪长城是明初朱元璋手下大将徐达在北齐长城的基础上督造而成的，是明代最先建筑的长城。慕田峪长城构造独特，长城两侧均设垛口，正关台以东的大角楼，有长约

1000 米的支城，人称"秃尾巴边"。慕田峪长城以西的一段，是著名的"北京结"长城，有"箭扣"、"鹰飞倒"等长城天险。慕田峪长城附近松荫日，树龄百年以上的古松二百多株，"迎客松"、"鸳鸯松"、"王冠松"、"卧人松"等名木古树极富观赏价值。整段长城依山就势，起伏连绵，如巨龙飞腾，均令游人叹为观止，流连忘返。

嘉峪关长城在嘉峪关市西南隅，因建于嘉峪山麓而得名，是明朝万里长城西端的终点，建于 1372 年。关城平面呈梯形，面积 3 万余平方米，城墙总长 733 米，高 11.7 米。城楼东、西对称，面阔三间，周围有廊，三层歇山顶高 17 米，气势雄伟。关城四隅有角楼，高两层，形如碉堡。登关楼远望，塞外风光尽收眼底。

【文化遗产】

万里长城伴随着中国两千多年的封建社会。众所周知，一部悠久的古代中国文明史，封建社会是最重要的篇章，举凡封建社会重大的政治、经济、文化方面的历史事件，在长城身上都打下了烙印。

长城既是农耕民族的防御前线，也是向游牧民族发动反击的前进基地。长城后侧纵深配备机动的军队以应战事，而长城不是防御的最前线，而是攻击起始线和交通线。在长城前方部署的观察哨深入到极远处，前线在长城以北一千千米。在古代，游牧骑兵虽然有优良的机动能力和强大的攻击力，但是对于城垣防御体系无能为力，因此长城的修建的确能够有效地抵御北方民族的侵扰。金戈铁马、逐鹿疆场、改朝换代、民族战争等在长城身上都有所反映。

在万里长城身上所蕴藏的中华民族两千多年光辉灿烂的文化艺术的内涵十分丰富，除了城墙、关城、镇城、烽火台等本身的建筑布局和造型、雕饰、绘画等建筑艺术之外，还有诗词歌赋、民间文学、戏曲说唱等。古往今来不知有多少帝王将相、戍边士卒、骚人墨客、诗词名家为长城留下了不朽的篇章。

边塞诗词已成了古典文学中的重要流派。如李白的"长风几万里，吹度玉门关"，王昌龄的"秦时明月汉时关，万里长征人未还"，王维的"劝君更进一杯酒，西出阳关无故人"，岑参的"忽如一夜春风来，千树万树梨花开"等名句，千载传诵不绝。孟姜女送寒衣的歌词至今还广泛传唱着。

万里长城是爱国主义教育的场所、旅游观光的胜地。长城以它巍巍雄姿、坚强的体魄，象征着中华民族坚强不屈的精神、克服困难的毅力，这种精神激

传统建筑

励我们永远前进。因此，旅游观光不仅是游山玩水，而且还兼有强健身体、增加知识、联系友谊以及进行经贸等活动的综合功能。

新中国成立之后，党和国家十分重视旅游事业的发展，特别是改革开放以来，发展旅游事业更是作为政府重点工作之一，优美的自然风光，丰富的文物古迹和多民族丰富多彩的文化艺术，是有中国特色旅游的强大支柱。万里长城以其蜿蜒曲折、奔腾起伏的身影点缀着中华大地的锦绣河山，使之更加雄奇壮丽。它既是具有丰富文化内涵的文化遗产，又是独具特色的自然景观。

在旅游开放中，万里长城具有独特的优势。今天国内外游人以"不到长城非好汉"这一诗句来表达一定要亲自登上长城一览中华悠久文明、壮丽河山的心情，是完全可以理解的。据第一个登上月球的宇航员阿姆斯特朗称："在太空和月球上，只能辨识出地球上两项特大工程，一项是中国的长城，一项是荷兰的围海大堤。"美国总统尼克松在参观了长城后说："只有一个伟大的民族，才能造得出这样一座伟大的长城。"长城作为人类历史的奇迹，列入《世界遗产名录》，当之无愧！英国首相希思在参观长城时说："中国的过去与将来都同样具有魅力……抵达长城时，我觉得比以往从照片上、刺绣上和绘画上见到的长城，更为壮观了。"这正表明了旅游者要亲自登上长城参观游览的心意。

古塞雄关存旧迹，九州形胜壮山河。巍峨的万里长城将与神州大地长存，将与世界文明永在！

中国宫殿建筑艺术的杰作——北京紫禁城

【概述】

明朝第三代皇帝朱棣，是朱元璋的第四个儿子。公元 1402 年，朱棣夺取了皇帝之位后，决定迁都北京，即下诏在北京城营造紫禁城宫殿，至明永乐十九年（1421 年）落成。紫禁城里曾居住过二十五个皇帝，是明清两代（1368年—1911年）的皇宫。紫禁城位于北京市中心，现称为故宫，意为过去的皇宫。现辟为"故宫博物院"。

【总体格局】

北京紫禁城占地面积 724 250 平方米，还没把护城河与城墙的绿化带计算在内。紫禁城是一座长方形的城池，南北长 961 米，东西宽 753 米，四周有十多米高的城墙围绕，城墙的外沿周长为 3 428 米，城墙外有宽 52 米的护城河，是护卫紫禁城的重要设施。城墙四边各有一门，南为午门，北为神武门，东为东华门，西为西华门。城墙的四角有四座设计精巧的角楼。紫禁城宫殿都是木结构、黄琉璃瓦顶、青白石底座，饰以金碧辉煌的彩画。

作为明清两代的宫城，北京紫禁城分为"外朝"和"内廷"两部分，位于紫禁城前部的外朝由天安门、端门、午门、太和殿、中和殿、保和殿及两旁的殿阁廊庑组成。外朝以太和、中和、保和三殿为主，前面有太和门，两侧有文华、武英两组宫殿。从建筑的功能来看，外朝是皇帝办理政务，举行朝会的地方，举凡国家的重大活动和各种礼仪，都在外朝举行。内廷位于紫禁城的后部（北部），是皇帝后妃生活的地方，包括中轴线上的乾清宫、交泰殿、坤宁宫、御花园及两旁的东西六宫等宫殿群。宫城内还有禁军的值房和一些服务性建筑以及太监、宫女居住的矮小房屋、宫城正门午门至天安门之间，在御路两侧建有朝房。朝房外，东为太庙，西为社稷坛。宫城北部的景山则是附属于宫殿的另一组建筑群。

北京紫禁城的总体规划和建筑形制完全服从并体现了古代宗法礼制的要求，突出了至高无上的帝王权威。

【色彩设计】

北京紫禁城建筑在色彩设计中广泛地应用对比手法，造成了极其鲜明和富丽堂皇的总体色彩效果。人们经由天安门、午门进入宫城时，沿途呈现的蓝天与黄瓦、青绿彩画与朱红门窗、白色台基与深色地面的鲜明对比，给人以强烈的艺术感染。

色彩处理既有大面积经营，更不乏细部推敲。以皇极殿（清代改建后称太和殿）为例，其檐下青绿彩画、斗拱和朱红檐柱、门窗形成了冷暖、明暗对比的总体效果；而每攒斗拱间的垫栱板与上下额枋间的垫板却是红色，檐柱上悬挂的楹联又以蓝色为主，如此形成对比色调互向对方渗透的局面。对比色调在主体色调中所占比重小，并不破坏整体色彩效果，而是起到调和、平衡的作用。大量使用的金色装饰也使两种对比色调的过渡不显生硬。如额枋上青绿彩画中多用金龙图案；朱红门窗多用金箔装饰裙板和槅心，并以金线勾画边框。此外，黑色与白色的巧妙使用以及"间色"的手法，都在紫禁城建筑色彩细部的处理上发挥了重要作用。

建筑的室内色彩多根据其功能加以处理。中轴线上主体建筑地位重要，殿堂内天花和梁枋多施青绿彩画，朱红门窗，大量使用金色装饰，以浓墨重彩烘托庄重华贵的气氛。但在帝后休憩娱乐的寝宫里，色彩处理则完全不同。门窗、槅扇、天花通常保持木材本色，内墙为白色粉壁或糊以白纸，装饰物的风格与色彩偏向素朴淡雅，加上室内的红木家具和陈设，整体色调趋向平和宁静。

【名称由来】

紫禁城的名称系借喻紫微垣而来。中国古代天文学家曾把天上的恒星分为三垣、二十八宿和其他星座。三垣包括太微垣、紫微垣和天市垣。紫微垣在三垣中央。中国古代天文学说，根据对太空天体的长期观察，认为紫微星垣居于中天，位置永恒不变，因此成了代表天帝的星座。因而，把天帝所居的天宫谓之紫宫，有"紫微正中"之说。而"禁"，则更为人理解，意指皇宫乃是皇家重地，闲杂人等不得来此。

明清两代的皇帝，出于维护他们自己的权威和尊严以及考虑自身的安全，所修建的皇宫，既富丽堂皇，又森严壁垒。这座城池，不仅宫殿重重，楼阁栉比，并围以10米多高的城墙和52米宽的护城河，而且哨岗林立，戒备森严。平民百姓不用说观赏一下楼台殿阁，就是靠近一些，也是绝对不允许的。

明王朝的皇帝及其眷属居住的皇宫，除了为他们服务的宫女、太监、侍卫之外，只有被召见的官员以及被特许的人员才能进入，这里是外人不能逾越雷池一步的地方。因此，明代的皇宫，既喻为紫宫，又是禁地，故旧称"紫禁城"。

【数字秘密】

如同古埃及神秘的金字塔，紫禁城建筑中也暗藏着许多数字，学者们力图从数字中解读紫禁城营建者设置的密码，探讨隐藏在这些数字背后的神秘法则。

后寝二宫乾清宫和坤宁宫组成的院落，南北长度为218米，东西宽度为118米，两者之比为11比6；前朝三大殿太和殿、中和殿、保和殿组成的院落，南北长度为437米，东西宽度为234米，二者之比也是11比6。同时前朝院落的长、宽几乎是后寝院落的两倍，前朝的院落面积就是后寝的四倍。中国古代皇帝有"化家为国"的观念，所以建造皇宫时就按比例规划前朝与其他建筑群落。

明代奉天殿，面阔 9 间，进深 5 间，二者之比为 9 比 5；太和殿、中和殿、保和殿共处的"土"字形大台基，其南北长度为 232 米，东西宽度为 130 米，二者之比也刚好为 9 比 5；天安门东西面阔九楹，南北进深五间，二者之比仍为 9 比 5。

古代数字有阴阳之分，奇数为阳，偶数为阴。紫禁城中前朝部分宫殿数量皆为阳数，而后寝部分宫殿数量则皆为阴数。阳数中九为最高，五居正中，因而古代常以九和五象征帝王的权威，称之为"九五之尊"。在中轴线上的皇帝用房，都是阔 9 间，深 5 间，含"九五"之数。九龙壁、九龙椅、81 个门钉（纵九，横九）、大屋顶 5 条脊、檐角兽饰 9 个。九龙壁面由 270 块组成（含九），故宫角楼结构九梁十八柱。故宫内房间数总共为 9999.5 间，亦隐喻"九五"之意。

清代的太和殿，面宽并不是 9 间，而是 11 间，无法印证以上说法。实际上，这是因为奉天殿在李自成进京后被毁，清康熙八年（1669 年）重建时，老技师梁九亲手制作了模型，却因找不到上好的金丝楠木，只好把面阔改为 11 间，以缩短桁条的跨度。也有人认为，宫殿建筑体现等级区别，明代以 9 间为最尊贵，清代以 11 间为最尊贵。

太和门庭院的深度为 130 米，宽度为 200 米，其长宽的比率为 0.65，与黄金分割率 0.618 十分接近。紫禁城最重要的宫殿——太和殿位于中轴线上，在中轴线上，从大明门到景山的距离是 2.5 千米，而从大明门到太和殿的庭院中心是 1.5045 千米，两者的比值为 0.618，正好与黄金分割率等同。

作为最高的阳数，"九"在紫禁城的建筑中频繁出现。"九"的谐音为"久"，意为"永久"，所以又寓意为江山天长地久，永不变色。此外，还有一些无法解释的"意外"。太和殿脊兽的排列顺序是：龙、凤、狮子、海马、天马、押鱼、狻猊、獬豸、斗牛、行什（猴）。多了一个行什。古代建筑上的脊兽，行什仅出现过一次，就是在太和殿上。一般宫殿檐脊上的走兽数量通常是阳数，最多为九。而太和殿檐脊上的走兽，却有十个。午门的左右掖门以及东华门的中门和左右侧门，也不像其他宫门每扇九路门钉，而只有八路。这似乎不是粗心造成的，而是宫殿营造者设下的谜题，等待后人去解答。

【历史地位】

北京紫禁城宫殿建筑是中国现存最大、最完整的古建筑群，总面积达 72 万多平方米，有殿宇宫室 9999 间半，被称为"殿宇之海"，气魄宏伟，极为壮观。无论是平面布局，立体效果，还是形式上的雄伟堂皇，北京紫禁城都堪称为无与伦比的杰作，集中国古代宫殿建筑之大成，堪称中国传统建筑艺术的代表。

北京紫禁城的整个建筑金碧辉煌，庄严绚丽，被誉为世界五大宫之一（北京故宫、法国凡尔赛宫、英国白金汉宫、美国白宫、俄罗斯克里姆林宫），并被联合国教科文组织列为"世界文化遗产"。

中国古典园林建筑的珍贵遗产——颐和园

【概述】

颐和园，原名清漪园，始建于清乾隆十五年（1750 年），历时十五年竣工，是为清代北京著名的"三山五园"（香山静宜园、玉泉山静明园、万寿山清漪园、圆明园、畅春园）中"三山"最后建成的一座。咸丰十年（1860 年）在第二次鸦片战争中英法联军火烧圆明园时，颐和园也遭严重破坏，佛香阁、排云殿、石舫洋楼等建筑被焚毁，长廊被烧得只剩 11 间半，智慧海等耐火建筑内的珍宝佛像也被劫掠一空。光绪十二年（1886 年）开始重建，光绪十四年（1888 年）慈禧挪用海军军费两千多万两（以海军军费的名义筹集经费）修复此园，改名为"颐和园"，其名为"颐养冲和"之义。光绪二十一年（1895 年）工程结束。

【设计初稿】

过去皇家所建造的东西，施工前必须先设计图样，这种图样必须是平面而有立体效果的，有基本的透视和明暗，看上去能一目了然，负责设计描绘的人又必须是一流的宫廷画师，然后再制作"烫样"（立体模型）核算等。

颐和园建造之初的设计图，出自宫廷画师、建筑设计师郎世宁之手，是清代难得的一幅园林总体建筑规划布局图。在当时没有高科技绘图技术的情况下，郎世宁将设计图刻画得准确、精妙，建筑分布有条有理，各部分建筑物描绘得一清二楚，一砖一瓦也毫不含糊，而且整体布局是符合中国传统的地理玄机的。

郎世宁的颐和园设计图，对中国早期的皇家建筑设计、研究等有着很重要的史料价值。

【园林规模】

颐和园是世界著名的皇家园林，它地处北京西北郊外。颐和园规模宏大，占地面积约 290 公顷，主要由万寿山和昆明湖两部分组成。各种形式的宫殿园林建筑有 3000 余间，大体分为三个区域：以仁寿殿为中心的政治活动区，以乐寿堂、玉澜堂和宜芸馆为主体的生活居住区，以万寿山和昆明湖等组成的风景游览区。

以仁寿殿为中心的行政区，是当年慈禧太后和光绪皇帝坐朝听政，会见外宾的地方。仁寿殿后是三座大型四合院：乐寿堂、玉澜堂和宜芸馆，分别为慈禧、光绪和后妃们居住的地方。宜芸馆东侧的德和园大戏楼是清代三大戏楼之一。

颐和园自万寿山顶的智慧海向下，由佛香阁、德辉殿、排云殿、排云门、云辉玉宇坊，构成了一条层次分明的中轴线。山下是一条长 700 多米的"长廊"，其枋梁上有彩画 8000 多幅，故长廊号称"世界第一廊"。长廊之前即是碧波荡漾的昆明湖。昆明湖的西堤是仿照西湖的苏堤建造的。

万寿山后山、后湖边古木成林，环境幽雅，有藏式寺庙，苏州河古买卖街。后湖东端有仿无锡寄畅园而建的谐趣园，小巧玲珑，被称为"园中之园"。

颐和园整个园林艺术构思巧妙，在中外园林艺术史上地位显著，是举世罕见的园林艺术杰作。1998 年 12 月 2 日，颐和园以其丰厚的历史文化积淀，优美的自然环境景观，卓越的保护管理工作被联合国教科文组织列入《世界遗产名录》，被誉为中华文明的有力象征。

【建筑特色】

颐和园集传统造园艺术之大成，万寿山、昆明湖构成其基本框架，借景周围的山水环境，饱含中国皇家园林的恢弘富丽气势，又充满自然之趣，高度体现了"虽由人作，宛自天开"的造园准则。颐和园亭台、长廊、殿堂、庙宇和小桥等人工景观与自然山峦和开阔的湖面相互和谐、艺术地融为一体。整个园林艺术构思巧妙，是集中国园林建筑艺术之大成的杰作，在中外园林艺术史上地位显著。

【主要景区】

万寿山：属燕山余脉。建筑群依山而筑，万寿山前山，以八面三层四重檐的佛香阁为中心，组成巨大的主体建筑群。从山脚的"云辉玉宇"牌楼，经排云门、二宫门、排云殿、德辉殿、佛香阁，直至山顶的智慧海，形成了一条层层上升的中轴线。东侧有"转轮藏"和"万寿山昆明湖"石碑。西侧有五方阁和铜铸的宝云阁。后山有宏丽的西藏佛教建筑和屹立于绿树丛中的五彩琉璃多宝塔。山上还有景福阁、重翠亭、写秋轩、画中游等楼台亭阁，登临可俯瞰昆明湖上的景色。万寿山的南坡（前山）濒昆明湖，湖山相连，构成一个极其开朗的自然环境。这里的湖、山、岛、堤及其上的建筑，配合着园外的借景，形成一幅幅连续展开、如锦似绣的风景画卷。前山接近园的正门和帝、后的寝宫，游览往返比较方便，又可面南俯瞰昆明湖区，所以园内主要建筑物均荟萃于此。造园匠师在前山建筑群体的布局上相应地运用了突出重点的手法。在居中部位建置一组体量大而形象丰富的中央建筑群，从湖岸直到山顶，一重重华丽的殿堂台阁将山坡覆盖住，构成贯穿于前山上下的纵向中轴线。这组大建筑群包括园内主体建筑物——帝、后举行庆典朝会的"排云殿"和佛寺"佛香阁"。后者就其体量而言是园内最大的建筑物，阁高约40米，雄踞于石砌高台之上。它那八角形、四重檐、攒尖顶的形象在园内园外的许多地方都能看到，器宇轩昂，凌驾群伦，成为整个前山和昆明湖的总缩全局的构图中心。与中央建筑群的纵向轴线相呼应的是横贯山麓、沿湖北岸东西逶迤的"长廊"，共273间，全长728米，这是中国园林中最长的游廊。前山其余地段的建筑体量较小，自然而疏朗地布置在山麓、山坡和山脊上，镶嵌在葱茏的苍松翠柏之中，用以烘托端庄、典丽的中央建筑群。登上万寿山，站在佛香阁的前面向下望，颐和园的景色大半收在眼底。葱郁的树丛，掩映着黄的绿的琉璃瓦屋顶和朱红的宫墙。正前面，昆明湖静得像一面镜子，绿得像一块碧玉。游船、画舫在湖面慢慢地滑过，几乎不留一点痕迹。向东远眺可以隐隐约约地望见几座古老的城楼和城里的白塔。

后湖的河道蜿蜒于万寿山北坡即后山的山麓，造园匠师巧妙地利用河道北岸与宫墙的局促环境，在北岸堆筑假山障隔宫墙，并与南岸的真山脉络相配合而造成两山夹一水的地貌。河道的水面有宽有窄，时收时放，泛舟后湖给人以山复水回、柳暗花明之趣，成为园内一处出色的幽静水景。

后山的景观与前山迥然不同，是富有山林野趣的自然环境，林木蓊郁，山道弯曲，景色幽邃。除中部的佛寺"须弥灵境"外，建筑物大多集中为若干处自成一体，与周围环境组成精致的小园林。它们或踞山头，或倚山坡，或临水面，均能随地貌而灵活布置。后湖中段两岸，是乾隆年间模仿江南河街市肆而修建的"买卖街"遗址。后山的建筑除谐趣园和霁清轩于光绪时完整重建之外，其余都残缺不全，只能凭借断垣颓壁依稀辨认当年的规模。谐趣园原名惠山园，是模仿无锡寄畅园而建成的一座园中园。全园以水面为中心，以水景为主体，环池布置清朴雅洁的厅、堂、楼、榭、亭、轩等建筑，曲廊连接，间植垂柳修竹。池北岸叠石为假山，从后湖引来活水经玉琴峡沿山石叠落而下注于池中。流水叮咚，以声入景，更增加这座小园林的诗情画意。

乐寿堂：颐和园居住生活区中的主建筑，原建于乾隆十五年（1750 年），咸丰十年（1860 年）被毁，光绪十三年（1887 年）重建。乐寿堂面临昆明湖，背倚万寿山，东达仁寿殿，西接长廊，是园内位置最好的居住和游乐的地方。堂前有慈禧乘船的码头"乐寿堂"黑底金字横匾为光绪手书。乐寿堂殿内设宝座、御案、掌扇及玻璃屏风。座旁有两只盛水果闻香味用的青龙花大磁盘，四只烧檀香用的九桃大铜炉。西套间为卧室，东套间为更衣室。室内紫檀大衣柜为乾隆时的遗物。乐寿堂庭院内陈列着铜鹿、铜鹤和铜花瓶，取意为"六合太平"。院内花卉植有玉兰、海棠、牡丹等，名花满院，寓"玉堂富贵"之意。这里的玉兰花很有名，邀月门前的一株是乾隆从南方移植来的。

大戏楼：位于德和园内，与承德避暑山庄里的清音阁、紫禁城内的畅音阁，合称清代三大戏台。德和园大戏楼是为慈禧 60 岁生日修建，专供慈禧看戏。高21 米，在颐和园中仅次于最高的佛香阁。戏楼共三层，后台化妆楼二层。顶板上有七个"天井"，地板中有"地井"。舞台底部有水井和五个方池。演神鬼戏时，可从"天"而降，也可从"地"而出，还可引水上台。

清晏舫：俗称石舫，在长廊西端湖边，是一条大石船，寓"海清河晏"之意。是颐和园唯一带有西洋风格的建筑。它的前身是明朝圆静寺的放生台。乾隆修清漪园时，改台为船，更名为"石舫"。石舫长 36 米，船用大理石雕刻堆砌而成。船身上建有两层船楼，船底花砖铺地，窗户为彩色玻璃，顶部砖雕装饰。下雨时，落在船顶的雨水通过四角的空心柱子，由船身的四个龙头口排入湖中，设计十分巧妙。

世界最大的古代祭祀性建筑群——北京天坛

【概述】

北京天坛位于天安门的东南，是圜丘、祈谷两坛的总称，占地约280公顷。始建于明成祖永乐十八年（1420年），原名"天地坛"，是明清两代皇帝祭祀天地之神的地方。明嘉靖九年（1530年）在北京北郊另建祭祀地神的地坛，此处就专为祭祀上天和祈求丰收的场所，并改名为"天坛"。

【建筑规模】

天坛四周古松环抱，是保存完好的坛庙建筑群，无论在整体布局还是单一建筑上，都反映出天地之间的关系，而这一关系在中国古代宇宙观中占据着核心位置。同时，这些建筑还体现出帝王将相在这一关系中所起的独特作用。

天坛规模宏伟，富丽堂皇，是中国现存最大的古代祭祀性建筑群。它以严谨的规划布局，奇特的建筑结构，瑰丽的建筑装饰著称于世，不仅在中国建筑史上占有重要位置，也是世界建筑艺术的珍贵遗产。

【建筑布局】

天坛的建筑设计十分考究，"圜丘"、"祈谷"两坛同建在一个园子内。圜丘坛在南部。祈谷坛在北部，是祈求丰收的地方。依照古人的思想观念，认为天地的结构是"天圆地方"，因此天坛围墙平面南部为方形，象征地象，北部为圆形，象征天象，此墙俗称天地墙。天坛的主体建筑均集中在南北向的中轴线上，"圜丘"、"祈谷"两坛也在这条中轴线上，各个单体建筑之间用墙相隔，并由一座长360米、宽30米的石桥相连。

天坛被两重坛墙分隔成内坛和外坛，形似"回"字。两重坛墙的南侧转角皆为直角，北侧转角皆为圆弧形，象征着"天圆地方"。外坛墙周长6 553米，原本只在西墙上开辟祈谷坛门和圜丘坛门，1949年后又陆续新建了东门和北门，并把内坛南面的昭亨门改为南门。

天坛的主要建筑均位于内坛，从南到北排列在一条直线上。全部宫殿、坛基都朝南成圆形，以象征天。整个布局和建筑结构，都具有独特的风格。祈年殿是皇帝祈祷五谷丰登的场所。皇穹宇是存放圜丘祭祀神牌位的地方，单檐攒尖蓝色琉璃瓦顶，外面有一道圆形磨砖对缝的围墙，是著名的"回音壁"，声音沿着光滑的围墙内弧传递，在壁的一端轻声细语，另一端能够清楚听到。圜丘坛是皇帝在冬至日祭天的场所，三层，每层四面均有九级台阶，又按古天文学说，铺成一定数额的石板，台周围有汉白玉石栏。此外坛内还建有斋宫（皇帝祭天前三日进行斋戒的地方）和宰牲亭、神乐署等附属建筑。

【建筑特色】

北京天坛是世界上最大的古代祭天建筑群之一。在中国，祭天仪式起源于周朝，自汉代以来，历朝历代的帝王都对此极为重视。明永乐以后，每年冬至、正月上辛日和孟夏（夏季的首月），帝王们都要来天坛举行祭天和祈谷的仪式。如果遇上少雨的年份，还会在圜丘坛进行祈雨。在祭祀前，通常需要斋戒。祭祀时，除了献上供品，皇帝也要率领文武百官朝拜祷告，以祈求上苍的垂怜施恩。

天坛建筑的主要设计思想是要突出天空的辽阔高远，以表现"天"的至高无上。在布局方面，内坛位于外坛的南北中轴线以东，而圜丘坛和祈年殿又位于内坛中轴线的东面，这些都是为了增加西侧的空旷程度，使人们从西边的正门进入天坛后，就能获得开阔的视野，以感受到上天的伟大和自身的渺小。就单体建筑来说，祈年殿和皇穹宇都使用了圆形攒尖顶，它们外部的台基和屋檐层层收缩上举，也体现出一种与天接近的感觉。

天坛还处处展示着中国传统文化所特有的寓意、象征的表现手法。北圆南方的坛墙和圆形建筑搭配方形外墙的设计，都寓意着传统的"天圆地方"的宇宙观。而主要建筑上广泛地使用蓝色琉璃瓦，以及圜丘坛重视"阳数"、祈年殿按天象列柱等设计，也是这种表现手法的具体体现。

天坛的主体建筑是祈年殿。每年皇帝都在这里举行祭天仪式，祈祷风调雨顺、五谷丰登。祈年殿呈圆形，直径 32 米，祈年殿高 38 米，是一座有鎏金宝顶的三重檐的圆形大殿，殿檐颜色深蓝，是用蓝色琉璃瓦铺砌的，因为天是蓝色的，以此来象征天。

祈年殿全部重量都依靠 28 根茂大的楠木柱和各种互相衔着的斗、枋、桷支撑着，力学结构巧妙、完整。而这些柱子和横枋都有象征的意义。当中四根高 19.2 米，两个半人才能合抱的"龙井柱"，象征一年四季；中间 12 根柱子象征一年十二个月；外层 12 根柱子象征一天十二个时辰；整个 28 根柱子象征天上的二十八星宿。殿内地面正中，是一块圆形大理石，上面有天然的龙凤花纹，富丽堂皇。殿前东西两侧各有配殿一座，背后有一座皇乾殿，前后左右连成一体，显得庄严、雄伟，气势磅礴。

这座大殿坐落在面积为 5 900 多平方米的圆形汉白玉台基上，台基分三层，高 6 米，每层都有雕花的汉白玉栏杆。这个台基与大殿是不可分的艺术整体。当游人跨出祈年殿的大门，往南望去，只见那条笔直的甬道，往南伸去，一路上门廊重重，越远越小，极目无尽，有一种从天上下来的感觉。难怪一位法国的建筑专家在游览了天坛之后说：摩天大厦比祈年殿高得多，但没有祈年殿那种高大与深邃的意境，达不到祈年殿的艺术高度。

这座大殿在清光绪十五年（1889 年）被雷击起火焚毁，据说，当时大殿的大柱是用沉香木做的，燃烧时，清香的气味，数里之外都可以闻到。翌年，皇帝召集群臣商量重建祈年殿。因找不到图样，掌管国家建筑事务的工部便把曾经参加过祈所殿修缮事务的工匠们召集来，让他们根据记忆、口述制成图样，再施工建造。因此，现在的祈年殿是清代光绪年间的建筑，但是，基本建筑形式、结构，还保留着明代的样子。

斋宫在西天门内，是皇帝祭天前沐浴斋戒的地方。斋宫外围有两重"御沟"，四周以回廊环绕。正殿月台上有斋戒铜人亭和时辰牌位亭。铜人手持斋戒牌，传说是仿照唐代名臣魏徵的形象铸造的。东北角的钟楼内高悬着明成祖永乐帝在位时制造的一口太和钟，皇帝祭天时，从斋宫起驾，开始鸣钟，到皇帝登上圜丘坛，钟声即止。祭祀典礼结束时钟声再起，洪亮的钟声为祭祖典礼大壮声威。

【遗产价值】

天坛是华夏文明的积淀之一。天坛从选位、规划、建筑的设计以及祭祀礼仪和祭祀乐舞，无不依据中国古代《周易》阴阳、五行等学说，成功地把古人对"天"的认识、"天人关系"以及对上苍的愿望表现得淋漓尽致。各朝各代均建坛祭天，而北京天坛是完整保存下来的仅有一例，是古人的杰作。

天坛建筑处处展示中国古代特有的寓意、象征的艺术表现手法。圜丘的尺度和构件的数量集中并反复使用"九"这个数字，以象征"天"和强调与"天"的联系。天坛祈年殿以圆形、蓝色象征天，殿内大柱及开间代表一年的四季、十二个月和一天的十二个时辰（古代一天分十二时辰，每时辰合两小时）以及星座等。处处"象天法地"是古代"明堂"（中国古代帝王专用的一种礼制建筑）式建筑仅存的一例，是中国古文化的载体。

天坛集古代哲学、历史、数学、力学、美学、生态学于一身，是古代精品代表作。天坛在建筑设计和营造上集明、清建筑技术、艺术之大成。祈年殿、皇穹宇是木制构件、圆形平面、形体巨大、工艺精制、构思巧妙的殿宇，是中国古建中罕见的实例。天坛又以大面积树林和丰富的植被创造了"天人协和"的生态环境，是研究古代建筑艺术和生态环境的实物，极具科学价值，是皇家祭坛建筑群中杰出的范例。

建筑轴线北部的构图中心祈年殿，体态雄伟，构架精巧，内部空间层层升高向中心聚拢，外部台基、屋檐呈圆形且层层收缩上举，既造成强烈的向上动感，又使人感到端庄、稳重。色彩对比强烈，而不失协调得体。使人步入坛内如踏祥云登临天界。天坛从总体到局部，均是古建佳作，是工艺精品，极具艺术价值，是华夏民族一个漫长的历史时期中思想文化的遗迹和载体。天坛是物化了的古代哲学思想，有着较高的历史价值、科学价值和独特的艺术价值，更有着深刻的文化内涵。

综上所述，天坛是中国最大的古代祭祀性建筑群，有着较高的历史价值、科学价值和独特的艺术价值，更有着深刻的文化内涵。

中国最后一个王朝的帝王后妃陵墓群——清东陵

【概述】

清东陵是中国最后一个王朝的帝王后妃陵墓群，也是中国现存规模最大、体系最完整的古代陵寝建筑群之一。清东陵属全国重点文物保护单位，共建有帝陵五座——顺治帝的孝陵、康熙帝的景陵、乾隆帝的裕陵、咸丰帝的定陵、同治帝的惠陵，以及东（慈安）、西（慈禧）太后等后陵四座、妃园五座、公主陵一座，计埋葬14个皇后和136个妃嫔。

【建筑格局】

清东陵的陵寝是按照"居中为尊"、"长幼有序"、"尊卑有别"的传统观念设计排列的。入关第一帝世祖顺治皇帝的孝陵位于南起金星山，北达昌瑞山主峰的中轴线上，其位置至尊无上，其余皇帝陵寝则按辈分的高低分别在孝陵的两侧呈扇形东西排列开来。孝陵之左为圣祖康熙皇帝的景陵，次左为穆宗同治皇帝的惠陵；孝陵之右为高宗乾隆皇帝的裕陵，次右为文宗咸丰皇帝的定陵，形成儿孙陪侍父祖的格局，突现了长者为尊的伦理观念。同时，皇后陵和妃园寝都建在本朝皇帝陵的旁边，表明了它们之间的主从、隶属关系。此外，凡皇后陵的神道都与本朝皇帝陵的神道相接，而各皇帝陵的神道又都与陵区中心轴线上的孝陵神道相接，从而形成了一个庞大的枝状系，其统绪嗣承关系十分明显，表达了生生息息、江山万代的愿望。

【建筑特色】

清东陵这座规模宏大的皇家陵园，由于受当时政治、经济、军事、文化等因素的影响和制约，呈现了不同的特点。这些特色集中反映在孝陵的神路、石牌坊、七孔拱桥，及裕陵圣德神功碑亭、地宫等建筑上。

孝陵神路南起金星山下的石牌坊，北到昌瑞山下的陵门，沿朝山、案山、靠山的三山连线，将孝陵的各座形制各异、多彩多姿的景观相贯串，形成一条气势宏伟、序列层次丰富、极为壮观的陵区建筑中轴线。它虽然因势随形，多有曲折，但曲不离直，明确显现了南北山向的一贯，配合了山川形势，强化了主宾朝揖的天然秩序，产生了极富感染力的空间艺术效果。孝陵神路是清陵中最长的神路，也是最壮观、最富艺术性的神路。

孝陵的石牌坊为仿木结构形式，五间六柱十一楼，面阔31.35米，高12.48米，全部用巨大的青白石构筑而成。夹杆石的顶部圆雕麒麟、狮子，看面分别浮雕云龙、草龙、双狮戏球等图案。梁枋上雕刻旋子彩画。折柱、花板上浮雕祥云。斗拱、椽飞、瓦垅、吻兽、云墩、雀替均为石料雕制，做工细巧，刻技精湛，历经数百年毫无走闪之迹，像这样高大精美的石牌坊，在国内已不多见。

孝陵石像生共18对，其中文臣3对、武将3对、站卧马各1对、站坐麒麟各1对、站卧象各1对、站卧骆驼各1对、站坐狻猊各1对、站坐狮子各1对。另有望柱1对。所有石雕像均以整块石料雕成。不刻意追求形似，而注重神似，其风格粗犷、雄浑、朴拙、威武，气度非凡。这组石雕对称地排列在神路两侧，南北长800多米，构成威武雄壮的长长队列，使皇陵显得更加圣洁、庄严、肃穆。孝陵石像生是清代陵寝中规模最大、最具特色的一组。拱形桥在石桥中是等级最高的一种。

七孔拱桥在清东陵只孝陵有一座。桥长 110 米，两侧安设石栏板 126 块，石望柱 128 根，抱鼓石 4 块。远观似长虹卧波，雄伟壮观。

裕陵是乾隆皇帝的陵寝，其地宫由九券四门构成，进深 54 米。从第一道石门开始，所有的平水墙、月光墙、券顶和门楼上都布满了佛教题材的雕刻，如四大天王、八大菩萨、五方佛、二十四佛、五欲供、狮子、八宝、法器及三万多字的藏文、梵文经咒。刀法娴熟精湛，线条流畅细腻，造像生动传神，布局严谨有序，被誉为"石雕艺术宝库"和"庄严肃穆的地下佛堂"，是研究佛学和雕刻艺术难得的实物资料。

裕陵圣德神功碑亭为重檐歇山式建筑，黄琉璃瓦覆顶，厚重的墩台四面各辟券门。亭内高 6.64 米的两统石碑分别竖立在两只巨大的石雕赑屃之上，东碑刻满文，西碑刻汉字。碑文由仁宗嘉庆皇帝撰写，文字由清代著名书法家、高宗乾隆帝第十一子成亲王永瑆亲书。此碑至今保存完整无损，字迹清晰。亭外广场四角各竖一根白色大理石雕刻的华表。每根华表由须弥座、柱身、云板、承露盘和蹲龙组成。柱身上雕刻着一条腾云驾雾的蛟龙，屈曲盘旋，奋力升腾，寓动于静，栩栩如生。八角须弥底座和栏杆上亦雕满了精美的行龙、升龙和正龙，一组华表上所雕的龙竟达 98 条之多。

裕陵玉带桥在隆恩殿后、陵寝门前的玉带河上。单孔拱券，三桥并排。桥面两侧安装白石栏杆，龙凤柱头。该桥造型优美，雕刻精细，小巧玲珑。这种规制的石桥在清陵中仅此一例。

【历史价值】

清东陵是中国封建皇陵的集大成者，是中国古代劳动人民智慧的结晶，它综合体现了中国传统的风水学、建筑学、美学、哲学、景观学、丧葬祭祀文化、宗教、民俗文化等，具有重要的历史价值、艺术价值和科学价值，是中华民族和全人类的文化遗产。

另外，清东陵自 1663 年开始营建，历时数百年才告结束。不仅反映了从清初到清末陵寝规制演变的全部过程，同时也从一个侧面记录了清王朝盛衰兴亡的历史。

传统建筑

世界上壁画最多的石窟群——莫高窟

【概述】

莫高窟位于甘肃敦煌市东南二十五千米处，开凿在鸣沙山东麓断崖上。南北长约一千六百多米，上下排列五层、高低错落有致、鳞次栉比，形如蜂房鸽舍，壮观异常。前秦苻坚建元二年（366年）有沙门乐尊者行至此处，见鸣沙山上金光万道，状有千佛，于是萌发开凿之心，后历建不断，遂成佛门圣地，号为"敦煌莫高窟"，俗称"千佛洞"。它是我国现存规模最大，保存最完好，内容最丰富的古典文化艺术宝库，也是举世闻名的佛教艺术中心。

【建筑特点】

敦煌莫高窟是古建筑、彩塑、壁画三者相结合的艺术宫殿，尤以丰富多彩的壁画著称于世。敦煌壁画容量和内容之丰富，是当今世界上任何宗教石窟、寺院或宫殿都不能媲美的。环顾洞窟的四周和窟顶，到处都画着佛像、飞天、伎乐、仙女等。有佛经故事画、经变画和佛教史迹画，也有神怪画和供养人画像，还有各式各样精美的装饰图案等。莫高窟的雕塑久享盛名。这里有高达33米的坐像，也有十几厘米的小菩萨，绝大部分洞窟都保存有塑像，数量众多，堪称是一座大型雕塑馆，它的石窟主要开凿于盛唐时期。莫高窟是一座伟大的艺术宫殿，是一部形象的百科全书。

敦煌莫高窟虽然在漫长的岁月中受到大自然的侵袭和人为的破坏，至今保留有从十六国、北魏、西魏、北周、隋、唐、五代、宋、西夏、元等十个朝代的洞四百九十二个，壁画四万五千多平方米，彩塑像两千身，是世界现存佛教艺术最伟大的宝库。若把壁画排列，能伸展三十多千米，是世界上最长、规模最大、内容最丰富的一个画廊。1900年在莫高窟偶然发现了"藏经洞"，洞里藏有从公元4世纪到14世纪的历代文物五六万件。这是20世纪初中国考古学上的一次重大发现，震惊了世界。此后又由此发展出著名的"敦煌学"。敦煌学经过近百年的研究，不仅在学术、艺术、文化等方面取得了令人瞩目的成果，同时也向世界展示了敦煌艺术之美、文化内蕴之丰富以及中国古代劳动人民的聪明智慧。1961年，被公布为第一批全国重点文物保护单位之一。1987年，被列为"世界文化遗产"。

窟形建制分为禅窟、殿堂窟、塔庙窟、穹隆顶窟、影窟等。莫高窟现存北魏至元的洞窟七百三十五个，分为南北两区。南区是莫高窟的主体，为僧侣们从事宗教活动的场所，有四百八十七个洞窟，均有壁画或塑像。北区有二百四十八个洞窟，其中只有五个存在壁画或塑像，而其他的都是僧侣修行、居住和亡后掩埋场所，有土炕、灶炕、烟道、壁龛、台灯等生活设施。两区共计四百九十二个洞窟存在壁画和塑像，有壁画4.5万平方米、泥质彩塑二千四百一十五尊、唐宋木构崖檐五个，以及数千块莲花柱石、铺地花砖等。

从早期石窟所保留下来的中心塔柱式这一外来形式的窟型，反映了古代艺术家在接受外来艺术的同时，加以消化、吸收，使它成为我国民族形式，其中不少是现存古建筑的杰作。

【彩塑艺术】

彩塑为敦煌艺术的主体，彩塑形式丰富多彩，有分圆塑、浮塑、影塑、善业塑等，有佛像、菩萨像、弟子像以及天王、金刚、力士、神等。最高34.5米，最小仅2厘米右（善业泥木石像），题材之丰富和手艺之高超，堪称佛教彩塑博物馆。

17窟唐代河西都僧统的肖像塑，塑像后绘有持杖近侍等，把塑像与壁画结为一体，为我国最早的高僧写实真像之一，具有很高的历史和艺术价值。

【壁画成就】

敦煌石窟壁画内容包括各种各样的佛经故事、山川景物、亭台楼阁等建筑画、山水画、花卉图案、飞天佛像，以及当时劳动人民进行生产的各种场面等，系统地反映了十六国、北魏、西魏、北周、隋、唐、五代、宋、西夏、元等十多个朝代及东西方文化交流的各个方面，成为人类稀有的文化宝藏。各朝代的敦煌石窟壁画表现出不同的绘画风格，尤其在唐代，石窟壁画丰富的唐代遗存，也为人们展示了一部唐代石窟艺术的编年史。敦煌的隋代佛像体现了北朝雕塑向唐代过渡的特色，而唐代佛塑则摆脱了外来文化的影响，具有汉民族的特色，造像温和、慈祥、庄严、丰满。构图严密，色彩富丽，形象生动，反映了大唐帝国的繁荣强盛和勃勃生机。

敦煌壁画是敦煌艺术的主要组成部分，规模巨大，内容丰富，技艺精湛。5万多平方米的壁画大体可分为下列几类：

传统建筑

一是佛像画。作为宗教艺术来说，它是壁画的主要部分，其中包括各种佛像，如三世佛、七世佛、释迦、多宝佛、贤劫千佛等；各种菩萨如文殊、普贤、观音等；天龙八部如天王、龙王、夜叉、飞天、阿修罗、迦楼罗（金翅鸟王）、紧那罗（乐天）、大蟒神等。这些佛像大都画在说法图中。仅莫高窟壁画中的说法图就有933幅，各种神态各异的佛像12208身。

二是经变画。利用绘画、文学等艺术形式，通俗易懂地表现深奥的佛教经典的称为"经变"。用绘画的手法表现经典内容者叫"变相"，即经变画；用文字、讲唱手法表现的叫"变文"。

三是民族传统神话题材。在北魏晚期的洞窟里，出现了具有道家思想的神话题材。西魏249窟顶部，除中心画莲花藻井外，东西两面画阿修罗与摩尼珠，南北两面画东王公、西王母驾龙车、凤车出行。车上重盖高悬，车后旌旗飘扬，前有持节扬幡的方士开路，后有人首龙身的开明神兽随行。朱雀、玄武、青龙、白虎分布各壁。飞廉振翅而风动，雷公挥臂转连鼓，霹电以铁钻砸石闪光，雨师喷雾而致雨。

四是供养人画像。供养人，就是信仰佛教出资建造石窟的人。他们为了表示虔诚信佛，留名后世，在开窟造像时，在窟内画上自己和家族、亲眷和奴婢等人的肖像，这些肖像，称之为供养人画像。

五是敦煌壁画，主要包括九色鹿救人、释迦牟尼传记、萨埵太子舍身饲虎等著名的壁画故事。

【敦煌文献】

光绪二十六年（1900年），在十六窟北壁发现砌封于隐室中满贮从三国魏晋到北宋时期的经卷、文书，织绣和画像等五万余件。文书除汉文写本外，还包括栗特文、佉卢文、回骨文、吐蕃文、梵文、藏文等各民族文字写本这些写本约占六分之一。文书内容有佛、道等教的教门杂文的宗教文书，文学作品、契约、账册、公文书函等的世俗文书。敦煌文献的发现，名闻中外，它对我国古代文献的补遗和校勘有极为重要的研究价值。

【历史评价】

敦煌石窟艺术是集建筑、雕塑、绘画于一身的立体艺术，古代艺术家在继承中原汉民族和西域兄弟民族艺术优良传统的基础上，吸收、融化了外来的表现手法，发展成为具有敦煌地方特色的中国民族风俗的佛教艺术品，为研究中国古代政治、经济、文化、宗教、民族关系、中外友好往来等提供珍贵资料，是人类文化宝藏和精神财富。

著名学者余秋雨在《莫高窟》一文中这样写道："它是一种聚会，一种感召。它把人性神化，付诸造型，又用造型引发人性，于是，它成了民族心底一种彩色的梦幻、一种圣洁的沉淀、一种永久的向往。它是一种狂欢，一种释放。在它的怀抱里神人交融，时空飞腾，于是，它让人走进神话、走进寓言，走进宇宙意识的霓虹。在这里，狂欢是天然秩序，释放是天赋人格，艺术的天国是自由的殿堂。它是一种仪式、一种超越宗教的宗教。佛教理义已被美的火焰蒸馏，剩下了仪式应有的玄秘、洁净和高超。只要知闻它的人，都会以一生来投奔这种仪式，接受它的洗礼和熏陶……"

外国的旅游者对莫高窟的评价是："看了敦煌莫高窟，就等于看到了全世界的古代文明。""莫高窟是世界上最长、规模最大、内容最丰富的画廊。""它是世界现存佛教艺术最伟大的宝库。"

世界遗产委员会对被列为"世界文化遗产"的莫高窟评价是："莫高窟地处丝绸之路的一个战略要点。它不仅是东西方贸易的中转站，同时也是宗教、文化和知识的交汇处。莫高窟的492个小石窟和洞穴庙宇，以其雕像和壁画闻名于世，展示了延续千年的佛教艺术。"

世界木结构建筑的代表——山西应县木塔

【概述】

应县木塔，也叫应州塔、释迦木塔、应县释迦塔，位于山西省朔州市应县东北角。它与意大利比萨斜塔、埃菲尔铁塔并称世界三大奇塔。

应县木塔全名为佛宫寺释迦塔，位于山西省朔州市应县县城内西北角的佛宫寺院内，是佛宫寺的主体建筑。建于辽清宁二年（1056年），金明昌六年（1195年）增修完毕。它是我国现存最古老最高大的纯木结构楼阁式建筑，是我国古建筑中的瑰宝、世界木结构建筑的代表。

【设计成就】

应县木塔的设计，大胆继承了汉、唐以来富有民族特点的重楼形式，充分利用传统建筑技巧，广泛采用斗拱结构，全塔共用斗拱54种，每个斗拱都有一定的组合形式，有的将梁、坊、柱结成一个整体，每层都形成了一个八边形中空结构层。设计科学严密，构造完美，巧夺天工，是一座既有民族风格、民族特点，又符合宗教要求的建筑，在中国古代建筑艺术中可以说达到了最高水平，即使现在也有较高的研究价值。

该塔设计为平面八角，外观五层，底层扩出一圈外廊，称为"副阶周匝"，与底屋塔身的屋檐构成重檐。每层之下都有一个暗层，所以结构实际上是九层。暗层外观是平座，沿各层平座设栏杆，可以凭栏远眺，身心也随之融合在自然之中。全塔高67.3米，虽高峻而不失凝重。各层塔檐基本平直，角翘十分平缓。平座以其水平方向与各层塔檐协调，与塔身对比；又以其材料、色彩和处理手法与塔檐对比，与塔身协调，是塔檐和塔身的必要过渡。平座、塔身、塔檐重叠而上，区隔分明，交代清晰，强调了节奏，丰富了轮廓线，也增加了横向线条。使高耸的大塔时时回顾大地，稳稳当当地坐落在大地上。底层的重檐处理更加强了全塔的稳定感。

由于塔建在4米高的两层石砌台基上，内外两槽立柱，构成双层套筒式结构，柱头间有栏额和普柏枋，柱脚间有地伏等水平构件，内外槽之间有梁枋相连接，使双层套筒紧密结合。暗层中用大量斜撑，结构上起圈梁作用，加强木塔结构的整体性。塔建成三百多年至元顺帝时，曾经历大地震七日，仍巍然不动。塔内明层都有塑像，头层释迦佛高大肃穆，顶部穹窿藻井给人以天高莫测的感觉。头层内槽壁面有六尊如来画像，比例适度，色彩鲜艳，六尊如来顶部两侧的飞天，更是活泼丰满，神采奕奕，是壁画中少见的佳作。二层由于八面来光，一主佛、两位菩萨和两位胁从排列，姿态生动。三层塑四方佛，面向四方。五层塑释迦坐像于中央、八大菩萨分坐八方。利用塔心无暗层的高大空间布置塑像，以增强佛像的庄严，是建筑结构与使用功能设计合理的典范。

【不倒奥妙】

据考证，在近千年的岁月中，应县木塔除经受日夜、四季变化、风霜雨雪侵蚀外，还遭受了多次强地震袭击，仅裂度在5级以上的地震就有十几次。

据史书记载，元大德九年四月，大同路发生6.5级强烈地震，有声如雷，波及木塔。元顺帝时，应州大地震七日，塔旁舍宇皆倒塌，唯木塔屹然不动。近代，邢台、唐山、大同、阳高一带的几次大地震，均波及应县，木塔大幅度摆动，风铃全部震响，持续一分多钟，过后木塔仍巍然屹立。无情的雷击、陈年累月的塞外狂风，都曾给木塔施加淫威，兵荒马乱，战火硝烟，也曾使木塔伤筋动骨。1926 年军阀混战时，木塔曾中弹二百余发，至今弹痕可见。然而木塔坚强不屈，仍傲然挺立、直刺云天。

建筑结构的奥妙、周边环境的特殊性，加上人为保护的因素，木塔千年不倒，存在着一定的合理性。古代工匠们实践了千年后的现代建筑理论。从 20 世纪 30 年代开始，中国许多专家学者就对木塔千年不倒之谜进行了潜心研究和探索。

研究者认为，保证木塔千年不倒的原因有：首先从结构力学的理论上来看，木塔的结构非常科学合理，卯榫咬合，刚柔相济，这种刚柔结合的特点有着巨大的耗能作用，这种耗能减震作用的设计，甚至超过现代建筑学的科技水平。

从结构上看，一般古建筑都采取矩形、单层六角或八角形平面。而木塔是采用两个内外相套的八角形，将木塔平面分为内外槽两部分。内槽供奉佛像，外槽供人员活动。内外槽之间又分别有地栿、栏额、普柏枋和梁、枋等纵向横向相连接，构成了一个刚性很强的双层套桶式结构。这样，就大大增强了木塔的抗倒伏性能。

木塔外观为五层，而实际为九层。每两层之间都设有一个暗层。这个暗层从外看是装饰性很强的斗拱平座结构，从内看却是坚固刚强的结构层，建筑处理极为巧妙。在历代的加固过程中，又在暗层内非常科学地增加了许多弦向和经向斜撑，组成了类似于现代的框架构层。这个结构层具有较好的力学性能。有了这四道圈梁，木塔的强度和抗震性能也就大大增强了。

斗拱是中国古代建筑所特有的结构形式，靠它将梁、枋、柱连接成一体。由于斗拱之间不是刚性连接，所以在受到大风地震等水平力作用时，木材之间产生一定的位移和摩擦，从而可吸收和损耗部分能量，起到了调整变形的作用。除此之外，木塔内外槽的平座斗拱与梁枋等组成的结构层，使内外两圈结合为一个刚性整体。这样，一柔一刚便增强了木塔的抗震能力。应县木塔设计有近六十种形态各异、功能有别的斗拱，是中国古建筑中使用斗拱种类最多，造型设计最精妙的建筑，堪称一座斗拱博物馆。

近代日本的地震建筑专家在《地震与建筑》一书中提出了五条抗震设计的原则。在将木塔的结构特点与之相比较就会发现，早在九百五十多年前，应县

传统建筑

159

木塔的设计者已经深深懂得并很好地实践了这些原则。木塔当年的设计者可能不懂这些理论，但他们在实践中创造了奇迹。

1993年，国家地震局地球物理研究所、地矿部华北石油局第九普查大队等十几个科研部门，曾对木塔塔院及周围地质状况进行详尽勘察，发现木塔基土主要由土及砂类组成，工程地质条件非常好，其承载力远大于木塔的荷载。所以，直到现在仍然不必担心木塔会有因"底虚"而倾倒的可能。此外，夏天塔上居住着成千上万只麻燕，这些麻燕以木塔上的蚊虫为食，千百年来担任着"护塔卫士"，这些已经成为视木塔为神圣的应县人最喜欢讲给外地瞻仰者的真实"神话"。

【文化积淀】

木塔自建成后，历代名人挂匾题联，寓意深刻，笔力遒劲，为木塔增色不少。其中：明成祖朱棣于永乐四年（1406年），率军北伐，驻宿应州，登城玩赏时亲题"峻极神工"；明武宗朱厚照于正德三年（1508年）登木塔宴请有功将官时，题"天下奇观"。塔内现存明、清及民国匾、联54块。对联也有上乘之作，如"拔地擎天四面云山拱一柱，乘风步月万家烟火接云霄"；"点检透云霞西望雁门丹岫小，玲珑侵碧汉南瞻龙首翠峰低"。

此外，与木塔齐名的是塔内发现了一批极为珍贵的辽代文物，尤其是辽刻彩印，填补了中国印刷史上的空白。文物中以经卷为数较多，有手抄本，有辽代木版印刷本，有的经卷长三十多米，实属国内罕见，为研究中国辽代政治、经济和文化提供了宝贵的实物资料。

中国古代县城的杰出典范——平遥古城

【概述】

平遥古城位于太原以南，山西省中部，汾河以东，距省城太原约有一百千米。东连祁县、北接文水，西邻汾阳，西南与介休接壤，南靠沁源，东南与沁县、武乡毗邻。平遥古城始建于西周宣王时期（公元前827年—公元前782年），明代洪武三年（1370年）扩建。以后景德、正德、嘉靖、隆庆和万历各代进行过十次补修和修葺，更新城楼，增设敌台。康熙四十二年（1703年）因

皇帝西巡路经平遥，而筑了四面大城楼，使城池更加壮观。平遥城墙总周长
6163 米，墙高约 12 米，把平遥县城一隔为两个风格迥异的世界。

【建筑构成】

平遥城墙的平面布局呈方形，坐北向南，偏东十五度。城之所以追求"方
正"，如果不是在解释古人"天圆地方，道在中央"之说，便是出自科学的建
筑构思，因为除了圆形之外，最短的周边能围合成最大面积的只有方形。城之
朝向，固然面南为尊，但县城不比皇城，故因地制宜取向东偏十五度，正好顺
应着常年的主导风向，每日沐浴着充裕的阳光。城池前有中都河水，远方是麓
台山和超山，迎山接水，生机盎然。平遥城墙周长 6162.68 米（与明初"周围
十二里八分四厘"吻合），其中东墙 1478.48 米，南墙 1713.80 米（东西两墙南
端的直线间距也不过 1500 米），西墙 1494.35 米，北墙 1476.05 米，东、西、
北三面俱直，唯南墙随中都河蜿蜒而顿缩逶迤如龟状。中国古代礼制规定，天
子的城方 9 里，公爵的城方 7 里，侯爵和伯爵的城方 5 里，子爵的城方 3 里。
平遥城 3 里见方，显然是古代最低一级（县城）中最大的城了。明洪武三年的
扩建重筑，奠定了现存城墙的基本形制，墙高"三丈二尺"，底宽 8 至 12 米，
顶宽 3 至 6 米。早期的墙体用素土夯筑，夯土墙基用自然土夯填。明代遗留的
夯土层中有直径 6 至 7 厘米的木栓，由地面以上起，每二米为一层，木栓平面
分布的间距为 2 至 3 米。夯土内的夯窝直径为 15 厘米，深 2 至 3 厘米，夯层 12
至 15 厘米。夯土墙外侧有条石作基，以特制的青砖包砌挡土墙。挡土墙内侧每
隔 5 至 6 米筑有砖砌内垛，与夯土墙连接。挡土墙厚度由底至顶分别为 87 厘
米、70 厘米、53 厘米，各层高度约占墙体总高度的三分之一，墙身的断面形成
一个梯形。外檐墙根，顺大墙走向筑散水台阶，俗称小城墙，台阶高 1 米，宽 3
至 5 米，台面以半砖侧铺。外檐墙头，砖砌垛口墙，高 2 米，厚 53 厘米，每垛
长 1.39 米，上施檐砖三层，中有高 25 厘米、宽 17.7 厘米的瞭望孔。垛堞间留
有垛口，宽 53 厘米，好供射击。每段垛口墙下，辟一与垛口同样大的矩形"铳
眼"，用以容纳炮身，跪姿发射。具有 3000 个垛口的垛口墙在平遥城头虚实相
间，从造型上消除了高墙厚垣的刻板，在易学上满足了阴阳平衡的追求，战时
的守城兵马则足以遮挡矢石，因而，垛口墙又称挡马墙。内檐墙头，砖筑护卫
安全的矮墙。

平遥城有古城门六道，平遥城南高北低，四方开门，民间以朝向和地势相

传
统
建
筑

区别，将六道城门分别叫南门、北门、上东门、上西门、下东门、下西门。其实，原本各有其名。据明万历三十七年《汾州府志·建置卷》载："隆庆三年知县岳维于六门外各修吊桥，各立砖门，皆立卧石，上刊二字，以壮伟观。东门二：一曰械口，一曰口顺，今存。西门二：一曰刺口，一曰威敌。隆庆六年知县孟一脉城以砖，按察使梁明翰为之记。万历二十二年增筑，瓮圈拆废，南门曰焚口，北门曰洗戎。"至清代，城墙在道光三十年后的一次大修中，知县刘叙将六门重新命名，并亲收匾额，分别为"迎薰、拱极、太和、永定、亲翰、凤仪"。城池既面南又偏东，南门迎纳着东南方的和薰之风，是为"迎薰门"；古人以北极星作为北方的标志，孔子曰："为政以德，譬如北辰，居其所而众星拱之。"北门称"拱极门"，取四方归向，众人共尊之意；上东门地处朝气方位，取生机盎然、保合太和之意，故称"太和门"；上西门命名"永定门"，期冀江山永固，国泰民安；下东门自古为本邑战略要冲，门匾书"亲翰"二字，意在告诫人们"戎事乘翰"，务以卫国保家为己任；下西门之取名"凤仪门"，似乎受到早年关于西门外有凤凰来朝的神话影响，"箫韶九成，凤凰来仪"，凤凰来而有容仪，是吉祥的瑞应，令人进而想到德政惠民，国运隆昌。

城楼是修筑于城门上的楼。古代有时称"谯楼"，是"城"的标志，其雄伟壮丽的外观显示着城池的威严和民族的风采。平遥城墙的城楼共有6座，创修于明代，清康熙四十二年（1703年）补修重筑，城楼高16.14米，宽五间13.72米，进深四间10.04米。南、北二门的城楼为三重檐二层七檩歇山回廊式，东西四门的城楼为重檐二层七檩歇山回廊式。在古代或近代的战争中，砖木结构的城楼是瞭望所，是守城将领的指挥部，又是极其重要的射击据点。到了现代的守卫战中，其功能不足以为然了。城墙上的城楼造型古朴、典雅，结构端庄稳健。城楼是城墙顶精致美观的高层建筑，平常登高瞭望，战时主将坐镇指挥，是一座城池重要的高空防御设施。

瓮城是建在城门外小城，又叫月城，用以增强城池的防御能力。《武经总要前集·守城》记载："其城外瓮城，或圆或方。视地形为之，高厚与城等，惟偏开一门，左右各随其便。"平遥古城的瓮城城门与大城门的朝向多数呈90度夹角（南门和下东门除外），即便敌军攻破了瓮城城门，还有主城门防御，由于瓮城内地方狭窄不易于展开大规模兵力进攻，延缓了敌军的进攻速度，而城墙顶部的守军则可居高临下四面射击，给敌人以致命打击，正所谓关门打狗、瓮中捉鳖。

平遥古城的点将台位于上东门和下东门之间城墙顶上，现为砖砌高台。相传公元前827年周宣王即位后，派大将尹吉甫率兵北伐猃狁，连战连捷，后奉命屯兵今之平遥，增筑城墙，并在此训练士卒，点将练武。明代中叶，人们为纪念尹吉甫功绩，在尹曾点将阅兵的地方修筑了高真庙。明清维修城墙时一并将"高真庙"连成一体，是城顶宽阔的高台，登高远眺，心旷神怡。有诗为证："层台百尺县城连，吉甫勋名雉堞前。塞草久消征战垒，龙旗怯意出车年"。

角台与角楼：角台是突出于城墙四角、与墙身连为一体的墩台。每个角台上建楼橹一座，名角楼。角楼分别指西北角的"霞叠"楼，东北角的"栖月楼"，西南角的"瑞霭楼"，东南角的"凝秀楼"。主要用以弥补守城死角即城墙拐角处的防御薄弱环节，从而增强整座城墙的防御能力。角楼之朝向与大墙呈135度角，楼的高度、体量介于城楼与敌楼之间。战时，角楼内的守御者居高临下，视野广阔，可监控和痛击来自多种角度的进犯之敌。角台与角楼以其非同寻常的战略位置，在平遥城墙的历代维修工程中，每被列为重要项目。清道光、咸丰间持续六年之久的大修中，索性把残破的"四隅敌楼"（角楼）拆倒，重新修起了更高大的砖木结构二层楼阁。楼的平面呈方形，占地27平方米，正立面辟拱券门，内有砖阶可通往二层，二层四面开圆形瞭望窗，楼身为砖砌。传统的建筑艺术融进了军事堡垒之中。

马面与敌楼："马面"是城墙中向外突出的附着墩台，因为它形体修长，如同马的脸面，故称"马面"。马面之设，既增强了墙体的牢固性，又在城池守卫战中得以消除战场的死角，一旦敌人兵临城下，相邻的马面上的守夫可组织成交叉射击网，让来犯者左右受敌而一败涂地。平遥城墙每隔60至100米即有马面一个，马面上筑有瞭望敌情的楼橹，称"敌楼"。据旧志称，明代初年重修平遥城墙时，仅建"敌台窝铺四十座，隆庆三年（1569年）增至94座，万历三年（1575年），在全城以砖石包城的同时，重修成砖木结构的敌楼72座，后经历代修葺，遗存至今。"敌楼平面呈方形，占地10.24平方米为双层，四壁砖砌，硬山顶，筒板瓦覆盖（太和门瓮城左右的两敌楼顶有脊饰），底层面向城内的一面辟拱券门，楼内设木楼梯，上层置楼板，楼上四面各开拱券窗两孔。仰望一座座敌楼，如同林立的岗哨，莫不令人敬畏。每个敌楼对着城内的某条街巷，可以进行监控。可见不论在平时和战时，敌楼又具有治安防范的功能。

【城内建筑】

平遥古城由纵横交错的四大街、八小街、七十二条蚰蜒巷构成。

南大街：为平遥古城的中轴线，北起东、西大街衔接处，南到大东门（迎熏门），以古市楼贯穿南北，街道两旁，老字号与传统名店铺林立，是最为繁盛的传统商业街，清朝时期，南大街控制着全国百分之五十以上的金融机构。被誉为中国的"华尔街"。

西大街：西起下西门（凤仪门），东和南大街北端相交，与东大街呈一条笔直贯通的主街。著名的中国第一家票号——日升昌，就诞生于古城西大街，故西大街被誉为"大清金融第一街"。

东大街：东起下东门（新翰门），西和南大街北端相交，与西大街呈一条笔直贯通的主街。

北大街：北起北门（拱极门），南通西大街中部。

八小街和七十二条蚰蜒巷：名称各有由来，有的得名于附近的建筑或醒目标志，例如衙门街、书院街、校场巷、贺兰桥巷、旗杆街、三眼井街、照壁南街、小察院巷等；有的得名于祠庙，例如文庙街、城隍庙街、罗汉庙街、火神庙街、关帝庙街、真武庙街、五道庙街等；有的得名于当地的大户，例如赵举人街、雷家院街、宋梦槐巷、阎家巷、冀家巷、郭家巷、范家街、邵家巷、马家巷等；古城东北角有一座相对封闭的城中之城，类似于古代城市中的坊，附近的四条街道也就被命名为东壁景堡、中壁景堡、西壁景堡和堡外街；还有一些街巷则已经无法探究名称来历了，例如仁义街、甜水巷、豆芽街、葫芦肚巷等。

平遥古城民居：以砖墙瓦顶的木结构四合院为主，布局严谨，左右对称，尊卑有序。大家族则修建二进、三进院落甚至更大的院群，院落之间多用装饰华丽的垂花门分隔。民居院内大多装饰精美，进门通常建有砖雕照壁，檐下梁枋有木雕雀替，柱础、门柱、石鼓多用石雕装饰。民间有句俗语："平遥古城十大怪"，其中一条是"房子半边盖"。平遥民居之所以大多为单坡内落水，流传最广的说法称之为"四水归堂"或"肥水不流外人田"，山西地处干旱，且风沙较大，将房屋建成单坡，能增加房屋临街外墙的高度，而临街又不开窗户，则能够有效地抵御风沙和提高安全系数。

城隍庙：位于城东南的城隍庙街，由城隍庙、财神庙、灶君庙三组建筑群构成。城隍神是古代汉民族宗教文化中普遍崇祀的重要神祇之一，大多由有功于地方民众的名臣英雄充当。城隍庙的宣传词为"皇帝有难上天坛，县官有难到此来"。这宣传词不知出自于何处，但在历史上尤其是明代，城隍受封的级别确实高于县令。明太祖诏令各地建城隍庙，与县衙署对称设置，"阴阳各司其职"，这是古代"人神共治"思想的明确反映。

清虚观：位于东大街东段，创建于唐，鼎盛于元，现存主体建筑是明代遗物，为山西省重点文物保护单位。

【平遥三宝】

第一宝：古城墙。古城墙，即平遥县城墙，是山西现存历史较早、规模最大的一座城城墙。明、清两代都有补修，但基本上还是明初的形制和构造。城墙历经了六百余年的风雨沧桑，至今仍雄风犹存。

第二宝：镇国寺。出古城上东门往北就可见到镇国寺，它是古城的第二宝。该寺的万佛殿建于五代（10世纪）时期，目前是中国排名第三位的古老木结构建筑，距今已有一千余年的历史。殿内的五代时期彩塑更是不可多得的雕塑艺术珍品。

第三宝：双林寺。双林寺位于古城西北。该寺修建于北齐武平二年（公元571年）。寺内十余座大殿内保存有元代至明代（13—17世纪）的彩塑造像两千余尊，被人们誉为"彩塑艺术的宝库"。

【历史地位】

平遥古城距今已有两千七百多年的历史，是中国古代县城的杰出典范。迄今为止，它还较为完好地保留着明清时期县城的基本风貌，堪称中国汉民族地区现存最为完整的古城。世界遗产委员会认为：平遥古城是中国境内保存最为完整的一座古代县城，是中国汉民族城市在明清时期的杰出范例，在中国历史的发展中，为人们展示了一幅非同寻常的文化、社会、经济及宗教发展的完整画卷。1997年12月被列入《世界遗产名录》。

平遥古城曾经操纵和控制了中国的近代金融业，对中国近代经济发展产生过积极的影响。平遥古城在19世纪的中后期，是金融业最为发达的城市之一，是当时最有影响的票号总部所在地、金融业总部所在地、金融业总部机构最集中的地方，是中国古代商业中著名的"晋商"的发源地之一。清代道光四年（1824 年），中国第一家现代银行的雏形"日升昌"票号在平遥诞生。三年之后，"日升昌"在中国很多省份先后设立分支机构。19 世纪 40 年代，它的业务更进一步扩展到日本、新加坡、俄罗斯等国家。当时，在"日升昌"票号的带动下，平遥古城的票号业发展迅猛，鼎盛时期这里的票号竟多达二十二家，一度成为中国金融业的中心。

在漫长的发展过程中，平遥古城保留的文化遗存数量多、密度高、跨度的时间长，是被誉为"中国古建筑宝库"在山西省范围内的一个"文物大县"。平遥古城独特而丰富的文化遗存，不仅代表了中国古代城市在不同历史时期的建筑形式、施工方法和用材标准，也反映了中国古代不同民族、不同地域的艺术进步和美学成就。

平遥古城是按照汉民族传统规划思想和建筑风格建设起来的城市，集中体现了公元 14 至 19 世纪汉民族的历史文化特色，对研究这一时期的社会形态、经济结构、军事防御、宗教信仰、传统思想、伦理道德的人类居住形式有重要的参考价值。具有汉民族的传统文化特色。

最具代表性的北方民居——北京四合院

【概述】

四合院，是中国华北地区民用住宅中的一种组合建筑形式，是一种四四方方或者是长方形的院落。"四"即东、西、南、北四面，"合"是合在一起，形成一个口字形，这就是四合院的基本特征。四合院建筑是中国的一种传统合院式建筑，其格局为一个院子四面建有房屋，通常由正房、东西厢房和倒座房组成，从四面将庭院合围在中间，故名四合院。四合院不只是几间房子，它是中国古人伦理、道德观念的集合体，艺术、美学思想的凝固物，是中华文化的立体结晶。

四合院是以正房、倒座房、东西厢房围绕中间庭院形成平面布局的北方传统住宅的统称。在中国民居中历史最悠久，分布最广泛，是汉族民居形式的典型。其历史已有三千多年，西周时，形式就已初具规模。最具代表性的北京四合院，最能体现北方四合院的传统历史风貌。北京四合院在辽代时已初成规模，经金、元，至明、清，逐渐完善，最终成为北京最有特点的居住形式。

【建筑布局】

在北京城大大小小的胡同中，坐落着许多由东、南、西、北四面房屋围合起来的院落式住宅，这就是北京四合院。这种四合院，是在新中国成立前留下来的，而且现在仍然沿用着。北京的四合院住宅，经过长期的经验积累，不论在形式上，还是在结构、材料、施工方法上，都有一套成熟的做法。

四合院建筑的布局，是以南北纵轴对称布置和封闭独立的院落为基本特征的。按其规模的大小，有最简单的一进院、二进院或沿着纵轴的三进院、四进院或五进院。

北京正规四合院一般依东西向的胡同而坐北朝南，基本形制是分居四面的北房（正房）、南房（倒座房）和东、西厢房，四周再围以高墙形成四合，开一个门。四合院虽有一定的规制，但规模大小却有不等，大致可分为大四合、中四合、小四合三种。

小四合院一般是北房三间，一明两暗或者两明一暗，东西厢房各两间，南房三间。房屋为卧砖到顶，起脊瓦房。院内铺砖墁甬道，连接各处房门，各屋前均有台阶。大门两扇，黑漆油饰，门上有黄铜门钹一对，两则贴有对联。

中四合院比小四合院宽敞，一般是北房5间，包括3间正房2间耳房，东、西厢房各3间，房前有廊以避风雨。另以院墙隔为前院（外院）、后院（内院），院墙以月亮门相通。前院以一二间房屋以作门房，后院为居住房，建筑讲究，层内方砖墁地，青石作阶。

大四合院习惯上称作"大宅门"，房屋设置可为5南5北、7南7北，甚至还有9间或者11间大正房，一般是复式四合院，即由多个四合院向纵深相连而成。院落极多，有前院、后院、东院、西院、正院、偏院、跨院、书房院、围房院、马号、一进、二进、三进，等等。院内均有抄手游廊连接各处，占地面积极大。

如果可供建筑的地面狭小，或者经济能力无法承受的话，四合院又可改盖为三合院，不建南房。

中型和小型四合院一般是普通居民的住所，大四合院则是府邸、官衙用房。

大门是旧社会主人地位的一个表征。王府大门是最高形式，其次有广亮大门、如意门等。广亮大门只有品官的宅第方可使用。

进大门后的第一道院子，南面有一排朝北的房屋，叫作倒座，通常作为宾客居住、书塾、男仆人居住或杂间。自此向前，经过二道门（或为屏门，或为垂花门）进到正院。这二道门是四合院中装饰得最华丽的一道门，也是由外院进到正院的分界门。

在正院，小巧的垂花门和它前面配置的荷花缸、盆花等，构成了一幅有趣的庭院图景。正院中，北房南向是正房，房屋的开间进深都较大，台基较高，多为长辈居住，东西厢房开间进深较小，台基也较矮，常为晚辈居住。正房、厢房和垂花门用廊连接起来，围绕成一个规整的院落，构成整个四合院的核心空间。

过了正房向后，就是后院，这又是一层院落，有一排坐北朝南的较为矮小的房屋，叫作后罩房，多为女佣居住，或为库房、杂间。

四合院里的绿化也很讲究，各层院落中，都配置有花草树木、荷花缸、金鱼池和盆景等。

北京四合院住宅的建造，大都是在封建社会的晚期，它满足了人们衣食住行的需要，满足了人们希望得到友谊、同情、理解、信任的需要。数代人的居住实践表明，住在四合院，人与人之间能产生一种凝聚力与和谐气氛，同时有一种安全稳定感和归属亲切感。这与现代公寓住宅永远紧闭大门的冷漠形成了鲜明的对照。

北京的胡同大多是东西走向的，主要以走人为主，胡同北边的四合院门一般开在院子的东南角，南边的四合院门一般开在院子的西边角。四合院是北京地区典型的民居形式。

【建筑构造】

北京四合院属砖木结构建筑，房架子檩、柱、梁（桁）、槛、椽以及门窗、隔扇等均为木制，木制房架子周围则以砖砌墙。梁柱门窗及檐口椽头都要油漆彩画，虽然没有宫廷苑囿那样金碧辉煌，但也是色彩缤纷。墙习惯用磨砖、碎砖垒墙，所谓"北京城有三宝……烂砖头垒墙墙不倒"。屋瓦大多用青板瓦，正反互扣，檐前装滴水，或者不铺瓦，全用青灰抹顶，称"灰棚"。

四合院的大门一般占一间房的面积，其零配件相当复杂，仅营造名称就有门楼、门洞、大门（门扇）、门框、腰枋、塞余板、走马板、门枕、连槛、门槛、门簪、大边、抹头、穿带、门心板、门钹、插关、兽面、门钉、门联等，四合院的大门就由这些零部件组成。

大门一般是油黑大门，可加红油黑字的对联。进了大门还有垂花门、月亮门等。垂花门是四合院内最华丽的装饰门，称"垂花"是因此门外檐用牌楼作法，作用是分隔里外院，门外是客厅、门房、车房马号等"外宅"，门内是主要起居的卧室"内宅"。

垂花门油漆得十分漂亮，檐口椽头椽子油成蓝绿色，望木油成红色，圆椽头油成蓝白黑相套如晕圈之宝珠图案，方椽头则是蓝底子金万字绞或菱花图案。前檐正面中心锦纹、花卉、博古等，两边倒垂的垂莲柱头根据所雕花纹更是油漆得五彩缤纷。没有垂花门可用月亮门分隔内外宅。

四合院的雕饰图案以各种吉祥图案为主，如以蝙蝠、寿字组成的"福寿双全"，以插月季的花瓶寓意"四季平安"，还有"子孙万代"、"岁寒三友"、"玉棠富贵"、"福禄寿喜"等，展示了老北京人对美好生活的向往。

窗户和槛墙都嵌在上槛（无下槛）及左右抱柱中间的大框子里，上扇都可支起，下扇一般固定。冬季糊窗多用高丽纸或者玻璃纸，自内视外则明，自外视内则暗，既防止寒气内侵，又能保持室内光线充足。夏季糊窗用纱或冷布，这种窗纱，似布而又非布，可透风透气，解除室内暑热。冷布外面加幅纸，白天卷起，夜晚放下，因此又称"卷窗"。有的人家采用上支下摘的窗户。

北京冬季和春季风沙较多，居民住宅多用门帘。一般人家，冬季要挂有夹板的棉门帘，春、秋要挂有夹板的夹门帘，夏季要挂有夹板的竹门帘。贫苦人家则可用稻草帘或破毡帘。门帘可吊起，上、中、下三部分装夹板的目的是为增加重量，以免被风掀起。后来，门帘被风门所取代，但夏天仍然用竹帘，凉快透亮而实用。

四合院的顶棚都是用高粱秆作架子，外面糊纸。北京糊顶棚是一门技术，四合院内，由顶棚到墙壁、窗帘、窗户全部用白纸裱糊，称之"四白到底"。普通人家几年裱一次，有钱人家则是"一年四易"。

北京冬季非常寒冷，四合院内的居民以前均睡火炕，炕前有一个陷入地下的煤炉，炉中生火。土炕内空，火进入炕洞，炕床便被烤热，人睡热炕上，顿觉暖融融的。烧炕用煤多产自北京西山，有生煤和煤末的区别。如果用的是媒末，则需将煤末与黄土摇成煤球，供烧炕或做饭使用。

室内取暖多用火炉，火炉以质地可分为泥、铁、铜三种，泥炉以北京出产的锅盔木制造，透热力极强，轻而易搬，富贵之家常常备有几个炉子。一般人家常用炕前炉火做饭煮菜，不另烧火灶，生活起居很难分开。炉火可封住，因此常常是经年不熄，以备不时之需。如果熄灭，则以干柴、木炭燃之，家庭主妇每天早晨起床就将炉子提至屋外（为防煤气中毒）生火，成为北京一景。

四合院内生活用水的排泄多采用渗坑的形式，俗称"渗井"、"渗沟"。四合院内一般不设厕所，厕所多设于胡同之中，称"官茅房"。

北京四合院讲究绿化，院内种树种花，确是花木扶疏，幽雅宜人。老北京爱种的花有丁香、海棠、榆叶梅、山桃花等，树多是枣树、槐树。花草除栽种外，还可盆栽、水养。

盆栽花木最常见的是石榴树、夹竹桃、金桂、银桂、杜鹃、栀子等，种石榴取石榴"多子"之兆。至于阶前花圃中的草茉莉、凤仙花、牵牛花、扁豆花，更是四合院的家常美景了。

清代有句俗语形容四合院内的生活："天棚、鱼缸、石榴树、老爷、肥狗、胖丫头"，可以说是四合院生活比较典型的写照。

四合院一般是一户一住，但也有多户合住一座四合院的情况，这种四合院多为贫困人家，称为"大杂院"。大杂院的温馨是许多老北京居民无法忘记的。

【影壁装饰】

四合院影壁是北京四合院大门内外的重要装饰壁面，主要作用在于遮挡大门内外杂乱呆板的墙面和景物，美化大门的出入口，人们进出宅门时，迎面看到的首先是叠砌考究、雕饰精美的墙面和镶嵌在上面的吉辞颂语。

四合院常见的影壁有三种：第一种位于大门内侧，呈一字形叫作一字影壁。大门内的一字影壁有独立于厢房山墙或隔墙之间的，称为独立影壁，如果在厢房的山墙上直接砌出小墙帽并做出影壁形状，使影壁与山墙连为一体，则称这种影壁为座山影壁。

第二种是位于大门外面的影壁，这种影壁坐落在胡同对面，正对宅门，一般有两种形状，平面呈"一"字形的，叫一字影壁，平面成"⌐"形的，称雁翅影壁。这两种影壁或单独立于对面宅院墙壁之外，或倚砌于对面宅院墙壁，主要用于遮挡对面房屋和不甚整齐的房角檐头，使经大门外出的人有整齐美观、愉悦的感受。

人间巧艺夺天工——发明创造卷

还有一种影壁，位于大门的东西两侧，与大门檐口成 120 度或 135 度夹角，平面呈"八"字形，称做"反八字影壁"或"撇山影壁"。做这种反八字影壁时，大门要向里退进 2 至 4 米，在门前形成一个小空间，可作为进出大门的缓冲之地。在反八字影壁的烘托陪衬下，宅门显得更加深邃、开阔、富丽。

四合院宅门的影壁，绝大部分为砖料砌成。影壁分为上、中、下三部分，下为基座，中间为影壁心部分，影壁上部为墙帽部分，仿佛一间房的屋顶和檐头。

影壁与大门有互相陪衬，互相烘托的关系，二者密不可分，它虽然是一座墙壁，但由于设计巧妙，施工精细，在四合院入口处起着烘云托月、画龙点睛的作用。

【文化内涵】

北京四合院是老北京人世代居住的主要建筑，是中国传统居住建筑的典范。它有宽绰疏朗、起居方便的中心院落，这种相对封闭的居住方式不但有着高度的私密性，也强调了人与自然的和谐。北京四合院的建筑格局和空间构成也体现着以家长为中心的封建家庭秩序，规整中有变化、变化中有秩序的建筑风格，既反映了东方文化的传统哲学，也充满着一种群体的和谐与平衡。

北京四合院的建筑构造和工艺技术，反映出了我国民居建筑技术所达到的高超水平，它一方面满足了外观审美的要求，重要的是充分与我国北方地区典型的自然环境相适应，是一种绿色、节能的建筑形式。北京四合院的环境空间艺术体现了与自然的融合，院子内外遍布的花草树木，不仅体现了与外界环境的水乳交融，而且通过胡同与城市构成了一幅严整中有变化、变化中有统一的自然画卷。

巴楚文化的"活化石"——吊脚楼

【概述】

吊脚楼，也叫"吊楼"，多依山就势而建，呈虎坐形，以"左青龙，右白虎，前朱雀，后玄武"为最佳屋场，后来讲究朝向，或坐西向东，或坐东向西。在西南地区广西、贵州、湖南、四川等省份，"吊脚楼"是山乡少数民族如苗、侗、壮、布依、土家族等的传统民居样式。

吊脚楼的正屋建在实地上，厢房除一边靠在实地和正房相连，其余三边皆悬空，靠柱子支撑，属于干栏式建筑。吊脚楼有很多好处，高悬地面既通风干燥，又能防毒蛇、野兽，楼板下还可放杂物。吊脚楼还有鲜明的民族特色，优雅的"丝檐"和宽绰的"走栏"使吊脚楼自成一格。这类吊脚楼比"栏杆"较成功地摆脱了原始性，具有较高的文化层次，被称为巴楚文化的"活化石"。

【建筑结构】

依山的吊脚楼，在平地上用木柱撑起分上下两层，节约土地，造价较廉；上层通风、干燥、防潮，是居室；下层关牲口或用来堆放杂物。房屋规模一般人家为一栋4排扇3间屋或6排扇5间屋，中等人家5柱2骑、5柱4骑，大户人家则7柱4骑、四合天井大院。4排扇3间屋结构者，中间为堂屋，左右两边称为饶间，作居住、做饭之用。饶间以中柱为界分为两半，前面作火炕，后面作卧室。吊脚楼上有绕楼的曲廊，曲廊还配有栏杆。

有的吊脚楼为三层建筑，除了屋顶盖瓦以外，上上下下全部用杉木建造。屋柱用大杉木凿眼，柱与柱之间用大小不一的杉木斜穿直套连在一起，尽管不用一个铁钉也十分坚固。房子四周还有吊楼，楼檐翘角上翻如展翼欲飞。房子四壁用杉木板开槽密镶，讲究的里里外外都涂上桐油又干净又亮堂。底层不宜住人，是用来饲养家禽，放置农具和重物的。第二层是饮食起居的地方，内设卧室，外人一般都不入卧室内。卧室的外面是堂屋，那里设有火塘，一家人就围着火塘吃饭，这里宽敞方便。由于有窗，所以明亮，光线充足通风也好，家人多在此做手工活和休息，也是接待客人的地方。堂屋的另一侧有一道与其相连的宽宽的走廊，廊外设有半人高的栏杆，内有一大排长凳，家人常居于此休息，节日期间妈妈也是在此打扮女儿。第三层透风干燥，十分宽敞，除作居室外，还隔出小间用作储粮和存物。

【建筑形式】

吊脚楼的形式多种多样，其类型有以下几种：

单吊式，这是最普遍的一种形式，有人称之为"一头吊"或"钥匙头"。它的特点是，只正屋一边的厢房伸出悬空，下面用木柱相撑。

双吊式，又称为"双头吊"或"撮箕口"，它是单吊式的发展，即在正房的两头皆有吊出的厢房。单吊式和双吊式并不以地域的不同而形成，主要看经济条件和家庭需要而定，单吊式和双吊式常常共处一地。

四合水式，这种形式的吊脚楼是在双吊式的基础上发展起来的，它的特点是，将正屋两头厢房吊脚楼部分的上部连成一体，形成一个四合院。两厢房的楼下即为大门，这种四合院进大门后还必须上几步石阶，才能进到正屋。

二屋吊式。这种形式是在单吊和双吊的基础上发展起来的，即在一般吊脚楼上再加一层。单吊、双吊均适用。

平地起吊式，这种形式的吊脚楼也是在单吊的基础上发展起来的，单吊、双吊皆有。它的主要特征是，建在平坝中，按地形本不需要吊脚，却偏偏将厢房抬起，用木柱支撑。

【文化内涵】

建筑，作为人类文明的最大承载体，是了解一个民族文化体系的捷径。当人类的记忆尚处于模糊不清的原始社会的时候，有巢氏创造的吊脚楼就作为最古老的民居登上了历史舞台。它临水而立、依山而筑，采集青山绿水的灵气，与大自然浑然一体。吊脚楼除具有民居建筑注重龙脉，依势而建和人神共处的神化现象外，还有着十分突出的空间宇宙化观念。

吊脚楼不仅单方面处于宇宙自然的怀抱中，宇宙也同时处于自然的怀抱之中。这种容纳宇宙的空间观念在土家族上梁仪式歌中表现得十分明显："上一步，望宝梁，一轮太极在中央，一元行始呈瑞祥。上二步，喜洋洋，'乾坤'二字在两旁，日月成双永世享……"这里的"乾坤"、"日月"代表着宇宙。从某种意义上来说，脚楼在其主观上与宇宙变得更接近，更亲密，从而使房屋、人与宇宙浑然一体，密不可分。

西双版纳地区的竹质结构建筑——傣族竹楼

【概述】

傣族竹楼是西双版纳地区傣族古老的竹质结构建筑，各种建筑构件原以竹子为主要材料修建，例如竹柱、竹梁、竹檩、竹椽、竹门、竹墙，就是盖在面上的草排，也用竹绳（竹篾）拴扎。有的地方，甚至将竹一破两半盖顶。由于建筑材料以竹为主，故有竹楼之称。

傣族人民多居住在平坝地区，常年无雪，雨量充沛，年平均温度达21摄氏度，没有四季的区分。所以在这里，干栏式建筑是很合适的形式。

【结构特点】

傣家竹楼的造型属栏杆式建筑。粗竹子做骨架，竹编篾子做墙体，楼板或用竹篾，或用木板，屋顶铺草，主柱有24条。竹楼用料简单，施工方便而且迅速。

造型美观独特，"人"字形的屋脊下，是四个屋面，上下重檐。楼室门口设有走廊，走廊的一端是登楼梯子，另一端是阳台。门内楼室四周，或栅木板，或围竹板，中间设有一道隔墙，将楼室分为内外两间。

傣家竹楼均独立成院，并以整齐美观的竹栅栏为院墙（筑矮墙为院墙者亦常见），标出院落范围。院内栽花种果，有芭蕉叶"摇扇"，有翠竹衬托，有果树遮阳，有繁花点缀，一幢竹楼如同一座园林。绿荫掩映的竹楼，可避免地下湿气浸入人体，又避免地表热气熏蒸，是热带、亚热带地极为舒适的居室。

千百年来，傣家竹楼已经经历了从竹质结构建筑、木质结构建筑到砖混结构建筑的变化。早年用竹柱、竹梁、竹门、竹墙构成的竹楼已成"历史文物"，但竹楼这个名称依然响亮。如今的竹楼，其实已经以木材为主要材料，是木柱、木梁、木檩、板墙的瓦楼。城镇附近的傣寨里，还出现了一批钢混结构，瓷砖贴面的现代"竹楼"。有些竹楼，还单独设置厨房，使客厅显得更宽敞干净。昔日客厅中的竹桌竹凳已被现代家具所取代。如今的竹楼，阳台上有花，竹楼旁有果。只要走下阳台便可赏花、摘果。这等"楼居"已是今非昔比，到西双版纳游览的客人，无不为之叫绝。

【生活用途】

一般傣家竹楼为上下两层的高脚楼房，高脚是为了防止地面的潮气，竹楼底层一般不住人，是饲养家禽的地方。

上层为人们居住的地方，这一层是整个竹楼的中心，室内的布局很简单，一般分为堂屋和卧室两部分，堂屋设在木梯进门的地方，比较开阔，在正中央铺着大的竹席，是招待来客、商谈事宜的地方，在堂屋的外部设有阳台和走廊，在阳台的走廊上放着傣家人最喜爱的打水工具竹筒、水罐等，这里也是傣家妇女做针线活的地方。

堂屋内一般设有火塘，在火塘上架一个三角支架，用来放置锅、壶等炊具，是烧饭做菜的地方。

从堂屋向里走便是用竹围子或木板隔出来的卧室，卧室地上也铺上竹席，这就是一家老小休息的地方了。

独具特色的中国传统住宅——客家土楼

【概述】

客家土楼，也称"福建圆楼"，分布的主要区域是分处博平岭南脉东西两侧的闽西南和粤东北几个县市。特别是客家话和闽南话这两大方言交界地区，如龙岩、湖雷、古竹、岐岭、大溪、湖坑、下洋几个乡镇，南靖西北部的奎洋、梅林、书洋三乡，平和西部的芦溪、霞寨、合溪、秀峰、九峰几个乡镇，诏安西北部的秀篆、官陂两乡，以及大埔东南部的双溪、枫朗、桃园，丰顺西部的官西，饶平北部的上善、三饶等几个乡镇。

在中国的传统住宅中，客家土楼独具特色。方形、圆形、八角形和椭圆形等形状的土楼共有 8 000 余座，规模大，造型美，既科学实用，又有特色。

【土楼结构】

客家土楼主要有三种典型，就是五凤楼、方楼、圆寨。从整体看，以三堂屋为中心的五凤楼含有明确的主次意识，可以肯定，它是汉族文化发源地的黄河中游流域古老院落式布局的延续发展，在其群体组合中，只有轴线末端的上堂屋（主厅）采用了坚厚的夯土承重墙。

方楼的布局同五凤楼相近，但其坚厚土墙从上堂屋扩大到整体外围，十分明显的是，防御性大大加强。

圆寨，仅就名称而言，已表现出两大特性，一方面，在圆形建筑物中，三堂屋已经隐藏，尊卑主次严重削弱；另一方面，寨就是堡垒，它的防御功能上升到首位，俨然成为极有效的准军事工程。

【土楼特点】

客家土楼建筑具有充分的经济性，良好的坚固性，奇妙的物理性，突出的防御性，独特的艺术性等特点。

第一是充分的经济性。客家土楼的主要建筑材料是黄土和杉土。在客家人聚居的闽、粤、赣三省交界地区，这两种材料取之不尽。特别是黄土，它取自山坡，因而不存在破坏耕地问题。旧楼若须拆除重建则墙土可以重复使用，或用于农作物肥料，不会产生像现代砖石或混凝土房屋那大量的建筑垃圾。

一般来说，由于屋架通风较畅，木构件受白蚁侵袭或潮湿润糟的情形并不严重，旧料可以两次使用，土楼的施工技术较易掌握，可以完全由人力操作，无须特殊设备。通常建楼时间安排在干燥少雨的冬季，此时正当农闲，族人可以大量参与工程，大大降低建筑费用。

第二是良好的坚固性。客家土楼，特别是圆寨的坚固性最好。圆筒状结构能极均匀地传递各类荷载，同时外墙底部最厚，往上渐薄并略微内倾，形成极佳的预应力向心状态，在一般的地震作用或地基不均匀下陷的情况下，土楼整体不会发生破坏性变形。而由于土墙内部埋有竹片木条等水平拉结性筋骨，即便因暂时受力过大而产生裂缝，整体结构并无危险。因此，人们从未听说圆寨坍塌事故的发生，很多传闻倒是某座土楼地震裂缝后，过些时日又自动弥合。

土楼最大的危险之一是水袭，但绝大多数做法是用大块卵石筑基，其高度设计在最大洪水线以上。土墙在石基以上夯筑，墙顶为3米左右的大屋檐，以确保雨水甩出墙外。

第三是奇妙的物理性。客家土楼的墙体厚1.5米左右，从而在热天可以防止酷暑进入，在冷天可以隔绝寒风侵袭，楼内形成一个夏凉冬暖的小气候。十分奇妙的是，厚实土墙具有其他任何墙体无法相匹配的含蓄作用。在闽、粤、赣三省交界地区，年降雨量多达一千八百毫米，并且往往骤晴骤雨，室外干湿度变化太大。在这种气候条件下，厚土保持着适宜人体的湿度，环境太干时，它能够自然释放水分；环境太湿时，吸收水分，这种调节作用显然十分有益于居民的健康。

今天的建筑师们经常谈到室内噪音的控制。的确，由于强烈的内向性，客家土楼，特别是圆寨容易产生噪音聚焦效应，对于大多数厌恶喧闹的现代人来说，这是一大弊端，但我们应当理解，在昔日荒山寂野的客家人生存环境中，建筑内部的喧闹正是令人欣慰的生命气息。

第四是突出的防御性。客家土楼的厚墙是最重要的特征之一，是中国传统住宅内向性的极端表现。以常见的4层土楼为例，底层和二层均不辟外窗，三层开一条窄缝，四层大窗，有时四层加设挑台。土墙的薄弱点是入口，加强措施是在硬木厚门上包贴铁皮，门后用横杠抵固，门上置防火水柜。这些全部出于防御要求。

闽、粤、赣三省交界地区早先是一片蛮荒，20世纪至20年代初，仍存留有多处原始森林，虫蛇出没，野兽甚多。在历史上很长时间内，这里是"天高皇帝远"，朝廷鞭长莫及。客家人除了常常遭遇民风强悍的少数民族的袭击外，与不同的家族也有殊死的械斗。

恶劣的生存环境迫使客家人极其重视防御，他们将住宅建造成一座易守难攻的设防城市，聚族而居。土楼内设有水井、粮仓、畜圈等设施，土楼使客家人获得了足够的安全保障。在客家人中间，流传着很多在敌人久攻不下"大楼安然无恙"的故事。

第五是独特的艺术性。客家土楼的艺术性主要体现在整体造型上。在这方面，三种典型土楼均有其特点。

五凤楼一般选址于山脚向阳处，其立面中轴线上，下堂、中堂、上堂高度递增，作为主体的上堂居于支配地位。轴线两翼横屋与之呼应地渐次升高，其重叠的三角形山面对峙左右，形成极工整的秩序构图。虽不着力于细部刻绘，但那错落有致的九脊歇山，饱含雄浑古拙的韵味。

方楼的造型特征与五凤楼近似，唯其下堂和横屋的外墙加厚升高，形成更为壮观的整体。

圆寨是三种典型土楼中造型艺术最富魅力的一种，崇山峻岭之间，它以浑然一体的纯粹形态出现，正如茫茫大漠中的埃及金字塔那样，极具纪念性。圆的外形与天穹呼应，本色的黄土墙与大地密接。随时光流逝，土墙出现无数不规则裂缝，更显得苍劲有力。圆寨是那样地苦心经营，却宛自天然，震撼人心，在当今方兴未艾的土楼旅游热中，圆寨具有最强的吸引力。

【土楼文化】

土楼具有深厚的文化内涵。群山高耸，峻岭飞走，这如涛如浪如画如诗的青山秀水，掩藏着多少古朴奇特的客家民风。客家人所创造的民俗风情五彩纷呈，千姿百态，勤劳智慧的客家儿女用自己的双手谱写了辉煌的篇章。

文化积淀最深的土楼当属振成楼，它的大门口有一副对联"振纲立纪""成德成才"，该楼楼名就是由这副对联简缩而成的。这副对联传达出强烈的儒家思想。以天下为己任，"修身，齐家，治国，平天下"的积极进取的人生态

传
统
建
筑

度，"铁肩担道义"式的道德吁请。这种思想为历代朝廷所畅扬，褒举。它的副作用自然是培育出了许多"文化鹰犬"与"思想走卒"，把个人意志强行捆缚在一道庞大僵硬的体系上，以貌似伟岸的姿势扼杀作为个人的自主性，独立性。振成楼大厅旁有一副对联"从来人品恭能寿，自古文章正乃奇"。这里谈到的为人准则，似乎与《论语》中"夫子为人，温而厉，威而不敏，恭而安"有关。对联的后半句似乎互相拆台，"奇""正"乃相生相克的两极，一阴一阳的两端，"奇"则不正，"正"则不奇，类似于武林中的"正""邪"之立。也许楼主的价值取向是人为文只需取正，或者"正"到极端变为"奇"，这倒是有"思辨型叙事"的味道，但他是否想过，"奇"到极点是否也会转化为"正"呢。

振成楼大厅中央有一个笔画复杂的大变体字，据说可以包含十个汉字。这个猜字谜几乎难倒了每一位到此的游客，导游小姐用一脸的深沉吊起人们的好奇心与深奥的复杂感。20世纪90年代中期，中央电视台《正大综艺》栏目在这儿拍摄了一期，主持人就以中央大厅那笔走龙蛇的变体字来考问广大观众。演播厅内几百名观众冥思苦想后也只猜出几个字。

古洋村有一座土楼，门额上气势挺拔地镌刻着四个大字"鼎耀江山"。这四个字是乾隆皇帝题的。相传，乾隆有一天做了个凶险的梦，一条独角牛发狂地冲向他，狠狠一顶，乾隆跟跄倒地，大呼救驾。独角牛变成了一条龙，腾地冲上天空，落到江南某个村庄去了。乾隆醒来后，一边擦冷汗，一边思忖："这条龙想顶死自己，莫不是想夺取朕的江山？"这个梦是否暗示着江南某个地方将有武装叛乱发生？出现另一个真龙天子？乾隆寝食难安，决心到江南微服私访，寻找那个村庄。当乾隆几个人来到古洋村，发现眼前的景观好眼熟，好像在哪里见过似的。他在村头看见一座突兀而立的山，恰似一头低首缩颈向前狂冲的独角牛，独角牛身后连绵起伏的群山，又像一条腾云驾雾的龙，"龙头"前有一座土楼刚竣工。乾隆发现这就是梦中出现的地方，心想："此处灵气氤氲，景物佳秀，莫非真会诞生真龙天子？"于是，他指令当地官府派人在"独角牛"的颈脖处挖出一条十几米宽的大壕沟，砍断了"独角牛"的脖子，在"龙山"相连之处也挖出一条大沟，切断了"龙身"。令人惊异的是，这两处缺口挖出的泥土竟是血红色的，就是一摊燃烧的鲜血。乾隆摆上牺牲祭奠一番之后，挥笔泼墨，为土楼题下"鼎耀江山"四个大字。

闽西历史上是个典型且比较偏僻的山区。据考古发掘与史籍表明，闽西在客家先民未大量流入以前，是一片林荫深郁、瘴气弥漫、猛兽肆行的区域，自然环境十分恶劣。正因为如此，历史上中原地区战乱不断，甚至在唐末战乱中，闽西仍是一处世外桃源，相对比较安宁，因而成为中原移民逃避战乱，重建家园直至形成客家民系的理想与现实场所。客家先民每次从中原南迁时，都有不少人从中原直抵闽西。

五次客家移民迁离中原之际，正值中原文化经历过汉唐盛世而达到高度成熟和灿烂辉煌阶段，中原灿烂的文化和中原优秀人才汇集在客家先民居住的闽西、赣南、粤西等相对封闭的空间里。客家人文化的活动表现，决定了其文化是一种除因顺应和改造新的环境而需吸纳当地文化之长外，更多的还是客观上促使了对中原文化传统的固守与承袭。因此，尽管经历上千数百年的历史，我们从客家人的饮食、语言、民俗，以及建筑中，处处可见中原遗风。

总之，客家人在由北向南的长途跋涉和频繁的迁徙中，不仅保留了古老汉民族固有的优秀文化传统，而且还吸收了闽越、畲、瑶等族的优秀文化和风俗，从而使客家文化千情万种、云蒸霞蔚、独具特色，成为汉民族文化中光彩夺目的一页。

古代最完整的建筑技术专著——《营造法式》

【概述】

《营造法式》编于北宋熙宁年间（1068 年—1077 年），成书于北宋元符三年（1100 年），刊行于北宋崇宁二年（1103 年），是北宋土木建筑家李诫在两浙工匠喻皓的《木经》的基础上编成的。是北宋官方颁布的一部建筑设计、施工的规范书。

【主要内容】

《营造法式》的内容是李诫收集汴京当时实际工程中相传、沿用的有效做法，和工匠们详细研究之后编成的，加之李诫本人在编书之前已在"将作监"工作了八年，曾以将作监丞的身份负责五王府等重大工程，有较丰富的工程管理经验，为编写此书创造了良好的主观条件。因此，如果以这本书和六百余年后清雍正年间所编的《工程做法则例》相比，无论从设计、估算工料、图样表现等各方面来衡量，《营造法式》都比《工程做法则例》高明，不仅体例较好，便于灵活应用，而且内容也较丰富，阐述精确，堪称是中国古代最优秀的建筑著作，是了解宋代建筑的一把钥匙。

《营造法式》规范了各种建筑做法，详细规定了各种建筑施工设计、用料、结构、比例等方面的要求。这是我国古代最完整的建筑技术书籍，标志着中国古代建筑已经发展到了较高阶段。

《营造法式》的内容近乎建筑规范，全书虽分制度、功限、料例三大部分，但所谓制度，主要内容是各种建筑部件的尺寸规定，对建筑布局、内部布置、体量形象等则很少涉及。全书共计34卷，分为五个部分，有357篇，3555条。内容包括壕寨制度、石作制度、大木作制度、小木作制度、雕作制度、旋作制度、锯作制度、竹作制度、瓦作制度、泥作制度、彩画作制度、工种的制度、规定各工种在各种制度下的构件劳动定额和计算方法、规定各工种的用料的定额和所应达到的质量，以及规定各工种和做法的平面图、断面图、构件详图、各种雕饰与彩画图案。该书还对文中所出现的各种建筑物及构件的名称、条例、术语做了规范的诠释。

【著作特点】

一是既灵活有理性。《营造法式》各种制度虽都有严格规定，但未规定组群建筑的布局和单体建筑的平面尺寸，各种制度的条文下亦往往附有"随宜加减"的小注，因此设计人可按具体条件，在总原则下，对构件的比例尺度发挥自己的创造性。

另外，对结构构件的详细规定，并没有因此而放弃装饰手法的表现。将装饰做在结构中，不单独设置装饰构件。

二是制定和采用模数制。《营造法式》详细说明了"材份制"，以"材"、"分"、"栔"来确定。这是中国建筑历史上第一次明确模数制的文字记载。

三是装饰与结构的统一。《营造法式》对石作、砖作、小木作、彩画作等都有详细的条文和图样，柱、梁、斗拱等构件在规定它们在结构上所需要的大小、构造方法的同时，也规定了它们的艺术加工方法。如梁、柱、斗拱、椽头等构件的轮廓和曲线，就是用"卷杀"的方法制作的。该手法充分利用结构构件加以适当的艺术加工，发挥其装饰作用，成为中国古典建筑的特征之一。

四是总结了大量技术经验。如根据传统的木构架结构，规定凡立柱都有"侧角"及柱"升起"，这样使整个构架向内倾斜，增加构架的稳定性；在横梁与立柱交接处，用斗拱承托以减少梁端的剪力；叙述了砖、瓦、琉璃的配料和烧制方法以及各种彩画颜料的配色方法。

【著作意义】

《营造法式》在北宋刊行的最现实的意义是严格的工料限定。该书是王安石执政期间制定的各种财政、经济的有关条例之一，以杜绝腐败的贪污现象。因此书中以大量篇幅叙述工限和料例。例如对计算劳动定额，首先按四季日的长短分中工（春、秋）、长工（夏）和短工（冬）。工值以中工为准，长短工各有增减，军工和雇工亦有不同定额。其次，对每一工种的构件，按照等级、大小和质量要求，如运输远近距离，水流的顺流或逆流，加工的木材的软硬等，都规定了工值的计算方法。料例部分对于各种材料的消耗都有详尽而具体的定额。这些规定为编造预算和施工组织订出严格的标准，既便于生产，也便于检查，有效地杜绝了土木工程中贪污盗窃的现象。

《营造法式》的现代意义在于它揭示了北宋统治者的宫殿、寺庙、官署、府第等木构建筑所使用的方法，使我们能在实物遗存较少的情况下，对当时的建筑有非常详细的了解，填补了中国古代建筑发展过程中的重要环节。通过书中的记述，我们还知道现存建筑所不曾保留的、今已不使用的一些建筑设备和装饰，如檐下铺竹网防鸟雀，室内地面铺编织的花纹竹席，椽头用雕刻纹样的圆盘，梁栿用雕刻花纹的木板包裹等。

传统建筑

矿 产 冶 炼

矿物和人类生活关系极其密切。本章包括三个方面的内容，即中国古代的采矿技术和冶炼技术，以及对生产实践具有指导意义的专业著作。

采矿是冶金技术的基础。中国的矿物学有着悠久而光辉的历史。李约瑟在比较中西古代矿物学知识时，说："中国人在文艺复兴以前的各个时期内对岩石和矿物的研究，并不是感情用事的，而是科学的，他们的贡献至少可与欧洲人相提并论。"李约瑟的这一评价是不为过分的，事实上中国古代在这方面的贡献，超过同时代的欧洲人。中国古人在实践中，逐渐认识到自然界中存在金属铜块，旧石器时代就认识和使用过 14 种矿物和岩石，新石器时代认识和使用矿物岩石的品种有 37 种。我们的祖先对矿物的大量需要，必然要以发达的采矿业做基础，也必然会从生产实践中产生先进的采矿技术，于是开始采集和使用它。在采矿技术方面，中国古代也有着一系列的发明和创造。至迟在春秋战国时期，人们就已经不仅能开采露天矿藏，而且可以开采地下矿藏，并已达到相当高的技术水平。石油、煤炭、盐卤、天然气、铜矿都相继为人们所注意、开采和使用。

中国古代的冶炼技术十分先进，商周时期，青铜器作为礼制的象征，在国家管理上起到一定作用铁器的发明，推动了铁制农具的推广。最为重要的冶铁技术的改革发展，带动了中国古代科学技术水平的发展，一是提高了农业生产效率，二是促进农业的改革发展，三是金属将古代中国带入冷兵器时代。中国古代先进的金属冶炼技术，证明了古代劳动人民富于创造的伟大精神。

在中国古代矿物理论方面，相关著作有很多，本章主要介绍了最著名的战国时期的《管子·地数篇》。这是中国古代比较系统的探矿理论，是实践经验的总结，是有科学价值的矿物理论专著。

中国古人集体智慧的结晶——先进的采矿技术

【概述】

我国古代劳动人民在从事农业、畜牧业、手工业生产中，陆续发现和使用了石、陶、木、骨器。在长期生产实践中，又逐渐认识到自然界中存在金属，于是开始采集和使用它。中国古代先进的采矿技术，是劳动人民集体智慧的结晶。

早在新石器时代，中国人就已经会使用"火攻法"采集矿石。位于广州市郊区西南樵山的新石器时代制石工场遗址是我国目前发现的最早的古代采矿遗址。在遗址的矿坑内壁上有火烧痕迹，巷道地面堆积了一层很厚的经过火烧的磷石块和碳屑，说明早在五千多年前，我国的劳动人民就已经懂得利用热胀冷缩的原理来开采矿石，这是世界采矿史上的一个奇迹。

中国古代的采矿技术在商周时期已经达到很高的水平。1988年，在江西瑞昌夏畈镇的幕阜山东北角，发现了一处商周时期的铜矿采矿遗址。铜矿遗址的开采方法既有露天开采，又有地下开采，以地下开采为主。当时矿工能将开拓系统延伸到数10米深的富矿带，利用木立框支撑在地层深部构筑了庞大的地下采场。地下开采时利用井口高低不同所产生的气压差形成的自然风流解决了通风问题。遗址出土的开采工具有青铜斧、钺、凿，翻土工具有木锨、木铲，装载工具有竹筐、竹畚箕，提升工具有木辘轳、木钩等。这说明古铜矿井有效解决了安全、通风、排水、提升等一系列技术问题，展示了中国早期辉煌的采矿技术的成就。采矿区还发现了大型选矿场，出土了选矿器具木溜槽，它可以利用矿粒在斜向水流中运动状态的差异进行物料选别。矿粒在重力、摩擦力、水流的压力、剪切力及档条阻力等联合作用下，松散、分层，这是达到按比重分离的重力选矿法之一。铜岭选矿槽的出土是世界选矿史上的重要发现。

现存湖北大冶的铜绿山古矿井遗址是我国春秋战国时期的古矿井遗址。该遗址采矿技术最显著的特点是采用竖井、斜井、盲井、平巷联合开拓法进行深井开采。最大井深为六十余米，低于地下水位二十余米。

我国古代矿业活动经历了由认识的不自觉到比较自觉，从低级到高级，从简单到复杂的发展过程。其基本特点是：中国是开发利用矿产资源历史最为悠久的少数几个国家之一；我国古代开发利用的矿产数量众多；我国古代矿业活动地理分布既相当广泛，又很不平衡，时间分布也是如此。

【石油的开采】

中国是世界上最早发现和使用石油的国家之一。明确记载石油产地的是《汉书·地理志》。秦汉时期的高奴县（今延安一带）人民，发现延河的支流洧水的水面上有可燃烧的液体，便"接取用之"（《水经·河水注》）。东汉时候，人们又在酒泉延寿县南山流出的泉水中发现了石油。由于这种液体装在器皿中"始黄后黑"，有如漆状，所以当地人叫它"石漆"（张华著《博物志》，《续汉书·郡国志》引）。这种"石漆"不仅"燃之极明"，而且"膏车甚佳"，可以作车轴的润滑剂。北魏和唐代，我国新疆库车和甘肃玉门一带，相继发现了石油，劳动人民对石油的开采和性能有了进一步的认识。北宋出现了石油军用加工厂，用石油作主要原料造军用武器。

"石油"的名称，是沈括明确提出的。沈括成功地用石油烟制墨（《梦溪笔谈》卷二十四）。在南宋，石油的一种固态照明产品——石烛问世。关于石油的药用功能，明代李时珍作了记载。那时四川、陕北一带的人民已经开始炼油。这些记载是很宝贵的，总结起来，可以看出我国人民对石油的发现、认识、使用、开采是一步步提高的。

【煤炭的开采】

据考古专家考证，中国是世界上最早发现煤和使用煤的国家。关于煤的最早的记录是在《山海经五藏山经》一书。书中写道："女床之山其阴多石涅。"其中的"石涅"就是指煤炭。因为煤炭颜色黝黑，与石头形状相似，在中国古代又被叫作石涅、石墨、石炭、乌金石，黑丹等。

汉代用煤作为燃料。河南巩县铁生沟西汉冶铁遗址和郑州古荥汉代烘范窑出土有煤块和煤饼。采煤技术在这一时期已发展起来。一般是沿露头挖掘，但也常开凿直井。晋人薛综说，曹魏时武安城有深八丈的煤井。南北朝时人们称煤为石炭。

唐代煤的开采以长安和太原两地最盛。唐文宗开成五年（公元840年），日本学问僧路过山西时，见到晋山到处堆积着采出的煤，行销远近诸州。

宋代，煤矿开采已经有一套比较完整的技术。从鹤壁古煤矿遗址知道，当时先由地面开凿圆形竖井，深达四十六米，然后依地下自然煤层的变化开掘巷道。巷道高 1 米多，形状上窄下宽，上宽 1 米，下宽 1.4 米，再把需要开采的煤田凿成若干小区，运用"跳格式"的先内后外的方法逐步后撤。关于井下排水的方法有两种：一种是用辘轳往外抽水，另一种是把地下水引进采完煤的坑洼地区贮积起来。

明代宋应星在《开工天物》中对地下采煤工艺和煤炭加工利用技术作了系统的总结。书中写道："凡取煤经久者，从土面能辨有无之色，然后挖掘，深可五丈许，方始得煤。初见煤端时，毒气灼人，有将巨竹凿去中节，尖锐其末插入炭中，其毒烟从竹透上。人从其下施攫拾取之。或一井而下，炭纵横广有，则随其左右阔取，其上支板，从防压崩耳。"这一描述详细描绘了找煤、开拓、支护、运输、提升、通风、排水等技术，说明当时中国手工采煤技术已臻成熟。

清代，记载采煤技术的书以孙廷铨的《颜山杂记》最详细，最好。他的记载是符合实际的，是当时山东淄博地区煤矿工人实际经验的总结。他从煤的性质讲起，然后顺序讲煤矿的勘探和开采。

关于煤矿开采技术，《颜山杂记》是指中是这样讲的："凡攻炭，必有井干焉。"这是指主井、竖井。"虽深百尺而不挠。"是指竖井虽深百尺也不弯曲，是直立的。"已得炭，然后旁行其隧。视其炭之行，高者倍人，薄者及身，又薄及肩，又薄及尻。"是指当竖井的深度和将要开采的煤层相当时，从竖井的旁边开巷道。从巷道的方向看煤层的走向，煤层有厚有薄，道巷有高有低。"凿者跂，远者驰。凿者坐，远者偻。凿者蟠卧，远者鳖行。"这是讲开凿工和运煤工彼此的关系。当挖掘工人可以站着工作时，巷道自然高敞，所以运煤工人可以直立行走；当挖掘工人只能坐着干活时，巷道低矮，运煤工人就得弯腰走；当挖掘工人仰卧干活时，巷道极其低矮，运煤工人只能像鳖一样爬行了。"脉乍大乍细，窾窾螺螺，若或得之而骤竭，谓之鸡窝，二者皆井病也。"这是指煤层不均匀，时大时小，甚至尖灭，这都是不利于开采的。"凡行隧者，前其手，必灯而后入。井则夜也，灯则日也。冬气既藏，灯则炎长；夏气强阳，灯则闭光。是故凿井不两，行隧必双，令气交通，以达其阳。攻坚致远，功不可量，以为气井之谓也。"这里讲的是井下照明、井下通风。为了让井下空气对流，工人们发明了开气井的办法。气井、气巷和工作井巷分开。

《颜山杂记》是中国古代采煤技术中首次提到开气井的文献，反映了明末

矿产冶炼

185

清初在煤矿井坑设计和建造方面又迈出了新的步伐，达到了一个新的技术水平。

煤炭工业的发展不仅体现在开采上，我国还是世界上最早炼制出焦炭的国家。1958 年在河北的观台镇发现了三座宋、元炼焦炉遗址，在明末清初，我国就炼制出来焦炭，这在世界上也是最早的。

在欧洲，有关煤炭的最早记载是在 315 年，13 世纪以后，人们才开始开采煤炭，到 18 世纪采用煤炭炼制出焦炭。

【盐卤、天然气的开采】

四川盐井的掘凿是战国时期李冰首创的。他成功地组织人民"穿广都盐井"、"盐溉"。这些盐井、盐溉属于大口浅井的雏形。

东汉是中国开采大口浅井型盐井蓬勃发展的时期，不但能开采自然盐泉、盐岩所标示的地下盐卤，而且能开采没有自然盐泉标示的地下盐卤。东汉以后开采盐井逐渐向深度发展，晋永康元年（公元 300 年）已经凿到约一百米深，唐时陵井深约二百六十七米。

汉代四川井盐生产劳动画像砖，为我们展现了距今两千多年前盐井工人劳动的情景。汉代不仅有盐井，而且有火井（天然气井），井深约二百米，用火井煮盐。这比英国 1668 年使用天然气大约早十三个世纪以上。

小口深井的盐井又叫"卓筒井"，北宋仁宗庆历、皇祐年间（1041 年—1054 年）已经开凿，凿井的工具是"圈刃"，凿出的井口只有小碗那么大，深却有几百米。用粗大的竹子做井套，隔断淡水。用比较小的竹子做桶，出入井中，一筒装水不足十千克，用机械提升。这种"圈刃"是近代钻井用的各种各样凿刀的先驱，在深井钻凿中是必不可少的工具。

凿井的工作过程，在宋代苏轼的《东坡志林》中叙述得很详细。主要工作环节有四个：一是用圈刃锉钻凿筒井。这是用一种新发明的冲击式环形锉，击打井底而把岩石捣碎。每挫一次，重新提起，再作第二次击打，这样循环往复，打成深井。二是在井内用井套下隔淡。井套用巨竹去节，牝牡相衔构成。三是用竹桶提卤。竹桶用比井套略小的竹子做成，桶的底端开一两个小孔，把几寸熟皮绑在桶底，做成活门。四是用机械提卤。在当时世界上，这是最先进的凿井技术，是中国人的一项伟大发明。

明朝万历年间（1573 年—1620 年），四川射洪人马骥写了一篇《盐井图说》，原著已佚，只在清代顾炎武著《天下郡国利病书》中有部分引文。《盐井图说》详细记载了盐井开凿工艺，内容包括井位勘察、开井口、钻凿工具、竖井架、凿大窍、清孔、竹桶的用法、下套管、凿小窍、树立提卤井架、吸卤和它的机械装置、事故的处理等，比苏轼《东坡志林》的内容丰富得多。

明代末年，宋应星在《天工开物》中也详细记载了盐井开凿技术，并附了一幅插图，这是盐井工艺最早的图画。

清代吴鼎立记载盐井工艺的著作《自流井说》介绍自流井的性质和位置，盐井的经营机构、人员分工和各个部门的名称，盐井开凿工艺，井病整治办法，等等。这部书真实地反映了清代同治年间四川自流井的生产水平和面貌。光绪初年李榕写的《自流井记》反映了当时自流井的生产规模、工艺水平和对地层的认识，是一篇不可多得的盐井技术史著作。主要内容有盐井开凿技术，盐井中岩层层位关系，卤水深度和含盐率的关系和井病的整治。光绪八年丁宝桢编纂的《四川盐法志》，以两卷的篇幅总结了四川盐井生产技术，有精美的插图，图文并茂。

【铜矿的开采】

中国铜矿石的开采极晚到商代已经初具规模，虽然历史上这方面的记载缺乏，但是从商代大量铜器的出现和铜矿遗址的发现，我们可以得出这个结论。

据1989年1月27日《中国文物报》报道，江西瑞昌铜岭发现一处商代中期大型铜矿遗址，是目前发现的中国最早的一处采铜遗址。遗址面积约二十五万平方米，在已发掘的三百平方米范围内，有竖井二十四口，平巷三条，露天采矿坑一处，选矿槽一处。这说明当时已经采用竖井、平巷、坑采等联合开采方法。井巷有木材支护结构，井壁贴有扁平木板或小木棍，井体采用榫卯式和内撑式方框支架组接，井深大都在八米以上。还有一条斜巷。提升工具有辘轳，采掘工具有青铜弧刃钺形斧。

1979年4月，湖南麻阳发现一处春秋战国时期的铜矿遗址，有古矿井十四处，其中有一处是露天开采，其余是矿井式地下开采。一般是在地表沿矿脉露头开口后，就沿矿脉倾向由上而下进行斜井开采。矿井不规则，宽窄不一，呈弯曲的鼠穴式。垂直深度约八十米。在跨度大的采空区间内，留有矿柱或隔墙，在跨度比较大的相邻矿柱之间，又辅以木支柱，以防止矿井顶板因压力过大而坍。

1974年，湖北大冶铜绿山发掘出了春秋战国时期的古铜矿井，该矿井比较

矿产冶炼

完整，是一部很有价值的实物历史。铜绿山铜矿富集，主要有孔雀石、自然铜、黄铜矿等。这些矿物有的呈孔雀绿，有的呈金黄色，颜色鲜明，容易发现和采选，含铜的品位也很高。矿床类型属接触变质的钢铁矿床。这一古代矿井（当地称老窿）是在露天采矿过程中被揭露出来的，老窿从南到北呈不规则条带状分布。考古工作者选择发掘了两处："十二线老窿"和"二十四线老窿"，两处南北相距三百米。

"十二线老窿"发掘点距地表四十多米，在五十平方米发掘面积里，出现了八个竖井和一个斜井。支护木料是直径五到十厘米的圆木。竖井井口直径约八十厘米。"二十四线老窿"发掘点距地表井口五十多米，大约一百二十平方米发掘面积里，有五个竖井，一条斜巷和十条平巷，支护用的圆木直径一般在二十厘米左右，竖井井口直径一般是一百一十到一百三十厘米。竖井要比"十二线老窿"大。竖井是交通孔道，从这里把矿石和地下水提出地面，把井架支护木送到井下。五十米深的竖井分几段，就是掘一段竖井，挖一段平巷，每一条平巷都装有辘轳，这样逐级提运，接力完成。十条平巷的方向不一致，宽窄也不一样。最大的是二号巷道，内空高1.6米，宽1.95米，其他巷道的高宽一般在1.3米到1.5米。斜巷和平巷的作用不同，从矿层表面开斜巷斜穿到底部，主要是为了探矿；再沿水平方向开平巷，从矿层底部向上回采。已采的矿石在井下进行初选，把贫矿和废石充填进采空区，这样，既可以有选择地进行开采，又可以使出窿的矿石品位比较高，减少提运量。

总之，矿床的开采采取了竖井、斜井、斜巷、平巷相结合的采掘方式。同时又用各种技术手段初步解决了井下通风、排水、提升和巷道支护等一系列复杂的技术问题。比如矿井工人利用不同井口气压差的高低，形成自然气流，并且密闭已经废弃的巷道，来控制气流沿着采掘方向前进，保证气流到达最深处的工作面；井下，矿工们又利用船形木盘等器具，进行重力选矿，以测定矿石的品位，决定采掘方向。他们十分准确地选择了断层接触带中矿体富集、品位高的地方进行开采。这个古铜矿井的被发掘，以十分生动的事实说明了当时高水平的采矿技术。

像这样采矿的规模和技术，在历史书中很少记载，只有宋代孔平仲在《谈苑》中讲到铜矿的开采情况。书中记载："韶州岑水场，往岁铜发，掘地二十余丈即见铜。今铜益少，掘地益深，至七八十丈。役夫云：地中变怪至多，有冷烟气中人即死。役夫掘地而入，必以长竹筒端置火先试之，如火焰青，即是冷烟气也，急避之，勿前，乃免。"韶州是今广东韶关一带，说那里往年铜矿发达，现在铜已经少了。所说冷烟气可能是含一氧化碳比较多的天然气。这里讲到了矿井深度和防止冷烟气的办法，但是对整个矿井的结构没有记载。明代宋应星的《天工开物》提到："湖广武昌、江西广信皆饶铜穴"，"凡出铜山，夹土带石，穴凿数丈得之"。

到了清代，有了不少关于矿井的文献记载。比如《滇南新语》、《矿厂采炼篇》、《采铜炼铜记》、《滇南矿厂图略》，以及某些地方志等。其中以《滇南矿厂图略》讲得最详细，又附有矿井剖面图，是一部图文并茂的著作。书分上下两卷，上卷为《云南矿厂工器图略》，下卷为《滇南矿厂舆程图略》，采铜技术、铜矿井结构都在上卷叙述。上卷书绘有矿厂剖面图，把有关采矿技术作了形象的介绍，文和图对照阅读，能使读者清楚地知道当时采铜技术的各个细节。图上有矿井内部结构，如平巷、斜巷、另峒、钓井、掌子面、陡腿、平推、钻篷、象腿、倒回龙、马鞭桥、顶子等；有矿井中的设备，如油灯、摆夷楼梯、风箱、风柜、拉龙等。此外，通风、排水、照明、挖矿石、背矿石等劳动场面，图上也有表现。还有专门的工具器物图。所以在这本书中图和文字一样重要，甚至更胜过文字。整本书讲的是铜矿的开发、管理、经营，开采技术只是其中几个小部分。整本书展现了当时矿业上各方面的活动场面，使我们能够比较清楚地了解当时铜矿开采的水平。

现代石油工业的基础——中国古代深井钻探技术

【概述】

中国人于公元前 1 世纪就开发了深井钻探，他们使用传统的方法能够打出约一千六百米深的井，这些井主要是采集盐水之用的。有记载的钻井技术在中国可上溯到公元前 4 世纪。李约瑟博士对此曾公开评价说："今天深井探勘技术可以肯定地说，是中国人发明的。"不仅如此，就连西方近代才发明的连杆式钻井技术和现代化旋转钻头技术，在中国古代都有应用。

矿产冶炼

189

【深钻技术】

四千多年前，在长江流域的川鄂之间曾生活一个民族叫"巴族"。这是一个骁勇善战、勤劳聪慧、能歌善舞的民族，他们曾创造过许多辉煌的历史。不过令后人至今难解的是，在两千多年前，这个民族却突然神秘地消失了。

没有人说得清这个民族是如何消失的，"巴人之谜"至今是考古学家们争论不休的难题。据说这个民族不织布、不耕作却有衣穿、有粮吃，而且富甲一方。他们之所以这么富有，是因为当地盛产一种井盐，要知在那个年代，盐对人们的生活多么重要，就像今天的石油已成为许多国家的命脉一样，盐也成了那时一些地区的主要资源。

井盐顾名思义就是从深井中打上来的盐，直至1965年，这种盐依然占中国食盐供应量的16.5%，它的产量仅次于海盐。在古代的内陆地区，由于交通不便，井盐可说是人民的救命盐。打深井找盐在很长一段历史中，一直是商人牟取暴利的手段。

可打井找盐不是一件容易的事，运气好，也许井只需钻十几米深就能找到盐，运气不好可能打上百米深也难见盐的影子。正是在打井找盐的过程中，人们发明和改良了深井钻探技术。据考证，到了公元前1世纪时，仅用传统的方法就能够打出480丈深的井，这个数据拿到今天也不是一件容易做到的事。

现在很难考证，处于内陆、交通不便的巴人是在什么时候发现他们脚底下蕴藏着丰富的岩盐和含盐量很高的卤水的。也许是在开山时，或是发生地震时，那些岩盐或卤水露出了地面，引起了他们的关注，或是其他原因。这些已不重要，反正他们发现了生存所必需的盐就埋藏在脚下，不用再从沿海地区千里迢迢运来，这就够了，毕竟运输要比打井找盐艰难得多，要知蜀道难难于上青天。四川的岩盐主要集中在一个地区，这就是有"盐都"之称的自贡，历史上它曾井架林立，遍地开花。

最初的盐井均为大口浅井，人们挖开表层不久就能找到盐。到了汉代，盐井多为小口深井，要找到盐可就不那么容易了。随着钻井深度不断加深，钻透盐层是经常发生的事。盐层下面是什么呢？天然气。人们很快认识到这种气体的用处，用它作燃料煮卤水既方便又经济，真是一举多得。可以这么推断，天然气就是人们在深井探盐中，伴随制盐业同步发展起来的。要开凿深井就必须有优良的钻井设备。首先要解决的当然是钻头，所幸的是中国在战国时期就出现了铁制品，到汉代钢也出现了，这对改良钻头带来很大便利。第二个要解决的难题是动力，毕竟井越深，所需的动力越大。这也难不倒聪明的古人，因为他们早就用上了杠杆原理。利用杠杆，人们很轻松地将钻头抬起，然后狠狠砸下去，他们所做的只需在另一端跳上跳下，如此简单而已。

钻井所用来提升钻头的缆索是竹缆，它的强度远超麻绳，与现代某些钢索相当。而且竹子的柔韧性很好，可以十分方便地绕在钻头提升轮上。当然，竹缆还有第三个优点，就是水湿后它的强度增加，而麻绳却相反。有人已经指出，古代欧洲人之所以在开发深井钻探技术上没有取得成功，其原因就是欧洲不存在类似于竹子的材料。

现在来说说钻头。古人的钻头有两种，一大一小，大钻头长达三米、重达一百四十千克，主要用来冲击岩石；小钻头不到一米长，重量也只有几十千克，主要用来扩大大钻头钻的孔。

在钻井过程中，还存在一个问题，即如何把几十米深的碎石、泥浆提上来。其方法是利用双动式活塞风箱为泵，通过中空的竹竿将碎石和泥浆抽上来。

【技术发展】

在不断的劳动实践中，中国的钻井技术不断获得突破，不论是用于取盐水还是天然气，中国的钻井越来越深。据资料记载，在清乾隆年间，四川的自贡就有许多深达五百三十米的天然气井，至于深达三百丈的井也常常出现，最深的纪录达到四百八十丈。

直到17世纪，欧洲才开始了解中国的深井钻探技术。而将深井钻探技术完整系统地介绍到欧洲已是1828年后的事了。一位叫英贝尔的法国传教士，向法国科学院写了一封信，详细介绍了他亲眼看到中国人用周长十多米的轮子，转动五十圈后，才提取一桶盐水，由此可见盐井足有六百多米深。一位法国科学家不相信他的描述。为此，法国工程师巴德依中国人的方法，于1834年成功地钻出了盐井，1841年后又开凿了油井。随后在1859年，美国上校德莱克也用中国的竹缆方法，在宾夕法尼亚州的石油湾开凿了美国的第一口油井。

到了20世纪初，中国的深井钻探技术已逐渐获得世界的认同，为现代石油工业的飞跃发展奠定了技术基础。完全可以这么说，现代石油工业是建立在比西方领先一千九百年的中国深井钻探技术的基础上的。

矿产冶炼

鼓风技术上的重大进步——双动式活塞风箱

【概述】

直至 17 世纪，中国在冶金术上一直处于世界领先的地位。之所以有这么巨大的优势，得益于一种工具的发明，这就是双动式活塞风箱。其提供连续鼓风的能力是我国得以在冶金术获得数百年优势的决定性因素。双动式活塞风箱提高了鼓风效率，是鼓风技术上的重大进步。

【风箱简介】

双动活塞式风箱是能驱使空气或液体产生连续气流或液流的泵。工作原理是：在一个类似汽缸的长方形箱子中，活塞被推进和拉出，将羽毛或折叠的软纸片楔进活塞的四周，以保证通道上既不透气又润滑，它是近代活塞环的始祖。箱子的两端各有一个气阀，当活塞被拉出时，空气从远端被吸进来；当它被推进时，空气则从近侧被吸进来。在向里和向外的两个冲程中，空气被吸进汽缸。而在这两种情况下被压缩部分（在活塞的另一侧）的空气被推进到一侧室中，并在那里通过排气口或喷嘴被喷射出去。它不仅能鼓风，也能喷射液体。

双动式活塞风箱的一推一拉都能吹气，几十上百人一起鼓动它，可以把火烧得很旺，以至于获得了比西方高出两百度的高温，达到一千二百摄氏度。在这个可喜的温度下，铁矿石很快地熔化了，液态的铁水从炉中流了出来。赶紧把铁水浇铸进模具里，冷却以后直接成型，再打磨。正是由于双动式活塞风箱的生产效能，产生了伟大的生铁冶炼与浇注技术，这是中国人的重大创新。

【历史记载】

冶金上最早应用的鼓风器是一种皮囊，随后是风扇，再之后才出现风箱。

历史上是哪个人发明了这种有划时代意义的双动活塞式风箱，什么时候发明？至今无法考证。但可以肯定的是，这种新式鼓风工具在公元前 4 世纪时已在中国广泛使用了，因此许多专家推测它的发明至少在公元前 5 世纪。道教的创始人老子在其哲学巨著《老子》第五章中提到过它："天地之间，其犹橐籥乎。虚而不屈，动而愈出。"意思是说，对它推拉得越多，给出的风量越大。天地之间不正像风箱一样嘛。虽然它空，却不会穷尽。

人间巧艺夺天工——发明创造卷

汉代典籍中论及橐龠者甚众。山东滕县出土汉代冶铁画像石中有橐的画面。它有三个木环、两块圆板、外敷皮革而成。拉开皮橐，空气通过进气阀而入橐；压缩皮橐，橐内空气通过排气阀而进入输风管，再入冶炼炉中，这是单橐作业，至迟在战国时期，出现了多橐并联或串联的装置，名为"橐篇"，汉代又称之为"排橐"。

双动活塞式风箱是中国在鼓风技术方面最重要的发明，它出现于唐代或宋代。1280 年印制的《演禽斗数三世相书》中，刊载有一幅世界上最古老的双动式活塞风箱图，相传该书是唐初袁天罡所撰着的，宋代初次刊行。

现存最早的活塞式风箱是明代制造的，明代的科学家宋应星的《天工开物》中所载的活塞式风箱，与此类似。

【历史意义】

活塞式风箱是鼓风技术上的重大进步，为后来的活塞式机械打开了道路。很难理解，对于这种极其简单的工具，西方人竟从未发明它。

尽管西方早在公元前 2 世纪就发明了单动式泵；尽管手动灌注器也在古代某个不确定时期就已经用在埃及木乃伊防腐中了，但是这些都是压力筒，靠其做向外冲程运动时喷射出空气或液体，是一种单向做功。

直至 16 世纪，在中国早就广泛应用的双动式活塞风箱才传入欧洲。1716 年，德拉希尔依此原理发明了类似的双动往复式水泵，从而为后来的活塞式机械打开了道路。

世界冶金史上的一个重大发明——铸铁术

【概述】

我国钢铁冶炼技术的发展道路和世界各国是不完全相同的。国外一般是先有块炼铁，经过长期缓慢发展之后才有生铁。欧洲许多地方的块炼铁是公元前1000 年前后发明出来的，但是直到公元 14 世纪才有生铁。我国却不是这样，我国冶铁术大约发明于西周时期，比欧洲晚，可是它一经发明，不久就出现了生铁，这使我国成为世界上最早发明并使用生铁的国家。

中国的铸铁技术是世界冶金史上的一个重大发明，对世界冶金业的发展做

矿产冶炼

193

出了重大贡献。中国古代炼铁技术的发展迅速是世界上绝无仅有的。英国著名科学史专家贝尔纳说，这是世界炼铁史上的一个唯一的例外。

【铸铁技术】

我国锻铸铁是白口铁经高温退火得到的一种高强度铸铁，具有一定的塑性和冲击韧性。依热处理条件的差别，又可分成白心可锻铸铁和黑心可锻铸铁两种：白心可锻铸铁以脱碳为主，又叫脱碳可锻铸铁；黑心可锻铸铁以石墨化为主，又叫石墨化可锻铸铁。

【铸铁历史】

铁走入人们的生活得益于天。当陨石划破夜晚的星空，降落在地球上后，人们发现陨石上的金属特别坚硬，如果把它做成刃具，特别锋利，于是人们称它为"铁"。早在《诗经》和《礼记》里，就曾多次出现"铁"字，如"驷铁孔阜"、"孟冬驾铁骊"等。据说，那时的人们常把陨石镶在青铜刀刃上以增其利，并四处寻找陨石。

天上掉下的"铁"毕竟有限，远满足不了人们对铁的需要。于是，人们找到了和陨铁外部特征相似的矿石，开始炼铁。铁从此走进了人类文明。

春秋中期的时候，我国就已经发明了生铁冶炼技术，人们把铁矿石放在炉中加热，当温度足够高的时候，铁矿石就变成液体，被还原出来，可以直接浇注成型，所以生铁又叫铸铁。生铁在冶炼过程中还吸收了大量的碳，生铁的含碳量在2%至4%。

中国先出现铁的冶炼技术并不是偶然的，商周时期我国的青铜冶炼技术高度发达，人们已经掌握了高温冶炼技术，同时，铜铁矿石总是共生的，人们在青铜的冶炼过程中也了解了铁的性质，为以后的铸铁技术提供了前提条件。另外，我国最早发明的鼓风机，对生铁的冶炼也有很大的影响。铸铁技术需要高温条件，而鼓风机增加了燃料燃烧的强度，增加了炼铁炉中的温度。这都为铸铁术的产生创造了条件。

生铁问世以后，由于含碳量高，韧性不够，容易断裂，所以铁制工具并没有得到普遍应用。战国时期，人们对铸铁技术进行了探索，掌握了生铁的脱碳处理技术——铸铁柔化术。这种技术是将生铁铸成要求的形状，放入特制的火炉中，在氧化条件下经过长时间的加热保温，脱掉生铁中的部分碳。这种技术改变了生铁的性质，使生铁变成了具有韧性的铸铁。氧化条件不同，得到的铸铁也不同。在氧化条件下对生铁进行脱碳热处理，使之成为白心韧性铸铁；在中性或弱氧化条件下，对生铁进行石墨化热处理，生成黑心韧性铸铁。

战国以后，铁器推广到社会生活的各个方面，成为人们生活中必不可少的工具。

在欧洲，铸铁术的发明要比中国晚得多。在西南亚和欧洲等地区，直到 14世纪才炼出生铁；白心韧性铸铁的生产技术 1722 年才由法国人首次记述；而黑心韧性铸铁是 1831 年才在美国问世。

1974 年，河南渑池发掘了一个北魏铁器窖，里面藏有从汉代到北魏的铁器四千多件，种类有生产工具、兵器、日用器皿以及铸范、铁材等。有一件铁斧，整体经过脱碳退火处理，器件断面大部分相当于含碳 0.4% 的中碳钢，没有石墨析出。但在底部发现有球状石墨，直径是 20 微米，分布在平均厚度约 3.2 毫米、总长 50 毫米的"U"形断面上，共约 30 颗，外形比较规整。

这类具有球状石墨的铸件在南阳瓦房庄、巩义市铁生沟等两汉冶铸遗址也有发现。特别值得指出的是巩义市铁生沟一件汉代铁镢，它的石墨发育良好，有明显的核心和放射性结构，和现行国家球墨铸铁标准一类 A 级相当。从现有研究资料看，这种球状石墨应是白口铁退火过程中得到的。

在国外，铸态球墨是 1947 年后使用了加入球化剂的方法才得到的。多年来，人们一直试图用白口铁退火的方式来获得球状石墨，但是难度很大。我国古代生铁含硅量长期偏低，在低硅的情况下，我国人民不但生产了大量具有絮状石墨的可锻铸铁，而且生产了部分球墨可锻铸铁，这在世界冶金史上是十分罕见的，实在难能可贵。

【历史意义】

人类早期炼得的熟铁通常叫块炼铁，它是铁矿石在 800 到 1000 摄氏度左右的条件下，用木炭直接还原得到的。出炉产品是一种含有大量非金属夹杂的海绵状固体块。块炼铁和生铁比较起来，有如下几个缺点：一是它不能从炉里流出，取出铁块时，炉膛要受到不同程度的破坏，不能连续生产，生产率比较低，产量比较小。二是成形费工费时。三是所含非金属夹杂比较多，要通过反复锻打才能排除。四是含碳量往往比较低，因而很软。生铁的冶炼温度是从 1150 到1300 摄氏度，出炉产品呈液态，可以连续生产，可以浇铸成形，非金属夹杂比较少，质地比较硬，冶炼和成形率比较高，从而产量和质量都大大提高。由块炼铁到生铁是炼铁技术史上的一次飞跃。

推动钢铁发展的先进技术——生铁炼钢法

【概述】

中国是世界上第一个生产生铁的国家。早在春秋晚期就有了生铁器物。后来，中国人用生铁炼成了钢，成为生铁炼钢技术的发明者。

在熟铁中加入碳，或减少生铁中的碳含量，都可得到钢。我国古代用生铁炼钢，主要采用生铁脱碳法、炒钢法和灌钢法。

【生铁脱碳法】

生铁脱碳法又称为"百炼法"。"百炼"一词来源于王充的《论衡·状留篇》，文章中提到："干将之剑，久在炉炭，锋利刃，百熟练厉……"可见当时的名剑干将也是由百炼钢所铸。

西晋刘琨《重赠卢谌》的两句诗中写道："何意百炼钢，化为绕指柔？"钢铁也可以柔软到"绕指柔"，这并不是古代中国人民的一种想象，而是中国古代的冶炼方法的确已经达到了这个程度。这种生产技术是指百炼法，用它生产出来的钢也叫百炼钢。顾名思义，用这种炼钢工艺炼出来的钢，要经过反复锤炼、锻打，所以后世的"百炼成钢"、"千锤百炼"等成语就是从这里得出的。

用生铁炼钢主要采用生铁脱碳法，在反复加热同时，吹入空气使生铁脱碳（碳被氧化成二氧化碳）变成钢，术名为"吹氧"。

百炼钢虽然质量很好，但是需要经过千锤百炼，非常浪费时间和材料，成本很高，不能大量生产。随着对百炼钢需求的增加，这种技术越来越不能满足人们的需求。唐代以后，有关百炼钢的记载减少了，但是这一技术仍然在流传，至今电炉炼钢仍在承用生铁脱碳法。

【炒钢法】

生铁被发明以后，因为它含碳量高，质脆容易断裂，人们就对它进行了很多改进，开始把铁炼成钢。其中一项杰出的技术就是炒钢，它是古代把生铁炼成钢或熟铁的主要方法。炒钢因在冶炼过程中要不断地搅拌好像炒菜一样而得名。

炒钢的原料是生铁，操作要点是把生铁加热到液态或半液态，利用鼓风或撒入精矿粉等方法，令硅、锰、碳氧化，把含碳量降低到钢和熟铁的成分范围。炒钢的产品多是低碳钢和熟铁，但是如果控制得好，也可以得到中碳钢和高碳钢。

炒钢工艺大约发明于西汉。近年在河南巩义市铁生沟、南阳瓦房庄等处都发现过汉代炒钢炉遗址。巩义市遗址的使用时期是西汉中期到新朝，瓦房庄遗址使用时间比较长，由西汉中期到东汉晚期。另外，铁生沟还出土了一些炒炼产品，经过分析，有的含碳量是 1.28%，有的是 0.048%。文献上关于炒钢的记载最早见于东汉《太平经》卷七十二，书中说："使工师击治石，求其铁，烧冶之，使成水，乃后使良工万锻之，乃成莫邪耶。"这"水"应指生铁水。"万锻"应指生铁脱碳成钢后的反复锻打。

炒钢的优点是成分可适当控制，生产率比较高，质量也比较好。在现代，人们常把由矿石直接制钢的工艺叫一步冶炼或直接冶炼，而把先由矿石冶炼成生铁、然后再由生铁炼钢的工艺叫两步冶炼或间接冶炼。炒钢的生产过程也分两步：先炼生铁，后炼钢。因而在某种意义上说，炒钢的出现便是两步炼钢的开始，是具有划时代意义的重大事件。它进一步促进了我国古代铁器的广泛使用和社会生产力的发展。18 世纪中叶，英国发明了炒钢法，在产业革命中起了很大的作用。马克思怀着极大的热情给予了很高的评价。

【灌钢法】

灌钢又称"抹钢"、"苏钢"，这一技术是中国冶金史上的一项独创性发明。

所谓"灌钢"，用宋代苏颂的话来说，就是"以生柔相杂和，用以作刀剑锋刃者"。"生"就是生铁，"柔"应是一种可锻铁，只从含碳量看，应包括现代意义的钢和熟铁。所以依苏颂所说，灌钢是由生铁和可锻铁在一起冶炼得到的、用来制作刀剑锋刃的一种含碳比较高、质量比较好的钢。

灌钢发明时间可追溯到汉魏晋时期。东汉末年王粲（公元 177 年—公元 217 年）在《刀铭》中说："灌襞已数、质象已呈。"西晋张协在《七命》中说："乃炼乃烁，万辟千灌。""辟"同"襞"，意思就是"叠"，指钢铁材料的多层积叠，多次折叠。"灌"应指"灌炼"，就是"灌钢"。

南北朝时期，灌钢工艺有了一定的发展，南朝梁代陶弘景说灌钢是"杂炼生作刀镰者"。既然灌钢已用作刀、镰一类普通生产工具和生活用器，可见它的生产已经比较普遍。北朝东魏北齐间的綦毋怀文用灌钢制造了一把大钢刀，叫"宿铁刀"、"斩甲过三十札"，非常锋利。

在历史上，灌钢有过好几种不同的操作工艺。一种是把生铁和柔铁片捆在一起，用泥封住，入炉冶炼，如沈括《梦溪笔谈》卷三所说："用柔铁屈盘之，乃以生铁陷其间，泥封炼之，锻令相入，谓之'团钢'，亦谓之'灌钢'。"另一种是把生铁放在熟铁（可锻铁）片的上面，生铁先化，渗淋到熟铁中，如宋应星《天工开物》卷十四所说："用熟铁打成薄片如指头阔，长寸半许，以铁片束尖紧，生铁安置其上，又用破草覆盖其上，泥涂其底下，洪炉鼓鞴，火力到时，生钢先化，渗淋熟铁之中，两情投合。取出加锤，再炼再锤，不一而足。俗名团钢，亦曰灌钢者是也。"

【历史意义】

生铁炼钢大大增强了铁的质量，推动了冶金工业的发展，是冶金史上的一个重要发明。百炼钢的出现也进一步提升了钢的品质，推动了钢铁的发展。在西方，直到1856年才开始用生铁炼钢，1845年，英国人凯利从中国工匠那儿学到中国的炼钢方法，于1856年发展成了西方的第一种炼钢技术。1856年，贝西默发明的著名的酸性转炉炼钢法中，吸收了中国的生铁炼钢知识。西方的生铁炼钢技术比中国晚了两千年左右。

现代水法冶金的先驱——湿法炼铜

【概述】

湿法炼铜也称胆水炼铜，又称胆铜法，为我国首创，是水法冶金的起源。宋时胆铜法不仅用于生产，而且是大量产铜的主要方法之一。

湿法炼铜是现代水法冶金的先驱，是中国对世界冶金技术的伟大贡献，不仅在冶金史上，而且在化学史上也占有重要的地位。

【湿法炼铜】

湿法炼铜的生产过程主要包括两个方面。一是浸铜，就是把铁放在胆矾溶液（俗称胆水）中，使胆矾中的铜离子被金属置换成单质铜沉积下来；二是收集，即将置换出的铜粉收集起来，再加以熔炼、铸造。各地所用的方法虽有不同，但总结起来主要有三种方法。

第一种方法是：在胆水产地就近随地形高低挖掘沟槽，用茅席铺底，把生铁击碎，排放在沟槽里，将胆水引入沟槽浸泡，浸泡至颜色改变后，再把浸泡过的水放去，茅席取出，沉积在茅席上的铜就可以收集起来，再引入新的胆水。只要铁未被反应完，可周而复始地进行生产。

第二种方法是：在胆水产地设胆水槽，把铁锻打成薄片排置槽中，用胆水浸泡铁片，至铁片表面有一层红色铜粉覆盖，把铁片取出，刮取铁片上的铜粉。第二种方法比第一种方法麻烦的是将铁片锻打成薄片。但铁锻打成薄片，同样质量的铁表面积增大，增加铁和胆水的接触机会，能缩短置换时间，提高铜的生产率。

第三种方法是：煎熬法，即把胆水引入用铁所做的容器里煎熬。这里盛胆水的工具既是容器又是反应物之一。煎熬一定时间，能在铁容器中得到铜。此法长处在于加热和煎熬过程中，胆水由稀变浓，可加速铁和铜离子的置换反应，但需要燃料和专人操作，工多而利少。所以宋代胆铜生产多采用前两种方法。宋代对胆铜法中浸铜时间的控制，也有比较明确的了解，知道胆水越浓，浸铜时间可越短；胆水稀，浸铜的时间要长一些。可以说在宋代已经发展出一套从浸铜方式、取铜方法到浸铜时间的控制的比较完善的工艺。

水法炼铜的优点是设备简单、操作容易，不必使用鼓风、熔炼设备，在常温下就可提取铜，节省燃料，只要有胆水的地方，都可应用这种方法生产铜。

另外值得一提的是，中国古代还有一种独特的制铜技术，这就是火法炼铜。《宋会要辑稿·食货》曾记载南宋嘉定年间（1208 年—1224 年）的炼铜生产，将淘洗得到的精矿须"排烧窑冶二十余日"，才能炼成纯铜。

【技术发展】

中学的化学课上，讲到铁的性质时，老师会把铁放入硫酸铜溶液中置换出铜。大家千万别以为这是现代化学的先进发现，其实，远在公元前 2 世纪，这种现象就被当时的中国人民发现了，并且得到了广泛的应用。古时称这种方法为"胆铜法"，是水法冶金的起源。

最早发现用铁可以置换出铜的是西汉初期的一些炼丹师。西汉时期的著作《淮南万毕术》中就曾提到："曾青得铁则化为铜"。"曾青"，又名白青、石胆、胆矾，是天然的硫酸铜。硫酸铜一般为蓝色结晶体，在空气中表面风化失去水分，而呈白色，故又称为白青。铁在放入硫酸铜溶液一段时间后，表面会附上一层红色的铜。

这一奇特的化学现象被历代炼丹师所关注，类似的记载不断。例如东汉时的著作《神农本草经》也有"石胆……能化铁为铜"的记载，这和上面的话是一致的。魏晋葛洪的《抱朴子内篇·黄白》中也有"以曾青涂铁，铁赤色如铜"的记载。

到了北宋时期，由于社会发展很快，铜的需要量很大，因此需要一种见效快、成本低的方法制取铜。胆铜法的问世引起北宋政府的重视，很快得到大力推广和发展。到南宋时期，利用胆铜法生产出来的铜已经占全国铜总产量的85%以上。在《宋史·食货志》记载了宋代所采用的胆铜法中一种具体操作方法："以生铁锻成薄铁片，排置胆水槽中，浸渍数日，铁片……上生赤煤。""赤煤"就是铜，这说明，人们已经根据不同情况掌握了合适的浸铜时间。

在中世纪的欧洲，人们把铁片浸入硫酸铜溶液，偶尔看到铜出现在铁片表面，还十分惊讶，当然就更谈不上应用水法炼铜的原理来生产铜了。直到16世纪，胆铜法才引起欧洲人的注意。

古代冶金科技的巅峰——青铜冶炼与青铜器铸造

【概述】

青铜冶炼的发明、青铜器的铸造，是中国古代科学技术的伟大成就之一。

在世界早期文明大国和地区中，我国进入青铜时代的时间不算早。但是，由于中国在冶铸技术方面的发明和创新，使中国的冶金业很快就后来居上，跃入世界的前列，并为中国古代文明的高度发达奠定了坚实的物质基础。

【铸造方法】

青铜是红铜和锡或铅的合金，熔点在700至900摄氏度之间，具有优良的铸造性、很高的抗磨性和较好的化学稳定性。铸造青铜器必须解决采矿、熔炼、制模、翻范、铜锡铅合金成分的比例配制、熔炉和坩埚的制造等一系列技术问题，为此，古人在实践中发明了块范法和失蜡法。

块范法（或称土范法）是商周时代最先采用的，是应用最广的青铜器铸造法。以铸造容器为例，需要先制成欲铸器物的模型。模型在铸造工艺上亦称作模或母范；再用泥土敷在模型外面，脱出用来形成铸件外廓的铸型组成部分，在铸造工艺上称为外范，外范要分割成数块，以便从模上脱下；此外还要用泥土制一个体积与容器内腔相当的范（通常称为芯，或者称为心型、内范）；然后使内外范套合，中间的空隙即型腔，其间隔为欲铸器物的厚度；最后将溶化的铜液注入此空隙内，待铜液冷却后，除去内外范即得欲铸器物。

块范法铸造的具体过程如下：

第一步是制模。模亦称为"母范"，原料可选用陶或木、竹、骨、石各种质料，而已经铸好的青铜器也可用作模型。具体选用何种质料要视铸件的几何形状而定，并要考虑花纹雕刻与拨塑的方便。一般说来：形状细长扁平的刀、剑，可以用竹、木削制而成；较小的鸟兽动物形体可以用骨、石雕刻为模；对于形状厚重比较大的鼎、彝诸器，则可以选用陶土，以便拨塑。

从出土发掘来看，陶范最为常见。陶范的泥料黏土含量可以多一些，混以烧土粉、炭末、草料或者其他有机物，并掌握好调配泥料时的含水量，使之有较低的收缩率与适宜的透气性，以便在塑成后避免因为干燥、焙烧而发生龟裂现象。陶模的表面还必须细致、坚实，以便在其上雕刻纹饰。

泥模在塑成后，应该使其在室温中逐渐干燥，纹饰要在其干成适当的硬度时雕刻。对于布局严谨、规范整齐的纹饰，一般先在素胎上用色笔起稿而后再进行雕刻，高出器表的花纹则用泥在表面堆塑成形，再在其上雕刻花纹。

泥模制成后，必须置入窑内焙烧成陶模才能用来翻范。

第二步是制范。制范亦要选用和制备适当的泥料。其主要成分是泥土和砂。一般说来，范的黏土含量多些，芯则含砂量多些，颗粒较粗。且在二者之中还拌有植物质，比如草木屑，以减少收缩，利于透气性。

范的泥土备制须极细致，要经过晾晒、破碎、分筛、混匀，并加入适当的水分，将之和成软硬适度的泥土，再经过反复捶打、揉搓，还有经过较长时间的浸润，使之定性。这样做好的泥料在翻范时才得心应手。

从模上翻范的技术性很强，是块范铸造技术的中心环节。对于较简单的实心器物像刀、戈、镞等，只需由模型翻制两个外范即可，此种外范称为二合范。

而制造空心容器的范则复杂多了，在翻范以前，首先要决定外范应该分为几块及应该在何处分界。翻外范的方法是用范泥往模上堆贴而成，再用力压紧。

对于芯的制作则有三种方法，一是已从模型上翻制好外范后，利用模型来制芯，即将模型的表面加以刮削，刮削的厚度是所铸铜器的厚度。二是把模型做成空心的，从其腹腔中脱出芯，并使拖出的芯和底范连成一块，再在底范上铸耳，此种方法适用于大型器物。三是利用外范制芯。

第三步是浇注。将已焙烧的且组合好的范可趁热浇注，不然需在临浇注前进行预热。预热时要将范芯装配成套，捆紧后糊以泥沙或草拌泥，再入窑烧烤。预热的温度以 400～500 摄氏度为佳。焙好的型范需埋置于沙（湿沙）坑中防止范崩引起的伤害，并在外加木条箍紧，也是为了防止铜液压力将范涨开。

范准备好后，将熔化的铜液（1100～1200 摄氏度为宜）注入浇口。器物之所以倒着浇，是为了将气孔与同液中的杂质集中于器底，使器物中上部致密，花纹清晰。浇入铜液时应该掌握好速度，以快而平为宜，直到浇口与气孔皆充满铜液为止。待铜液凝固冷却后，即可去除范、芯，取出铸件。

一次浇注成完整器形的方法叫"浑铸"，或"一次浑铸"，或者"整体浇铸"。商周器物多是以此方法铸成。凡以此方法铸成之器，其表面所遗留的线条是连续的，即每条范线均互相连接，这是浑铸的范线特征。

第四步是修整。是铸件去陶范后还要进行修整，其经过锤击、锯锉、錾凿、打磨，消去多余的铜块、毛刺、飞边，只有这样才算制造完毕。

除浑铸法之外还有分铸法，即器物的各部位不是一次浇铸完成的，而是分别铸成的，并用连接方法使之连为一体。而连接则主要有铸合法和焊接法，在此就不介绍了。

中国失蜡铸造技术原理起源于焚失法，焚失法最早见于商代中晚期，这种技术在无范线失蜡法出现之后逐渐消亡。失蜡法是一种青铜等金属器物的精密铸造方法。蜡法指用容易熔化的材料，比如黄蜡（蜂蜡）、动物油（牛油）等制成欲铸器物的蜡模，然后在蜡模表面用细泥浆浇淋，在蜡模表面形成一层泥壳，再在泥壳表面上涂上耐火材料，使之硬化即做成铸型，最后再烘烤此型模，使蜡油熔化流出，从而形成型腔，再向型腔内浇铸铜液，凝固冷却后即得无范痕、光洁精密的铸件。

【铜器纹饰】

春秋早期（前770年—前7世纪上半叶）青铜器的形制虽然是承袭西周晚期体系，但也出现了几种新的器型。首先是盆的出现，传世的如曾大保盆。春秋早期的纹饰与西周晚期形似，但有微小的变化，就是出现了龙类相交缠的纹饰。春秋早期绞龙纹与其他纹饰一样都显得粗疏。这一时期的铭文长篇的很少，内容多是诸侯、卿大夫等婚媾和自作用器的记录。铭辞书体也无显著的变化。

春秋中期（前7世纪上半叶—前6世纪上半叶），由于考古资料不够充分，尤其是有绝对年代可考的标准器缺少，因此难于严格地标定分期的年限，同时各国青铜器的发展也不平衡。虽然如此，仍有少量的标准器或接近标准器的资料。

春秋中期青铜器和西周中期有某些相似之处，即具有早期到晚期过渡的特点。春秋中期的纹饰在结构上虽然有新的式样，但在技巧上还不是精工细作，因而仍具有某种粗犷的风味。

春秋晚期（前6世纪下半叶—前476年）的青铜器的形制比较复杂，各个地区的器用也不尽相同，而有的地区发现甚少，情况未明。但总的来看，现存这一时期各个地区的青铜器，其形制与纹饰的共同点大于不同点。

春秋晚期新出现了红铜镶的纹饰，包括龙、兽、凤、鸟以及表现狩猎的各种题材。由于表现人之狩猎活动的图像处于初始时期，因而带有粗拙感。但是它已摆脱了青铜器纹饰的图案规律，而成为构图比较自然而生动的初级画像。春秋晚期青铜器铭文，内容以记载自作用器的为多，铭辞或长或短，大体上有一定的格式，内容总以彰显器主本人的世家、地位和身份及自诩品德之美为主，记载婚媾的铭文亦不在少数。铭辞除了诸侯或主要的卿大夫之名可与史籍相印证，以及部分有史迹可资考查外，所涉史料的内容不多，这是由于青铜器的社会功能因时代的不同而有所改变的缘故。

春秋战国时期青铜器花纹较商代及西周有很大的变化，其特点是过去的饕餮纹、兽面纹等繁缛样式已淘汰，代之以动物纹、植物纹、几何纹与图像纹等。东周的花纹成网状四方连续，说明采用了花版捺印技术，比过去全部雕刻范模的工艺前进了一大步，并出现了镶嵌、鎏金、金银错、细线雕等新兴工艺。

【六齐之规】

六齐是我国古代配制青铜合金的六条规定，见于《考工记》一书，原文是："金有六齐：六分其金而锡居一，谓之钟鼎之齐；五分其金而锡居一，谓之斧斤之齐；四分其金而锡居一，谓之戈戟之齐；三分其金而锡居一，谓之大刃之齐；五分其金而锡居二，谓之削杀矢之齐；金锡半，谓之鉴燧之齐。"

矿产冶炼

郭沫若（1892年—1978年）认为，《考工记》原是齐国的官书。六齐的"齐"同"剂"，原是调剂、配合的意思。"金"指赤铜。"六分其金而锡居一"就是六分铜一分锡，"金锡半"就是一分铜半分锡。所以"六齐"中各齐的含锡量都有不同。

六齐的成分配比规定是我国古代青铜技术高度发展的表现，它是许多试验资料的反映和归纳。现有考古资料表明，我国早在夏代（前21世纪—前16世纪）就掌握了红铜冷锻和铸造技术，夏末商初（前16世纪—前11世纪）就有了青铜冶炼和铸造，商代中期以后就创造了高度发展的青铜文化。目前出土的青铜器中，既有大批礼器、兵器、日用器，也有部分生产工具（包括手工业工具和农具）等。浑厚庄重的司母戊大鼎、技术高超的四羊尊等都是青铜器的精品。兵器都刚强锋利；响器的声音悦耳悠扬。这些都说明我国人民很早就有了丰富的合金知识。

六齐的成分配比规定和现代科学的基本原理是完全相合的。我们知道铜锡合金的含锡量是14%左右的，色黄，质坚而韧，音色也比较好，所以宜于制作钟和鼎。铜锡合金含锡量是17%到25%的，强度、硬度都比较高，所以宜于制作斧斤、戈戟、大刃和削杀矢。斧斤是工具，既要锋利，又要承受比较大的冲击载荷，所以含锡量不宜太高，否则太脆。戈戟、大刃、削杀矢都是兵器，都需要锋利。戈戟受力比较复杂，对韧性要求比较高，所以在兵刃中含锡量最低。大刃（刀剑）既需要锋利，也要求一定的韧性以防折断，所以含锡量比较高而又不太高。削杀矢比较短小，主要考虑锐利，所以在兵器中它的含锡量最高。铜锡合金含锡量是30%到36%的，颜色最洁白，硬度也比较高。色洁白，就宜于映照；硬度高，研磨时就不容易留下道痕。所以，这种铜锡合金宜于制作铜镜和阳燧。

有一点需要指出的是，除了钟鼎外，六齐规定成分和考古实物科学分析的成分基本上是不相符合的，原因是：六齐并不是生产经验的总结，而是一种试验资料的反映和归纳；人们在生产实践中已对六齐成分作了适当的修正。

六齐的产生有极大的技术意义和社会意义。它是世界上对合金成分和性能的关系的最早认识。在古代，我国青铜技术的产生并不是最早的，但发展很快。除资源等方面的原因外，在技术方面至少有两点意义：首先是我国很早就掌握了金属冶炼所需要的高温技术，其次是很早具有了水平比较高的合金技术。世界上不少国家在公元前两三千年就进入了青铜时代，但发展缓慢。我国却不是这样。我国人民一旦发明了冶铜技术，很快就具有丰富的合金知识，并且迅速地把整个青铜技术推到更高的阶段，建立了世界上最光辉灿烂的青铜文明。

【发展历史】

在发明和使用青铜之前，人们先发现和利用自然铜——红铜，后来从孔雀石中冶炼出铜，在长期实践过程中，加入适量的锡以降低铜的熔点，增加铜的硬度，从而炼出了颜色发青的铜锡合金——青铜。当人类社会发明和制作了青铜器，运用于生产和生活领域，使整个社会面貌发生了巨大变化时，就进入了青铜时代。这时的一切物质文化和精神文化都叫作青铜文化。我国夏、商、周三代是青铜文化的鼎盛时期，这三代生产的青铜器物，制作精美，种类繁多，风格独特，是古代文化的瑰宝，是研究古代社会的珍贵文物，也是我国古代科学技术进步的重要标志。

我国最早的青铜冶炼铸造始于何时？从文献记载看，是在原始社会后期。在古史传说中黄帝和蚩尤之间的战争中，"蚩尤作兵"，这"兵"就是用铜制作的武器。在陕西仰韶文化遗址中曾发现过一个铜片，主要是铜锌合金。1973 年在甘肃马家窑和马厂文化遗址中发现了铜刀，说明在公元前三千年至公元前两千三百年，我国就有了青铜制品。后来，在河南偃师二里头等夏朝的遗址发现了一些小型的青铜器，有小刀、爵、锥、铃等，较为原始，多是仿照同时期的石、骨、蚌、陶器制成的。这说明，夏朝已经进入了青铜时代。

商代（约前 17 世纪初—前 11 世纪）是我国奴隶制社会的鼎盛时期，也是高度发达的青铜时代。这时已有了相当发达的农业、手工业和文字，在河南安阳殷墟遗址、郑州商城遗址、湖北盘城遗址都发现了商代的铸铜作坊，说明当时的青铜制造业已具有相当规模。青铜器应用范围很广，无论是生产工具、武器或是生活用具都已应有尽有。由于这些青铜器种类繁多，制作精巧，并且远比石、木、蚌、骨制作的器具锋利、坚韧、轻便和耐用，这就有力地促进了整个社会生产、生活和文明的进步。事实证明，青铜农具、手工工具的使用，大大提高了农业、手工业劳动效率和产品质量，为制造木、骨、蚌、陶、车马及武器带来了很大方便。青铜斧、锯、凿用于建筑，才产生了梁柱结构。青铜武器大大提高了战斗力，增强了军队的威力。在商品交换中使用青铜制成的金属货币，更便于取得等价物的资格，促进商品生产和交换的发展。

另一方面，青铜器的冶铸、制造，必须有熟练的工匠和劳动组织。随着采矿、冶炼、浇铸的技术进步，必然使劳动组织和分工日益严密，才有可能制造出数量多、器型大、式样复杂精美的青铜器物。由此可见，青铜器的制造、使用的勃兴，起了划时代的作用，是人类物质文明史上一个重要的发展阶段。商代国家之强大、疆域之延伸、物质和文化发展的根本原因，就在于青铜时代为社会创造了空前未有的物质和财富。

从西汉至今漫长的岁月中，发现和著录的商代青铜器非常多。新中国成立后，更是成批发现，数量很大。如 1976 年在殷墟"妇好"墓中，仅青铜礼器就有二百余件。1969 年至 1977 年，在殷墟西区的六十一座墓中出土青铜礼器一百七十五件。

迄今所发现的商代最大的青铜器，是著名的"后母戊鼎"，1939 年出土于安阳武官村。这一大铜鼎方形、四足、高一百三十三厘米、重八百三十余千克公斤，是商王为祭祀其母而制造的，腹内有"司母戊"三字，四周有盘龙纹和饕餮纹。大鼎结构复杂，是用合范法铸成，需二三百人同时工作才能完成。最精美的商代青铜器是"四羊方尊"，1938 年在湖南宁乡出土。这一巨型酒器高 58.3 厘米，重 34.5 千克。它上口大体呈四方形，颈部铸蕉叶，叶上有夔形纹，叶底部饰兽面纹。肩部四周有四条龙蟠缠绕，腹部铸有四只大卷角羊，突出尊外。羊的背部及胸部饰鱼鳞纹，两只前腿和尊的底部铸在一起，也饰以夔形纹。方尊边角及每一面中间合范的地方，都铸有棱脊，以遮蔽合范时的不合纹，从而增强了造型的气势，使器物的形象在宁静中有威严感。全器上下都以云雷纹为地，线条光洁刚劲，浑然一体。"四羊方尊"是商代青铜器的精品，标志我国青铜冶铸业所达到的高水平。

西周（约前 11 世纪—前 771 年）时期，青铜器仍是手工业生产的重要产品，迄今为止所发现的西周青铜器数量有数千件。周在灭商之前曾迁到岐山之下的周原，因此在陕西扶风、岐山一带出土的数量最多，仅在 1976 年扶风庄白，一次就出土 103 件西周窖藏青铜器，有铭文的达 74 件。在一窖中出土如此之多、内容又极其丰富的青铜器皿，是前所未有的，其价值非常高。此外，在陕西西安、河南洛阳、三门峡、北京地区，以至辽宁凌源、甘肃灵台、长江下游的苏南、安徽等地，亦有出土器物。可以看出，南至长江以南、西至甘肃、东至山东、东北至辽宁，这一广大区域内都有西周时代的青铜器出土。由此可

人间巧艺夺天工——发明创造卷

知西周的疆域是十分辽阔的。

西周青铜器，在其早期，形制、纹饰和品种与商代相似；到后来（康王后）才逐渐推陈出新，表现出一些新的风格和特色。西周严厉禁酒，因此商代常见的酒器方彝、卣、爵等，逐渐减少或灭绝，新器物又不断出现，如乐器钟，食器簠，用具盨，兵器戟、剑等。从整体造型上，也向朴素和实用的特色发展。

【青铜文化】

青铜文化的出现和发展是建立在冶金设备的发展和完善基础上的。先进的炼铜竖炉是青铜冶铸业兴起的基础之一。以使用青铜器为标志的人类文化发展的一个阶段，该阶段又称青铜时代或青铜器时代。中国青铜文化，历史悠久，内容丰富，是世界文化宝库中的精华。

中国的青铜文化起源于黄河流域，始于公元前21世纪，止于公元前5世纪，经历约一千六百年，大体上与文献记载的夏、商、西周至春秋时期的时间相当。

中国青铜文化分布之广、范围之大是举世罕见的，东到山东，西至甘肃、青海，南及两广，北至辽宁、内蒙古者口都有青铜器出土。河南安阳、郑州，江西新干，四川三星堆，陕西汉中等地商代青铜器多见，陕西周原、沣镐，河南三门峡、洛阳等地西周青铜器集中。到春秋、战国时，山西的晋文化，山东的齐鲁文化，湖北、湖南的楚文化，江苏、浙江的吴越文化，陕西的秦文化中都有大量青铜器，各地的青铜器异彩纷呈各具特色。

青铜器出土数量之大和历史之悠久，也是独一无二的，据史书记载自西汉神爵四年（前58年）以来，仅陕西各地出土各种青铜器就有万件之多，全国范围内，其数量就更为可观了。

青铜器可分成生产工具、兵器和生活用具三大类。生产工具有农业生产工具和手工业生产工具两类。农业工具主要有耒、铲、锄、镰、渔钩等，主要用于起土、除草、收割、修渠等，种类相当齐全。手工业生产工具主要有斧、斤、锛、凿等，使用广泛，几乎应用于建筑、车辆、船舶、牙雕、骨雕、木雕、髹漆、制革、纺织等各行各业。生产工具的发展意味着生产效率的提高。

青铜兵器常见的有戈、矛、戟、刀、弓、剑、钺、镞、甲胄等。这些兵器都是车战所必需的。车战是古代战争的主要形式，车是作战的基本单位，车上有车兵，车下有步卒，戈、矛、戟、弓、矢都是车战的主要兵器。戈，用于钩杀戮击，是杀伤力很强的武器，也是衡量当时军事技术发展提高的重要标尺。商代的戈分为直内戈、曲内戈和有銎戈三种形式。西周多短胡戈，有一至三穿，以后胡加多穿就逐渐增多，有四穿的，使柄绑扎得更为牢固。商代的矛形体较大，以后逐渐向细长发展。戟是戈、矛的合体，更为先进，既能刺杀，又能钩砍，既具戈的钩击作用，又具矛的刺杀作用，是军事发展的产物。剑是短兵相接用的"匕首"，可手持和佩带，最早见于周初，到战国、秦汉普遍盛行。钺，既是兵器，又是刑具。商代青铜钺为武器中最大者之一。钺有两个穿孔，供扎结用，安长柄后手持砸击对方。钺上纹饰为若干夔纹组成的饕餮纹，很精美。商代中期已出现铁刃铜钺，据科学分析，此铁刃系陨铁锻制而成，说明商代就把陨铁用于制作兵器了。

至于青铜生活用具就更多了。一些青铜生活用具到西周演变成体现当时社会等级的"礼器"。周公"击礼作乐"以后，规定了一整套等级森严的礼仪制度，这种制度渗透到当时社会各个角落，人人都必须遵守。本来日用的青铜食器、水器、乐器等，此时又成了"礼器"，用于祭祀天地先祖。例如鼎、簋由本来的食器演变成了奴隶主权力的象征。

青铜礼器有炊器、水器、酒器和乐器等，器型有鼎、簋、鬲、簠、盨、敦、豆、匕、爵、角、斝、觚、尊、卣、盉、勺、罍、壶、盘、匜、鉴、缶、盂等。许多青铜器都模仿各种动物进行造型，栩栩如生，生动有趣。例如，中国陕西历史博物馆珍藏的牛尊、它盘，中国周原博物馆的折觥，中国宝鸡青铜馆的三足鸟、象尊，中国国家博物馆的鸮尊，以及流落在美国华盛顿斯密斯博物院弗利尔博物馆的觥，日本东京白鹤美术馆的鸟卣等，都形象逼真。

青铜乐器有铙、钟、镈、铎、句鑃、錞于、铃、鼓等。天子可用钟四组，诸侯三组，卿大夫两组，士一组。钟是由钲发展而来的，有编钟、甬钟、钮钟、特钟之分，其大小依次递减，具有不同的音律。

青铜花纹多在器盖、颈、腹、圈足等部位，一般可分几何形、动物形和人事活动三大类。几何纹主要有弦纹、乳钉纹、云雷纹、重环纹、三角纹等。动物纹有饕餮纹、夔纹、龙纹、蟠虺纹、凤鸟纹、象纹、鱼纹、龟纹、蝉纹、蚕纹等。人物纹饰主要有宴乐纹、狩猎纹、武射和战争场面等。随着时代的推移，青铜花纹的艺术风格也有演变。商代早期的铜器除素面外，铸造饕餮纹、夔纹等。到商代中期（即从武丁到祖甲）饕餮纹、夔纹、鸟纹、龙纹、圆滑纹、联珠纹、乳钉纹等，成了流行纹饰。同时新出现了用云雷纹衬地的复杂花纹，其风格圆浑、凝重，富有神秘感。商代晚期的青铜纹饰更为繁缛细腻，饕餮纹变化多端，形状各异，往往配以浮雕的龙、虎、羊首、蛇首、牛首等动物形象，显得格外精美，富有想象力。从每幅图案花纹的总体看，似虎，似牛，又似兕（犀牛）。从局部看，有的似龙，有的似鸟。整体中包含局部，各局部又和谐地统一于整体之中，动中有静，对后世的影响很大。

青铜器具上铸刻的文字，称铭文或金文。这种文字的价值主要体现在史料价值、文字学价值和书法艺术价值上。金文是研究商周历史文化的第一手资料，皆是真实事件的实录。郭沫若说："这些古物正是目前研究中国古代史的绝好资料，特别是那铭文所记录的是当时社会的史实。这儿没有经过后人的篡改，也还没有什么牵强附会的疏注的麻烦。我们可以短刀直入地便看定一个社会的真实相，而且还可借以判明以前的旧史料一多半都是虚伪。我们让这些青铜器说出它们所创生的时代。"（郭沫若所著的《中国古代社会研究》第280页）郭沫若第一个利用金文，以辩证唯物主义史观对商周的生产方式、阶级关系、社会制度等问题作了科学的研究，取得了辉煌成果。他依据铭文所记的奴隶可以买卖、赏赐等事实，得出了商周是奴隶社会的结论。

西周时的金文急剧增多，内容更为丰富。武王灭商时的利簋有铭文三十二字，记载武王伐商的年代；西周初期的大丰簋铸有铭文七十六字；成王时期的何尊有铭文一百二十二字，记载了成王营建东者口洛邑的事。恭王时期的曶鼎有铭文四百一十字，记载了五个奴隶相当于一匹马加一束丝，或等于百锊的价格；同时期的墙盘有铭文二百八十四字，前段记载了文、武、成、康、昭、穆、恭七位周天子的功绩，后段记载了征氏家族七代世系经历。同时期的卫盉、朕匜等岐山董家出土的三十七件重器，其中三十件有铭文。卫盉铭文有一百三十二字，记载了交换土地、刑罚和诉讼。朕匜腹底和盖里有铭文一百五十七字，记载曶的下属牧牛违背誓言，被鞭打一千下。经过宽赦，改为五百下，罚铜三百锊。这是我国最早的法律文书。字体优美，亦是书法杰作。宣王时期的多友鼎有二百八十七字，记载了"宣王中兴"时期征伐严狁的详细情况。同时期的毛公鼎铭文长达四百九十七字，所记材料胜似一篇《尚书》。又如在陕西宝鸡眉县杨家村出土的二十七件青铜器，每件都有长篇铭文，总字数三千多字，是历年来出土西周窖藏青铜器铭文最多的一次。其中来盘铭文有三百七十二字，

矿产冶炼

仅次于毛公鼎。宣王四十二年来鼎铭文有二百八十字，四十三年来鼎有铭文三百一十字，这些长篇铭文记载了文王、武王、成王、康王、昭王、穆王、孝王、厉王等十二王的事迹，而盘铭中把孝王写作考王，厉王称为剌王，这当是在西周时期的真实称谓。

铭文的书体，在商代与殷墟甲骨文相似。西周晚期，特别是孝王、夷王以后的铭文，字体变得长方，笔道均匀，结构和谐、精到，章法布局严谨规整。到春秋战国时期，则向多样化发展，并将铭文安排在器物的显著部位。文体多用韵文，惯用瘦长体，笔道纤细。在吴越还出现了鸟虫书，书写自由，可以随意增笔减画。秦国文字沿袭了西周的金文书体，经过改造，逐步发展为小篆。秦北私府椭量（方升）上有秦始皇诏书四十字："廿六年，皇帝尽并兼天下诸侯，黔首大安，立号为皇帝。乃诏丞相状、绾；法度量，则不壹，歉疑者，皆明壹之。"现藏陕西历史博物馆。该诏文系后补刻，已是标准的小篆。

中国古代冶金的独创成就——白铜

【概述】

白铜，被古代欧洲人称为"中国银"，具有同银子般的金属光泽。我国古代把白铜称为"鋈"。《旧唐书·舆服志》载："自馀一品乘白铜饰犊车。"也就是说唐代时规定，只有为一品朝臣拉车的牛身上，才能用白铜作为装饰品，表明白铜在唐代相当贵重。这里所说的白铜当是镍白铜而非砷白铜，因为镍白铜抗腐蚀，适于装饰牛车，而砷白铜性质不稳定，时间长了会因砷的挥发而渐渐变为黄色。

白铜是铜的合金，在我国古代文献中，白色的铜合金统称为白铜。我国自古就有两个独立发展起来的白铜体系，一个是纯生产性的云白铜（锌白铜）和镍白铜体系，另一个是古代炼丹家在实验中发明的砷白铜。古时云南所产的白铜最有名，称为"云白铜"，云白铜不仅在我国，在世界上也是最早的，这为国内外学术界所公认。砷白铜是我国所特有，这一冶炼技术堪称我国一项宝贵的文化遗产。

白铜的发明是我国古代冶金技术中的杰出成就，白铜是中国古代冶金的独创成就，在世界冶金史上具有重大的意义。

【云白铜的开采与应用】

至迟在公元 4 世纪时，云南已有大量的白铜开采和生产。在云南省会大理至今仍有铜和镍的共生矿，这为白铜的冶炼提供了原料。《汉书》记载："犍为郡西南朱提山出银"，且有"朱提银八两为一流（王莽时所订的银两单位）"之说。但据现代考察，朱提山（今四川宜宾西南）产铜、镍而不产银，因此"朱提银"可能就是镍白铜。

目前公认的我国（也是世界上）最早的白铜记载，见于公元 4 世纪时东晋常璩的《华阳国志·南中志》卷四。文中记道："螳螂县因山名也，出银、铅、白铜、杂药。"螳螂县治所在今云南巧家老店镇一带。这里富产铜矿，而邻近的四川会理出镍矿，两地间有驿道相通，从资源上看，可以肯定螳螂县所出白铜为镍白铜。

这些历史记载说明我国云南省很早就生产白铜，那时是由含铜和镍的矿石直接炼制白铜。虽然我国冶炼白铜的历史很长，但是没有炼得纯的金属镍。1929 年，王琎曾分析过我国古代白铜文具的化学成分；证明其中含有 6.14% 镍，62.5% 铜以及少量锡、锌、铁、铅等。

我国古代制造的白铜器件，不仅销于国内各地，还远销国外。据考证，早在秦汉时期，在新疆西边的大夏国，便有白铜铸造的货币，含镍达 20%，而从其形状、成分及当时历史条件等分析，很可能是从我国运去的。唐宋时，中国镍白铜已远销阿拉伯一带，当时波斯人称白铜为"中国石"。大约 16 世纪以后，中国白铜运销到世界各地，博得了广泛的赞扬，它经广州出口，由英国东印度公司贩往欧洲销售。

明代有关镍白铜的记载渐多，表明镍白铜的产地集中于云南、四川两省。

镍白铜在清代文献中有更多、更详细的记载。清代时，云南已出现专门采炼白铜的厂矿和生产白铜器的作坊。师荔扉的《滇系》和光绪年间的《续云南通志稿》都说，定远县（今牟定县）有大茂岭白铜厂、妈泰白铜厂；大姚县有茂密白铜子厂等。其生产情况据《续云南通志稿》有关记录推算，定远大茂岭白铜厂一年大概生产白铜 2 万至 4 万斤。

另外，四川会理也是清代镍白铜的重要产地，有立马河、九道沟、清水河和黎溪等白铜矿厂，且以黎溪白铜厂历史最久、规模最大，乾隆时期已有炼炉

216 座，年产白铜约 37 吨。

清嘉庆年间，檀萃在《滇海虞衡志》中谈到云南白铜器作坊的生产情况："白铜面盆，唯滇制最天下，自四牌坊（今昆明正义路中段）以上皆其店肆。夫铜出于滇，滇匠不能为大锣、小锣，必买自江宁，江宁匠自滇带白铜下，又不能为面盆如滇之佳，水土之故也。白铜制器皿甚多，虽佳亦不为独绝，而独绝者唯面盆，所以为海内贵。"这里所说的云南白铜面盆，以不起污垢、一拭即新的特点堪称中国一绝。

关于镍白铜的冶炼技术，文献记载均甚含糊。对四川会理立马河、小关河、黎溪和青矿山等处古代冶炼镍白铜的遗址所做的研究表明：古代冶炼镍白铜的温度为 1300 摄氏度至 1400 摄氏度，过程非常繁复，需经反复多次煅烧和冶炼；会理炼出的白铜实际是铜镍二元合金，而云南白铜则是铜镍锌三元合金，是用会理白铜配以铜、锌及黄铜而熔炼成的。因镍白铜一般在云南昆明和会泽等地调配成分及色泽，再外销他省或出口，故也以"云南白铜"之称而闻名于世。

【砷白铜的冶炼历史】

除了镍白铜以外，我国古代还有一种砷白铜，它是砷铜合金。这种砷白铜则是中国古代炼丹家的突出贡献。不过他们叫它"药银"，意思是用丹药点化而成的白银。点化这种"药银"比冶炼镍白铜要更困难，而且很容易中砷毒。因此炼丹家们为取得这项成就曾付出了很大的代价。

砷白铜是用砷矿石（砒石、雄黄等）或砒霜点化赤铜而得到的。砷白铜中合砷小于 10% 时，呈金黄色，炼丹家称其为"药金"（砷黄铜）；当含砷量等于或大于 10% 时，砷白铜就变得洁白如雪，灿烂如银，称为"药银"。

冶炼砷白铜的历史可以追溯到西汉初期，是同炼丹术同时兴起的。据宋人撰《席上腐谈》记载：汉景帝时在茅山修炼的三位炼丹大师三茅君因丹阳（今安徽宣城一带）遭天灾歉收，于是以煅砒粉点化丹阳所产之铜为银，以救饥民。所以后来炼丹家们就称这种"药银"叫"丹阳银"。

早期，我国的砷白铜冶炼利用雄黄或雌黄点制成，大约在东晋，中国开始炼制砷白铜，即所谓"点白"。晋代著名炼丹大师葛洪在《抱朴子·金丹篇》中明确记载了用雄黄点化铜为"黄金"。南朝齐梁时期的医药大师陶弘景在其《名医别录》中也提到"雄黄得铜可作金"、"炼服之法皆在仙经中。"

葛洪、陶弘景所得到的大概都是含砷量较低的砷黄铜，炼丹家们所说的

"雄黄金"可能就是指它。这时期的《神仙养生秘术》等著作中还提到了点铜为"白"的丹药配方，但用药比较复杂。

隋代开皇年间有位名叫苏元朗的炼丹家，号青霞子，曾学道于句曲（茅山），自称得到过司命大茅君的真秘。他曾撰《宝藏论》一书，其中记载了用砒霜可以"点铜成银"。

唐肃宗乾元年间（公元 758 年—公元 760 年），有位炼丹家，道号金陵子，他撰写了一部《龙虎还丹诀》，其中有一篇"点丹阳方"，详尽介绍了点化砷白铜的方法："取前件霜，每二两点一斤……丹阳（红铜）可分作两埚，每埚只可著八两，多少为得所乍可，已下不可过多，又不可少，少则埚中干。每一两药分为六丸，每一度相续点三丸。待金汁如水，以物直刺到埚底，待入尽，即以炭搅之，更鼓三二十下。又投药，如此遍遍相似，即泻入华池中，令散作珠子，急用柳枝搅，令碎，不作珠子亦得。又依前点三丸，亦投入池中。看色白未，若所点药不须将火烧却，其物即不白，更须重点一遍，以白为度。"

从中可得知，金陵子是先将雄黄升炼成砒霜，然后把后者作成小丸，逐个投到熔化的铜汁中，用炭不断搅拌，直到铜汁变白为止。在此过程中，AS_2O_3 先被炭还原成单质砷，立即溶入铜中，于是逐步生成了砷白铜。有人根据这段记载进行了模拟实验，成功地炼出了含砷 9.92% 的砷白铜。这个记载说明我国炼丹家在唐代中叶点化砷白铜的技术已经达到了相当成熟的阶段。但它长时期为炼丹家的真秘，师徒相传，对外绝密。在青海都兰热水吐蕃墓葬中还发现了唐代中晚期的砷白铜实物，是一件含砷 15.8% 的铜镞。这表明砷白铜在唐代已得到一定程度的应用。

宋代《春诸纪闻》卷十中载有一段"丹阳化银"的故事："薛驼，兰陵人，尝受异人煅砒粉法，是名丹阳者。余尝从惟湛师访之，因清其药。取药帖抄二钱必相语曰：'此我一月养道食料也，此可化铜二两为烂银……'其药正白而加光璨，取枣肉为圆，俟熔铜汁成，即投药坩埚中，须臾铜中恶类如铁屎者胶著锅面，以硝石搅之，倾槽中，真是烂银，虽经百火，柔软不变也。"显然，这里描述的是炼制砷白铜的过程，所用的药即砒霜（三氧化二砷），利用枣肉在高温下生成的碳将砒霜还原成砷，使其与铜生成白铜即所谓"烂银"；加入硝石、芒硝作为造渣剂，以去除化学反应生成的脱氧产物。这段记载谈到炼丹家以煅砒粉化铜为白银时，还说这是一种奇闻绝技。表明直至宋代，炼制砷白铜仍属于炼丹家的一种"方技"。

元明以后，这种"药银"才逐渐为常人所知，砷白铜的炼制方法才逐渐流传开来。元人著作《格物粗谈》就有炼制砷白铜的记载。明代李时珍《本草纲目》中说："白铜出云南，赤铜以砒石炼为白铜。"宋应星《天工开物》中也说："铜以砒霜等药制炼白铜……凡红铜升黄而后熔化造器，用砒升者为白铜。工费倍难，侈者事之。"这些都记载了砷白铜的冶炼。因砷白铜与镍白铜外观相似，因此在明代文献中，常把两种白铜相混淆。

但是目前为止，还没有找到古代炼丹家所制出的砷白铜实物。这大概因为：一是这种"药银"冶炼技术只有少数人掌握，生产极少，年久失传；二是易变质（其中砷质会逐步挥发掉，而变为棕赤色），又有毒性；三是砷白铜在市场上常常被用来冒充白银，是违禁的，只能在暗中少量炼制；四是炼制困难，耗资多、价钱昂贵。

【西方各国的仿制】

中国白铜的冶炼法是中国古代有色金属冶炼的又一项杰出成就。我国白铜的创造发明并且西传，在18、19世纪对西方白铜的生产和近代化学工业起了很大的启发和推动作用。

17至18世纪，镍白铜大量传入欧洲，并被贵为珍品，称作"中国银"或"中国白铜"，对西方近代化学工艺曾起过巨大影响。16世纪以后，欧洲的一些化学家、冶金学家开始研究和仿造中国白铜。法国的耶稣会教士杜霍尔德在其1735年出版的《中华帝国全志》中写道："最特出的铜是白铜，其色泽和银一样，只有中国才有，也只见于云南省。"

1775年，英国刊行的《年纪》中，有"英国东印度公司驻广州货客勃烈所作奇特的研究及有价值的发现经过实录"，提到英国要实验仿造东印度公司从广州买去的中国白铜。文中说："在去年夏季，有船从中国驶抵英伦，他（勃烈）又附寄了他自云南得来的白铜……目的是要在英国手工艺制造和商务促进会秘书摩尔指导下，从事实验和仿造这种中国白铜。"接着，在瑞典政府采矿部任监督的化学家恩吉司特朗姆，于1776年发表了一篇研究云南白铜的论文，样品分析结果，含镍量与含铜量之比为5或6比13或14，发现中国白铜是铜镍锌三元合金。他声称从中国购买此项合金代价甚高，认为瑞典国内某些矿区也有相同的矿物，因此仿造起来应该不会很困难。

1822 年，英国爱丁堡大学化学师菲孚发表了他分析云南白铜的结果，其合金比例为铜 40.4%，镍 31.6%，锌 25.4%，铁 2.6%。并说在英国当时还没有人知道应如何仿制这种中国白铜。

其后一年，英国的汤麦逊首先制出和中国云南白铜相似的合金。同年，德国的海宁格尔兄弟仿制云南白铜成功。随即西方开始了大规模工业化生产，并将这种合金改名为"德国银"或"镍银"，而名副其实的云南白铜，反而被淹没而无闻了。

当西方国家仿制云南白铜成功后，我国白铜的出口数量大大减少。至 19 世纪后期，德银已取代中国白铜占据了国际市场，中国的白铜矿冶业随之衰落。然而全国各地对云南白铜仍十分喜爱。直至 20 世纪二三十年代，昆明市仍有不少白铜店，其产品色泽光洁，质地软硬适中，经久耐用，不起浮垢。其中以"江南宝"白铜店最有名气，产品有水烟袋、旱烟斗、墨盒、面盆等，尤其面盆最享盛誉，远销至江南和京津。新中国成立前，云南民间嫁女时嫁妆中仍以有白铜面盆为光彩，如果产品是"江南宝"店所制，购买者则更觉荣耀。用过之物价钱仍高出别家产品三四倍。

中国古代最著名的探矿理论——《管子·地数篇》

【概述】

《管子》一书托名战国时期的管仲所作。它大约是战国及其后的一批零碎著作的总集。汉代刘向编订时定为 86 篇，今存 76 篇。其中最著名的《管子·地数篇》，总结了一些矿床中矿物的分布规律，指出可以根据矿苗和矿物的共生关系来寻找矿床，是中国古代比较系统的探矿理论的著作。

【管子六条】

《管子·地数篇》中说道："山，上有赭者，其下有铁；上有铅（"铅"是铅的异体字）者，其下有银；一曰上有铅者，其下有鉒银；上有丹砂者，其下有鉒金；上有慈石者，其下有铜金。此山之见荣者也。"又说："上有丹砂者，下有黄金；上有慈石者，下有铜金；上有陵石者，下有铅、锡、赤铜；上有赭者，下有铁。此山之见荣者也。"所谓"山之见荣"，就是矿苗的露头。

唐代张守节的《史记正义》中，所引《管子》文字略有不同："山上有赭，其下有铁；山上有铅，其下有银；山上有银，其下有丹；山上有磁石，其下有金也。"

上引三段文字互有出入，相关学者等把它们归纳成六条，称作"管子六条"：第一，山上有赭，其下有铁；第二，山上有磁石，其下有铜金；第三，山上有铅，其下有银；第四，山上有丹砂，其下有黄金；第五，山上有陵石，其下有铅、锡、赤铜；第六，山上有银，其下有丹。六条中，第一、二两条是三段文字所共有。第三、四两条是两段文字所共有。第五、六两条是一段文字仅有的。"管子六条"包括铁、铜、锡、铅、金、银、汞七种金属矿产，分组说明它们的上下关系，是西汉以前找矿采矿实践中得出的经验总结。"管子六条"中所说的上下关系，包含三种意义：

第一，一个垂直的矿体或一条矿脉，山上露头中出现某种矿物，可能对下面赋存的另一种主要矿产起到指示作用，这种指示矿物在古代称作"苗"或"引"。某些多金属矿体（脉）的上部和下部富集的矿种有所不同，对这种垂直分带现象，在古代是有所认识的。

第二，山上出现的某种矿物和山下出现的另一种矿物，分别产于不同的地层或岩石中，既不同属于一个矿体，成因上又没有明显的联系，属于这种情况的上下关系，仅仅是一种空间位置的相对关系。

第三，山上赋存有某种原生矿床，而山下出现另一种砂矿，这也是一种上下关系。这种关系也不一定和矿床成因有联系。

由于"管子六条"是实践经验的总结，因此，它是符合实际的，有科学价值的。其科学价值是：

第一，"管子六条"无疑是从采矿实践中总结出来的经验。它基本上适用于邯郸式、邢台式、大冶式和某些鞍山式铁矿。

第二，"管子六条"是古人从开发铜矿中总结出来的经验。适用于铜绿山类型的铜矿。

第三，这里的"铅"主要指方铅矿，"银"指自然银或辉银矿。自然银主要是次生的，赋存于铅银（或银铅）矿床上部的氧化带中。《楚雄县志》说："铅乃银之母，银乃铅之精也。"辉银矿的成因有次生的，也有原生的。原生辉银矿经常和方铅矿共生。

第四，丹砂和自然金在汞或金的原生矿脉中，除少数外，一般不存在共生关系。这条规律，对于原生脉金矿床来说，没有实际意义。不过先秦时期的汞矿或金矿都以砂矿为主。在汞和金共生的砂矿床中，这条规律是确切的，是反映实际情况的。

第五，陵石，在《太平御览》地部三引作绿石，就是孔雀石。因此，这条规律适用于以铅为主的铅锌铜多金属矿床，上有绿石、下有锡的现象也是存在的，而上有绿石、下有赤铜是实际情况的确切反映。

第六，也是古代采矿经验的总结。这种银在上、汞在下的上下关系，是两种矿产赋存于时代不同的两个地层中的上下关系，而不是一个矿体（脉）中金属矿产的垂直分带关系。

【科学价值】

《管子·地数篇》提出的"能者有余，拙者不足；苟山之荣，谨封为禁；水激而流渠，令疾而物重；守圉之本，用盐独重；天下高则高，天下下则下；通达所出，游子胜商"的思想，对现代人的贡献在于发现资源、开发资源、控制资源、保护资源、利用资源、强本节用。

矿产冶炼

军 事 科 技

人类在原始社会晚期就有战争，我国也不例外。在我国漫长的历史发展过程中，和战争相随而生的兵器，无论是冷兵器和火器，还是军事专著，都取得了巨大的成就。

大约在 10 世纪，火药武器开始用于战争。从此，在刀光剑影的战场上，弥漫着硝烟，传来了火器的爆炸声响，开创了人类战争史上火器和冷兵器并用的时代。这个时代的火器可以分三个发展阶段：初级火器的创制，火铳的发明和发展，火绳枪炮和传统火器同时发展。指南针一经发明很快就被应用到军事、生产、日常生活、地形测量等方面，特别是在航海上，终结了原始航海的时代，预示着计量航海时代的来临。上述的火药和指南针，是我国四大发明中的重要两项。

中国古代的云梯、弓箭、抛石机、战车、古代火箭等发明创造，成为中国古代军事成就的主要组成部分，它们如同颗颗璀璨的明珠，至今仍在中国古代科学技术宝库的辉煌殿堂中，闪烁着耀眼的光芒。

中国是一个在战争中注重谋略运用的国家，强调军事首领的高超领导能力，"运筹帷幄之内，决胜千里之外"常常被用来形容他们的非凡军事才能。以春秋末年齐国人孙武所著的《孙子兵法》为代表的军事著作，在深刻总结春秋时期各国相战的经验的同时，集中概括了战略战术的一般规律，精到深刻，气象恢宏，数千年来余响不绝，被誉为"世界兵学圣典"。

推进历史发展进程的发明——火药

【概述】

火药是一种黑色或棕色的炸药，由硝酸钾、木炭和硫黄混合而成，最初均制成粉末状，以后一般制成大小不同的颗粒状，可供不同用途之需，在采用无烟火药以前，一直用作唯一的军用发射药。

人间巧艺夺天工——发明创造卷

火药是古代中国人发明的，距今已有一千多年了。火药的研究开始于古代炼丹术，古人为求长生不老而炼制丹药，炼丹术的目的和动机都是荒谬和可笑的，而它的实验方法促使了火药的产生。它的发明，闻名于世，被称为我国古代科技的四大发明之一，在化学史上占有重要的地位。火药的发明大大推进了历史发展的进程，是欧洲文艺复兴的重要支柱之一。恩格斯高度评价了中国在火药发明中的首创作用："现在已经毫无疑义地证实了，火药是从中国经过印度传给阿拉伯人，又由阿拉伯人将火药武器经过西班牙传入欧洲。"

【火药发明】

火药由硫黄、硝石、木炭混合而成。很早以前，中国人对这个三种物质就有了一定认识。早在新石器时代人们在烧制陶器时就认识了木炭，把它当作燃料。商周时期，人们在冶金中广泛使用木炭。木炭灰分比木柴少，强度高，是比木柴更好的燃料。硫黄天然存在，人们很早就开始开采它。在生活和生产中人们经常接触到硫黄，如温泉会释放出硫黄的气味；冶炼金属时，逸出的二氧化硫刺鼻难闻，这些都会给人留下印象。古人掌握最早的硝，可能是墙角和屋根下的土硝，硝的化学性质很活泼，能与很多物质发生反应，它的颜色和其他一些盐类区别不大，在使用中容易搞错，在实践中人们掌握了一些识别硝石的方法。南北朝时的陶弘景《草木经集注》中就说过："以火烧之，紫青烟起，云是硝石也。"这和近代用火焰反应鉴别钾盐的方法相似（硝石的主要成分是硝酸钾）。硝石和硫黄一度被作为重要的药材，在汉代的《神农本草经》中，硝石被列为上品中的第六位，认为它能治二十多种病。硫黄被列为中品药的第三位，也能治十多种病。这样人们对硝石和硫黄的研究就更为重视。虽然人们对硝石、硫黄、木炭的性质有了一定的认识，但是硝石、硫黄、木炭按一定比例放在一起制成火药还是炼丹家的功劳。

炼丹术起源很早，《战国策》中已有方士向荆王献不死之药的记载。汉武帝也妄想"长生久视"，向民间广求丹药，招纳方士，并亲自炼丹。从此，炼丹成为风气，开始盛行。历代都出现炼丹方士，也就是所谓的炼丹家。炼丹家的目的是寻找长生不老之药，这样的目的是不可能达到的。炼丹术流行了一千多年，最后还是一无所获。但是，炼丹术所采用的一些具体方法还是有可取之处的，它显示了化学的原始形态。

炼丹术中很重要的一种方法就是"火法炼丹"。它直接与火药的发明有关系。所谓"火法炼丹"大约是一种无水的加热方法，晋代葛洪在《抱朴子》中对火法有所记载，火法大致包括：煅（长时间高温加热）、炼（干燥物质的加热）、灸（局部烘烤）、熔（熔化）、抽（蒸馏）、飞（又叫升，就是升华）、优（加热使物质变性）。这些方法都是最基本的化学方法，这也是炼丹术这种愚昧的职业能够产生发明的基础。炼丹家的虔诚和寻找长生不老之药的挫折，使得炼丹家不得不反复实验和寻找新的方法。这样就为火药的发明创造了条件。在发明火药之前，炼丹术已经得到了一些人造的化学药品，如硫化汞等。这可能是人类最早用化学合成法制成的产品之一。

炼丹家虽然掌握了一定的化学方法，但是他们的方向是求长生不老之药，因此，火药的发明具有一定的偶然性。

炼丹家对于硫黄、砒霜等具有猛毒的金石药，在使用之前，常用烧灼的办法"伏"一下，"伏"是降伏的意思。使毒性失去或减低，这种手续称为"伏火"。唐初的名医兼炼丹家孙思邈在"丹经内伏硫黄法"中记有：硫黄、硝石各二两，研成粉末，放在销银锅或砂罐子里。掘一地坑，放锅子在坑里和地平，四面都用土填实。把没有被虫蛀过的三个皂角逐一点着，然后夹入锅里，把硫黄和硝石起烧焰火。等到烧不起焰火了，再拿木炭来炒，炒到木炭消去三分之一，就退火，趁还没冷却，取入混合物，这就伏火了。

唐朝中期有个名叫清虚子的，在"伏火矾法"中提出了一个伏火的方子："硫二两，硝二两，马兜铃三钱半。右为末，拌匀。掘坑，入药于罐内与地平。将熟火一块，弹子大，下放里内，烟渐起。"他用马兜铃代替了孙思邈方子中的皂角，这两种物质代替碳起燃烧作用。

伏火的方子都含有碳素，而且伏硫黄要加硝石，伏硝石要加硫黄。这说明炼丹家有意要使药物引起燃烧，以去掉它们的猛毒。

虽然炼丹家知道硫、硝、碳混合点火会发生激烈的反应，并采取措施控制反应速度，但是因药物伏火而引起丹房失火的事故时有发生。《太平广记》中有一个故事，说的是隋朝初年，有一个叫杜春子的人去拜访一位炼丹老人。当晚住在那里。半夜杜春子梦中惊醒，看见炼丹炉内有"紫烟穿屋上"，顿时屋子燃烧起来。这可能是炼丹家配置易燃药物时疏忽而引起火灾。还有一本名叫《真元妙道要略》的炼丹书也谈到用硫黄、硝石、雄黄和蜜一起炼丹而失火的事，火把人的脸和手烧坏了，还直冲屋顶，把房子也烧了。书中告诫炼丹者要防止这类事故发生。这说明唐代的炼丹者已经掌握了一个很重要的经验，就是硫、硝、碳三种物质可以构成一种极易燃烧的药，这种药被称为"着火的药"，即火药。由于火药的发明来自制丹配药的过程中，在火药发明之后，曾被当作药类。《本草纲目》中就提到火药能治疮癣、杀虫，辟湿气、瘟疫。

火药不能解决长生不老的问题，又容易着火，因而炼丹家对它并不感兴趣。然而，火药的配方由炼丹家转到军事家手里，军事家就能生产出中国古代四大发明之一的黑色火药。

【火药应用】

火药发明之前，火攻是军事家常用的一种进攻手段，那时在火攻中，用了一种叫作火箭的武器，它是在箭头上绑一些像油脂、松香、硫黄之类的易燃物质，点燃后用弓射出去，用以烧毁敌人的阵地。如果用火药代替一般易燃物，效果要好得多。火药发明之前，攻城守城常用一种抛石机抛掷石头和油脂火球，来消灭敌人。火药发明之后，利用抛石机抛掷火药包以代替石头和油脂火球。据宋代路振的《九国志》记载，唐哀帝时（十世纪），郑王番率军攻打豫章（今江西南昌），"发机飞火"，烧毁该城的龙沙门。这可能是有关用火药攻城的最早记载。

到了两宋时期火药武器发展很快。据《宋史·兵记》记载：970年，兵部令史冯继升进火箭法，这种方法是在箭杆前端缚火药筒，点燃后利用火药燃烧向后喷出的气体的反作用力把箭镞射出，这是世界上最早的喷射火器。1000年，士兵出身的神卫队队长唐福向宋朝廷献出了他制作的火箭、火球、火蒺藜等火器。1002年，冀州团练使石普也制成了火箭、火球等火器，并做了表演。

火药兵器在战场上的出现，预示着军事史上将发生一系列的变革。从使用冷兵器阶段向使用火器阶段过渡。火药应用于武器的最初形式，主要是利用火药的燃烧性能。《武经总要》中记录的早期火药兵器，还没有脱离传统火攻中纵火兵器的范畴。随着火药和火药武器的发展，逐步过渡到利用火药的爆炸性能。

硝酸钾、硫黄、木炭粉末混合而成的火药被称为黑火药或者叫褐色火药。这种混合物极易燃烧，而且烧起来相当激烈。如果火药在密闭的容器内燃烧就会发生爆炸。火药燃烧时能产生大量的气体（氮气、二氧化碳）和热量。原来体积很小的固体的火药，体积突然膨胀，猛增至几千倍，这时容器就会爆炸。

军事科技

221

这就是火药的爆炸性能。利用火药燃烧和爆炸的性能可以制造各种各样的火器。北宋时期使用的那些用途不同的火药兵器都是利用黑火药燃烧爆炸的原理制造的。蒺藜火球、毒药烟球是爆炸威力比较小的火器。到了北宋末年爆炸威力比较大的火器像"霹雳炮"、"震天雷"也出现了。这类火器主要是用于攻坚或守城。1126年，李纲守开封时，就是用霹雳炮击退金兵的围攻。金与北宋的战争使火炮进一步得到改进，震天雷是一种铁火器，是铁壳类的爆炸性兵器。元军攻打金的南京（今河南开封）时金兵守城时就用了这种武器。《金史》对震天雷有这样的描述："火药发作，声如雷震，热力达半亩之上，人与牛皮皆碎并无迹，甲铁皆透。"这样的描述可能有一点夸张，但是这是对火药威力的写照。

火器的发展有赖于火药的研究和生产。《武经总要》中记录了三个火药配方。唐代火药含硫、硝的含量相同，是1比1，宋代为1比2，甚至接近1比3。已与后世黑火药中硝占四分之三的配方相近。火药中加入少量辅助性配料，是为了达到易燃、易爆、放毒和制造烟幕等效果。火药是在制造和使用过程中不断改进和发展的。

宋代由于战争不断，对火器的需求日益增加，宋神宗时设置了军器监，统管全国的军器制造。军器监雇佣工人4万多人，监下分十大作坊，生产火药和火药武器各为一个作坊，并占有很重要的地位。史书上记载了当时的生产规模："同日出弩火药箭七千支，弓火药箭一万支，蒺藜炮三千支，皮火炮二万支。"所有这些，都促进了火药和火药兵器的发展。

南宋时出现了管状火器，1132年陈规发明了火枪。火枪是由长竹竿作成，先把火药装在竹竿内，作战时点燃火药喷向敌军。陈规守安德时就用了"长竹竿火枪二十余条"。1259年，寿春地区有人制成了突火枪，突火枪是用粗竹筒作的，这种管状火器与火枪不同的是，火枪只能喷射火焰烧人，而突火枪内装有"子窠"，火药点燃后产生强大的气体压力，把"子窠"射出去。"子窠"就是原始的子弹。突火枪开创了管状火器发射弹丸的先声。现代枪炮就是由管状火器逐步发展起来的。所以管状火器的发明是武器史上的又一大飞跃。

突火枪又被称为突火筒，可能它是由竹筒制造的而得此名。《永乐大典》所引的《行军须知》一书中提到，在宋代守城时曾用过火筒，用以杀伤登上城头的敌人。到了元明之际，改用铜或铁铸成大炮，这种大炮称为"火铳"。

1332年的铜火铳，是世界上现存最早的有铭文的管状火器实物。

明代在作战火器方面，发明了多种"多发火箭"，如同时发射 10 支箭的"火弩流星箭"；发射 32 支箭的"一窝蜂"；最多可发射 100 支箭的"百虎齐奔箭"等。明燕王朱棣（即后来的明成祖）与建文帝战于白沟河，就曾使用了"一窝蜂"。这是世界上最早的多发齐射火箭，堪称是现代多管火箭炮的鼻祖。尤其值得提出的是，当时水战中使用的一种叫"火龙出水"的火器。据《武备志》记载，这种火器可以在距离水面三、四尺高处飞行，远达两三里。这种火箭用竹木制成，在龙形的外壳上缚四支大"起火"，腹内藏数支小火箭，大"起火"点燃后推动箭体飞行，"如火龙出于水面。"火药燃尽后点燃腹内小火箭，从龙口射出。击中目标将使敌方"人船俱焚。"这是世界上最早的二级火箭。另外，该书还记载了"神火飞鸦"等具有一定爆炸和燃烧性能的雏形飞弹。"神火飞鸦"用细竹篾绵纸扎糊成乌鸦形，内装火药，由四支火箭推进，它是世界上最早的多火药筒并联火箭，它与今天的大型捆绑式运载火箭的工作原理很相近。

火箭的发展，使人产生了利用火箭的推力飞上天空的愿望。根据史书的记载，14 世纪末，明朝的一位勇敢者万户坐在装有 47 个当时最大的火箭的椅子上，双手各持一个大风筝，试图借助火箭的推力和风筝的升力实现飞行的梦想。尽管这是一次失败的尝试，但万户被誉为利用火箭飞行的第一人。为了纪念万户，月球上的一个环形山以万户的名字命名。

【火药传播】

早在八九世纪时，和医药、炼丹术的知识一起，硝也由中国传到阿拉伯。当时的阿拉伯人称它为"中国雪"，而波斯人称它为"中国盐"。他们仅知道用硝来治病、冶金和做玻璃。13 世纪火药是由商人经印度传入阿拉伯国家的。希腊人通过翻译阿拉伯人的书籍才知道火药。

火药武器是通过战争传到阿拉伯国家的，成吉思汗西征，蒙古军队使用了火药兵器。1260 年，元世祖的军队在与叙利亚作战中被击溃，阿拉伯人缴获了火箭、毒火罐、火炮、震天雷等火药武器，从而掌握火药武器的制造和使用。阿拉伯人与欧洲的一些国家进行了长期的战争，战争中阿拉伯人使用了火药兵器，例如阿拉伯人进攻西班牙的八沙城时就使用过火药兵器。在与阿拉伯人的战争中，欧洲人逐步掌握了制造火药和火药兵器的技术。

火药和火药武器传入欧洲，不仅对作战方法本身，而且对统治和奴役的政治关系起了变革的作用。以前一直攻不破的贵族城堡的石墙抵不住市民的大炮，市民的子弹射穿了骑士的盔甲。贵族的统治跟身穿铠甲的贵族骑兵同归于尽了。随着资本主义的发展，新的精锐的火炮在欧洲的工厂中被制造出来，装备着威力强大的舰队，扬帆出航，去征服新的殖民地。

由此可见，中国的火药推进了世界历史的进程。

计量航海时代的先驱——指南针

【概述】

指南针也叫罗盘针，是用以判别方位的一种简单仪器。指南针的发明是我国劳动人民在长期的实践中对物体磁性认识的结果。由于生产劳动，人们接触了磁铁矿，开始了对磁性质的了解。人们首先发现了磁石引铁的性质。后来又发现了磁石的指向性。经过多方的实验和研究，终于发明了可以实用的指南针。

指南针的发明是我国劳动人民在长期的实践中对物体磁性认识的结果，是中国四大发明之一。这是我国对地磁学做出的伟大贡献。

【磁现象的发现】

先秦时代的中国人已经积累了许多对磁现象的认识，在探寻铁矿时常会遇到磁铁矿，即磁石（主要成分是四氧化三铁）。这些发现很早就被记载下来了。《管子》的数篇中最早记载了这些发现："山上有磁石者，其下有金铜。"其他古籍如《山海经》中也有类似的记载。磁石的吸铁特性很早就被人发现，《吕氏春秋》九卷精通篇就有："慈招铁，或引之也。"那时的人称"磁"为"慈"他们把磁石吸引铁看作慈母对子女的吸引。并认为："石是铁的母亲，但石有慈和不慈两种，慈爱的石头能吸引他的子女，不慈的石头就不能吸引了。"

汉以前人们把磁石写作"慈石"，是慈爱石头的意思。

既然磁石能吸引铁，那么是否还可以吸引其他金属呢？我们的先民做了许多尝试，发现磁石不仅不能吸引金、银、铜等金属，也不能吸引砖瓦之类的物品。西汉的时候人们已经认识到磁石只能吸引铁，而不能吸引其他物品。

当把两块磁铁放在一起相互靠近时，有时候互相吸引，有时候相互排斥。现在人们都知道磁体有两个极，一个称北极，另一个称南极。同性极相互排斥，异性极相互吸引。那时的人们并不知道这个道理，但对这个现象还是能够察觉到的。

到了西汉，有一个名叫栾大的方士，他利用磁石的这个性质做了两个棋子般的东西，通过调整两个棋子极性的相互位置，有时两个棋子相互吸引，有时相互排斥。栾大称其为"斗棋"。他把这个新奇的玩意献给汉武帝，并当场演示。汉武帝惊奇不已，龙心大悦，竟封栾大为"五利将军"。就这样栾大利用磁石的性质，制作了新奇的玩意蒙骗了汉武帝。

地球也是一个大磁体，它的两个极分别在接近地理南极和地理北极的地方。因此地球表面的磁体，可以自由转动时，就会因磁体同性相斥、异性相吸的性质指示南北。这个道理古人不够明白，但这类现象他们很清楚。

【指南针的始祖——司南】

指南针的始祖是司南，大约出现在战国时期。它是用天然磁石制成的。样子像一把汤勺，圆底，可以放在平滑的"地盘"上并保持平衡，且可以自由旋转。当它静止的时候，勺柄就会指向南方。因此，古人称它为"司南"，当时的著作《韩非子》中就有："先王立司南以端朝夕。""端朝夕"就是正四方、定方位的意思。《鬼谷子》中记载了司南的应用，郑国人采玉时就带了司南以确保不迷失方向。

春秋时代，人们已经能够将硬度5度至7度的软玉和硬玉琢磨成各种形状的器具，因此也能将硬度只有5.5度至6.5度的天然磁石制成司南。东汉时的王充在他的著作《论衡》中对司南的形状和用法做了明确的记录。司南是用整块天然磁石经过琢磨制成勺型，勺柄指南极，并使整个勺的重心恰好落到勺底的正中，勺置于光滑的地盘之中，地盘外方内圆，四周刻有干支四维，合成二十四向。这样的设计是古人认真观察了许多自然界有关磁的现象，积累了大量的知识和经验，经过长期的研究才完成的。司南的出现是人们对磁体指极性认识的实际应用。

但司南也有许多缺陷，天然磁体不易找到，在加工时容易因打击、受热而失磁。所以司南的磁性比较弱，而且它与地盘接触处要非常光滑，否则会因转动摩擦阻力过大，而难于旋转，无法达到预期的指南效果。而且司南有一定的体积和重量，携带很不方便，这可能是司南长期未得到广泛应用的主要原因。

军事科技

【指南针的发明】

古代民间常用薄铁叶剪裁成鱼形，鱼的腹部略下凹，像一只小船，磁化后浮在水面，就能指南北。当时以此作为一种游戏。东晋的崔豹在《古今注》中曾提到这种"指南鱼"。

北宋时，曾公亮在《武经总要》载有制作和使用指南鱼的方法："用薄铁叶剪裁，长二寸，阔五分，首尾锐如鱼形，置炭火中烧之，候通赤，以铁钤钤鱼首出火，以尾正对子位，蘸水盆中，没尾数分则止，以密器收之。用时，置水碗于无风处平放，鱼在水面，令浮，其首常向午也。"这是一种人工磁化的方法，它利用地球磁场使铁片磁化。即把烧红的铁片放置在子午线的方向上。烧红的铁片内部分子处于比较活跃的状态，使铁分子顺着地球磁场方向排列，达到磁化的目的。蘸入水中，可把这种排列较快地固定下来，而鱼尾略向下倾斜可增大磁化程度。人工磁化方法的发明，对指南针的应用和发展起了巨大的作用。在磁学和地磁学的发展史上也是一件大事。北宋的沈括在《梦溪笔谈》中提到另一种人工磁化的方法："方家以磁石摩针锋，则能指南。"按沈括的说法，当时的技术人员用磁石去摩擦缝衣针，就能使针带上磁性。从现在的观点来看，这是一种利用天然磁石的磁场作用，使钢针内部磁畴的排列趋于某一方向，从而使钢针显示出磁性的方法。这种方法比地磁法简单，而且磁化效果比地磁法好，摩擦法的发明不但世界最早，而且为有实用价值的磁指向器的出现，创造了条件。

沈括还在《梦溪笔谈》的补笔谈中谈到了摩擦法磁化时产生的各种现象："以磁石摩针锋，则锐处常指南，亦有指北者，恐石性亦不……南北相反，理应有异，未深考耳。"这是说，用磁石去摩擦缝衣针后，针锋大部分指南，也有时指北。从现在的观点来看，磁石都有北和南两个极，磁化时缝衣针针锋的方位不同，则磁化后的指向也就不同。但沈括并不知道这个道理，他真实地记录了这个现象并承认自己没有作深入思考。以期望后人能进一步探讨。

关于磁针的装置方法，沈括介绍了四种方法：

一是水浮法，把指南针放在有水的碗里，使它浮在水面，指示南北方向。

二是指甲旋定法，把磁针放在手指甲上轻轻转动后来定向。

三是碗唇旋定法，把磁针放在光滑的碗边通过旋转磁针来定向。

四是缕悬法，在磁针的中部涂一点点蜡，用一根细丝线沾上蜡后，悬挂于空中指南。这种悬挂式指南针，必须在无风处使用，使用起来比较方便。

沈括还对四种方法做了比较，他指出，水浮法的最大缺点，水面容易晃动影响测量结果。碗唇旋定法和指甲旋定法，由于摩擦力小，转动很灵活，但容易掉落。沈括比较推重的是缕悬法，他认为这是比较理想而又切实可行的方法。事实上沈括指出的四种方法已经归纳了迄今为止指南针装置的两大体系——水针和旱针。

沈括在九百年前提出的这四种方法，有的至今仍有实用价值，如现代的磁变仪、磁力仪的基本结构原理，就是采用了沈括所说的缕悬法原理。而航海中使用的重要仪表罗盘，也大多是根据水浮磁针这一原理设计而成的。

南宋陈元靓在《事林广记》中介绍了另一类指南针——指南鱼和指南龟的制作方法。这种指南鱼与《武经总要》一书记载的不一样，是用木头刻成鱼形，有手指那么大，木鱼腹中置入一块天然磁铁，磁铁的 S 极指向鱼头，用蜡封好后，从鱼口插入一根针，就成为指南鱼。将其浮于水面，鱼头指南，这也是水针的一类。

指南龟是当时流行的一种新装置，将一块天然磁石放置在木刻龟的腹内，在木龟腹下方挖一光滑的小孔，对准并放置在直立于木板上的顶端尖滑的竹钉上，这样木龟就被放置在一个固定的、可以自由旋转的支点上了。由于支点处摩擦力很小，木龟可以自由转动指南。当时它并没有用于航海指向，而用于幻术。但是这就是后来出现的旱罗盘的雏形。

指南龟发明年代不晚于1325年。木块刻成龟形，龟腹部中心嵌以磁体，木龟安放在尖状立柱上，静止时首尾分指南北。

【罗盘定位】

要确定方向除了指南针之外，还需要有方位盘相配合。最初使用指南针时，可能没有固定的方位盘，随着测方位的需要，出现了磁针和方位盘一体的罗盘。罗盘主要有罗经盘和水罗盘、旱罗盘。

方位盘仍是二十四向，但是盘式已经由方形演变成圆形。这样一来只要看一看磁针在方位盘上的位置，就能断定出方位来。南宋时，曾三异在《因话录》中记载了有关这方面的文献："地螺或有子午正针，或用子午丙壬间缝针。"这是有关罗经盘最早的文献记载。文献中所说的"地螺"，就是地罗，也就是罗经盘。文献中已经把磁偏角的知识应用到罗盘上。这种罗盘不仅有子午针（确定地磁场南北极方向的磁针），还有子午丙壬间缝针（用日影确定的地理南北极方向），这两个方向之间的夹角，就是磁偏角。

盘面周围刻二十四方位，内中盛水，磁针横穿灯草，浮于水面。

现在人们已经知道，地球的两个磁极和地理的南北极只是接近，并不重合。磁针指向的是地球磁极而不是地理的南北极，这样磁针指的就不是正南、正北方向而略有偏差，这个角度就叫磁偏角。又因为地球近似球形，所以磁针指向磁极时必向下倾斜，和水平方向有一个夹角，这个夹角称为磁倾角。不同地点的磁偏角和磁倾角都不相同。成书于北宋的《武经总要》在谈到用地磁法制造指南针时，就注意利用了磁倾角。沈括在《梦溪笔谈》谈到指南针不全指南，常微偏东，指出了磁偏角的存在。磁偏角和磁倾角的发现使指南针的指向更加准确。

【作用与影响】

指南针一经发明很快就被应用到军事、生产、日常生活、地形测量等方面，特别是在航海上，成书年代略晚于《梦溪笔谈》的《萍洲可谈》中记有："舟师识地理，夜则观星，昼则观日，阴晦则观指南针。"这是世界航海史上最早使用指南针的记载。中国也是最早把指南针用于航海事业的国家。从此，海船有了眼睛，再不会迷失方向，这样，就把航海事业推进到了一个新的时代，促进了各国之间的经济贸易和文化交流。指南针传到世界各国以后，各国也都用指南针来帮助航海了。正因为指南针起的作用很大，所以人们把它列为中国古代的四大发明之一。著名的科技史专家李约瑟指出："指南针的应用是原始航海时代的结束，预示着计量航海时代的来临。"有了指南针，促进了中国航海事业的发展，才可能有郑和七下西洋的壮举。

指南针大约在12世纪末13世纪初之际，传到阿拉伯，然后又由阿拉伯传入欧洲，后来欧洲演变出旱罗盘，再于明代时经日本传回我国。指南针对西方最大的影响莫过于使西方开始海外大探险。结合当时国家的海外探险计划，以及天文、地理、造船、航海技术的配合，再加上罗盘的使用，因而导致了西方一连串的海外探险，如哥伦布（约1451年—1506年）对美洲大陆的发现和麦哲伦（约1480年—1521年）的环球航行。这大大加速了世界经济发展的进程，为资本主义的发展提供了必不可少的前提。

在各国竞相向外发展的情况下，新航线、新大陆逐一被发现，让欧洲人在短时间内看到更多不同的事物与民族，进而促使欧洲人以客观的观察和比较的眼光来看待不同的民族与文化，这是指南针更深远的影响。可以这么说，近代航海事业之所以能迅速发展，很大程度上得益于指南针的发明与应用。马克思曾这样说过："指南针打开了世界市场，并建立了殖民地。"

古代作战重要的攻城用具——云梯

【概述】

云梯在古代属于战争器械，是用于攀越城墙攻城的用具。一般认为云梯的发明者是春秋时期鲁国能工巧匠公输般（鲁班）。春秋和战国之交，社会变动使工匠获得某些自由和施展才能的机会。当时，楚惠王为了达到称雄目的，命令公输般制造了历史上的第一架云梯。

中国古代的云梯，有的带有轮子，可以推动行驶，故也被称为"云梯车"，配备有防盾、绞车、抓钩等器具，有的带有滑轮升降设备。《淮南子·兵略训》许慎注曰："云梯可依云而立，所以瞰敌之城中。"说明云梯另外一个用途是可以登高望远侦探敌情。

【云梯改进】

战国时期的云梯，从战国水陆攻战纹铜鉴所示图案判断，由三部分构成：底部装有车轮，可以移动；梯身可上下仰俯，靠人力扛抬，攻城时倚架于城墙壁上；梯顶端装有钩状物，用以钩援城缘，并可保护梯首免遭守军的推拒和破坏。

唐代的云梯比战国时期有了很大改进：云梯底架以木为床，下置六轮，梯身以一定角度固定于底盘上，并在主梯之外增设了一具可以活动的"副梯"，顶端装有一对辘轳，登城时，云梯可以沿城墙壁自由地上下移动，不再需人抬肩扛。

同时，由于主梯采用了固定式装置，简化了架梯程序，缩短了架梯时间，军队在攻城时，只需将主梯停靠城下，然后再在主梯上架副梯，便可以"枕城而上"，从而减少了敌前架梯的危险和艰难。

另外，由于云梯在登城前不过早地与城缘接触，还可以避免守军的破坏。

军事科技

到了宋代，云梯的结构又有了更大改进。据《武经总要》所记，宋代云梯的主梯也分为两段，并采用了折叠式结构，中间以转轴连接。这种形制有点像当时通行的折叠式飞桥。同时，副梯也出现了多种形式，使登城接敌行动更加简便迅速。为保障推梯人的安全，宋代云梯吸取了唐末云梯的改进经验，将云梯底部设计为四面有屏蔽的车型，用生牛皮加固外面，人员在棚内推车接近敌城墙时，可有效地抵御敌矢石的伤害。

这些改进，使登城接敌运动简便迅速。但明朝以后，这种笨重的巨大云梯，因无法抵御火器的攻击，遂逐渐废弃。

【云梯的重要意义】

古代云梯属于战争器械，是用于攀越城墙的攻城用具。云梯对后代的攀援登高作业影响很大，主要做消防和抢险等用途。现代人通过技术改进，用锰钢和铝合金代替制作云梯的原材料，生产出现在的剪叉式升降机和铝合金升降平台，外形美观，移动方便，安装快捷，安全性能高，是高空作业单位的好帮手。

经验积累和智力创新的产物——弓箭

【概述】

弓箭是古代以弓发射的一种远射兵器。弓由弹性的弓臂和有韧性的弓弦构成；箭包括箭头、箭杆和箭羽。箭头为铜或铁制，杆为竹或木质，羽为雕或鹰的羽毛。

弓箭是古代军队使用的重要武器之一，曾在战争中发挥过重要作用。

恩格斯说："弓、弦、箭已经是很复杂的工具，发明这些工具需要有长期积累的经验和较发达的智力。"

【弓箭由来】

1963年，在中国山西朔县峙峪村的旧石器时代晚期遗址中发现了一枚用燧石打制的箭镞。该遗址的年代约为距今2.8万年。这个发现确凿地证明了中国先民在距今约2.8万年已经使用弓箭。

弓箭的发明是人类技术的一大进步，说明了人们已经懂得利用机械存储和释放能量：当人们用力拉弦迫使弓体变形时，就把自身的能量储存进去了；松手释箭，弓体迅速恢复原状，同时把存进的能量猛烈地释放出来，遂将搭在弦上的箭有力地弹射出去。

关于弓箭的发明，中国古人有独特的理论，即"弓生于弹"（《吴越春秋·勾践阴谋外传》）。弹指弹弓，在甲骨文中，弹字写作"B"，为一张弓，弦中部有一小囊，用以盛放弹丸。这种形状的弹弓，在中国一直广为流行。近代北京天桥的杂耍艺人中有打弹者，有的就使用这种弹弓，而西双版纳等地的傣族人，可能至今仍用这种竹弹弓。也许，先民最初发明的只是发射小石子或泥弹丸的弹弓，之后进一步摸索，才将弓用于射箭，于是产生了弓箭。

据说弓箭是黄帝之孙——"挥"发明的，他任监管制造弓箭的官职"弓正"。据说正因为挥发明了"弓箭"，使黄帝的政权更加强大，黄帝打败了蚩尤。挥也是张姓的始祖，因他发明"弓"而得到"张"的封姓，所以张也就是由一个"弓"和"长"组成。

【制作材料】

春秋战国之际的《考工记》中专有"弓人为弓"一篇，对制弓技术作了详细的总结。在此后的两千年内，中国，或者说亚洲的复合弓制造技术与《考工记》相比没有什么根本性的变化。《考工记》对于弓的材料采择、加工的方法、部件的性能及其组合，都有较详的要求和规定，对工艺上应防止的弊病，也进行了分析。《考工记》中认为制弓以干、角、筋、胶、丝、漆（合称"六材"）为重要。

"干"，包括多种木材和竹材，用以制作弓臂的主体，多层叠合。干材的性能，对弓的性能起决定性的作用。《考工记》中注明：干材以柘木为上，次有樟木、柞树等，竹为下。这些木头的材质坚实无比，任凭推拉也不会轻易折断，发箭射程远，杀伤力大。南方弓与北方弓在材质上明显不同，南方多用竹子为干，而北方，特别是东北一带尤其以这种硬实木为主。这也是中国古代战争中，北方军队总能占得先机的原因之一。

"角"，即动物角，制成薄片状，贴于弓臂的内侧（腹部）。据《考工记》载，制弓主用牛角，以本白、中青、末丰之角为佳；"角长二尺有五寸（近50厘米），三色不失理，谓之牛戴牛"，这是最佳的角材。中国北方多是黄牛，看不到水牛的影子，只好用羊角来代替，从这一点讲，这又是南方弓的长处。

"筋"，即动物的肌腱，贴于弓臂的外侧（背部）。筋和角的作用都是增强弓臂的弹力，使箭射出时更加劲疾，中物更加深入。据《考工记》载，牛筋是最常用的"六材"，选筋要"小者成条而长，大者圆匀润泽"。

"胶"，即动物胶，用以粘合干材和角筋。《考工记》中推荐鹿胶、马胶、牛胶、鼠胶、鱼胶、犀胶等六种胶。胶的制备方法一般是把兽皮和其他动物组织放在水里滚煮，或加少量石灰碱，然后过滤、蒸溜而成。据后世制弓术的经验，以黄鱼鳔制得的鱼胶最为优良。中国弓匠用鱼胶制作弓的重要部位，即承力之处，而将兽皮胶用于不太重要的地方，如包覆表皮。

"丝"，即丝线，将缚角被筋的弓管用丝线紧密缠绕，使之更为牢固。据《考工记》载，择丝须色泽光鲜，如在水中一样。

"漆"，将制好的弓臂涂上漆，以防霜露湿气的侵蚀。一般每十天上漆一遍，直到能够起到保护弓臂的作用。

【制作技巧】

弓箭的制造并不复杂。先上山觅得一段大小适中、坚韧柔软的小树，将其砍伐下来，去掉枝叶，慢慢弯成弓形，为了防止其伸直复原，有必要用柴火燎一燎。倘若一时找不到合适的树木，竹片或藤条均可代用。弓做成了，弦也不难，用麻绳系上即可。但麻绳的弹性不强，影响了弓箭的射程以及力量，弓弦最好用橡皮筋充当。剩下的就是箭矢，最常用的有甘蔗叶梗、芦苇秆或黄麻秆。这些东西相对要软一点，万一射在别人的身上，也不至于造成多大的危害。至于箭壶呢，将塑料筷筒里的筷子倒出，装入箭矢，便是一个再好不过的箭壶。但这不是真正的弓箭，只不过是一种玩具，充其量也只是一种仿制品。

弓和箭是临时所能制备的最好武器，也很易于制备。只需花上很短时间，你就会在使用它们时成为受益者。有完全干燥结实的弹木材料当然更好，没有时你应有能力制出好弓。如果你预计在所在地会待上数月，就应该贮存一些上等弹木以备用。其他弹木寿命会短一些，你可以多做几张弓，失去弹性时，再换一张使用。

紫杉是理想的制弓材料——所有古老的英格兰长弓都由紫杉木制成。在北半球分布着五种紫杉树，但繁种并不都常见。其他如橡树、柳树、山核桃树、雪松、铁树、百榆、桧树、桦木和铁杉木都是很理想的制弓材料。

弹木挑选时，应选择弹韧性都很好的易弯曲材料用来制作弓柄。一般长约一百二十厘米，但可根据个人情况加以取舍。

人间巧艺夺天工——发明创造卷

关于弓柄的加工，弓柄中部宽约5厘米，两端渐窄，直至1.5厘米。在距离柄尾约1.25厘米处刻上凹槽，以便固定弓弦。先剥去树皮，弓柄削成形后，外表涂抹一层油脂。

关于弓弦的安装。用生牛皮制作弓弦最理想。可切成宽3毫米的坚韧长条。其他各类绳索在应急时也可以选用。老荨麻树皮有上好的粗纤维，可搓成结实的弓绳。如果弓柄弹性很强，可能需要相对较短的弓弦。在固定弓弦时弓柄只可稍绷紧，因为只有在拉开弓时，弓柄才进一步弯曲紧绷，提供相当大的弹力。

先将弓弦在弓柄凹槽上扣上一环，然后绕两圈半。如果作弓柄的材料没有干透，在放置不用时应放开弓弦的一边，否则容易使弓柄变形。一柄制备精良的硬弓会更精确地命中目标。但是失去弹性后的弓就不要再用了，需要再换一张弓。

任何直木都可用作箭杆材料，桦木无疑是最好的材料之一。箭杆长约60厘米，宽6厘米，应该绝对很直（两定点间系紧一根弹绳可作为直尺标准），也应尽可能光滑。箭杆末端应刻有凹槽，以便支在弓弦上。检查每根箭杆末端凹槽宽度是否足以容纳你的弓弦。

为了提高精确度，可以制作羽箭。羽毛是最佳材料，但其他材料也可选用，如纸、轻布料，甚至削成一定形状的叶子。

从顶端开始，撕开羽毛，至羽毛管中央；羽毛两端各留有20毫米宽的羽毛管，以便系在箭杆上；将箭杆圆周三等分，系上相互对称的三根羽管。

箭杆前端可以直接削尖，淬火。用附加的锋利箭头系紧在杆上，效果会更好。马口铁就很棒，燧石磨尖也可制成真正锋利的箭头。箭杆前端从中央部分剖个裂口，插入箭头后紧紧缚牢。肌腱是很好的捆绑材料，湿润时用，干后会收缩，紧紧缚住箭头。

【使用技巧】

一是搭箭手势。搭箭的手势主要有两种。一种是地中海式，主要流行于西方使用单体弓的区域。这种方式，是以食指、中指和无名指勾住弓弦，右手勾弦，则箭杆在弓弦左侧。第二种是蒙古式，主要流行于普遍使用复合弓的东方世界。这种方式，是以拇指勾弦，用食指和中指压住拇指，右手勾弦，则箭杆在弓弦右侧。使用蒙古式拉弦法，则必须在拇指上套上指环，中国古称"抉"，后世称为"扳指"。抉一般用玉、骨或皮革制成。

二是射箭术。拉弓搭箭，弓部中央与视线平行。左手握弓，右手扶箭，沿水平方向朝后拉满弦，然后释放——箭会自由急速飞出，射向目标。

三是防止被箭磨伤。许多射手发现，箭在飞离弓弦时，常会磨伤脸颊和手部的皮肤。脸颊部可用头巾或其他布料遮挡，手腕部带上皮革护套。

【历史发展】

商周时期，青铜镞的主要式样是有脊双翼式。东周时期的制弓业的发展难以考证。虽然弩的发展和应用脉络清晰，但是东周弓的性质和发展却难以确考。考古发掘出土过角弓，但是由于缺失太多而无法拼凑出原来的形状。虽然历史文献中有很多有关楚弓的评论，但是出土文物表明，它们只是涂漆的木质长弓，或是由竹篾制成的弓。许多出土文物都清楚地证明，斯基台人或萨加人的弓在中国北部和东部边境非常流行。西周礼器上的图案显示许多步兵手持剑和短弓，立姿射箭，待用的箭箭头朝下，插入周围地面。同时，中国人很快从他们的北方邻居那里学会了骑射技术，而保留反角弓有利于骑射。

汉代的图案仍然反映了骑射和使用弩的情景。但是，根据从科霍坦地区的景厥和楼兰附近区域出土的弓，可以发现东汉后期和西晋初期引进了一种样式与以前大不相同的弓。这种弓设计独特，特别适合在在马背上使用，尤其是两军酣战之时，因为这时无法使用更多的骑射技术。

从唐代到明代，曾经有过成排使用弩手的纪录。弩手共分为三排，前排射击，中排准备，后排上箭。在出土的唐代弩的机械装置图中，瞄准对象中就有跪拜的西方人的形象，表明弩是用来对付西部的突厥人的。元、明朝代，人们广泛采用的不是蒙古弓而是突厥弓。据说这是蒙古人大量雇用突厥雇佣军的结果。明代军队偏好使用轻装甲的轻骑兵，这一兵种强调速度和在飞奔中迅速取箭和搭箭。

清朝建立后，明代使用的突厥弓被弃用，取而代之的是重型的弓和具备穿甲能力的长箭。清朝使用的弓在前代弓的基础上发展而来，已有千年历史。这种弓的拉力很大，在三十千克以上，弓身也长，达到 1.8 米。这样设计的目的是用特别长且重的箭来对付装甲，即使它不能射穿装甲，三十米内还是能够轻而易举地将对手射落马下。实际上，清代武举考试的必考科目之一，就是要看能否把放在桩上的重球射落地面。

弓箭仅有一种形制，按等级的高低分为皇帝、亲王郡王、侍卫和职官兵丁用等；按用途分为打猎行围、检阅部队以及实战用。各种弓箭只在选材装饰上有区别，所配之箭计有四十多种之多。弩有四种，分别是如意弩、双机弩、双机贯凫神弩和射虎弩，但是未见实际使用的记录。这些弓弩虽然受到火器的强烈冲击，却仍然随着八旗兵在战场上纵横驰骋，表现出了顽强的生命力。但是清中后期八旗子弟因承平日久而逐渐腐化，骑射之古风荡然无存，加之鸦片战争后闭关锁国的旧中国大门被打开了，中国官吏发现了更先进的火器，并很快用它们装备了自己的部队，像曾国藩的湘军、李鸿章的淮军等团练武装中根本见不到弓箭的身影了。

至此，伴随着军事发展走过漫长历史岁月的古弓弩终于像西山落日那样，不可挽回地消失在军事革命的地平线以下。

【主要用途】

弓箭的发明和改进使得人们能够在较远的距离准确而有效地杀伤猎物，而且携带、使用方便，可以预备许多箭，连续射击。如果说，任何工具和武器都是人手的延长，那么，弓箭堪称是火器诞生之前，人手的最伟大的一次延长。恩格斯说："弓箭对于蒙昧时代，正如铁剑对于野蛮时代和火器对于文明时代一样，乃至决定性的武器。"如此评价弓箭，仍嫌不足。因为即使在"野蛮时代"，也没有任何一种青铜或钢铁兵器（包括铁剑），能与弓箭的作用相匹敌。可以说，直至火器诞生，弓箭都是决定性的武器。

现代火炮的鼻祖——抛石机

【概述】

当世界上第一门火炮在中国诞生之前，我们的祖先使用的重型武器之一就是抛掷石弹的石炮——抛石机。所以古代的"炮"字偏旁是"石"而不是"火"。抛石机又叫抛车、发石车等，是用来攻守城堡，以石头当炮弹的远程抛射武器。

中国是火炮的故乡。现代火炮是从中国古代发明的抛石机发展而来的。因此，中国古代的抛石机是现代火炮的鼻祖。

【抛石机的发展】

相传抛石机发明于周代，叫"抛车"。据《范蠡兵法》记载，"飞石重十二斤，为机发，行三百步"。石弹出现更早，也就是先有"弹"后有"机"。新石器时代出土文物中，有一些经过打制加工过的石块，就是原始人使用的"石弹"，不过那时只用于抛掷。"炮"问世以后，成为战争中的重型武器。

三国时，各国君臣都十分重视抛车的制造和使用。著名的官渡之战中，曹军运用一种可以自由移动的抛车，击毁袁军的橹楼及战车，这种威力强大的抛车被称为"霹雳车"。当时的抛车多数是将炮架固定在地面上或底座埋在地下施放，机动性差，安装费时费力。后来为了便于移动，在炮架下面安装了车轮。又因为炮架笨重，要随时变换抛射方向，仍是十分麻烦的事情。为此，人们发明了"旋风抛车"。这种抛车的炮栓能够水平移动和旋转，可向各个方向抛掷石弹，故又称为"旋风炮"。

南北朝时期出现了将炮安装在车上的"拍车"，或将炮安装在船上的"拍船"，可以随军机动使用，成为当时的重武器。

隋朝末年，李密命令护军监造抛车，一次制造了三百架，称为"将军炮"。

唐朝时使用的抛车能抛出一百五十多千克的石料，对木制城栅造成重创。据唐代的一部兵书《神机制敌太白阴经》记载，抛石机通身用木料制成，炮架上方横置一个可以转动的轴，固定在轴上的长杆称为"梢"，起杠杆作用。只有一根木杆的称为"单梢"，设多根木杆的叫"多梢"，梢越多，可以抛射的石弹就越重、越远。古代炮梢最多可达十三梢。梢所选用的木料需要经过特殊加工，使之既坚固又富有弹性。另外由于抛石机是运用杠杆原理制造的，所以炮梢的长度及力臂和阻力臂的比例都要精心测算，一般炮梢长约2.5至2.8丈。梢的一端系有"皮窝"，内装石弹，另一端系炮索，长约数丈，小型炮的炮索在1至10条不等，大型炮有百条以上的炮索，每根炮由一至两人拉拽。抛掷石弹时，先由一人瞄准定放，拉索人同时猛拽炮索，当炮梢系索一端猛落的同时，另一端的皮窝迅速甩起。石弹借惯性猛地抛出，射程可达数百步。

唐宋以后，抛车的品种日渐增多，抛车的形制比过去加大，使用更为普遍，成为"军中之利器"。757年，史思明围攻太原，李光弼就是用抛车击退史军的。那时，抛车可分为轻型、中型、重型三种：轻型抛车，由两人施放，石弹重半斤，用于迎敌作战；中型抛车有单梢、双梢、旋风、虎蹲等，用四十至一

百人拉炮索，可发射12.5千克重的石弹，射程达八十步；重型抛车有五梢、七
梢炮，要一百五十至二百五十人拉炮索，发三十五至五十千克重的石弹，射程
可达50步。这种重型炮十分笨重，使用时须固定炮架，多用于攻守城池。1126
年，金兵攻汴京（今河南开封）时，"一夜安炮五千余座"，迫使守城兵士退居
城下，几乎无法抵挡这炮林石雨，据说，金兵攻京师龙德宫时，利用宋宫中太
湖石假山岩当石弹，每城角设一百多门大至十三梢的巨炮，昼夜轰击，抛出的
石弹几乎把城镇平。蒙古人很注重发展抛石机，专门成立了"炮军"，在攻城
时集中使用，其作用相当于近代的炮兵，在攻城战斗中具有无坚不摧的威力。
元世祖至元十年（1273年），元军攻打襄阳，使用一种巨型抛石机，可发射七
十五千克重的石弹。据说这种抛石机是一名叫"亦思马音"的西域人制造的，
所以人们称它"回回炮"，或叫"襄阳炮"、"西域炮"。据《元史》描述，这
种炮"机发时声震天地，所击无不摧毁，入地七尺"。另外，这种炮不用人拉
炮索，而是在梢端绑一块巨大的石块，在炮架上安装铁钩，钩住炮杆，放炮时，
只要把钩拉开，石块立即下坠，将炮梢压下，同时百十斤重的石弹猛然抛出。
这种抛石机，节省人力，使用方便，威力巨大，不能不说是抛石机的一项重大
改革。

　　抛石机长久使用的是石头制成的炮弹，后来出现过一些带毒烟、毒药的化
学弹、烟幕弹，以及燃烧弹，这类炮弹不必像石弹那样靠重力去击毁敌人，而
是利用毒气、毒药、烟火的作用熏杀敌人，可以说这是古代化学战的一种形式。
还有一种"爆炸性"的炮弹是"泥弹"，用泥团制成弹丸，装入小型炮的弹袋
里，弹射出去立即"炸"个粉碎，既可以击杀敌人，又不至于像石弹那样落入
敌手再反射回来。

　　在抛石机长期的实践经历中，炮的射击瞄准方法到宋代发生了转折性的变
革，由直接瞄准法变为间接瞄准法。宋代以前，炮手们操作抛石机时，都是先
将炮座对准目标，由"定炮人"目测距离，判定方位决定方位角和炮梢的高
低。需要向高处仰射时，就将炮的前脚垫高；如向低处俯射时，便将炮后脚垫
高。待瞄准定位完毕，把石弹放入炮杆后面的弹窠内。然后，根据目标远近确
定拽炮索人数，远则人多，近则人少。每个拽炮人都握住炮索，依照统一口令，
同时猛拽炮索，后面弹窠内的石弹腾空飞起，射向目标。这时"定炮人"观察
弹着点，修正偏向，再次瞄准射击，直至击中目标，这种与敌人面对面的瞄准

射击方法在古代算是方便易行的了，但有两大缺点：一是容易暴露自己的炮位，被敌炮反击；二是在守城战斗中，狭小的城墙上摆不开许多炮，况且一门炮要用数十人乃至上百人拽放，占地很大，同时又妨碍其他兵士作战。为改变这种状况，1126 年，我国古代著名的炮兵专家陈规在德安守备战中，首创了战炮间接瞄准法，即把炮架在城墙内，使城外敌人无法看到。各炮的"定炮人"站在城上，用口令指挥城下各炮施放。这种间接瞄准法是世界炮兵史上一项伟大的创举。西方人直到近代才懂使用炮的间接瞄准方法，而我们的祖先早在 800 多年前就成功地创造并使用了这种方法。

明代以后，火炮成为主要的攻守武器，抛车逐渐退出了战场，至清代已完全被火器淘汰。

除了弓箭、抛石机以外，我国古代还有一些杂形的抛射兵器。这些兵器多用于防身自卫，其发射距离近，杀伤力有限，一般不用来大量装备军队。

【历史地位】

抛石机属于古代的抛射兵器。它们是人类最早懂得运用机械能和释放能发明创造的冷兵器，以达到远距离杀伤敌人的目的。

抛射兵器在冷兵器时代是较先进的一种兵器。它能在较远的距离发射并击中目标，具有其他冷兵器无法比拟的杀伤威力，因而在火器问世之前，尤为历代兵家所重视。

古代战争中的主要装备——战车

【概述】

战车是中国古代在战争中用于攻守的车辆。攻车直接对敌作战，守车用于屯守并载运辎重。一般文献中习惯将攻车称为战车，或称兵车、革车、武车、轻车和长毂。夏朝已有战车和小规模的车战。从商至春秋，战车一直是军队的主要装备，车战是主要作战方式。

中国古代的战车和车战，兴起于商代，鼎盛于西周、春秋，没落于战国至汉初。在长达千年的时间里，战车曾经成为战场的主宰，它的结构战术也几经变革，但是它本身造价高昂，机动性低，地形要求高（基本只适于在开阔平原作战）等缺点也使它最终为更灵活多变的步骑兵所取代，最终成为一种辅助型防御兵器。以后出名的汉代卫青所用的武刚车，晋将马隆所造成的偏箱车，所起的作用就都是一种辎重的运载工具和机动防御工事。

【战车结构】

我国古代战车一般用两匹或四匹马，车体为独辕，辕长近三米，或直或曲，辕前端有衡，衡长约一米，上附有木轭用于驾马。车一般为双轮，轮子用木制，直径大约1.4米。车轴一般长约三米，在两端镶有铜軎。车身为方舆，车厢长约一米，宽约0.8米，四周设有栏杆，后方设有门以供人员上下。

到春秋时期，对战车结构作了进一步改进：加大了车辕的曲度，抬高了辕端，从而减轻了服马压力，提高了车速；加宽了车厢，使车体宽度一般为1.5米左右，有利于作战人员更灵活地在车内自由挥动兵器作战；在軎、辕、轭等关键部位上大量使用铜制铸件加固或装饰，使车体更牢固，更耐用。这类车被称为"金车"、"攻车"或"戎车"。

【战车类型】

古代战车有如下几种类型。

冲车：诸葛亮攻击陈仓的武器，也是历代进行攻城的时候使用的重要战车，在陈仓，被郝昭用链球式磨盘所破。

巢车：古代的装甲侦察车，用于窥伺城中动静，带有可以升降的牛皮车厢，估计是唐代出现的。

流马：源自诸葛亮的运输车。

偏箱车：戚继光对抗北方游牧民族军队的战车，一侧的装甲可以作为初步的掩体。

洞屋车：用于攻城的战车，侯景曾经用它和它的改进型尖头木驴攻克建康，上面抗矢石，下面可以挖掘破城。

塞门车：守城的武器，一旦城门被撞开，这就是活动的城门。

云梯车：云梯可不是一般电影上那样一个简单的梯子，它带有防盾、绞车、抓钩等多种专用攀城工具。

【人员装备】

一般的战车配备甲士三名，三人各有不同的分工：一人负责驾车，称为"御者"；一人负责远距离射击，称为"射"或"多射"；一人负责近距离的短兵格斗，称为"戎右"。

战车的主要武器有两类，格斗兵器和远射兵器。车战的主要格斗兵器为戈，戈是一种长柄的钩状兵器，有锋利的双面刃和前锋，战车所配备的戈一般长三米左右，由"戎右"使用在战车交错时用于勾击或啄击。到了春秋时期戈大量地为戟所取代。车上的甲士一般配备有青铜剑用于防身，在战车毁坏或敌人跃上战车时作贴身战斗。

战车上的远射兵器主要为弓或弩，这些远射兵器由射手负责使用，主要在战车较远距离冲击时，进行射击。

战车上的人员防护主要靠皮制的甲胄和盾（也有少量的铜制防具），战车的成员主要直立于车中战斗，所以甲士兵用的皮甲都有较长的甲身，并且根据人员分工的不同有不同侧重，如"戎右"需要挥动戈、戟等武器格斗，所以他的"披膊"一般只到肩部，而"御者"则把"披膊"向下延伸到手腕，并连有护手。战车上一般使用大型盾，多数为皮制，并在盾加缀青铜部件用于加固。

到了春秋时期开始给驾车用的马配备马甲，用于保护战马免受杀伤。

除此之外一般的战车还在不作战时运输一些辎重，载有一些修理战车所需的工具。

【作战使用】

我国战车的使用主要在商代至汉代初年，以后其在军中的地位被骑兵所替代，成为一种辅助型的兵种。在车兵纵横天下的千年间，其作战使用根据本身的结构、战术特点有着其特殊之处。

战车作战主要在平原地区，双方接近时先用弓弩对射，使用强大的火力希望造成对方的阵形混乱，接近时如果双方的战车正面相遇，两车间的距离在四米以上，三米左右长的戈、戟等兵器无法杀伤对方，只有在两车交错的时候才能使用长兵器格斗。

战车是一种大型的兵器，一辆战车体积长宽各近三米，加上两侧部署的徒卒，要占有相当大的空间，这样的大型战斗单位的机动性很低，难以回转和迂回。加上武器使用的限制，双方要争取在交错格斗的瞬间获得夹击的机会。要发挥出部队的最大战斗力，就必须组成严密的阵形，要求部队有良好的纪律、指挥。

以上的特点，决定了西周、春秋时代的军队作战十分讲究阵形和队形，所谓阵形指的是各种战斗的队形，古代军队在作战、行进、训练时都有一定的阵形，以保障整个部队行动的统一协调，使"勇者不能独进，怯者不能独退"，部队在最大限度上发挥整体作战力量。

西周时期的作战车兵一般采用大型的横阵，在广阔的平原上布阵，战车一字排开不做纵深配置，把徒卒部署在战车的前方，这样的队形可以左右呼应，避免受敌军夹击，在接近战两车交错时，如果能维持严密的队形，则有利于形成夹击对手的机会。这一时期的车战，队形的整齐一定程度上决定了战斗的胜负，在交战时要不停地整顿队形。在这样的作战中统一的指挥是重要的，将领通过金鼓和旗帜来指挥军队进退、快慢和调整队列，来保证战斗过程中整个部队的队形始终严整有序。但是这样的作战节奏十分缓慢，交战过程中战车不能快速奔驰，步兵也不能快速奔跑，追击时也要保持队形，也不利于长途的追击。典型的战例就有在周灭商的决定性战役牧野之战中，周军指挥就命令士兵每前进六、七步就停下来重整队形，而商军虽然人数众多却因为士气不振和奴隶的叛乱而队形大乱，导致惨败。

到春秋时期车战中阵形仍然是制胜的关键，如在晋楚的鄢陵之战中，就有人指出队形不整的楚军是不会战胜的。但是与西周相比，这时的车战有了较大的发展，阵形较以前更灵活多变，战斗中徒卒也发挥着更大的作用。这一时期徒卒不再单一部署在战车的前方，而是分散部署在战车的四周，加强了向各个方面的机动力量。并且这一时期战车不再是单一列成密集的横阵，而是分散部署，并形成多排的纵深部署，使战车的运动更灵活，便于调动，能适应多变的战场，在防备敌人的冲击的同时，能快速地进攻和追击。

春秋时随着军事学的发展，军队的指挥根据不同的兵力、地形等条件，灵活地把军队布置成各种作战队形，能灵活运用阵形的军队往往能战胜那些阵形不整或墨守成规的军队。不同阵形有多种名称，如鱼鳞、鱼丽、雁行、一字等，但基本的就只有两种，即圆阵和拒阵（方阵），其他阵形可以说都是这两种阵形的变种。圆阵是一般用于防守的阵形，组成圆阵时战车将首尾相连，结成环状，徒卒部署在战车的前方。拒阵主要用于进攻，拒阵中的战车一般双车配合作战，攻势时两车分散夹击敌车，守势时两车靠拢各自掩护友车的一个侧面，避免被夹击。因为战车的灵活部署这一时期也出现了追击的队形，即在高速的追击中把方阵展开，从两翼包抄敌军，围而歼之。

军事科技

【战车历史】

据文献记载，我国在远古时代已有车骑。随着社会生产力的发展和战争规模的扩大，战车使用的数量也越来越多。在周武王灭商的牧野（今河南淇县以南卫河以北地区）之战中，就动用了三百乘战车。到了春秋时期，战车发展到鼎盛阶段，千乘之国已不稀罕。到春秋末期，有的诸侯国拥有的战车在四千乘以上。春秋战国之际，虽然由于步骑战兴起，车战地位逐渐下降，但各诸侯国拥有战车的数量仍然相当可观。直到汉代初年，战车在战争中仍然发挥着一定的作用。

车战时代的战车，在形制构造上大同小异。商周时期战车的形制构造，不但在《考工记》中有详细的记载，而且还有出土实物可资考察。它们一般是独辕、两轮、长毂；车舆（车厢）是横宽竖短的长方形，门开在后方；车辕后端压在车厢和车轴之间，辕尾稍露在厢后；车辕前端横置车衡，衡上缚附两轭，用以驾马；车体都是木质结构，通常在重要部位装着各种青铜制的车器，目的在于增加车身的坚牢度，便于纵横驰骋，在一般"错毂"交战中不致被损坏。车战时代的马车由两马或四马驾挽，以四马为主。从殷墟出土的车马装具可知，大约在公元前14世纪的商代武丁时期，每乘四马战车的编制装备已经制式化。

西汉以后，步骑兵逐渐取代了战车兵，作为车战时代的战车，便逐渐失去了它原有的作用。

宋代以后的战车同车战时代的战车不同，主要不是乘载士兵作战的战斗车辆，而是装备各种冷兵器和火器的战斗车辆，种类比较多，形制构造各有特点。

在《武经总要·器图》中，绘制有车身小巧的独轮攻击型战车，包括运干粮车、巷战车、虎车和象车、枪车等。运干粮车、巷战车和虎车的基本构造相同。它们是在一辆独轮车上，或在车前安置挡板，两侧安置厢板，或在车上安一个虎形车厢，以掩护推车士兵。同时在车的底座上和虎形大口中，通出多支枪锋，以便在作战时冲刺敌军。由于这种独轮车车身小巧，便于机动，所以士兵可以在狭窄的田埂、道路、街巷中推车冲进，同前来劫粮和进攻的敌军搏战；也可在旷野中排成车阵，由众多士兵拥推成百上千辆蜂拥而前，冲击敌军的前阵，配合步骑兵进攻。安有四轮的象车和枪车的车身比较宽，象形车厢和挡板比较大，安插的枪锋比较多，主要是在野战中排成车阵，用来冲击敌军的前阵，配合步骑兵进攻。

人间巧艺夺天工——发明创造卷

南宋抗金将领魏胜（1120年—1164年），在宋孝宗隆兴元年（1163年）的抗金备战中，创制了几十辆抛射火球的炮车和几百辆各安几十支大枪的如意战车，以及安有床子弩的弩车。这些战车在车前安有兽面木牌，旁侧有毡幕遮挡，每车用两人推进，可蔽士兵五十人。行军时，上载辎重器甲；驻营时，挂搭如城垒，敌不能近；列阵时，如意车列在阵前，弩车作阵门，可射出大矢，一矢能射几人，炮车在阵中，抛射火球、石弹，可远及两百步；作战时，三种车上的兵器配合使用。当敌我双方相对接近时，从阵中发射弓弩箭炮，发扬火球；如果敌接近阵门，刀斧枪手可以同敌近战搏杀；待敌溃退时，士兵就拔营推车追击。魏胜创制的炮车、如意车和弩车，受到了朝廷的重视，曾下令各军仿造使用（《宋史·魏胜传》）。

明代自世宗嘉靖年间（1522年—1566年）以后，由于火器的大量制造和使用，装备火器和冷兵器的战车得到了长足的发展，种类繁多，适应于各种不同作战用途的需要。仅《武备志·火器图说十一·车》中，就记载了下列几种类型的火攻车。

一是火器和冷兵器相结合的战车。这类战车有万全车、架火器战车、破敌风火鼎等。它们的构造特点是在两轮或四轮车上安有大型木柜或木架，架置各种火器和冷兵器，杀伤敌军。有的木柜大到八尺见方，高达一丈多，顶部造成女墙形状，中藏折叠式望楼，可载乘八名士兵，形似活动式碉楼，具有攻守兼备的特点。

二是纵火战车。这类战车有火龙卷地飞车、铁汁油车、盛油引火车、行炉和扬风车等。它们是在一辆两轮或四轮车上装备各种燃烧性火药，或在锅内盛满烧沸的油和烧熔的铁汁。作战时，把它们迅速推到敌阵纵火，并用扬风车扇风催火，帮助燃烧。

三是火箭战车。这类战车有冲虏藏轮车、火柜攻敌车等。它们是在独轮或两轮车上安置一个到几个大火箭筒，内装四十到一百支箭，用木柜或前挡板作屏蔽，以防敌军射来的矢石。作战时，士兵推车接敌，点燃火箭的火捻，使众箭齐飞，大量射杀敌军。戚继光在蓟镇练兵时编练的一个车营中，就有四辆火箭战车。

四是炮车。这类战车最多，明代后期的大型火炮都已安在车上。在戚继光编练的车营中，每营就有一百二十八辆炮车，载运二百五十六门佛郎机炮。其他如攻戎炮、千子雷炮、叶公神铳、灭虏炮、将军炮等，都由炮车载运。这类炮车把车的机动性和火炮的摧毁威力合而为一，提高了火炮的机动性、参战速度和毁杀威力。

五是轻便火器战车。这类战车轻便灵活，如独轮屏风车，车前放置一个高于人体的屏板，两侧内折九十度角，使人体的三面受到保护；屏板上开有射孔，可对敌发射火箭和枪弹；每车编士兵三名，备干粮若干，供士兵食用。屏风车既可单车作战，也可多车并列射敌，并可在驻营时排列成临时军营的挡墙。

六是综合型战车。这类战车备有多种火器，如万胜神毒火屏风车，既有射远的火铳、火箭，又有近战的火弩、火枪，还有各种燃烧性火药，可发挥综合杀敌的作用。

如果说车战时代的战车主要是乘载甲士进行对阵作战和错毂拼杀的话，那么宋代以后的战车是兵器的毁杀作用和车辆的机动性相结合的攻击性战车，使用范围和战斗作用要宽广得多。

航天事业的先驱——古代火箭

【概述】

航天事业的发展离不开火箭，现代运载火箭就渊源于古代火箭。古代火箭经过漫长的历史演变，同现代自然科学的理论和探索相结合，才最终发展成为现代的运载火箭。而说到古代火箭，就不能不提到中国的贡献。

火箭是由中国人发明的，中国是古代火箭的故乡。由中国古代科学家最早运用火药燃气反作用力原理创制的火箭，在当代科学精英的手中发展成为运载飞船升空的大力神，这是每个炎黄子孙都引以为自豪的辉煌成就。

【发展历史】

"火箭"这个词在公元 3 世纪的三国时代就已出现。在公元 228 年的三国时期，魏国第一次在射出的箭上装上火把，当时蜀国丞相诸葛亮率军进攻陈仓（今陕西宝鸡东）时，魏国守将郝昭就用火箭焚烧了蜀军攻城的云梯，守住了陈仓。"火箭"一词自此出现。不过当时的火箭只是在箭头后部绑附浸满油脂的麻布等易燃物，点燃后用弓弩射至敌方，达到纵火目的的兵器。

北宋的军官冯继升、岳义方、唐福等（10世纪后期），曾向朝廷献过火箭及火箭制造方法。那时的火箭已经使用了燃烧效能更好的火药，但仍由弓弩射出。从而出现了人类历史上最早、最原始的"火药箭"。它用纸糊成筒，把火药装在筒里压实，绑在箭杆上，用弓弩发射出去。后来在原始火箭基础上作改进，将火箭直接装入杆中间，爆时声响很大，借以恐吓敌人。

虽然古代火箭、火药是中国人发明的，但由于长期不重视科学技术的发展，致使古代火箭技术未能在中国发展为现代火箭技术，最终只停留在礼花爆竹之中。尽管欧洲人在中国发明火箭几百年后才学会使用火箭，但最终还是从欧洲发展起现代火箭技术，这不能不说是中国历史的遗憾。

【火箭结构】

中国古代火箭有箭头、箭杆、箭羽和火药筒四大部分。火药筒外壳用竹筒或硬纸筒制作，里面填充火药，筒上端封闭，下端开口，筒侧小孔引出导火线。点火后，火药在筒中燃烧，产生大量气体，高速向后喷射，产生向前推力。其实这就是现代火箭的雏形。火药筒相当于现代火箭的推进系统。锋利的箭头具有穿透人体的杀伤力，相当于现代火箭的战斗部。尾端安装的箭羽在飞行中起稳定作用，相当于现代火箭的稳定系统。而箭杆相当于现代火箭的箭体结构。中国古代火箭外形图，首次记载于公元1621年茅元仪编著的《武备志》中。

【火箭运用】

经过配方和工艺的改进，明代成为中国古代火箭技术运用的全盛时期。明初，朱元璋第四子燕王朱棣在夺取政权的"靖难之役"中，于河北的白沟河同建文帝的部队作战时，遭到"一窝蜂"火箭的射击，这是中国最早将"喷气火箭"用于战争的记载。此后各种单级喷气火箭日益增多，有单发和多发两大类。

民族英雄戚继光在东南沿海抗倭时，创制了飞刀箭、飞枪箭、飞剑箭等三种喷气火箭，统称"三飞箭"。这三种火箭用长六尺的坚硬荆木制作，箭镞长五寸，分别制成刀、枪、剑形锋刃，能穿透铠甲。箭镞后部绑附长七至八寸、粗两寸的火药筒。作战时，将火箭安于木架上，手托箭尾，点着火药筒的药线，对准敌人射去，它在水陆作战都可使用。这三种火箭在戚家军水兵营的十艘战船上装备了二千多支，在车炮营、骑兵营和步兵营中，共装备了四千七百六十支，平均每人四支。戚家军装备如此众多的火箭，在中国和世界军事史上都是空前的。世界上其他国家，直到240多年后，才知道世界上有喷气火箭这种

军事科技

火器。

单级火箭的高级制品是各种"多发齐射火箭"。它们大多是将多支火箭安置于一个口大底小的火箭桶中,桶内安置两层格板,用于火箭的定位和定向,同时又将各支火箭的火药线集束在一起,点火后众箭齐飞,发射面有数丈之宽,除前面提到的装有三十二支火箭的"一窝蜂"火箭外,还有二虎追羊箭、百虎齐奔箭等几十种,一次可射两至一百支火箭不等。戚家军还常将多个火箭桶固定在火箭车上发射,一次可射几百支乃至上千支火箭,是后世火箭炮车的前身。戚继光在北方守备东段长城时,至少装备了40辆火箭车,这在古代是独一无二的。在世界其他的一些国家中,直到360多年后,才出现火箭炮车。

明代时火箭不但用于军事领域,而且还出现了火箭载人飞行的尝试。中国明代学者万户被认为是世界火箭的鼻祖,是试验空中飞行的开拓者。值得一提的是这一时期,万户和其他工匠吸取了军用火箭的技巧,设计了会飞的"飞龙"火箭。这种木质雕刻的火箭筒可以飞行一千米。有一天他坐在一把安放在木制构架的椅子上,两手各握一只大风筝,想要借助火箭向前推进和风筝上升的力量飞向前方。当工匠们点燃绑在四周的四十七支火箭后,"飞龙"拔地而起,但最终箭毁人亡。这个试验虽然没有成功,但他已被公认为世界上第一个试图利用火箭升空飞行的人。为了纪念英雄万户,1959年,人们以他的名字命名了月球背面的一座环形山,美国的火箭专家赫伯特·基姆也撰文记载他的事迹,在美国的航空和航天博物馆中也标示着:"最早的飞行器是中国的风筝和火箭"。

明代后期的军事技术家还创制了"神火飞鸦"与球形带双翼的"飞空击贼震天雷"两种"有翼式火箭"。这两种火箭分别在鸦形与球形体内装满火药,火药中有火药线通出,并与起飞火箭火药筒中的火药线相串联;发射时先点燃起飞火箭的火药线,使火箭飞至敌方,并将鸦身与球体内的火药引爆,杀伤和焚烧敌军的人马,是破阵攻城的利器。后来的导弹可以说是这种火箭合乎逻辑的发展。

明代后期还创制了"火龙出水"等二级火箭。"火龙"有龙身、龙头、龙尾。龙身是为约1.6米长的薄竹筒制成的箭身,前边装一个木制龙头,龙口昂张,利于火箭射出。后边装一个木制龙尾。箭身头尾下部两侧各安一支半斤重的起飞火箭,箭身内部安置有神机火箭数枚,引线全部扭结一起。龙身下前后共装四个火箭筒，前后两组火箭引线各将其引线扭结在一起，前面火箭药筒底部和龙头引出的扭结线相连。两种火箭之间有火线相连。发射时，先点燃龙身下部的四个火药筒，推进火龙向前飞行。当起飞火箭的火药线燃尽时，龙身内的神机火箭即被引燃，从龙口射向目标。

这种火箭已经应用了火箭并联（四个火药筒）、串联（两级火箭接力）原理。它既可以射向天空，也可以用于水战。它用于水战时可在水面上飞行数千米远。这是最早问世的二级火箭，比现代的二级火箭要早三百多年。此外，当时还创制三种可返还可回收的二级火箭"飞空沙筒"，把古代火箭技术推进到高级阶段，为近代火箭的研制启发了思路。这是中华民族对火箭技术的发展所做的重大贡献。

【火箭外传】

大约在 13 世纪末至 14 世纪初，中国的火药与火箭等火器技术传到了印度、阿拉伯，并经阿拉伯传到了欧洲，引起了阿拉伯与欧洲国家对火箭技术的重视，推动了火箭技术的发展。到 1805 年，英国炮兵军官 W. 康格里夫创制成脱胎于中国古代火箭的新式火箭，成为近代火箭的肇端，射程为 2.5 至 3 千米。

第二次世界大战后，科学技术迅速发展，火箭技术逐渐用于空间探测和开发。1957 年 10 月 4 日，苏联发射第一颗人造地球卫星，1961 年 4 月 12 日，苏联第一艘"东方"号飞船发射成功。1969 年 7 月 20 至 21 日，美国"阿波罗"11 号飞船登月。

"世界兵学圣典"——《孙子兵法》

【概述】

《孙子兵法》又称《孙子》、《孙武兵法》和《吴孙子兵法》，是中国古代的兵书，作者为春秋末年的齐国人孙武（字长卿）。一般认为，《孙子兵法》成书于专诸刺吴王僚之后至阖闾三年孙武见吴王之间，即公元前 515 至公元前 512 年，全书为十三篇，是孙武初次拜见吴王的见面礼。事见司马迁《史记》："孙子武者，齐人也，以兵法见吴王阖闾。阖闾曰：子之十三篇吾尽观之矣。"

《孙子兵法》是兵家经典著作，在深刻总结春秋时期各国相战的经验的同时，集中概括了战略战术的一般规律。《孙子兵法》为后世兵法家所推崇，被誉为"兵学圣典"，置于《武经七书》之首，被译为英文、法文、德文、日文，成为国际间最著名的兵学典范之书。

【著作内容】

《孙子兵法》是我国最古老、最杰出的一部兵书，历来备受推崇，研习者辈出。全书共十三篇。主要内容如下：

《始计篇》第一，讲的是庙算，即出兵前在庙堂上比较敌我的各种条件，估算战事胜负的可能性，并制订作战计划。

《作战篇》第二，讲的是庙算后的战争动员。

《谋攻篇》第三，是以智谋攻城，即不专用武力，而是采用各种手段使守敌投降。

《军形篇》第四，讲的是具有客观、稳定、易见等性质的因素，如战斗力的强弱、战争的物质准备。

《兵势篇》第五，讲的是指主观、易变、带有偶然性的因素，如兵力的配置、士气的勇怯。

《虚实篇》第六，讲的是如何通过分散集结、包围迂回，造成预定会战地点上的我强敌劣，以多胜少。

《军争篇》第七，讲的是如何"以迂为直"、"以患为利"，夺取会战的先机之利。

《九变篇》第八，讲的是将军根据不同情况采取不同的战略战术。

《行军篇》第九，讲的是如何在行军中宿营和观察敌情。

《地形篇》第十，讲的是六种不同的作战地形及相应的战术要求。

《九地篇》第十一，讲的是依"主客"形势和深入敌方的程度等划分的九种作战环境及相应的战术要求。

《火攻篇》第十二，讲的是以火助攻。

《用间篇》第十三，讲的是五种间谍的配合使用。

【思想特色】

《孙子兵法》的语言叙述简洁，思想内容也很有哲理性，后来的很多将领用兵都受到了该书的影响。该书的思想内容主要体现在以下文字中：

一是太极的思想，即"形兵之极，至于无形"。

二是慎战的思想，即"兵者，国之大事，死生之地，存亡之道，不可不察也"。

三是全争的思想，即"不战而屈人之兵"，"上兵伐谋，其次伐交，其次伐兵，其下伐城"。

四是先胜的思想，即"昔之善战者，先为不可胜，以待敌之可胜"。

【后世影响】

在军事方面，《孙子兵法》中讨论了一些军事学的重要问题，言简意赅地阐述了基本的军事思想。此书对中国古代的军事学产生了巨大的影响，被奉为兵家经典。它是中国古代军人必须研读的一本军事著作，许多著名的军事家都对此书作过注解。

《韩非子》里面也有提到孙武的故事（但韩非的故事仅支持其论点，未必真实发生）。某天吴王问孙武："什么人都可以用兵法训练吗？"孙武答："可以。"于是吴王把他的后宫佳丽全部交给孙武，要他练出一支娘子军。这批娘子军起初只认为吴王是戏谑，在校场上嬉闹。孙武为了建立军纪，于是把带头的，也是吴王最宠爱的妃子当场斩首，其他佳丽于是震慑于孙武的军威，任凭孙武指挥。

明朝军事家刘伯温的《百战奇略》包含孙子兵法。孙子："知己知彼，百战不殆"，"故知战之地，知战之日，则可千里而会战"。刘伯温："凡兴兵伐敌，所战之地，必预知之。师至之日，能使敌人如期而来，与敌则胜。……知战之地，知战之日，则可千里而会战。"杜牧注孙子《用间篇》："不知敌情，军不可动；知敌之情，非间不可"；刘伯温："凡欲征战，先用间谍，觇敌之众寡、虚实、动静，然后兴师，则大功可立，战无不胜。"

《孙子兵法》被翻译成英、俄、德、日等二十种语言文字，全世界有数千种关于《孙子兵法》的刊印本。不少国家的军校把它列为教材。据报道，1991年海湾战争期间，交战双方都曾研究《孙子兵法》，借鉴其军事思想以指导战争。

到了现代，在许多国家的军校中，《孙子兵法》为学生的必修课程，很多日本学者亦争相研究《孙子兵法》，甚至组成学会、协会和俱乐部。《孙子兵法》是美国西点军校和哈佛商学院高级管理人才培训必读教材。在第一次波斯湾战争时，多国部队只要是排级以上者，人手一本孙子兵法，甚至还有专人口

军事科技

述供在路程上随身携带而听的。

曹操在《孙子略解》的自序中曾写道："吾观兵书战策多矣，孙子所著深矣。"

明代人茅元仪在评价《孙子》一书时说："前孙子者，孙子不遗；后孙子者，不能遗孙子。"

唐太宗李世民评论："朕观诸兵书，无出孙武。"

孙中山说："就中国历史来考究，两千多年的兵法，有十三篇，那十三篇兵书，便成为中国的军事哲学。"

在其他方面，《孙子兵法》的思想影响超越军事应用，实际上亦是博弈策略的经典著作，如在棋艺对垒或运动竞技方面。《孙子兵法》不仅在世界军事领域发挥着重要的影响，对政治、经济、商业、人事管理和市场策略等与博弈有关的领域亦有指导意义。

《孙子兵法》是影响松下幸之助、本田宗一郎、盛田昭夫、井深大一生的书，通用汽车的前总载罗杰·史密斯、软银总裁孙正义视之为成功的法宝。兵法的核心在于挑战规则，唯一的规则就是没有规则，兵法是谋略，谋略不是小花招，而是大战略、大智慧。松下幸之助曾经说过：《孙子兵法》是天下第一神灵，我们必须顶礼膜拜，认真背诵，灵活运用，公司才能发达。由此形成了松下七条精神：产业报国的精神、光明正大的精神、团结一致的精神、奋斗向上的精神、礼仪谦让的精神、适应形势的精神、感恩报德的精神。

手 工 机 械

造纸术和印刷术是中国四大发明中的两项。造纸术的发明和推广，在造纸的技术、设备、加工等方面为世界各国提供了一套完整的工艺体系，推动了中国、阿拉伯、欧洲乃至整个世界的文化发展。印刷术的发明，是人类文明史上的光辉篇章，而建立这一伟绩殊勋的莫大光荣属于中华民族。

工具改进是生产力发展最显著的标志，经济发展最根本原因是生产力发展的结果，是社会变革最活跃的因素，是推动生产关系和社会进步的决定力量。我国从原始社会向奴隶社会过渡，从奴隶社会向封建社会过渡，都是由于生产力的进步引起的。

中国古代的纺织与印染技术具有非常悠久的历史，早在原始社会时期，古人为了适应气候的变化，已懂得就地取材，利用自然资源作为纺织和印染的原料，如养蚕缫丝。直至今天，我们日常的衣服等某些生活用品都是纺织和印染技术的产物。中国古代在纺织机械方面有许多发明创造，纺车、提花机、独轮车等机械在动力的利用和机械结构的设计上都有自己的特色。

中国历史悠久，幅员辽阔，人口众多，因而形成了丰富多彩的饮食文化。传统黄酒的发明具有标志性意义。黄酒的黄，不仅仅是指酒的颜色，其内涵也是相当广泛：黄酒的黄是哺育华夏子孙的母亲河黄河的黄，是生养炎黄子孙的大地黄土地的黄，是中国人的肤色的黄。可以说，黄酒是伴随中华民族悠悠五千年文明历史发展的，是中华民族自己的酒。豆腐是我国的一种古老传统食品，在一些古籍中，如明代李时珍的《本草纲目》、罗颀的《物原》等著作中，都有豆腐之法始于汉淮南王刘安的记载。中国人首开食用豆腐之先河，在人类饮食史上，树立了嘉惠世人的丰功。

作为世界上第一部关于农业和手工业生产的综合性著作，《天工开物》全书详细叙述了各种农作物和工业原料的种类、产地、生产技术和工艺装备，以及一些生产组织经验，既有大量确切的数据，又绘制了大量插图，是了解中国古代农业和手工业生产的权威性著作。

人类文明史上杰出的创造——改进造纸术

【概述】

东汉元兴元年（公元 105 年）蔡伦改进了造纸术。他用树皮、麻头及敝布、渔网等植物原料，经过挫、捣、抄、烘等工艺制造的纸，是现代纸的渊源。

造纸术是书写材料的一次重要的化学工艺革命。造纸术是中国古代四大发明之一。

【蔡伦改进造纸术】

西汉初年，政治稳定，思想文化十分活跃，对传播工具的需求旺盛，纸作为新的书写材料应运而生。许慎在所著的《说文解字》中，谈到"纸"的来源。他说："'纸'从系旁，也就是'丝'旁"。这句话是说当时的纸主要是用绢丝类物品制成，与现在意义上的纸是完全不同的。许慎认为纸是丝絮在水中经打击而留在床席上的薄片。这种薄片可能是最原始的"纸"，有人把这种"纸"称为"赫蹄"。这可能是纸发明的一个前奏，关于这种"纸"的记载，可以追溯到西汉成帝元延元年（公元前 12 年）。《汉书·赵皇后传》中记录了成帝妃曹伟能生皇子，遭皇后赵飞燕及其妹妹的迫害，她们送给曹伟能的毒药就是用"赫蹄"纸包裹，"纸"上写："告伟能，努力饮此药！不可复入，汝自知之！"由此推测纸可能与丝有一定关系。

蔡伦认真总结了前人的经验，他认为扩大造纸原料的来源，改进造纸技术，提高纸张质量，就可以使纸张为大家接受。蔡伦首先使用树皮造纸，树皮是比麻类丰富得多的原料，这可以使纸的产量大幅度提高。树皮中所含的木素、果胶、蛋白质远比麻类高，但树皮的脱胶、制浆要比麻类难度大。这就促使蔡伦改进造纸的技术。西汉时利用石灰水制浆，东汉时改用草木灰水制浆，草木灰水有较大的碱性，有利于提高纸浆的质量。东汉和帝元兴元年（105 年）蔡伦把他制造出来的一批优质纸张献给汉和帝刘肇，汉和帝称赞他的才能，马上通令天下采用。这样，蔡伦的造纸方法很快传遍各地。

【发明历史】

在造纸术发明的初期，造纸原料主要是树皮和破布。当时的破布主要是麻纤维，品种主要是苎麻和大麻。据称，我国的棉是在东汉初叶，与佛教同时由印度传入，后期用于纺织。当时所用的树皮主要是檀木和构皮（楮皮）。最迟在公元前2世纪时的西汉初年，纸已在中国问世。

最初的纸是用麻皮纤维或麻类织物制造成的，由于造纸术尚处于初期阶段，工艺简陋，所造出的纸张质地粗糙，夹带着较多未松散开的纤维束，表面不平滑，还不适宜于书写，一般只用于包装。直到东汉和帝时期，经过了蔡伦的改进，形成了一套较为定型的造纸工艺流程，其过程大致可归纳为四个步骤。

第一是原料的分离，就是用沤浸或蒸煮的方法让原料在碱液中脱胶，并分散成纤维状；第二是打浆，就是用切割和捶捣的方法切断纤维，并使纤维帚化，而成为纸浆；第三是抄造，即把纸浆渗水制成浆液，然后用捞纸器（篾席）捞浆，使纸浆在捞纸器上交织成薄片状的湿纸；第四是干燥，即把湿纸晒干或晾干，揭下就成为纸张。汉以后，虽然工艺不断完善和成熟，但这四个步骤基本上没有变化，即使在现代，在湿法造纸生产中，其生产工艺与中国古代造纸法仍没有根本区别。

造纸技术的发展主要体现在两个方面：

首先在原料方面，魏晋南北朝时已经开始利用桑皮、藤皮造纸。到了隋朝、五代时期，竹、檀皮、麦秆、稻秆等也都已作为造纸原料，先后被利用，从而为造纸业的发展提供了丰富而充足的原料来源。其中，唐朝利用竹子为原料制成的竹纸，标志着造纸技术取得了重大的突破。竹子的纤维硬、脆、易断，技术处理比较困难，用竹子造纸的成功，表明中国古代的造纸技术已经达到相当成熟的程度。唐时，在造纸过程中加矾、加胶、涂粉、洒金、染色等加工技术相继问世，为生产各种各样的工艺用纸奠定了技术基础。生产出来的纸张质量越来越高，品种越来越多，从唐代到清代，中国生产的用纸，除了一般的纸张外，还有各种彩色的蜡笺、冷金、错金、罗纹、泥金银加绘、砑纸等名贵纸张，以及各种宣纸、壁纸、花纸等。使纸张成为人们文化生活和日常生活的必需品。

纸的发明、发展也是经过了一个曲折的过程。105年发明造纸后，造纸术就从河南向经济文化发达的其他地区传播。蔡伦被封到陕西洋县，造纸术就传到汉中地区并逐渐传向四川。据蔡伦家乡湖南耒阳的民间传说，蔡伦生前也向家乡传授过造纸术。东汉末年山东造纸也比较发达，东莱县（今掖县）出过造纸能手左伯。

公元 2 世纪，造纸术在我国各地推广以后，纸就成了和缣帛、简牍的有力的竞争者。公元三四世纪，纸已经基本取代了帛、简而成为我国唯一的书写材料，有力地促进了我国科学文化的传播和发展。

公元 3 到 6 世纪的魏晋南北朝时期，我国造纸术不断革新。在原料方面，除原有的麻、楮外，又扩展到用桑皮、藤皮造纸。

其次在设备方面，继承了西汉的抄纸技术，出现了更多的活动帘床纸模，用一个活动的竹帘放在框架上，可以反复捞出成千上万张湿纸，提高了工效。在加工制造技术上，加强了碱液蒸煮和舂捣，改进了纸的质量，出现了色纸、涂布纸、填料纸等加工纸。

从敦煌石室和新疆沙碛出土的这一时期所造出的古纸来看，纸质纤维交结匀细，外观洁白，表面平滑，可谓"妍妙辉光"。6 世纪的贾思勰还在《齐民要术》中，专门有两篇记载了造纸原料楮皮的处理和染黄纸的技术。同时，造纸术传到我国近邻朝鲜和越南，这是造纸术外传的开始。

公元 6 到 10 世纪的隋唐五代时期，我国除麻纸、楮皮纸、桑皮纸、藤纸外，还出现了檀皮纸、瑞香皮纸、稻麦秆纸和新式的竹纸。在南方产竹地区，竹材资源丰富，因此竹纸得到迅速发展。关于竹纸的起源，有人认为开始于晋代，但是缺乏足够的文献和实物证据。从技术上看，竹纸应该在皮纸技术获得相当发展以后，才能出现，因为竹料是茎秆纤维，比较坚硬，不容易处理，在晋代不太可能出现竹纸。竹纸应该起源于唐以后，而在唐宋之际有比较大的发展。欧洲要到 18 世纪才有竹纸。

这一时期的产纸地区遍及南北各地。由于雕版印刷术的发明，兴起了印书业，这就促进了造纸业的发展，纸的产量、质量都有提高，价格也不断下降，各种纸制品普及于民间日常生活中。名贵的纸中有唐代的"硬黄"、五代的"澄心堂纸"等，还有水纹纸和各种艺术加工纸。唐代的绘画艺术作品已经有不少纸本的，正反映出造纸技术的提高。

10 到 18 世纪的宋元和明清时期，楮纸、桑皮纸等皮纸和竹纸特别盛行，消耗量也特别大。造纸用的竹帘多用细密竹条，这就要求纸的打浆度必须相当高，而造出的纸也必然很细密匀称。唐代用淀粉糊剂做施胶剂，兼有填料和降低纤维下沉槽底的作用。到宋代以后多用植物黏液做"纸药"，使纸浆均匀，常用的"纸药"是杨桃藤、黄蜀葵等浸出液。这种技术早在唐代已经采用，但是宋代以后就盛行起来，以致不再采用淀粉糊剂了。

明朝造纸业已经相当成熟，每道工序的专家各司其职，并且已开发出一些造纸专用的设备。明朝造纸术有五个主要的步骤：一是斩竹漂塘。砍下竹子置于水塘浸泡，使纤维充分吸水。可以再加上树皮、麻头和旧渔网等植物原料捣碎。二是煮楻足火。把碎料煮烂，使纤维分散，直到煮成纸浆。三是荡料入帘。待纸浆冷却，再使用平板式的竹帘把纸浆捞起，过滤水分，成为纸膜。此一步骤要有纯熟的技巧，才能捞出厚薄适中、分布均匀的纸膜。四是覆帘压纸。捞好的纸膜一张张叠好，用木板压紧，上置重石，将水压出。五是透火焙干。把压到半干的纸膜贴在炉火边上烘干，揭下即为成品。

以竹纸为例，《天工开物》中指出：在芒种前后登山砍竹，截断五七尺长，在塘水中浸沤一百天，加工捶洗以后，脱去粗壳和青皮。再用上好石灰化汁涂浆，放在楻桶中蒸煮八昼夜，歇火一日，取出竹料用清水漂洗，更用柴灰（草木灰水）浆过，再入釜上蒸煮，用灰水淋下，这样十多天，自然臭烂。取出入臼，舂成泥面状，再制浆造纸。这些记载，和后来的民间土法造竹纸过程大体相同。

明清时期的各种加工纸品种繁多，纸的用途日广。除书画、印刷和日用外，我国还最先在世界上发行纸币。这种纸币在宋代称作"交子"，元明后继续发行，后来世界各国也相继跟着发行了纸币。明清时期用于室内装饰用的壁纸、纸花、剪纸等，也很美观，并且行销于国内外。各种彩色的蜡笺、冷金、泥金、罗纹、泥金银加绘、砑花纸等，多为封建统治阶级所享用，造价很高，质量也在一般用纸之上。

在明清时期，有关造纸的著作也不断出现。如宋代苏易简的《纸谱》、元代费著的《纸笺谱》、明代王宗沐的《楮书》，尤其是明代宋应星的《天工开物》，对我国古代造纸技术都有不少记载。而《天工开物》第十三卷"杀青"中关于竹纸和皮纸的记载，可以说是具有总结性的叙述。书中还附有造纸操作图，是当时世界上关于造纸的最详尽的记载。经过元、明、清数百年岁月，到清代中期，我国手工造纸已相当发达，质量先进，品种繁多，成为中华民族数千年文化发展传播的物质条件。

【对外传播】

造纸术首先传入与我国毗邻的朝鲜和越南，随后传到了日本。在蔡伦改进

手工机械

造纸术后不久，朝鲜和越南就有了纸张。朝鲜半岛各国先后都学会了造纸的技术。纸浆主要由大麻、藤条、竹子、麦秆中的纤维提取。大约4世纪末，百济在中国人的帮助下学会了造纸，不久高丽、新罗也掌握了造纸技术。此后高丽造纸的技术不断提高，到了唐宋时，高丽的皮纸反向中国出口。西晋时，越南人也掌握了造纸技术。610年，朝鲜和尚昙征渡海到日本，把造纸术献给日本摄政王圣德太子，圣德太子下令推广全国，后来日本人民称他为纸神。

中国的造纸技术也传播到了中亚的一些国家，并从此通过贸易传播到达了印度。

造纸术传入阿拉伯是在751年。那一年唐安西节度使高仙芝率部与大食（阿拉伯帝国）将军沙利会战于中亚重镇怛逻斯（今哈萨克斯坦的江布尔），激战中，由于唐军中的西域军队发生叛乱，唐军大败，被俘唐军士兵中有从军的造纸工人。当时的阿拉伯人没有屠俘的习惯，因此被俘的唐军造纸工匠可以为阿拉伯人造纸，沙利将这些工匠带到中亚重镇撒马尔罕，让他们传授造纸技术，并建立了一个生产麻纸的造纸场。从此，撒马尔罕成为阿拉伯人的造纸中心。阿拉伯最早的造纸工场，是由中国人帮助建造起来的，造纸技术也是由中国工人亲自传授的。10世纪造纸技术传到了叙利亚的大马士革、埃及的开罗和摩洛哥。在造纸术的流传中，阿拉伯人的传播功劳不可忽视。

欧洲人是通过阿拉伯人了解造纸技术的，最早接触纸和造纸技术的欧洲国家是西班牙。1150年，阿拉伯人在西班牙的萨狄瓦建立了欧洲第一个造纸场。1276年意大利的第一家造纸场在蒙地法罗建成，生产麻纸。法国于1348年，在巴黎东南的特鲁瓦附近建立造纸场。此后又建立几家造纸场，这样法国不仅国内纸张供应充分，而且还向德国出口。德国是14世纪才有自己的造纸场。英国因为与欧洲大陆有一海之隔，造纸技术传入比较晚，15世纪才有了自己的造纸厂。瑞典1573年建立了最早的造纸厂，丹麦于1635年开始造纸，1690年建于奥斯陆的造纸厂是挪威最早的纸厂。到了17世纪欧洲主要国家都有了自己的造纸业。为了解决欧洲纸张质量低劣的问题，法国财政大臣杜尔阁曾希望利用驻北京的耶稣会教士刺探中国的造纸技术。乾隆年间，供职于清廷的法国画师、耶稣会教士蒋友仁将中国的造纸技术画成图寄回了巴黎，中国先进的造纸技术才在欧洲广泛传播开来。1797年，法国人尼古拉斯·路易斯·罗伯特成功地发明了用机器造纸的方法，从蔡伦时代起中国人持续领先近两千年的造纸术终于被欧洲人超越。

西班牙人最先在美洲大陆的墨西哥建立了造纸厂，墨西哥造纸始于1575年。美国在独立之前，于1690年在费城附近建立了第一家造纸厂。到19世纪，中国的造纸术已传遍五洲各国。

【伟大意义】

有了文字之后，最重要的就是要有一个很好的载体。造纸术的发明和推广，对于世界科学、文化的传播产生深远的影响，对于社会的进步和发展起着重大的作用。

在公元前2世纪到公元18世纪初的两千多年间，我国造纸术一直居于世界先进水平。我国古代在造纸的技术、设备、加工等方面为世界各国提供了一套完整的工艺体系。现代机器造纸工业的各个主要技术环节，都能从我国古代造纸术中找到最初的发展样式。

造纸术是中国在人类文化的传播和发展上所做出的一项十分宝贵的贡献，是中国史上的一项重大的成就，对中国历史也产生了重要的影响。它便于携带，取材广泛不拘泥，推动了中国、阿拉伯、欧洲乃至整个世界的文化发展。

人类近代文明的先导——印刷术

【概述】

印刷术是中国古代四大发明之一。这一发明闪烁着我国劳动人民智慧的光辉。它开始于隋朝的雕版印刷，经宋仁宗时代的毕昇发展、完善，产生了活字印刷，并由蒙古人传至了欧洲，所以后人称毕昇为印刷术的始祖。中国的印刷术是人类近代文明的先导，为知识的广泛传播、交流创造了条件。印刷术先后传到朝鲜、日本、中亚、西亚和欧洲。

【历史条件】

在印刷术发明前，文化的传播主要靠手抄的书籍。但是，一个个字的抄写实在是麻烦得很。一部书如果要制成一百部，就要抄上一百次。如果遇着卷帙浩繁的著作，就得要抄写几年，甚至更长时间。抄写时还会有抄错抄漏的可能，这样对于文化的传播会带来不应有的损失。另一方面，随着社会经济、文化的发展，需要读书的人越来越多，抄书既慢，数量也不多，无法满足人们对文化的要求。这就为印刷术的发明提出了客观的要求。

印章和石刻的长期使用给印刷术提供了直接的经验性的启示。印章是用反刻的文字取得正写文字的方法，不过印章一般字都很少。石刻是印章的扩大。秦国的十个石鼓是现在能见到的最早的石刻。后来，甚至有人把整本书刻在石头上，作为古代读书人的"读本"。公元四世纪左右的晋代，发明了用纸在石碑上墨拓的方法。用事先浸湿了的坚韧薄纸铺在石碑上面，轻轻拍打，使纸透入石碑罅隙处。待纸干后，刷墨于纸上，然后把纸揭下，就成为黑底白字的拓本。这是一种取得正写文字的复制方法。

正是在这些条件下，发明了雕版印刷。

【雕版印刷】

根据《隋书》和《北史》等文献的记载来看，雕版印刷发明于隋代的可能性比较大，距今已有一千三百多年的历史。

雕版印刷所用的版料，一般选适于雕刻的枣木、梨木。方法是先把字写在薄而透明的纸上，字面朝下贴到板上，用刀把字刻出来，然后在刻成的版上加墨，把纸张覆在版上，用刷子轻匀地揩拭，揭下来，文字就转印到纸上成为正字。

雕版印刷很早就和人民大众的生产、生活发生密切的联系。初刻印的书籍大多是农书、历本、医书、字帖等。大约在唐代宗宝应元年（公元762年）后，长安的东市已经有商家印的字帖、医书出卖。过了二十多年，民间市场上也出现了一种"印纸"，作为商人交易、纳税的凭据。唐穆宗长庆四年（公元824年），元稹（公元779年—公元831年）为白居易诗集写的序文中，说到有人拿白居易诗集的印本换取茶叶，可见当时雕版印刷的应用已经扩大到人民爱好的诗歌了。历本是农民从事耕种的必需品，因为有广泛的需要，所以唐文宗大和九年（公元835年）左右四川和江苏北部一带地方民间都曾"以板印历日"（历本），拿到市场上去出卖。东川节度使冯宿认为政府的司天台还没有颁布新历，民间所印历本"已满天下"，有损皇帝的威严和"授民以时"的权力，所以他就上书请皇帝下令禁止。文献里保存下来的这些记载说明，雕版印刷至少在这时候已经在民间相当流行了。唐代统治者尽管下令禁止民间刻印，但是，怎么也禁止不了。唐末的战乱使唐王朝政权摇摇欲坠，民间刻印的书就更多了。

四川就是当时主要的刻印中心。

雕版印刷发明不久，佛教便利用它刻印了大量的佛教经典、佛像和宗教画。据记载，唐代高僧玄奘每年就用大量的纸来印佛像。现在发现最早的印刷物，有1966年在韩国古都庆州佛国寺释迦塔遗址出土的木刻《无垢净光大陀罗尼经》，是由唐代僧人弥陀山（汉名寂友）在武则天天授二年到长安四年（公元691年—公元704年）在长安翻译又在长安印刷，以后传入新罗首都庆州的。唐玄宗天宝十年（公元751年）在新罗佛国寺修建释迦塔时把它藏在金铜函里藏在塔中。还有在日本和韩国发现的刻印于唐代宗大历五年（公元770年）的《陀罗尼经》，可能是当时的留唐学问僧在中国学到印刷术后在日本刻印的。1900年，在甘肃敦煌千沸洞里发现一本印刷精美的《金刚经》，末尾题有"咸通九年四月十五日"等字样。唐咸通九年，就是公元868年。这是国内发现的最早、最完整的木刻印刷物。《金刚经》的形式是卷子，长约1.6丈（约5米），由七个印张粘接而成。最前的一张扉页是释迦牟尼在祇树给孤独园说法的图，其余是《金刚经》的全文。这卷印品雕刻精美，刀法纯熟，图文浑朴凝重，印刷的墨色也浓厚匀称，清晰鲜明，显然刊刻技术当时已经达到了高度熟练的程度。

五代时期，封建政府的文化机关大规模地刻印古代书籍，民间刻书也很盛行。当时刻书的，除开封外，在甘肃的西部、山东的东部以及南京、福建等地方也开始刻书，而以四川、浙江一带刻的最多。到了宋代，雕版印刷更加发达，技术已经十分完善。著名刻工蒋辉就是千万个技术纯熟的刻工的突出代表。当时以杭州、福建、四川刻的书质量比较高。宋代的刻书不但多而且刻得精美讲究。宋版书是很珍贵的版本。宋太祖开宝四年（公元971年），张徒信在成都雕印全部《大藏经》，这是印刷史上比较早期的分量最大的一部书，费工12年，计1076部，5048卷，雕版达13万块之多。由此可见，那时雕版印刷技术已经发展到很高的水平。

宋代以后，还出现了铜版印刷。铜版一般用来印刷钞票，这是因为铜版可以印制线条细、图案复杂的画面，印成之后，难于仿造。

雕版印刷在后来的发展中最为突出的成就，就是别开生面的彩色套印。

套色印刷是一种复杂的、高度精密的技术。比方，要印红黑两色，那就先取一块版，把需要印黑色的字精确地刻在适当的地方；另外取一块尺寸大小完全相同的版，把需要印红色的字也精确地刻在适当的地方。每一块版都不是全文。印刷的时候，先就一块版印上一种色；再把这张纸覆在另一块版上，使版框完全精密地互相吻合，再印上另一种色，一张两色的套色印刷物就完成了。假如印刷的时候粗心大意，两块版不相吻合，或者刻版的时候两块版上的字位置算得不准确，那么，印成之后，两色的字就会参差不齐，无法阅读。如果要套多种颜色，都可以照这办法去做，不过套色越多，印刷起来越费事，所以需要极其熟练的技术。这样用各种颜色套印出来的书，如果印在洁白的纸上，真是鲜艳夺目，美不胜收！这种套印的方法，至迟在14世纪的元代就已经发明了，元代的时候，中兴路（今湖北江陵）所刻《金刚经注》，就是用朱墨两色套印的，这是现存最早的套色印本。但是到16世纪末，这方法才得以广泛流行。明代万历年间闵齐汲、闪昭明、凌汝享、凌檬初、凌流初都是擅长这种印刷术的名家。在清代，这种技术也得到相应的发展。

这种套色技术结合着版画技术，便产生出光辉灿烂的套色版画。明代末年原版《十竹斋画谱》和《笺谱》就是很好的样本。一张版画呈现着各种颜色，浅深浓淡，阴阳向背，无不精细入微。有的古版画的确是艺术上的珍品。

【活字印刷】

雕版印刷比靠手工抄写确实方便得多，一次就可以印出几百部、几千部。但是，雕版依然很费工，印一页就得刻一块版，雕印一部大书，往往需要几年工夫；雕好后的板片，还得用屋子存放；同时要想出版别的著作，又得从头雕起。人力、物力和时间都很不经济。

宋代湖北英山布衣（平民）毕昇（约公元970年—公元1051年）生活在雕版印刷的全盛时代，他通过长期的亲身实践，在世界上首先创造了活字印刷。这种方法节省了雕版费用，缩短了出书时间，既经济，又方便，在印刷史上是一大革命，影响深远。铅字排印的基本原理，和最初毕昇发明活字的排印方法是相同的。

毕昇这一发明，在宋代著名科学家沈括的《梦溪笔谈》卷十八中留下了最可靠的记载。宋仁宗庆历年间（1041年—1048年），毕昇用胶泥刻字，一个字，一个印，用火烧硬。先预备好一块铁板，铁板上面放着松香、蜡、纸灰等，铁板四周围着一个铁框，在铁框里密密地摆满字印，满一铁框就是一板，拿到火上加热，蜡、松香就熔化，用一平板把字印压平。为了提高效率，用两块铁板，一板印刷，另一板又排字，这块板印完，第二板已准备好了，这样相互交替着用，印得很快。每一个单字，都有好几个印，最常用的字更多些，以备一板里有重复的时候用。至于没有预备的偏僻生字，就临时写刻，马上烧成了用。根据毕昇的试验，印三五本显不出简便，如果印上几百本、上千本，就快得很。

清道光年间，安徽泾县有位教书先生翟金生，根据《梦溪笔谈》关于泥活字的记载，花了好多年工夫，制成了十多万个坚硬的泥活字。他用自己制的这些泥活字印过《泥版试印初编》等书。近些年来，在北京图书馆里发现了好几种用泥活字印的书。这些都证明了《梦溪笔谈》里关于毕昇泥活字记载的真实性。

毕昇也曾经试制过木活字，但是他发现木头的纹理疏密不同，沾水后有伸胀性，排出版来高低不平，此外又容易和药物相粘，取下不便，所以他只好改用胶泥制活字。

雕版印刷一版能印几百部甚至几千部书，对文化的传播起了很大的作用，但是刻版费时费工，大部头的书往往要花费几年的时间，甚至几十年。存放版片又要占用很大的地方，而且常会因变形、虫蛀、腐蚀而损坏。印量少而不需要重印的书，版片就成了废物。此外雕版发现错别字，改起来很困难，常需整块版重新雕刻。

活字制版正好避免了雕版的不足，只要事先准备好足够的单个活字，就可随时拼版，大大地加快了制版时间。活字版印完后，可以拆版，活字可重复使用，且活字比雕版占有的空间小，容易存储和保管。这样活字的优越性就表现出来了。

【转轮排字】

到了元代，农学家王祯创制木活字成功，他还发明了转轮排字架，用简单的机械，增加排字的效率。关于他制木活字的方法和印刷经验，在他所著的《农书》中有详细的说明。

王祯所创制木活字的办法是，先从宫定韵书中挑选可用的字，分韵写成字样。此外常用字如"之"、"乎"、"者"、"也"以及数目等，各分一类。把字样糊在板上雕刻。字和字之间稍微隔开，雕成以后，用细齿小锯把字一个个锯下，成为四方形。再拿小裁刀四面修理，使得每个活字都合乎标准，大小高低相同。印的时候把活字排进木制的盔盘里，削竹片夹起来。字满以后，用小木块塞紧，右边安置界栏，用木栓拴住，不让再动摇。如果有高低不平，随字形用小竹片垫好，让字体平稳。然后刷墨付印。刷墨用棕刷顺界行竖刷，不可横刷，印的时候也是这样。贮存活字用轻质木料做成类似圆桌面的大轮盘，直径大约7尺，轮轴高约3尺。轮盘上铺圆形竹制的框子，活字按韵分别放在里面。每韵每字都依次编好号码。同时准备两架轮盘，一架放选出可用的字，一架放普通常用的字。另有两本册子，把活字依照轮盘上号码次序登录，排版的时候一人从册子上叫号码，另一人坐在两架轮盘之间，依所叫号码，从轮盘上取下清字，放进盔盘。因为轮盘可以旋转自如，所以摘字的人只要坐在中间，"左右俱可推转摘字"。王帧自己说："以人寻字则难，以字就人则易。此转轮之法，不劳力而坐致，字数取讫，又可铺还韵内，两得便也。"元成宗大德二年（1298年），他曾经用这种方法试印一部六万多字的《挂德县志》，不到一个月的工夫，就印成了一百部，印刷又快，质量又好。他的排字、印刷方法在印刷史上也是一次重大革新。

王祯以后，木活字印书一直在我国流行。明清两代更加盛行。清乾隆三十八年（1773年），清政府曾经用枣木刻成25350多个大小活字，先后印成《武英殿聚珍版丛书》138种，计2300多卷。这是我国历史上规模最大的一次用木活字印书。

活字印刷的另一发展，是用金属材料制成活字。王祯还提到，近世有人用锡做活字，这应当算是世界上最早的金属活字。但由于锡不容易受墨，印刷常遭失败，所以未能推广。到明孝宗弘治年间（1488年—1505年），铜活字正式流行于江苏无锡、苏州、南京一带。我国用铜活字印书，工程最大的要算印刷清代的百科全书《古今图书集成》了。

【毕昇简介】

毕昇（约公元970年—1051年），又作毕晟。汉族，北宋淮南路蕲州蕲水县直河乡（今湖北省英山县草盘地镇五桂墩村）人，一说为浙江杭州人。中国发明家，发明活字版印刷术。初为印刷铺工人，专事手工印刷。毕昇发明的胶泥活字印刷术，被认为是世界上最早的活字印刷技术。宋朝的沈括所著的《梦溪笔谈》中有毕昇发明活字印刷术的记载："庆历中，有布衣毕昇又为活版。"这在当时印刷界反响很大。

关于毕昇的生平事迹，以及他发明活字版的经过，在沈括的《梦溪笔谈》一书中有记载。

沈括说毕昇是个布衣。所谓布衣，从字面理解就是没有做过官的普通老百姓。关于毕昇的职业，以前曾有人作过各种推猜，但最为可靠的说法是，毕昇应当是一个从事雕版印刷的工匠。因为只有熟悉或精通雕版技术的人，才有可能成为活字版的发明者。由于毕昇在长期的雕版工作中，发现了雕版时最大缺点就是每印一本书都要重新雕一次版，不但要用较长时间，而且加大了印刷的成本。如果改用活字版，只需雕制一副活字，则可排印任何书籍，活字可以反复使用。虽然制作活字的工程大一些，但以后排印书籍则十分方便。正是在这种启示下，毕昇才发明了活字版。从《梦溪笔谈》中我们可以看到，毕昇的活版印刷术并非空穴来风，是基于前人版印书籍的基础上改进而来。而《梦溪笔谈》对于活版印刷的流程的描述，对于后人的研究也是一笔重要的财富。

从 13 世纪到 19 世纪，毕昇发明的活字印刷术传遍全世界。全世界人民称毕昇是印刷史上的伟大革命家。

【对外传播】

我国是印刷术的发源地，世界上许多国家的印刷术，都是在我国印刷术的直接或间接的影响下发展起来的。

唐代的雕刻印本书传到日本，公元 8 世纪后期，日本的木板《陀罗尼经》完成。大约在 12 世纪或者略早，雕版印刷术传到埃及。13 世纪，欧洲人来中国多取道于波斯，就是今天的伊朗。波斯当时已经熟悉了中国的印刷术，并且曾经用来印造纸币，波斯实际成了当时中国印刷术西传的中转站。公元 14 世纪末，欧洲才出现用木板雕刻的纸牌、圣像和学生用的拉丁文课本。

我国最初的木活字印刷术，大约在 14 世纪传到朝鲜、日本。具有聪明才智的朝鲜人民在吸取我国传去的木活字经验基础上，发扬光大，对世界印刷术的发展作出了贡献。

元代的木活字印刷术，在我国少数民族中间也有流传，维吾尔族人民，按照维吾尔文字拼音特点，制成单字不是字母的活字。这很可能是世界拼音文字中出现的最早活字。以后，中国的活字印刷术经由中国新疆到波斯、埃及，传入欧洲。1450 年前后，德国谷登堡受中国活字印刷的影响，用铅、锡、锑的合金初步制成了欧洲拼音文字的活字，用来印刷书籍。

印刷术传到欧洲后，改变了原来只有僧侣才能读书和受高等教育的状况，为欧洲的科学从中世纪漫长黑夜之后突飞猛进的发展，以及文艺复兴运动的出

手工机械

现，提供了一个重要的物质条件。马克思在 1863 年 1 月 28 日给恩格斯的信里认为，印刷术、火药和指南针的发明"是资产阶级发展的必要前提"。由此可知，印刷术的发明意义是多么重大。

【深远意义】

印本的大量生产，使书籍留存的机会增加，减少手写本因有限而遭受绝灭的可能性。由于印本的广泛传播及读者数量的增加，过去教会对学术的垄断受到世俗人士的挑战。由于宗教著作的优先地位逐渐为人文主义学者的作品所取代，加之读者们对于历来存在的对古籍中的分歧和矛盾有所认识，因而削弱了传统说法的权威，进而为新学问的发展建立了基础。

印刷使版本统一，这和手抄本不可避免地产生讹误，有明显的差异。印刷术本身不能保证文字无误，但是在印刷前的校对及印刷后的勘误表，使得后出的印本更趋完善。通过印刷工作者进行的先期编辑，使得书籍的形式日渐统一，而不是像从前手抄者的各随所好。凡此种种，使读者养成一种有系统的思想方法，并促进各种不同学科组织的结构方式得以形成。

印刷术的传入使欧洲宗教改革的主张广为传播。马丁·路德曾称印刷术为"上帝至高无上的恩赐，使得福音更能传扬"。在 1517 年马丁·路德提出他的抗议之前，人们已经用一些本国的民族语言印刷圣经，使宗教改革的条件日趋成熟。福音真理不再是少数人所专有，而为普通百姓所能学习和理解。同时也使宗教信仰因国家不同而有所变通，罗马教会再不能保持国际性的统一形式。新教运动的原始动机是纠正教会的弊端。新教徒也利用印刷的小册子、传单和布告等方式，广泛传播其观念和主张，如果没有印刷术，新教的主张可能仅限于某些地区，而不会形成一个国际性的重要运动，永远结束教士们对学术的垄断、克服愚昧和迷信，进而促成西欧社会早日脱离"黑暗时代"。

在印刷术出现以前，虽然已有民族文学，但印刷术对民族文学的发展影响极为深远。西欧各民族的口语在 16 世纪之前已发展为书写文字，同时一些中世纪的书写文字已在这一过程中消失。一度成为国际语言的拉丁文也日渐式微。新兴的民族国家大力支持民族语言的统一。与此同时，作者们在寻找最佳形式来表达他们的思想；出版商也鼓励他们用民族语言扩大读者市场。在以民族语言出版书籍越来越容易的情况下，印刷术使各种语文出版物的词汇、语法、结构、拼法和标点日趋统一。小说出版物广泛流通以后，通俗语言的地位得到巩固，而这些通用语言又促进各民族文学和文化的发展，最终导致明确的民族意识的建立和民族主义的产生。

印刷促进教育的普及和知识的推广，书籍价格便宜使更多人可以获得知识，因而影响他们的人生观和世界观。书籍普及会使人们的识字率提高，反过来又扩大了书籍的需要量。此外，手工业者从早期印行的手册、广告中发觉印刷这类印刷品可以名利双收。印刷术还能帮助了一些出身低微的人们提高了他们的社会地位。如在早期德国的教会改革中就有出身鞋匠和铁匠家庭的教士和牧师。这充分说明印刷术能为地位低下的人提供改善社会处境的机会。

中国古代的伟大发明之一——瓷器

【概述】

中国是瓷器的故乡，多姿多彩的瓷器是中国古代的伟大发明之一。瓷器的发明是中华民族对世界文明的伟大贡献。

瓷器是一种由瓷石、高岭土、石英石、莫来石等组成，外表施有玻璃质釉或彩绘的物器。瓷器的成形要通过在窑内高温烧制，瓷器表面的釉色会因为温度的不同从而发生各种化学变化。烧结的瓷器胎一般仅含微量不到的铁元素，且不透水，因其较为低廉的成本和耐磨不透水的特性广为世界各地的民众所使用，是中华文明展示的瑰宝。

【瓷器分类】

瓷器与陶器的关系密不可分。当部分掺有高岭土（或长石、石英、石灰等天然釉料）以及其他含有氧化铜、氧化铁、氧化亚铅等天然色彩成分的原料在烧结陶器时，会自然在陶器表面结成一成薄釉，日本信乐烧最早就是这样出现的。

在中国的历史上，明代以前中国的瓷器以素瓷（没有装饰花纹，以色彩纯净度的高低为优劣标准的瓷器）为主。明代以后以彩绘瓷为主要流行的瓷器。

最早素瓷依照颜色分类，有青瓷、黑瓷、白瓷三种常见颜色的瓷器。其他彩色瓷器中较为著名的有信乐烧、青花瓷等，依照瓷器出产地点也有不同的分类。如中国浙江越窑（秘色瓷）、江西昌南、河北定瓷。

【常见纹饰】

许多装饰图案的构思，有着耐人寻味的深刻寓意和表达人们内心对幸福的向往和对生活的祝福。

瓷器的常见纹饰有：百花、山水人物、渔樵耕读、耕织图、十六子、百子图、博古、八仙、八宝、三星人、云龙、穿花龙、九龙、九龙闹海、海水龙、云鹤、团鹤、云凤、凤穿花、云蝠、团蝶、牡丹、凤牡丹、丹凤朝阳、水仙、兰草、兰石、石榴、莲池荷花、并蒂莲、秋葵、菊花、月季、海棠、四季花、玉兰花、团花、团菊、折枝牡丹、缠枝莲、山石芭蕉、山石牡丹、秋叶怪石、山石竹鹊、花卉蝴蝶、喜鹊梅花、海马瑞兽、雄鹰独立、鹰石、三鱼、荷花翠鸟、花鸟、锦维牡丹、松鹿、松鹤、松鹰、松下老人、二老赏月、人鹿、仕女、牧牛图、三阳开泰、五子登科、山高水长、万寿无疆、安居乐业、歌舞升平、双燕、五谷丰登、年景、重阳菊花、七夕图、狮球、海兽、天鹅、天马、花蝶、葫芦、竹石、菊石、松石、折枝花、折校果、灵芝、葡萄、朵花、梧桐、缠枝花、团莲、把莲、勾莲、冰梅、草虫、鱼藻、蝈蝈、蛐蟀、佛手、白菜、西湖十景、庐山十景、羊城八景、太白读书、仕女歌舞、印谱、秦砖汉瓦、金石文字、皎洁明月、银河在天、七珍八宝、寿星、罗汉、二老图、五伦图、太平有象、蝴蝶探花、喜字、八仙庆寿、麒麟、福禄寿、蜂蝶、梅雀、杏林春燕、水浮莲、西番莲、芍药、芙蓉、富贵白头、松下三老、和合二仙、刘海戏金蟾、竹兰梅菊、子孙葫芦、竹林七贤、四灵、十鹿、百鹿、三秋、九秋、八桃、九桃、西厢记、三国演义、封神榜、文王访贤、水浒、空城计、隋唐演义、陈平卖肉、木兰从军、加官进爵、赤壁赋、饮中八仙、大乔二乔、四妃十六子、婴戏百子图等。

我国古代传统装饰图案有：二龙戏珠、龙凤呈祥、松鹤延年、岁寒三友、寿比南山、年年有余、马上封侯、太狮少狮、八宝联春、八仙过海、天女散花、长命百岁、麒麟送子、平安如意、教子成名、玉堂富贵、英雄斗智。

总的来看，我国陶瓷无论在青花瓷器或彩瓷的器物上，均可见到绘有一幅幅完美的山水、人物、花卉、鱼虫、飞禽、走兽等花纹装饰图案。取材生动，画法气势磅礴，自由奔放，泼辣清新，简练朴素，富有浓郁的民间生活气息，使人观之精神陡健。这是我国陶瓷史珍贵的民间文化遗产。

【发展历史】

中国瓷器是从陶器发展演变而成的，原始瓷器起源于三千多年前，最早见于郑州的商代遗址。东汉出现青釉瓷器。早期瓷器以青瓷为主，隋唐时代，发展成青瓷、白瓷等以单色釉为主的两大瓷系，并产生刻花、划花、印花、贴花、剔花、透雕镂孔等瓷器花纹装饰技巧。五代瓷器制作工艺高超，属北瓷系统的河南柴窑有"片瓦值千金"之誉。柴窑是后周柴世宗官窑，传说周世宗要求柴窑生产瓷器"薄如纸、明如镜、声如磬、白如玉，雨过天晴云破处，这般颜色作将来"。但至今尚未见到柴窑传世品或发掘实物。南瓷系统以越窑"秘色瓷器"著名。宋代瓷器以各色单彩釉为特长，釉面能作冰裂纹，并能烧制两面彩、釉里青、釉里红等。著名"瓷都"景德镇因宋景德年间（1004 年—1007 年）为宫廷生产瓷器得名。所选瓷土必白埴细腻，所制瓷器质尚薄，色白如玉，善做玲珑花。元代瓷器盛行印花瓷及五彩戗金。明代流行"白底青花瓷"，青瓷有"影青"，瓷质极薄，暗雕龙花，表里可以映见，花纹微现青色。又有"霁红瓷"，以瓷色如雨后霁色而得名。窑变色从一种发展为窑变红、窑变绿、窑变紫三种彩。清代生产"彩瓷"，图样新颖，瓷色华贵，以"珐琅瓷"、"粉彩"最为杰出，又有"天青釉"，仿拟五代柴窑瓷色，还有霁红瓷和霁青瓷等。现在著名瓷器产地有：江西景德镇，以青花瓷、青花玲珑瓷、颜色釉瓷和粉彩瓷闻名。河北唐山、山西长治、广州石湾都能采用传统工艺及现代化技术设备，烧制各种各色瓷器。此外，还有河南禹县的钧瓷、湖南醴陵的红瓷、临汝的汝瓷，浙江龙泉的青瓷等。

白陶的烧制成功对由陶器过渡到瓷器起了十分重要的作用。在商代和西周遗址中发现的"青釉器"已明显的具有瓷器的基本特征。它们质地较陶器细腻坚硬，胎色以灰白居多，烧结温度高达 1100 摄氏度至 1200 摄氏度，胎质基本烧结，吸水性较弱，器表面施有一层石灰釉。但是它们与瓷器还不完全相同。被人称为"原始瓷"或"原始青瓷"。原始瓷从商代出现后，经过西周、春秋战国到东汉，历经了一千六七年间的变化发展，由不成熟逐步到成熟。

东汉以来至魏晋时制作的瓷器，从出土的文物来看多为青瓷。这些青瓷的加工精细，胎质坚硬，不吸水，表面施有一层青色玻璃质釉。这种高水平的制瓷技术，标志着中国瓷器生产已进入一个新时代。

我国白釉瓷器萌发于南北朝，到了隋朝，已经发展到成熟阶段。至唐代更有新的发展。瓷器烧成温度达到 1200 摄氏度，瓷的白度也达到了 70% 以上，接近现代高级细瓷的标准。这一成就为釉下彩和釉上彩瓷器的发展打下基础。

宋代瓷器，在胎质、釉料和制作技术等方面，又有了新的提高，烧瓷技术达到完全成熟的程度。在工艺技术上，有了明确的分工，是我国瓷器发展的一个重要阶段。宋代闻名中外的名窑很多，耀州窑、磁州窑、景德镇窑、龙泉窑、越窑、建窑以及被称为宋代五大名窑的汝、官、哥、钧、定等产品都有它们自己独特的风格。耀州窑（陕西铜川）产品精美，胎骨很薄，釉层匀净；磁州窑（河北彭城）以磁石泥为坯，所以瓷器又称为磁器。磁州窑多生产白瓷黑花的瓷器；景德镇窑的产品质薄色润，光致精美，白度和透光度之高被推为宋瓷的代表作品之一；龙泉窑的产品多为粉青或翠青，釉色美丽光亮；越窑烧制的瓷器胎薄，小巧细致，光泽美观；建窑所生产的黑瓷是宋代名瓷之一，黑釉光亮如漆；汝窑为宋代五大名窑之冠，瓷器釉色以淡青为主色，色清润；官窑是否存在一直是人们争议的问题，一般学者认为，官窑就是卞京官窑，窑设于卞京，为宫廷烧制瓷器；哥窑在何处烧造也一直是人们争议的问题。根据各方面资料的分析，哥窑烧造地点最大的可能是与北宋官窑一起生产；钧窑烧造的彩色瓷器较多，以胭脂红最好，葱绿及墨色的瓷器也不错；定窑生产的瓷器胎细，质薄而有光，瓷色滋润，白釉似粉，称粉定或白定。

我国古代陶瓷器釉彩的发展，是从无釉到有釉，又由单色釉到多色釉，然后再由釉下彩到釉上彩，并逐步发展成釉下与釉上合绘的五彩、斗彩。

彩瓷一般分为釉下彩和釉上彩两大类，在胎坯上先画好图案，上釉后入窑烧炼的彩瓷叫釉下彩；上釉后入窑烧成的瓷器再彩绘，又经炉火烘烧而成的彩瓷，叫釉上彩。明代著名的青花瓷器就是釉下彩的一种。

明代精致白釉的烧制成功，以铜为呈色剂的单色釉瓷器的烧制成功为标志，使明代的瓷器丰富多彩。明代瓷器加釉方法的多样化，标志着中国制瓷技术的不断提高。成化年间创烧出在釉下青花轮廓线内添加釉上彩的"斗彩"，嘉靖、万历年间烧制成的不用青花勾边而直接用多种彩色描绘的五彩，都是著名的珍品。清代的瓷器，是在明代取得卓越成就的基础上进一步发展起来的，制瓷技术达到了辉煌的境界。康熙时的素三彩、五彩，雍正、乾隆时的粉彩、珐琅彩都是闻名中外的精品。

【对外传播】

丝绸与陶瓷是中国人民奉献给世界的两件宝物，形成了"丝绸之路"和"陶瓷之路"，这在一定程度上改变了世界上所用民族的生活方式和价值观念。

其中，"陶瓷之路"是日本古陶瓷学者三上次男先生在 20 世纪 60 年代提出的，作为日本中东文化调查团的重要成员，在埃及开罗的考古发掘，彻底开启了这位对中国陶瓷有迷恋情结的人的心扉。于是他将多年来在世界各地对中国陶瓷的考古成果，著就了《陶瓷之道》这本影响世界的陶瓷著作，其意义深远。他在日本和世界陶瓷学界赢得了广泛的赞誉，《陶瓷之路》同时也让世人再一次了解和认识了这个与中国同名的"china"。

"陶瓷之路"发端于唐代中后期，是中世纪中外交往的海上大动脉。因瓷器的性质不同于丝绸，不宜在陆上运输，故择海路，这是第二条"亚欧大陆桥"。在这条商路上还有许多商品在传播，如茶叶、香料、金银器等。之所以命名为"陶瓷之路"，主要是因为以瓷器贸易为主的性质，也有人将这条海上商路称为"海上丝绸之路"。但有一点可以肯定的是唐代中后期，由于土耳其帝国的崛起等原因，"陆上丝绸之路"的地位开始削弱。"陶瓷之路"的起点在中国的东南沿海，经南海经印度洋、阿拉伯海到非洲的东海岸或通过红海、地中海到埃及等地；或从东南沿海直通日本和朝鲜。在这条商路沿岸洒落的中国瓷片像闪闪明珠，照亮着整个东南亚、非洲大地和阿拉伯世界。

唐代史书记载，唐代与外国的交通有七条路，主要是两条：安西入西域道、广州通海夷道，即"陆上丝绸之路"和"海上陶瓷之路"。唐代商业的繁荣不仅从长安体现出来，在东南的扬州也更是如此，扬州时有"雄富甲天下"之美名，否则就不会有李白之"烟花三月下扬州"，杜牧的"十年一觉扬州梦"。如果说陆上"丝绸之路"给中国带来了宗教的虔诚，那么"陶瓷之路"则给中国带来了巨大的商业财富，同时也为殖民掠夺打开了方便之门。因此，16、17世纪以后的"陶瓷之路"，在某种意义上讲，成了殖民掠夺之路。

手工机械

我国古代劳动人民的重要发明——漆器

【概述】

漆器工艺古称髤，是中国传统的工艺技术，历史悠久。用漆涂在各种器物的表面上所制成的日常器具及工艺品、美术品等，一般称为"漆器"。生漆是从漆树割取的天然液汁，主要由漆酚、漆酶、树胶质及水分构成。用它作涂料，有耐潮、耐高温、耐腐蚀等特殊功能，又可以配制出不同色漆，光彩照人。从新石器时代起人类就认识了漆的性能并用以制器。历经商周直至明清，中国的漆器工艺不断发展，达到了相当高的水平。

漆器和瓷器一样，同是我国古代劳动人民在化学工艺和工艺美术方面的重要发明。我国出口的具有民族风格的各种漆器，至今还受到各国的欢迎。

【技法和种类】

漆器一般髤朱饰黑，或髤黑饰朱，以优美的图案在器物表面构成一个绮丽的彩色世界。其技法和种类如下。

罩漆：在色漆或描绘竣工后，上面再罩上一层透明漆。这类漆器是在漆工已能利用桐油或其他植物油来调漆，配制成透明漆后才产生的新品种。南宋时这类漆器就早已流行。它可分为罩黄漆、罩朱漆、罩金髤、洒金四种。其中，罩金髤又称金底漆，是用金箔或金粉粘到打了金胶漆的漆面上，上面再罩上一层透明漆，以使金色受到罩漆的保护。这种漆器显淳朴厚重，是一种庄严尊贵的做法，古代帝王宫殿的陈设，如宝座、屏风等，都采用这种方法。洒金又名砂金漆，即在漆地上洒金片或金点，上面再罩透明漆。洒金点或片有大有小，有疏有密，因而形态多种多样，形成花纹的，有"斑洒金"之称。但一般都用作漆器的底子，上面再做纹饰。

一色漆器：漆器上上漆的颜色只有一种，没有使用别的工艺，也称平漆。这类漆器以黑色居多，其次是紫漆、朱漆、绿色、黄色、褐色等颜色较少。金髤也是一种一色漆器，又名浑金漆，也称明金。它金色外露，上面不再晕漆。由于金色外露，容易磨残，甚至大部分脱落。

描金：在漆地上先用金胶漆描绘花纹，趁它尚未完全干透时把金箔或金粉粘上去，它一般在黑漆地上最常见，其次是朱色漆或紫色漆。

描漆：在素地上用漆或油描绘花纹的各种漆器，是明以前的名贵品种，并且很流行，做法考究。

堆漆：用漆堆出花纹或用漆灰堆出花纹，上面再加雕琢描绘的各种漆器，往往一次或几次即可堆成，采用的多是一色稠漆或漆灰，堆成后雕或者不雕，雕琢后髹色漆或不髹色漆，没有一定的标准。其中有一种漆法叫堆红，又名罩红，用漆灰堆花纹，雕刻后上朱漆，或者用模子在堆起的漆灰上印出花纹，然后上朱漆。

填漆：堆刻后填彩磨显出花纹来的髹饰技法，即在漆器上做出凹下去的花纹，把不同色漆填进去，干后磨平，使它像一幅无色画。常见的做法是沿着彩色花纹轮廓勾出阴纹线条，花纹上也勾出阴纹纹理，然后填金。

雕漆：雕刻有花纹的漆器，常以木灰、金属为胎，用一色漆或不同色漆堆上，少则数十层，多的达到一二百层，在漆半干时描上画稿，然后照画雕刻。一般以锦纹为地，花纹隐起，精丽华美而富有庄重感。包括剔黄（以石黄调漆）、剔红、剔黑、剔绿、剔彩、剔犀等几种，以元代嘉兴西塘的产品最为著名。

螺钿：用蚌壳磨成薄片，按图案花纹锯成各种形体，然后拼粘在各种漆坯上，再上灰地，表面髹一层上光漆，又通过磨显后在螺钿上刻画花纹。一般螺钿镶嵌都用乌黑臻莹的退光漆，与白色螺钿相对照，黑白分明，朴实清丽。

犀皮：又写作西皮、犀毗，指在平面漆器上做出与马鞯相似的花纹，即先在漆面上做出高低不平的底子，再上各种色漆多层，最后磨平，就出现类似马路那样的花纹。斑纹像片云形的叫片云斑犀皮，像圆花形的叫圆花斑犀皮，像松鳞形的叫松鳞斑犀皮，斑纹大都天然流动，色泽灿烂，非常美观。这类漆器的最大特征是表面光滑，以明代制作的为最佳。

雕填：用描漆或填漆作花纹而又勾出阴纹纹理，再填上金彩的漆器，为明清漆器的一个大类。清代的雕填漆器，凡是用锦纹作漆地的，一般都是填、描兼用，即用填漆作锦地，描漆绘出花纹。它的制作程序是：通体先用填漆做好锦地，以后在锦地上描花纹。

百宝嵌：以各种珍贵材料如玛瑙、玉石、珊瑚、螺钿、象牙、琥珀、玳瑁、犀角等做成嵌件，镶成瑰丽华美的浮雕画面，珠光宝气，相映生辉。它在明代开始流行，清初达到高峰。

戗金：指在堆光漆或罩漆完成的漆器表面，采用特制的针和细雕刀，刻画出较纤细的纹样来，在刻画的花纹中上漆，然后填上金箔。花纹露出金色的阴纹，叫做作金。据《丹铅总录》载，唐《六典》十四种金，有创金一法。吴伟业的《宣宗御用戗金蟋蟀盆歌》在明时戗金极为成功。

款彩：在明代已流行。它是在木板上用漆灰做地子，上黑漆或其他色漆，用近似白描的方法在漆面上勾出花纹，保留花纹轮廓而将轮廓内的漆灰都剔去，使花纹低陷。然后用各种色漆或色油填入轮廓，成为彩色图画。由于花纹轮廓高起，看上去很像印线装书的木板。它的花纹比较粗，可以装饰大面积空间，适宜于远观。

斑漆：斑漆是两晋南北朝漆饰的一种技法，古时用它作为车乘的装饰。此法因系用两种以上色漆，互相交错，呈现各种花纹，犹如动植物上面的斑纹而得名。《髹饰录坤集复饰》曰："细斑地诸饰。"杨明注："所列诸饰，皆宜细斑也，而其斑黑、绿、红、黄、紫、褐，而质色亦然，乃六色互用，又有二色、三色错杂者，又有质斑同色，以浅深分者。"这似与斑漆相仿。另外，用单色漆显出深浅不同斑纹，也有叫斑漆的。

【发展历史】

中国漆器工艺具有悠久的历史，并获得了极高的艺术成就。从河姆渡新石器时代的朱漆木碗，到楚汉漆文化的繁荣，直至明清达到顶峰，中国漆艺绵延传承，走过了七千年漫长又辉煌的历程。几千年来，充满魅力并独具中国气派的漆器作品，是我国艺术史中辉煌的一页，同时也是世界文化的重要组成部分。

战国是我国漆器工艺的第一个繁荣期。战国时期由于激烈的社会变革引发的伦理意识和审美观念的变化，使得该时期的漆器工艺得以迅速发展。漆的色调以红、黑两色为主，其特点是"朱画其内，墨染其外"。器内涂朱红，明快热烈；外髹黑漆，沉寂凝重，红黑对比，衬托出漆器的典雅和富丽，呈现强烈的装饰效果，器物具有稳健端庄之美。

至秦朝时，漆器的制造已经成为一个重要的手工业门类。与春秋战国相比，秦代漆器制作更为规整、精美，器形、品种丰富，产量增大并广泛应用于社会生活的各个方面。秦代的历史虽不长，但秦代漆器在从春秋战国到汉代的漆器发展过程中，起到了承前启后的作用。秦汉漆器的纹饰红黑辉映、飞扬流动，在给人们以强烈视觉冲击和无限遐想的同时，更让人惊叹时人如此丰富、大胆的想象力和娴熟的绘画技法。

三国两晋南北朝时期，在承袭了汉代传统的基础上，漆器开始向多样化发展，工艺装饰手法也更加细致深化。这一时期，漆器纹饰表现现实生活的内容增加，各种各样的飞禽、走兽、草虫入画，舞蹈、音乐、宴会、狩猎以及人物叙事等叙事性内容，开始较多地出现在漆器上。唐代经济文化繁荣，随着瓷器的普及，漆器的使用价值被价格低廉的瓷器所代替，漆器制作逐渐朝着华美富丽的工艺品方向发展。主要表现为髹漆品种和技法的创新、金银平脱的盛行、螺钿镶嵌的发展、雕漆的出现。

中国传统漆工艺到了宋元时期，制作技术体系已基本形成。主要髹饰品种有一色漆器、堆漆描金、戗金和雕漆。宋代一色漆最为流行，战国、秦汉时期盛极一时的彩绘至此变为纯粹漆色的表现，显现出时代审美趣味的嬗变。

文物专家王世襄先生曾用一句话概括了明清两代漆工艺的成就："不同髹饰变化结合，迎来漆器的千文万华。"这一时期社会稳定、经济繁荣，漆工艺有了较大的发展。两朝分别形成了以"果园厂"、"造办处"为主的宫廷漆器制作中心，形成了中央与地方、官作与民作共同发展、互相影响、互相借鉴的局面。这一时期漆器制品除了皇家自用外，还作为贵重礼品馈赠海外诸国。

明清时期常见的漆器有一色漆器、雕漆、填漆、彩绘、描金、堆漆、镶嵌、款彩、戗金、犀皮等。纹饰一改以前的几何纹、动物纹、图案化纹饰占主流地位的传统风格，开始追求生活情趣与自然美。作品题材多取自于自然界景物，具有浓郁的生活气息。器型种类涉及生活中的各个方面，以宫廷漆器为例，有宫廷典章类、陈设类、日用类和文玩等。

清代雕漆与明代比较也有显著不同之处，明代漆色暗红，清代鲜红，明代花纹庄重浑厚，清代则较为繁缛纤巧，明代一般为木胎，清代则兼作其他胎质，并且与其他工艺结合，如镶上鎏金铜饰件、珐琅、镌玉、雕牙等。清中期以后，漆艺呈现的风格过于纤巧，流于烦琐，艺术创造精神逐渐丧失，雕漆生产逐渐衰落。

【对外传播】

我国漆器经波斯人、阿拉伯人和中亚人再向西传到欧洲一些国家。在新航路发现以后，中国和欧洲直接交往，通过葡萄牙人、荷兰人等不断把我国漆器

手工机械

贩运到欧洲，引起欧洲社会上的欢迎。17、18 世纪以来欧洲各国仿制我国漆器成功。当时法国的罗贝尔·马丁一家的漆器闻名于欧洲大陆，以后德国、意大利等国的漆业相继兴起。最初的制品风格仍旧来自于中国，就是欧洲人所谓中欧混合体的"罗柯柯"艺术风格。像瓷器一样，世界各国的漆器也受惠于我们祖先的发明。

和漆器一起，我国的桐油也从 16 世纪经葡萄牙人输入欧洲。在这以前，欧洲人从 12 世纪来华的意大利人马可波罗的游记中已经知道了桐油。由于桐油的干性比亚麻仁油强，所以 19 世纪后半叶我国桐油运到美国后，便用来代替亚麻仁油制造油漆。1902 年美国才开始种植桐树。

鲁班的伟大发明——木工工具

【概述】

有文明以来，人类就学会利用木材，先是做棍棒，后是做标枪，当然也有的用来取火，随着人类文明的进一步发展，木材开始用于做房子，做家具，如桌、椅、床等，木工也随之作为一种独立的工种出现。

木工出现了，就有专门的人来思考如何快速地加工木材，将它们做成预想的模型，发明和改良木工工具就成了他们首要解决的问题。终于到两千五百年前的春秋时代，中国出现了一位优秀的手工业工匠和杰出发明家，他就是被土木建筑工匠们视为"祖师"的鲁班。木工的许多工具，如刨、锯、墨斗、凿子、铲子、曲尺等工具，都是他发明的。

【智慧鲁班】

鲁班（公元前 507 年—公元前 444 年），姬姓，字公输，名盘（音潘），又称公输子、公输盘、班输、鲁般。鲁国公族之后。因是鲁国（都城为今山东曲阜）人，且"般"和"班"同音，古时通用，故人们常称他为鲁班。

鲁班出身于世代工匠的家庭，从小就跟随家里人参加过许多土木建筑工程劳动，逐渐掌握了生产劳动的技能，积累了丰富的实践经验。春秋和战国之交，社会变动使工匠获得某些自由和施展才能的机会。在此情况下，鲁班在机械、土木、手工工艺等方面有所发明。

据说，起初鲁班的工具也只限于刀和斧等少量工具。有一次，鲁国国君要鲁班在一年内造一座宫殿。造成宫殿需要大量木材，于是，鲁班带着众弟子上山伐木。可是无论斧头多么锋利，要在短时间内伐倒一棵大树可不容易，几天下来，他们又累又乏，可成果离目标相距甚远，照这样的速度，一年的时间别说造房，就是用于伐木也不够。琢磨如何快速伐木成了鲁班急需解决的难题。

一天傍晚，鲁班下山回家时，依然满脑子琢磨如何快速伐木这一难题。走着走着，他就落在众人之后，一不留神，他滑倒了，向下滚时，他随手抓了一把野草。身体虽然停了下了，可他的手遭殃了，竟被草划开许多口子，鲜血直流。他很是吃惊，便用斧砍了几株野草带回了家。

原本，柔软的野草竟能划破手掌，这引起了鲁班的好奇。回到家后，他仔细看了带回的野草，发现草叶上有许多凸凹的锋利小齿，将它们放在手上轻轻一拉，就能划一道小口。

鲁班多日的心结一下子豁然洞开：将铁片做出许多锋利的小齿，用它来伐木，效果如何？想到此，他立即让铁匠按他的要求打造了一把锯树的工具。经反复试验改进，鲁班最后发现有一定的倾斜度，像犬牙样错位的锯子最省力，效率最高。于是，木工实用性强的锯子终于出世了。

发明了锯以后，鲁班又琢磨起另一件事来：如何使木材表面平整光滑？他尝试在木块中间嵌上一把锋利的刀，推动它刨不平整的木面时，就很快把木材刨得非常光滑。经改进，另一项重要木工工具——刨子问世了。

鲁班还是一个很高明的机械发明家。他制造的锁，机关设在里面，外面不露痕迹，必须借助配合好的钥匙才能打开。《墨子》一书中有这样的记载："公输子削竹木以为鹊，成而飞之，三日不下。"就是说鲁班制作的木鸟，能乘风力飞上高空，三天不降落。这可能是原始航空科学的先头兵。

鲁班还改进过车辆的构造，制成了机动的木车马。这种木车马由木人驾驭，装有机关，能够自动行走。

后世不少科技发明家，如三国时期的马钧、晋朝的区纯、北齐的灵昭、唐朝的马待封等，都受这个传说的影响，相继朝这个方向发展过。

在兵器制造方面，鲁班曾为楚国制造攻城用的器械，在战争中发挥过巨大作用。后来在墨子的影响下，不再制作这类战争工具，专门从事生产和生活上的创造发明，以造福于劳动人民。

手工机械

两千多年来，人们为了表达对鲁班的热爱和敬仰，把古代劳动人民的集体创造和发明也都集中到他的身上。因此，有关他的发明和创造的故事，实际上是我国古代劳动人民发明创造的故事。鲁班的名字实际上已经成为古代劳动人民勤劳智慧的象征。

【历史意义】

鲁班的发明创造给生产和生活带来极大便利。尤其是木工工具的发明，使当时工匠们从原始、繁重的劳动中解放出来，劳动效率成倍提高，大大地促进了木工、手工业技术的发展，以至于后来的土木工艺出现了崭新的面貌。

现代游标卡尺的滥觞——汉代铜卡尺

【概述】

游标卡尺，是一种测量长度、内外径、深度的量具，已成为现代工业中不可缺少的测量工具之一。出土文物——东汉原始铜卡尺证明，我国早在1世纪初就已发明游标卡尺并在生产中开始应用了。这说明现代游标卡尺是由汉代的铜卡尺演变发展而来的。

【发明历史】

西汉末年，王莽建立新政后，积极推进变法改制。为了制定更精确的测量尺度，一种非常像现代活动扳手的测量工具出现了。这是一种铜制的可滑动调节的卡尺，有14.22厘米长，主要有固定尺、固定卡爪、鱼形柄、导槽、导销、组合套、活动尺、活动卡爪等部分组成，当然它还没有现代活动扳手那样的旋转螺杆。

这种卡尺的活动尺正面刻5寸，固定尺正面也刻5寸，除右端1寸外，左边4寸，每寸又刻10分。

从原理、性能、用途看，这个游标卡尺同现代的游标卡尺相比，其结构已经非常相似了，但它比西方科学家制成的游标卡尺早一千六百多年，是中国古代劳动人民智慧的结晶。

【文物证明】

1992年5月在扬州市西北8千米的邗江县甘泉乡（今邗江区甘泉镇）顺利

清理了一座东汉早期的砖室墓，从墓中出土了一件铜卡尺。惜因年代久远，其固定尺和活动尺上的计量刻度和纪年铭文，已锈蚀难以辨认，只有"始建国元年正月癸酉朔日制"这几个字样。

我们将这把铜卡尺与现代游标卡尺相比较，发现二者有惊人的相似之处。现代游标卡尺主要由主尺、固定卡爪、游标架、活动卡爪、游标尺、千分螺丝、滑块等部分组成，而铜卡尺是由固定尺、固定卡爪、鱼形柄、导槽、导销、组合套、活动尺、活动卡爪、拉手等部分组成。从组成的主要构件来看，铜卡尺的固定尺和活动尺，即现代游标卡尺的主尺和副尺。铜卡尺的组合套、导槽和导销即游标架。

铜卡尺与现代游标卡尺的主要差距在于：现代游标卡尺应用微分原理，通过对齐主尺和副尺的两条刻线，能精确地标出本尺所能测出的精密度，而铜卡尺只能借助指示线，靠目测估出长度单位"分"以下的数据。显然，现代游标卡尺是由汉代的铜卡尺演变发展而来。

有关王莽新朝始建国元年（公元 9 年）铜卡尺的记载见于晚清一些著录（如吴大澂《权衡度量实验考》和容庚所编《秦汉金文录》）上，共收录了五件卡尺拓本，可惜原物在新中国成立前就已流散失传了。如今仅在中国历史博物馆和北京市艺术博物馆各收藏一件，它们都有计量刻度和纪年铭文，前者主尺长 15.2 厘米、卡爪长 6.2 厘米；后者主尺长 15.37 厘米、卡爪长 6.1 厘米，两者均比扬州出土的铜卡尺略长一些，卡爪则稍短些，其外形、构造和组合部分都相同。不过上述两件均系征集，出土地不明，而江苏扬州的铜卡尺出土地明确，甘泉乡姚湾村位于汉广陵国郡城之西北，这里曾是两汉诸侯王、贵族墓群的丛葬区域所在。

【重要价值】

英国在 1973 年出版的《英国百科全书》中，记述游标卡尺是法国数学家维尼尔·皮埃尔在 1631 年发明的。东汉原始铜卡尺的出土，纠正了世人过去认为游标卡尺乃是欧美科学家发明的观念。东汉原始铜卡尺的发现，为研究我国古代科学技术史、数学史和度量衡史提供了实例，因此，弥足珍贵。此物现在扬州双博馆内陈列展出。

需要说明的是，现代意义的滑动卡尺是法国人维尼尔·皮埃尔发明的。1638 年，威廉·加斯科因在此基础上发明了螺旋千分尺，它在天文测量上大放异彩。至于欧洲最早的测径尺规出现在何时，一般认为不会超过文艺复兴的时代，据说达·芬奇曾画过类似的草图，但是否动手制作过，却没有任何资料可证实。

中国古代初级避雷装置——避雷针

【概述】

现代的避雷针又名防雷针，中国古代称之为"鸱鱼"，是用来保护建筑物等避免雷击的装置。

中国人最早发明了避雷针，早在西汉时期的建筑中就已经有了初级避雷装置。在高大建筑物顶端安装一根金属棒，用金属线与埋在地下的一块金属板连接起来。利用这类避雷针，使云层所带的电和地上的电逐渐中和，从而不会引发事故。这类装置延续了两千多年。

【历史记载】

据《后汉书》记载，有一次，当时的重要宫殿未央宫和柏梁台遭雷电袭击发生火灾不久，就有一位名叫勇之的方士向汉武帝建议，在宫殿的屋脊上安装"鸱鱼"来防止灾难。此后两千年来，我国古建筑的屋脊上大多安装这一类金属瓦饰，有的是龙，有的是飞鱼和雄鸡，它们虽然形状各异，却都有尖状物指向天空，尽管没有引导线与地面连接，但大雨淋湿的屋檐和墙壁自然起到了连接地面的作用。由于这类瓦饰高于建筑物之上，即使是猛烈的雷击，也通常只是击毁瓦饰而保留建筑物主体。

唐代《炙毂子》一书记载了这样一件事：汉朝时柏梁殿遭到火灾，一位巫师建议，将一块鱼尾形状的铜瓦放在层顶上，就可以防止雷电所引起的天火。屋顶上所设置的鱼尾形状的瓦饰，实际上兼作避雷之用，可认为是现代避雷针的雏形。而早在以前，中国已经有了避雷针，一般以龙头为装饰，龙嘴里有避雷针头。

法国旅行家卡勃里欧别·戴马甘兰 1688 年所著的《中国新事》一书中记有：中国屋脊两头，都有一个仰起的龙头，龙口吐出曲折的金属舌头，伸向天空，舌根连接一根细的铁丝，直通地下。这种奇妙的装置，在发生雷电的时刻就大显神通，若雷电击中了屋宇，电流就会从龙舌沿线行至地底，避免雷电击毁建筑物。这说明，中国古代建筑上的避雷装置，在结构上已和现代避雷针基本相似。

【工作原理】

中国古代避雷针能够有效地预防雷电的破坏，有赖于科学合理的工作原理。

在雷雨天气，高楼上空出现带电云层时，避雷针和高楼顶部都有大量电荷，由于避雷针针头是尖的，所以静电感应时，导体尖端总是聚集了最多的电荷。这样，避雷针就聚集了大部分电荷。避雷针又与这些带电云层形成了一个电容器，由于它较尖，即这个电容器的两极板正对面积很小，电容也就很小，也就是说它所能容纳的电荷很少。而它又聚集了大部分电荷，所以，当云层上电荷较多时，避雷针与云层之间的空气就很容易被击穿，成为导体。这样，带电云层与避雷针形成通路，而避雷针又是接地的，避雷针就可以把云层上的电荷导入大地，使其不对高层建筑构成危险，保证了它的安全。

【现代避雷针】

现代避雷针是美国科学家富兰克林发明的。

富兰克林认为闪电是一种放电现象。为了证明这一点，他在1752年7月的一个雷雨天，冒着被雷击的危险，将一个系着长长金属导线的风筝放飞进雷雨云中，在金属线末端拴了一串银钥匙。当雷电发生时，富兰克林手接近钥匙，钥匙上迸出一串电火花。手上还有麻木感。幸亏这次传下来的闪电比较弱，富兰克林没有受伤。

注意：这个试验是很危险的，千万不要擅自尝试。1753年，俄国著名电学家利赫曼为了验证富兰克林的实验，不幸被雷电击死，这是做雷电实验的第一个牺牲者。

在成功地进行了捕捉雷电的风筝实验之后，富兰克林在研究闪电与人工摩擦产生的电的一致性时，他就从两者的类比中作出过这样的推测：既然人工产生的电能被尖端吸收，那么闪电也能被尖端吸收。他由此设计了风筝实验，而风筝实验的成功反过来又证实了他的推测。他由此设想，若能在高物上安置一种尖端装置，就有可能把雷电引入地下。富兰克林制作这种避雷装置：把一根数米长的细铁棒固定在高大建筑物的顶端，在铁棒与建筑物之间用绝缘体隔开。然后用一根导线与铁棒底端连接。再将导线引入地下。富兰克林把这种避雷装置称为避雷针。经过试用，果然能起避雷的作用。避雷针的发明是早期电学研究中的第一个有重大应用价值的技术成果。

避雷针在最初发明与推广应用时，教会曾把它视为不祥之物，说是装上了富兰克林的这种东西，不但不能避雷，反而会引起上帝的震怒而遭到雷击，但是，在费城等地，拒绝安置避雷针的一些高大教堂在大雷雨中相继遭受雷击。而比教堂更高的建筑物由于已装上避雷针，在大雷雨中却安然无恙。

由于富兰克林发明的避雷针已在费城等地初显神威，它立即传到北美各地，随后又传入欧洲，后来才进入亚洲。

【设置原则】

其一，独立避雷针与被保护物之间应有不小于 5 米距离，以免雷击避雷针时出现反击。独立避雷针宜设独立的接地装置，与接地网间地中距离不小于 3 米。

其二，高压配电装置构架及房顶上不宜装设避雷针。装在构架上的避雷针应与接地网相连，并装设集中接地装置。

其三，变压器的门型构架上不应安装避雷针。

其四，避雷针及接地装置距道路及出口距离应大于 3 米，否则应铺碎石或沥青面 5 至 8 厘米厚，以保人身不受跨步电压危害。

其五，严禁将架空照明线、电话线、广播线、天线等装在避雷针或构架上。

其六，如在独立避雷针或构架上装设照明灯，其电源线必须使用铅皮电缆或穿入钢管，并直接埋入地中的长度在 10 米以上。

中国古代文化遗产中的瑰宝——铜镜

【概述】

铜镜就是古代用铜做的镜子。铜镜，又称青铜镜。铜镜一般是含锡量较高的青铜铸成。在古代，铜镜与人们的日常生活有着密切关系，是人们不可缺少的生活用具。它制作精良，形态美观，图纹华丽，铭文丰富，是中国古代文化遗产中的瑰宝。

【铜镜历史】

综观中国古代铜镜发展的历史，从四千年前我国出现铜镜以后，各个时期的铜镜反映了它的早期（齐家文化与商周铜镜）、流行（春秋战国铜镜）、鼎盛（汉代铜镜）、中衰（三国、晋、魏、南北朝铜镜）、繁荣（隋唐铜镜）、衰落（五代十国、宋、金、元铜镜）等几个阶段。从其流行程度、铸造技术、艺术风格和其成就等几个方面来看，战国、两汉、唐代是三个最重要的发展时期。

商代铜镜均为圆形。镜面近平或微凸，镜身较薄，背面中央有一拱起的弓形（或称桥形）钮。西周铜镜也都是圆形的，镜面平直或微凸，镜身较薄，镜钮有弓形、半环形、长方形多种。铜镜可分为素镜、重环镜、鸟兽纹镜三类。素镜指镜的背面没有纹饰；重环纹镜镜面微凸，背面有弓形钮，饰重环纹；鸟兽纹镜镜身平直，背面有两个平行弓形钮。在钮的上方用鹿纹，在下方有展开双翅的鸟纹。

春秋战国时期在中国古代铜镜发展史中是一个成熟和大发展的时期，是中国古代铜镜由简单走向成熟的过渡阶段；也是铜镜的铸造中心由北开始向南迁移的重要时期。

春秋战国时期铜镜在三代（夏、商、周）的基础上，有了突飞猛进的全面发展。无论是铜镜的铸造工艺，还是铸造的数量，都大大超过了以前。其风格既继承了西周铜镜的传统，如仍以素镜为主，钮制没有定型，又有多元化的形式。而同时，春秋铜镜又有了许多重要的发展。它打破了铜镜仅有圆形的格式，出现了方形镜；并一改早期铜镜纹饰仅用阳线勾勒，构图简朴的手法，铸出了透雕繁缛的图纹；从纹饰的表现形式上看，春秋铜镜已赶上了青铜器的发展步伐，纹饰内容更具有时代特色。这给战国铜镜的大发展奠定了基础。

春秋中晚期至战国早期，这一时期出现和流行的镜类有：素镜（全素镜、单圈、双圈凸弦素镜）、纯地纹镜（方形的很少，图案都有地纹，但没有铭文）、花叶镜、四山镜、多钮镜等。镜多数为圆形，同时也出现了方形镜。一般镜身材料薄，多有边沿。整个造型规矩，给人以轻巧、典雅之感。镜钮主要为弓形钮，但钮顶部多饰有1至3道凸弦纹，所以又称"弦纹钮"。镜背面无纹饰者，除早期外已消失。纹饰刻画纤细，并多有地纹。

战国中期，铜镜的种类繁多。铜镜的纹饰也有所变化，如花叶镜中的叶纹镜从简单的三叶、四叶到八叶，还出现了云雷纹地花瓣镜、花叶镜。四山镜的山字由粗短变得瘦削，在山字间配有花瓣纹、长叶纹、绳纹，相当繁缛。还出现了五山镜、六山镜。这时出现的镜类有菱纹镜、禽兽纹镜、蟠螭纹镜、连弧纹镜、金银错纹镜、彩绘镜等。战国晚期至秦未出现了四叶蟠螭镜、蟠螭菱镜及有三层花纹的云雷纹地蟠螭连弧纹镜。

汉代是我国铜镜发展的重要时期。汉代除了继续沿用战国镜外，最流行的铜镜有：蟠螭纹镜、蟠虺纹镜、章草纹镜、星云镜、云雷连弧纹镜、鸟兽纹规矩镜、重列式神兽镜、连弧纹铭文镜、重圈铭文镜、四乳禽兽纹镜、多乳禽兽纹镜、变形四叶镜、神兽镜、画像镜、龙虎纹镜、日光连弧镜、四乳神镜、七乳四神禽兽纹镜等。

汉镜出土的数量最多，使用普遍，汉镜不仅在数量上比战国时期多，而且在制作形式和艺术表现手法上也有了很大发展。从其发展趋势，可以分为三个大的阶段，重要的变化出现在汉武帝时期、西汉末年王莽时期、东汉中期。

西汉前期是战国镜与汉镜的交替时期。直到西汉中期汉武帝前后，一些新的镜类流行起来了。这些新的镜类对后世铜镜的发展，起着承上启下的作用。

三国两晋南北朝时期的铜镜的类型有以下几种比较流行。一是神兽镜类，例如重列式神兽镜、环绕式神兽镜、画文带佛兽镜。二是变形四叶纹镜类，例如变形四叶驾凤镜、变形四叶佛像鸟凤镜、变形四叶兽首镜、双菱纹镜、瑞兽镜。

这一时期以青龙、白虎、朱雀、玄武与神兽组合成纹饰的主题内容。这时的铭文由于文字难以辨认，虽发现一些铭文镜，但能辨认清楚的很少。

吴镜中发现纪年铭文最多，有黄龙、赤乌、建兴、五凤、太平、水安、甘露、凤凰等孙吴年号。三国、两晋、南北朝出现新的镜型不多，主要沿袭汉镜的样式。这时铜镜的种类不多，类型集中，创新极少。这时神兽镜流传最广。变形四叶纹镜中以变形四叶八凤镜居多。从铜镜的发展历史来看，这个时期处于停滞衰落时期。

隋唐是我国铜镜发展史上，又一个新的历史时期。隋唐铜镜，较前代又有了新的发展。在铜质的合金中加大了锡的成分，在铜镜的质地上就显得银亮，既美观又实用。在铜镜的造型上，除了继续沿用前代的圆形、方形之外，又创造了菱花式及较厚的鸟兽葡萄纹镜。并且把反映人民生活和人们对理想的追求、吉祥、快乐的画面应用到镜上，如月宫、仙人、山水等。并出现了题材新颖、

人间巧艺夺天工——发明创造卷

纹饰华美、精工细致的金银平脱镜、螺钿镜。这是盛唐高度艺术水平的产物，充分显示出唐代铜镜的特点。

隋唐铜镜的发展，经历了三个阶段。隋代和唐初年间，铜镜的主题纹饰以瑞兽为主，瑞兽镜比较盛行。瑞兽镜是隋唐发展过程中的重要类型，它除了继承中国古代铜镜的传统，又有了新的创新。瑞兽葡萄镜是唐镜引人注目的镜类，它揭开了唐代镜主题纹饰的序幕。唐高宗至唐德宗时期，铜镜装饰上出现的新形式、新题材、新风格，使铜镜进入富丽绚烂的时代。唐德宗至晚唐、五代时期，主要流行对鸟镜、瑞花镜、盘龙镜。

唐代镜最大特点之一是艺术样式或艺术手法的多样化。铜镜艺术也呈现出浓郁"盛唐气象"。

宋代后除继承过去的圆形、方形、葵花形、菱花形外，葵花形、菱花形镜以六葵花为最普遍。它们的棱边与唐代有所不同，有的较直，形成六边形镜。此外还有带柄镜、长方形、鸡心形、盾形、钟形、鼎形等多种样式。并出现了很多花草、鸟兽、山水、小桥、楼台和人物故事装饰题材的铜镜，还有素面镜、窄边小钮无纹饰镜，这些题材都具有浓厚的生活气息。此外，还有一些神仙、人物故事镜和八卦镜等。

金代铜镜从近几十年考古发掘出土的金代铜镜来看，其主体、纹饰也是十分丰富的。虽有不少是模仿汉、唐、宋各代的铜镜做工，但也有一些别开生面的图纹。常见的有双前镜、历史人物故事镜、盘龙镜、瑞兽镜、瑞花镜等。金代铜镜纹饰，一是仿造汉、唐、宋三代铜镜的图案；二是吸收了前者的纹样，又创造出一些新式图样。以双鱼镜、人物故事镜较为多见，特别是双鱼镜、童子攀枝镜最为流行。

元代铜镜，多采用六菱花形或六葵花形式，但纹饰已渐粗略简陋。这时铜镜有缠枝牡丹纹镜、神仙镜、人物故事镜、双龙镜、"寿山福海"铭文镜、素镜、至元四年龙纹镜。

元明以后，铜镜制作更见衰势，除传统式样外，双鱼纹、双龙纹、人物故事如柳毅传书等是较新颖的式样。但这时的铜镜制作粗糙，较多的只有纪年铭文而无纹饰。在这一时期，特别是明代，仿造汉镜和唐镜的风气很盛，所仿铜镜多数是汉代的六博纹镜和唐代的瑞兽葡萄镜，仿制铜镜一般形体较小，纹饰模糊不清，已经没有了汉、唐铜镜的昔日风采。

【仿镜手法】

仿镜一般有三种方法，即用早期镜直接翻模、用摹本仿照制模和碎镜拼接法。

用早期镜直接翻模的方法简单，制作较为容易。原镜花纹铭文清晰、线条流畅，而直接翻模镜，虽然镜型相同，但往往纹饰、铭文模糊，线条不流畅，显得板滞。但是有些真镜，由于年代久远，制作不精，铭文、纹饰也较模糊。在镜型、纹饰、铭文相同的情况下，还需注意铜镜的铜质、镜体厚重。

用原镜作摹本仿照制模的，至少有两种情况，一是完全按照原镜纹饰图案、铭文仿刻于模范上，铸成的铜镜虽然型有异，但铭文、纹饰大同小异。二是虽然以原镜为摹本但铸镜匠师又加刻纹饰和铭辞，铸出来的镜子有的纹饰与铭辞时代不合，如明明是汉镜却加上明代镜中常见的铭辞；有的形制与纹饰不等。

碎镜拼接法即粘补铜镜，铜镜出土时完整的很少，多数都是破碎或缺损的，作伪者将破碎零片焊粘成一个整体，其缺损之处，则另用铜锈补上，凡其镜面不光滑而有绿锈的地方，都是添补之处。

【仿镜特征】

一是铜质有别。由于宋以后是我国铜镜合金成分发生重要变化的时期，含锡量明显地减少，含铅量增多，锌的比例也加大。因此铜质、色泽均有变化。这应是辨别仿古镜与真镜的一个重要方面。宋仿镜质地不如汉唐镜，质较软，黄铜质，黄中闪红。金仿镜一般比仿宋镜铜质略泛黄。明清宫廷仿镜虽然是黄铜质的，但明仿镜黄中闪白，清仿镜黄中闪黄。

二是品相有异。合金成分的变化，带来的质地和色泽的不同，也必然影响到铜镜的优劣。宋金仿镜铜质粗糙，纹饰模糊，线条粗放，显得板滞。明清仿镜纹饰远不如汉唐精致，这与明清仿镜含锡量大大降低，含锌量大幅度增加有关。当然明清仿镜也有很好的。

三是形制不同。铜镜虽然一般不大，镜背面积小，但在这一小块天地中，各时代的匠师在纹饰、铭文、外形、划分纹饰的圈带、边缘、钮、钮座等各个方面花样翻新、极尽变化。我们对比不同时代的各部位的特征，掌握哪怕是微小的变化，也是区分真镜与仿镜的重要方面。仅举几例：宋仿唐菱花形、葵花形镜，唐代此类镜均为八出形，而宋代多六出形，即使是八出形，唐宋弧边曲度也不尽相同。金代仿镜中，不管仿哪个朝代，如果有錾刻的官府检验的文字和画押，便极易辨明。明清仿镜镜缘直齐、棱角分明。钮的差别较大。明代银锭钮居多，明清钮顶平且面积比宋元仿镜大得多，还多在平顶上铸出铭文。

四是增加内容。在用原镜摹本仿照制模时，当时匠师又加上一些纹饰和铭辞。一般来说，所增加的图纹和铭文在内容及形式上，虽然随意性很强，没有非常明确的规律，但从许多仿制镜增加的内容看，增加铭文的占绝大多数，而这些后加的铭文，最多的又是那些铸镜作坊、店铺和匠师的名号，极少数应是铜镜使用者的姓名。从增加铭文所在位置看，大致有几种不同的情况，视原镜的纹饰内容而定。原镜只有纹样没有铭文的，增加的铭文多在纹的一处或二处地方，压住了原纹饰的一部分。原镜内区有铭文的，增加的图文有的放在纹饰内。原镜没有纹饰仅有铭文的，如果是单圈带铭文镜，增加的铭文则加在原铭文圈带中，如是二周圈铭文的，增加的铭文一般加在外圈铭文中。

这些增加的内容，有的极明显，有的则比较隐蔽，本来镜子是一个平面，面积不大，可一览无遗，但有时因纹饰复杂和模糊，未深加注意，以至某些重要的著录中也出现失误，如将后增加内容的仿制镜子定为原时代镜子。

【辨伪方法】

辨别古铜镜的真伪是一门严谨的专业学问，需要认真学习。研究、识别仿制镜，对于广大的文物考古工作者和文物爱好者来说，因它涉及鉴定、收藏、征购、出售等多方面，因此必须谨慎从事。

一般来讲，辨别古铜镜首先应该从铜镜的性质、纹饰、表现的内容等方面，对各时代的铜镜进行充分的了解。在此基础上，还可通过听声、看形、辨锈、闻味等几个方面，来辨别古铜镜的真假。

听声：用手敲击铜镜，通过铜镜发出的声音来辨别真伪。由于新老铜镜在制作时，铜、锡、铅等原料配置的比例不同，因此，其发出的声音也不相同。老的铜镜普遍声音比较低沉、圆润。而新仿的铜镜声音比较清脆，甚至是刺耳。

看形：观察铜镜的形状，从形状上对古铜镜的真伪进行辨别。为保证铜镜能具有真实、清晰的效果，古人在铸造铜镜时，镜子的大小和弧度有严格的比例关系。一般来讲，小一点的铜镜可以看到比较平缓的弧度，超过20公分的铜镜就基本是一个平面，看不出明显的弧度起伏。而新仿的铜镜弧度与镜子的大小普遍不成比例。

辨锈：新仿的铜镜上的锈是后做上去的，把它放在水里会出现一些情况，例如，铜锈不沾水，有锈的地方它不沾水，是逆水的，就像荷叶沾水一样的感觉。

闻味：把铜镜沾水以后用鼻子闻，新仿制的铜镜通常会有硫酸味、碱烧过的那种臭味、铜腥味。而老铜镜一般有一种铜香味，就是出土后的泥土香味。

与近代燃气轮机原理如出一辙——走马灯

【概述】

运用机械原理，创制一些玩具，不但丰富了人们的生活，也体现了中国古代高超的设计思想和创造才能。走马灯就是其中的代表。走马灯，又名"马骑灯"、"跑马灯"、"串马灯"，是中国传统玩具之一，灯笼的一种，常见于元夕、元宵、中秋等节日。因多在灯各个面上绘制古代武将骑马的图画，而灯转动时看起来好像几个人你追我赶一样，故名"走马灯"。

走马灯原理是加热空气，造成气流，并以气流推动轮轴旋转，按此原理造成的灯就是走马灯。走马灯的发明，至晚在宋代。走马灯虽是玩具，但它与近代燃气轮机的原理却如出一辙。

【制作方法】

早期民间艺人制作的走马灯是以高粱秸为框架，用彩纸及彩纸编成的各式精美吊饰制成。不足之处是不结实，易坏，一般人很难做成。

制作一个精巧好看且易做的手工走马灯，先要准备材料。自备制作走马灯的工具和材料包括剪刀、胶水、铅笔、直尺、圆规、各种彩纸（方形或圆形纸片）、20厘米细铁丝一段、缝衣针、印有奔马的纸片、子母扣。

制作步骤是如下：

第一，把红纸剪成一方一圆，方的为36厘米×14厘米，圆的直径12厘米，方的作圆筒，圆的作顶盖即风轮。

第二，把圆筒一端边剪成许多小齿，涂上胶水，以便贴顶盖。

第三，作顶盖上的风轮时，要把圆形纸中央剪出八个小窗门，每个窗门半开着，方向要一致。作完之后把它粘在圆筒上。

第四，用细铁丝作支架，做成双环状套在台灯灯泡上，尖端顶在顶盖的圆心处，为了耐用，圆心处嵌上子母扣作为轴承。

第五，剪粘奔马图样，也可以用彩笔画马的图形。

第六，找一块稍硬的纸板，裁出一个直径约10厘米的圆，圆心处留一个可供一根长竹签穿过的洞。将圆分为16等分，每等分为22.5度，并画线做上记号，然后用刀沿线切出一小口并向外稍折出。热空气就从此通过。圆的边缘切出若干个小角，折出，粘上刻有（挖空）各种自己喜欢的图案的长条道林纸（长约为上面圆的周长，宽约16厘米）。挖空图案的部分可在背面贴上各色彩色玻璃纸，就变成了彩色图案，会更加好看。上下要粘牢，成筒状。最后把竹签穿上。竹签与圆纸之间缠一块小纸，托住圆纸。

第七，找些重量较轻的小木条或小木棍钉成一个比火焰笼稍大的四方体，在下方即底座中间钉一根宽木做横底板。上面放蜡烛，中间放一个小玻璃瓶或其他较滑的东西，火焰笼的竹签放在上面容易滑动和旋转。框架四面贴上白色窗纸，以便透明。上方即顶座拴一根绳子可提、可挂。中间一横木，打洞。火焰笼中间的竹签一头穿在这个木上，一头落在较滑的东西上，这样一个走马灯就做成了。如在外面精心修饰一番，更加漂亮。只需要点上蜡烛，它就转动了。走马灯内的蜡烛需要切成小段，放入走马灯时要放正，切勿斜放。

至此，火焰笼就做成了。

【历史记载】

1000年左右，中国劳动人民就创造了走马灯。中国许多古籍都有关于走马灯的记述。走马灯上有平放的叶轮，下有燃烛或灯，热气上升带动叶轮旋转，这正是现代燃气涡轮工作原理的原始应用。历代对走马灯的描述有：

在宋代，走马灯已极为盛行。吴自牧的著作《梦粱录》述及南宋京城临安夜市时，已指出其中有买卖走马灯的。周密《武林旧事·卷二·灯品》："若沙戏影灯，马骑人物，旋转如飞。"范成大《上元纪吴中节物俳谐体三十二韵》："映光鱼隐现，转影骑纵横。"姜夔《感赋诗》："纷纷铁马小回旋，幻出曹公大战年。"

在元代，谢宗可咏走马灯诗云："飙轮拥骑驾炎精，飞绕间不夜城；风鬣追星来有影，霜蹄逐电去无声。秦军夜溃咸阳火，吴炬宵驰赤壁兵；更忆雕鞍年少日，章台踏碎月华明。"

在清代，富察敦崇《燕京岁时记·走马灯》："走马灯者，剪纸为轮，以烛嘘之，则车驰马骤，团团不休，烛灭则顿止矣。"褚人获《隋唐演义》第三十回："炀帝看了这些佳人的态度，不觉心荡神怡，忍不住立起身来，好像元宵走马灯，团团的在中间转。"

【民间风俗】

在过去，走马灯一般在春节等喜庆的日子里才表演，由二十来位十几岁小孩组成，边跳边唱，根据节奏快慢形成不同阵势，有喜庆、人财两旺、五谷丰登的寓意。

每年正月十五元宵节，民间风俗要挂花灯，走马灯为其中一种。外形多为宫灯状，内以剪纸粘一轮，将绘好的图案粘贴其上。燃灯以后热气上熏，纸轮辐转，灯屏上即出现人马追逐、物换景移的影像。

利用昆虫资源最成功的范例——养蚕缫丝

【概述】

蚕丝、蚕茧天然就存在，然而，许多文明古国并没有像中国那样发明缫丝技术，将它们变成五光十色、美轮美奂的丝绸。蚕丝这种纺织原料是支撑人类赖以延续的衣食之源大厦的一根坚强栋梁，而培育出这种重要、美丽而珍贵的纺织原料都是古代中国人的功劳。

【技术发明】

在我国民间，一般认为养蚕缫丝技术是黄帝的妻子嫘祖发明的。嫘祖是位聪明能干且又贤惠的女人。据传她在烧水时，不小心将蚕茧掉入沸汤里。她慌忙捞出后，发现蚕茧能扯出亮丽的丝线。嫘祖受到启发，从此发明了缫丝。她用蚕丝做成的衣服，又轻巧又漂亮，深得黄帝欣赏。黄帝于是在全国提倡种桑树养蚕，从此养蚕缫丝的技术逐渐在全国普及开来。"蚕"和"茧"两词，据传也是由嫘祖最先命名的，后人为了纪念嫘祖的功绩，尊称她为"先蚕娘娘"。有的地方还建庙祭祀她。

当然，美丽动听的传说不足以作为养蚕、缫丝、织绸、制衣起源的论据，但它们足可以说明在上古时代，我国就开始利用原始的蚕丝了。

我国的养蚕缫丝技术起源于何时，到目前为止还没有定论。据现在考古发

人间巧艺夺天工——发明创造卷

现，早在五千年前的新石器时期，就有人工切过的蚕茧；而在浙江钱山漾新石器时期遗址中，考古人员发现了大量的绢片、丝带和丝线，它们距今也有四千七百年了。史书《隋书礼义志》记载，商代的甲骨文中早就有蚕、桑、丝、帛等字，而且还记载当时专门祭祀桑神和派人察看蚕事的卜辞，这说明养蚕早已进入人们的日常生活中了。

作为支撑人类赖以延续的衣食之源大厦的一根坚强栋梁，中国劳动人民发明蚕丝这种纺织原料功不可没，而养蚕技术则是中国古代开发利用昆虫资源为人类服务的最成功的范例。

【相关技术】

自古以来中国就出产生丝，而且技术不断改进。我国的养蚕业到了商代后已获得长足发展，到了春秋时期，可以说是一片繁荣。有些学者认为宋代的造丝技术已经达到中国前所未有的最高水平。丝可以纺成不同粗细的丝线；可以染成各种各样的颜色；织布工人可以把它们织成不同颜色、不同质地的丝织品，轻薄的绫罗，光鲜的绸缎，厚重的斜纹布和彩色的、工艺复杂的锦缎，更不必说本色的平纹绸布。

在北方，一年只能养一次蚕，最忙的季节是春天。南方春天就更忙，更需要人手。桑叶吐芽时，粘在纸上的蚕卵被放到暖和的地方，直到浅黄色的蚕卵变成绿色，幼蚕孵出来。刚孵化的小蚕必须马上转移到扁平的浅箔里分散开，让它们有足够的空间可以长大。浅箔必须放在专门的蚕室里，这样才有利于让蚕得到细心的照料，并且可以升火炉保持室温。第二个月的小蚕必须小心对待，一天要喂五六次切碎的桑叶，并谨防蚕受冻。这段时间蚕会蜕三次，重量变成原来的1000倍，每只蚕大约重4克。奇妙的小小的蠕虫每天吃掉大量桑叶，而且，如果喂养得当的话，它们会吐出精致而又非常结实的丝线，蚕丝可以做成最柔软、最轻、最光滑的丝制品。

成书于春秋时期的《诗经》中有对妇女采桑养蚕的忙碌景象的生动描绘，《豳风·七月》写道："春日载阳（春天一片阳光），有鸣鸧鹒（黄莺儿在歌唱），女执懿筐（妇女们提着箩筐），遵彼微行（走在小路上），爱求柔桑（去采摘嫩桑叶）。"出土的战国时期的青铜器《采桑图》生动逼真地描绘了妇女采集桑叶的情景。《诗经·魏风·十亩之间》则说："十亩之间兮，桑者闲闲兮。"（十亩桑田之间，采桑的人来来往往。）《孟子·梁惠王上》也说："五亩之宅，

手
工
机
械

树之以桑，五十者可以衣帛矣。"可以看出蚕丝在人们的日常生活中所占据的重要位置。

在养蚕业获得普及、渐入民间之时，我国古代人民也积累了丰富的养成蚕经验。著名思想家荀况（约公元前313年—公元前230年）认真研究了养蚕的规律，在《蚕赋》一文中他极有见地地说："三俯三起，子乃大矣。"指蚕经过三眠，即可结茧的规律。另一本两千年前的有关礼仪的文献《礼记》中也对蚕卵的消毒进行了总结，指出，用朱砂溶液、盐水、石灰水和其他具有消毒效果的消毒液浴洗卵面，对防止蚕病发生非常重要。这些方法在今天仍然实用。

正是因为养蚕业在我国的普及，直接推动了我国纺织绸缎技术的发展，形成了中国独一无二的丝绸纺织技术。在中国一路领先的印染工艺下，丝绸变得五彩缤纷，成为装点帝王将相威仪和衬托女性美丽的最佳装饰物。

【对外贸易】

张骞通西域后，丝绸也成为中国主要的对外贸易产品。绵延几千千米、活跃了上千年的丝绸之路，是古老的中华和世界交流的主要渠道，也是促进中国经济文化发展的活力的源泉。

随着汉代丝绸之路的开通，丝绸成了我国对外的主要贸易商品，成为中华民族的一个象征。世界上所有养蚕的国家，其蚕种和养蚕方法都是直接或间接从中国传去的：三千年前传到朝鲜，两千年前传到日本和越南，一千六百年前传到中亚诸国，一千四百年前传到欧洲，四百年前又传到南美洲。

中国不但是养蚕、缫丝、织绸技术的发明者，而且在长时期内保持着绝对领先的地位，这是中国对人类的伟大贡献之一。

古代生产线或纱的主要设备——纺车

【概述】

纺车是加工纤维材料如毛、棉、麻、丝等生产线或纱的设备。纺车通常有一个用手或脚驱动的轮子和一个纱锭。

【纺车结构】

纺车由轮子、摇柄、锭杆儿、支架、底座等构成。木方制成的纺车底座长

70 厘米，呈"工"字形。"工"的上横处有一小支架安锭杆儿；"工"的下横处有两根方立柱（大支架），柱距 50 厘米，柱上端有安主动轮轴的圆孔，距底座 35 厘米。轴的一端有摇柄。主动轮的辐条是中间带圆孔的条状薄板，长 60 厘米，中间宽 8 厘米，两端宽 6 厘米，共六片，轴两端各穿三片。线绳固定的辐条间隔 60 度，呈张开的伞骨状。轴的两"肩"卡住轴两边的两组辐条，使其不能会合。线绳把两组辐条呈"之"字形相间张紧，辐条略向内弯曲。张紧的"之"字形的线绳是轮的"辋"，辋上挂着传动绳。锭杆儿是长 30 厘米、直径 0.5 厘米、两端尖锐的钢线。直径 2 厘米的木传动轮套在锭杆儿中间固定。主动轮与锭杆轮之间由张紧的线绳传动。轴部加少量润滑油。

【操作方法】

纺线时，一手（左手）持两股纱把端头蘸水粘在锭杆上，一手（右手）摇动摇柄，主动轮带动锭杆迅速旋转，持纱手（左手）的高度与锭杆水平时就把两股纱纺在了一起，一边放纱一边向后移动，纺好的线达到最长时将手抬高，把线贮（缠）在锭杆上。然后，持纱手降回到与锭杆保持水平的高度纺下一段线……这样的操作要反复地进行才能纺完一条线。

纺车在产棉区大量用于纺线，为织布提供原料。由于纺车结构复杂，要木工才能制造，所以，非产棉区很少见，远不如纺锤流行。

【纺车历史】

关于纺车的文献记载最早见于西汉扬雄（公元前 53 年—公元 18 年）的《方言》一文中，扬雄称其为"䌤车"和"道轨"。最早的单锭纺车的图像出现在汉代的石画中。据考古发现，这样的石画不少于八块。1956 年出土的一幅汉代石画，曾形象生动地刻画了人们织布、纺纱和调丝的情景。这就可以看出纺车在汉代已经成为普遍的纺纱工具。因此也不难推测，纺车的出现应该是比这早的。中国古代纺纱工具分手摇纺车、脚踏纺车、大纺车等几种类型。

手摇纺车据推测约出现在战国时期，也称軖车、纬车和䌤车。常见由木架、锭子、绳轮和手柄四部分组成，另有一种锭子装在绳轮上的手摇多锭纺车。

脚踏纺车约出现在东晋，由纺纱机构和脚踏部分组成，纺纱机构与手摇纺车相似，脚踏机构由曲柄、踏杆、凸钉等机件组成，踏杆通过曲柄带动绳轮和锭子转动，完成加捻牵伸工作。

北宋后出现大纺车，结构由加捻卷绕、传动和原动三部分组成，原动机构

手工机械

是一个和手摇纺车绳轮相似的大圆轮，轮轴装有曲柄，需专人用双手来摇动。南宋后期出现以水为动力驱动的水转大纺车，元代盛行于中原地区，主要用于加工麻纱和蚕丝，是当时世界上先进的纺织机械。原动机构为一个直径很大的水轮，水流冲击水轮上的辐板，带动大纺车运行。

大纺车与原有的纺车不同，其特点是锭子数目有几十枚，并利用水力驱动。这些特点使大纺车具备了近代纺纱机械的雏形，适应大规模的专业化生产。以纺麻为例，通用纺车每天最多纺纱 3 斤，而大纺车一昼夜可纺一百多斤。纺绩时，需使用足够的麻才能满足其生产能力。水力大纺车是中国古代将自然力运用于纺织机械的一项重要发明，如单就以水力作原动力的纺纱机具而论，中国比西方早了四个多世纪。

在中国，有数千年历史的纺车直到改革开放前夕依然活跃在许多农村。随着现代机械的发展，古老的纺车早已退出了历史的舞台，但是，它就像发生在昨天的一件往事，还存留在许多人的记忆中，尽管它早已完成自己的历史使命，退出了历史的舞台，再难见踪迹。

【黄道婆的贡献】

在纺车的改进及推广，尤其是棉纺技术应用过程中，一位女性应当获得尊重，她就是黄道婆。宋末元初，童养媳出身的棉纺织革新家黄道婆年轻时曾流落到海南岛崖州（今海南省三亚市）。当时，生活在海南的黎族人民很早就积累了一套棉花的纺织加工技术。在与黎族姐妹的交往中，黄道婆学会了棉纺技术。

黄道婆于 1295 年左右回到故乡松江乌泥泾（今上海乌泥镇）后，和当地的织妇一起，将纺麻的脚踏纺车改成三锭棉纺车，并且总结了一套纺纱技术。此外，她还革新了轧棉和弹棉工具，大大提高了纺纱产量。在织布过程中，她又总结提高了织布中的"错纱、配色、综线、挈花"等织造技术。这些成果使松江地区一跃成为当时中国的棉纺织中心之一，其精美的"乌泥泾被"成为全国知名商品。

【纺车被国外认知】

唤起人们对欧洲村舍生活方式和印度农村生产力相似想象的家用纺车起源于中国。欧洲已知的对纺车的最早介绍，是在 1280 年左右出版的德国斯佩耶尔一个行会章程中间接提到的。

纺车是从我国用来加工丝绸纤维的机械派生出来的。一根丝线有几百米长，其抗拉强度为每平方厘米4570千克，这比我们已知的任何一种植物纤维的强度都高，并接近某些工程材料的强度。这种把丝线绕到筒管上的卷纬机也传到了欧洲，而且似乎比纺车进入欧洲还要早一点。在查特里斯大教堂的橱窗里被展示过。按年代推算，1240年至1245年间的纺织机就是卷纬机，其中有一种图样描绘得更清楚的机器在大约1300年出现的伊普里斯的《贸易》中见到。

古代织造技术的最高成就——提花机

【概述】

中国是世界上最早生产纺织品的国家之一。

在原始社会搓、绩、编、织等方法的基础上，经过不断地摸索、改进，人们逐渐发明了一系列纺织工具，借助机械进行纺织，从而大大提高了纺织效率。在这一系列的纺织工具中，提花机的发明最有代表性，可说代表了古代纺织技术的最高成就。

【提花工艺的发展】

提花的工艺方法源于原始腰机挑花，汉代时这种工艺方法已经用于斜织机和水平织机。通常采用一蹑（脚踏板）控制一综（吊起经线的装置）来织制花纹，为了织出花纹，就要增加综框的数目，两片综框只能织出平纹组织，3至4片综框能织出斜纹组织，5片以上的综框才能织出缎纹组织。因此，要织复杂的、花形循环较大的花，必须把经纱分成更多的组，多综多蹑的花机逐步形成。据《西京杂记》载：有巨鹿人陈宝光妻所织散花绫"机用一百二十蹑"。这么多的综蹑织造起来十分烦琐，到了三国时马均因"旧绫机丧功费日乃思绫机之变"，故将其改六十综蹑为十二综蹑，采用束综提花的方法，这样既方便了操作又提高了效率。

【操作原理】

在提花机上，纹板套在花筒上，每织一纬翻过一块纹板，花筒向横针靠压一次。当纹板上有孔眼时，横针的头端伸进纹板及花筒的孔眼，使直针的钩端仍挂在提刀上。当提刀上升，直针跟着上升，通过首线钩子和通丝带动综丝提升，此时穿入综眼的经丝也随着提升，形成梭口的上层。在综丝的下综环中吊有综锤，在梭口闭合时，依靠其重量起回综作用。当纹板上无孔眼时，横针后退通过凸头，推动对应的直针，使直针钩端脱离提刀，因此与直针相连的综丝和经丝均不提升，经丝就沉在下面，形成梭口的下层。所以每根经丝的运动是根据纹板上有孔或无孔来决定的，纹板上的孔则是根据花纹和组织的设计要求轧成的，因此经丝的运动也就符合纹样和组织的要求。

织造时上下两人配合，一人为挽花工，坐在三尺高的花楼上挽花提综，一人踏杆引纬织造。东汉王逸《机妇赋》中，用"纤纤静女，经之络之，动摇多容，俯仰生姿"来形容织工和提花工合作操纵提花机的场面。

【发展历史】

在原始社会，人类为了抵御寒冷，直接用草叶和兽皮蔽体，慢慢地学会了采集野生的葛、麻、蚕丝等，并利用猎获的鸟兽的毛羽，进行撮、绩、编、织成粗陋的衣服，由此发展了编织、裁切、缝缀的技术。人们根据撮绳的经验，创造出绩和纺的技术。绩是先将植物茎皮劈成极细长的纤维，然后逐根拈接。这是高度技巧的手艺，所以后来人们把工作的成就叫作"成绩"。

据考古证实，从河南安阳殷墟墓葬铜器上保留的丝织物痕迹来看，不仅有平纹组织的绢，还有提花的菱纹绮。这说明，我国早在商代就出现了提花机。到了周代，出土的织物中出现了多花色的锦。而到了汉代，我国劳动人民已能织各种复杂图案的锦了，如鸟兽类。

束综提花机以织物组织适应性广、花幅大小随机可变等优越性能，编织出一批批优秀的丝织品，而丝织品种的不断更新，也促进了提花机的完善。唐朝以后，束综提花机大为普及。经过几代的改进提高，已经逐渐完整和定型。在宋代楼俦的《耕织图》上就绘有一部大型提花机。这部提花机有双经轴和十片综，上有挽花工，下有织花工，她们相互呼应，正在织造结构复杂的花纹。这也许是世界上最早的提花机，在当时堪称世界第一。到了明代，提花机已经极其完善，这在明代宋应星所著的《天工开物》中可得到印证。

提花机后经丝绸之路传入西方，英国科学家李约瑟认为，西方使用的提花机是由中国传过去的，其使用时间要比中国晚四百年。1801年，法国人贾卡在中国束综提花机的基础上发明了新一代提花机，用穿孔纹板代替花板，从而使丝织提花技术进入了一个新时代。

目前，随着计算机深入社会生活的各个方面，提花机也逐步走向计算机自动化。

轻便的运物载人工具——独轮车

【概述】

独轮车俗称"鸡公车"、"二把手"、"手推车"、"线车"、"鹿车"、"辘轳车"、"小车"。在近现代交通运输工具普及之前，独轮车是一种轻便的运物、载人工具，特别在北方，几乎与毛驴车起同样的作用。

【古代运输工具】

中国古代陆上交通运输业不断发展。在运输工具方面，人力和水力并用，相关技术进一步发展。《左传》记载，曾做过夏王朝"车正"（车辆总管）的奚仲最善于造车。夏代前后，出现了无辐条的辁和各种有辐条的车轮；汉代陆贾的《新语》中还说奚仲"挠曲为轮，因直为辕"，创造了有辐的车轮。由辁发展到轮，使车辆的行走部件发生了一次大变革，为殷代造车奠定了基础。

殷商和西周时已有相当精致的两轮车。1980年出土的秦始皇陵铜车马代表了当时铸造技术、金属加工和组装工艺的水平。

唐代的李皋对车船的改进起了承前启后的作用。上古时代的运输，全靠手提、头顶、肩扛、背负、橇引完成。后来，又以马、牛来驮运，随着农业、畜牧业和手工业生产的发展，产品不断增多，交换也开始发生，产生了对运输工具的需求，逐步创造出滚木、轮和轴，最后出现了车这种陆地运输工具。原始的车轮没有轮辐，这种车轮在汉、唐时代著作中称之为"辁"。

【首辆独轮车】

独轮车的第一个创制人究竟是谁？人们立刻会想到三国时蜀国丞相诸葛亮。《三国志》确实记下"木牛流马，皆出其意"的文字，据考，木牛流马也就是独轮车。宋代高承撰《事物纪原》也将造独轮车之功归于诸葛亮。然而，据历史记载，蜀国著名的钢铁冶炼技师蒲元曾上书诸葛亮，禀告造成木牛之事。故在诸葛亮之前，可能还有一些能工巧匠，已可造成独轮车。

这种独轮车，与排子大车相比身形较小，俗称"小车"，在西南汉族，因它行驶时"叽咯叽咯"响个不停，故称其为"鸡公车"。江南汉族因它前头尖，后头两个推把如同羊角，故称其为"羊角车"。

三国以后，独轮车被广泛使用。宋应星在《天工开物》中，曾经描绘并记述了南北方独轮车之驾法：北方独轮车，人推其后，驴曳其前；南方独轮车，仅使一人之力而推之。

【风力独轮车】

中国的独轮车，除由人推畜拉之外，更有在车架上安装风帆以利用风力推车前进的发明。风力独轮车称为"加帆车"，大约创制于5世纪。

风力独轮车在明末清初传到欧洲后，引起了巨大反响。17世纪英国著名诗人弥尔顿在其长诗《失乐园》中，写下"中国人利用风帆驾驶藤制的轻车"的诗句。

【独轮车用途】

过去的独轮车，车轮为木制，有大有小。车盘分成左右两边，可载物，也可坐人，但两边须保持平衡。在两车把之间，挂"车绊"，驾车时搭在肩上，两手持把，以助其力，独轮车一般为一人往前推，但也有大型的独轮车用以载物，前后各有双把，前拉后推，故称作"二把手"。

由于车子只是凭一只单轮着地，不需要选择路面的宽度，所以窄路、巷道、田埂、木桥都能通过。这样非常适用于茶区生产运输。由于是单轮，车子走过，地面上留下的痕迹，是一条直线或曲线，所以该曲线名为"线车"。

独轮车以只有一个车轮为标志。由于重心法则，极易倾覆，奇怪的是，中国古代人用它载重、载人，长途跋涉而平稳轻巧，因此，它的创制者和第一个驾驶者必定是有胆有识的机械工程师。至于独轮车的车辕，其长短、平斜，支杆高低、直斜及轮罩之方椭，几乎随地而异、随人而异。

古时候，女子结婚后回娘家时，用的就是这种独轮车。回娘家时，丈夫推着车子，妻子坐在上面，就这样两人双双回到娘家。独轮车在当时是一种既经济又用得最广的交通工具，这在交通运输史上是一项十分重要的发明。

在狭窄的路上运行，其运输量比人力负荷、畜力驮载大过数倍。这种车可以在乡村田野间劳作，又方便在崎岖小路和山峦丘陵中行走。

世界上最早的重于空气的飞行器——风筝

【概述】

风筝是一种玩具，在竹篾等的骨架上糊纸或绢，拉着系在上面的长线，趁着风势可以放上天空。风筝为中国人发明，源于春秋时代，至今已两千余年。

风筝是世界上最早的重于空气的飞行器，本质上，风筝的飞行原理和现代飞机很相似，绳子的拉力，使其与空气相对运动，从而获得向上的升力。在一些国家的博物馆中至今还展示中国风筝，如美国国家博物馆中一块牌子醒目的写着："世界上最早的飞行器是中国的风筝和火箭。"英国博物馆也把中国的风筝称之为"中国的第五大发明"。据史料记载，中国的风筝大约在 14 世纪传入欧洲，这对后来的滑翔机和飞机的发明有着重要的作用。

【风筝构造】

风筝的形状主要是模仿大自然的生物，如雀鸟、昆虫、动物及几何立体等，而图案方面，主要由个人喜好而设计，有动物、蝶、飞鸟等。

风筝的建造材料除了丝绢、纸张外，还有塑胶材料，骨杆由竹篾，木材及胶棒来造。近来有人设计一种无骨风筝，它的结构是引入空气于绢造的风坑之内，令风筝形成一个轻轻飘的气枕，然后乘风上天。中国、马来亚、菲律宾及日本等，亦有一种大型的风筝，每到风筝节就将它放到蔚蓝的天空，该风筝的尺码有 10 至 20 尺不等。骨杆则用大竹竿来造，由百多人来放。

【制作方法】

做风筝的材料是竹篾、纱纸条和马拉纸。

首先将竹篾浸水，令竹篾变软，再用刀将竹篾破开，使其粗度约为原来的三分之一，然后修半形，因为稍后要将竹篾贴在马拉纸上，如果竹篾太粗，会拉破纸张。同时竹篾太粗，纱纸条就贴不稳。将修好的竹篾裁成两条长短适当的长度（16 至 23 寸）。

下一步，就是将马拉纸裁成一个长约 24 寸的四方形。马拉纸是一种非常粗糙的纸张，最适合作风筝之用。

到此时就可以将竹篾贴在纸上，要将长长的竹篾，用纱纸扎在短的三分之一处，然后慢慢屈曲，直至长竹篾两端触到纸的对角之上将它贴好。

最后一步就是将风筝的尾巴贴在风筝的下方，调好线与风筝的角度后，就可起放。

风筝的尾巴是平衡风筝的主要工具，当风筝乘风而上时，如果一方较重，风筝就会偏向这方，而尾巴最好比较长，因为越长风筝头部就会升起，使全身受风，平衡了斜的一方。风筝的丝线可以用牛皮线、棉线、玻璃线等，将线扎在风筝上，要成一斜角。

【风筝种类】

风筝从古代发展到今天，种类日益增多，花样不断翻新，形成一套别具特色的彩绘图案纹样，成为我国传统工艺美术的一部分。

从外形看，大致可分为三种：

一是动物。如雄鹰、凤凰、海燕、蝴蝶、蜻蜓、蝙蝠等。

二是人物，多为神话传说、文学作品中的人物。如白娘子、天女散花、孙悟空、钟馗、七品芝麻官、胖娃娃等。

三是物品。如宫灯、花瓶、蔬菜瓜果、日月星辰等。

从结构上看，风筝可分平面、浮雕、立体三种：

一是平面风筝。这类风筝用料较少，制作简单，易于普及。如八卦、七星、船、鱼等均属此类。

二是浮雕风筝。浮雕风筝的制作极为精细，且可折叠、拆卸，多为飞禽类，如雄鹰、蝴蝶等。

三是立体风筝。立体风筝的制作比较复杂，分筒式和串式两种；筒式如宫灯、花瓶等；串式如"龙头蜈蚣"，由立体头部和上百个腰节连缀而成，长达数百米，腾空而起，蔚为壮观。

依照观赏的角度，可把风筝分为板子类、硬翅类、软翅类、串式类、自由类等五个类别。

一是板子风筝，即人们所说的平面形风筝。从结构形状看，它的升力片是主体，无凸出部分，风筝四边有竹条支撑，如民间广泛流行的脸谱风筝、双鱼风筝、青蛙风筝等。这类风筝扎制容易，飞升性能好，适合表现多种题材，是少年儿童最喜爱的一种，京津一带叫它拍子风筝，或呈八角菱形，或呈蝾虫形。

为了便于起飞，这些风筝一般都抱着一条长长的尾巴或穗子，以求平衡，品种繁多，形式不一，代表作品为八卦风筝。

二是硬翅风筝。这种风筝是用上下两根横竹做成翅膀的骨架，中间竖长方形竹条固定两翼，糊上面料，形成三角风兜，有较好的起飞性能和稳定的放飞效果。硬翅风筝的硬翅是固定形式，而硬翅范围以外的造型与骨架结构则随内容题材的不同而变化。这类风筝可表现的主题式样较多，如北京流行的米字风筝中的花篮、鸳鸯、喜鹊、鹦鹉等。鲇鱼风筝也属米字硬翅风筝，只不过在头部夸张地装饰了两条相对称的鱼须，尾部又加鱼尾。

三是软翅风筝。它的升力片（翅）由一根主竹条构成，翅膀的后半部是软性的，没有竹条依附。它的结构，不同于硬翅风筝，主体骨架多数做成浮雕式，骨架有单层、双层和多层。这类风筝可以表现的主题范围很广，种类较多，题材有禽鸟、昆虫、金鱼等，制作时大都模仿其形，手法高妙，能给人形象逼真、栩栩如生的感觉。京津一带的鹰风筝是仿照老鹰的形状作变型、夸张而设计的，是典型的软翅风筝。风筝的肚是短的，翅膀是长的。它与其他形式的风筝比较，有着更好的起飞性能。

四是串类风筝。串类风筝是把数只相同或者不同的风筝，像穿糖葫芦似的拴在一根或多根线上放飞的风筝。这类风筝升力强劲，气势恢宏，具有生动活泼、活灵活现的艺术表现力。代表作品有龙头蜈蚣风筝、一字大鹰风筝等。

五是自由类风筝。自由类风筝指按其形状，不属于以上几类的风筝。比如用三角形的骨架作支撑，或无骨架而拉成弧形的软风筝。它的优点是制作简单，易表现多种题材，起飞性能好。

风筝也可以依照地域分布。

一是北京风筝。北京风筝的艺术造型大体有七种。有四种上面已作介绍，下面主要介绍另外三种。

扎燕又名京燕，是北京创制出来的。它又分胖、瘦扎燕和雏燕三种。

对燕又叫担子，一根竹担起两只风筝。一般做的是燕子、蝴蝶、鸽子，放飞起来双双追逐。

筒儿是指宫灯、水桶形状的风筝。

北京风筝至今保持着骨架精巧、彩绘严谨、雍容华贵、观赏价值较高的艺术特点和风格。北京风筝的代表是：曹氏风筝、金氏风筝、哈氏风筝。北京风筝近几年发展很快，新秀辈出。

手工机械

二是潍坊风筝。潍坊风筝在漫长岁月的发展过程中，以其独特的艺术个性，代代相传，和京式风筝、津式风筝交相辉映、鼎足而立，并在题材、造型、绘画等方面有所创新。潍坊风筝具有浓郁的地方生活气息和生动的气韵，博采众家之长，特别在风筝的造型结构和绘画色彩上，把制作木版年画的工艺移植到风筝上，把国画的传统技法，运用到风筝的绘制上，形成了造型优美、扎工精细、色彩艳丽的独特风格，成为中国风筝的一个重要流派。

潍坊风筝的艺术造型特点和风格是选材讲究、造型优美、扎糊精巧、形象生动、绘画艳丽、品种繁多、起飞灵活。

在中国的风筝家族中，潍坊风筝历史悠久，题材丰富、广博。以其材料的奇特选用，设计的夸张变形，画工的年画技法，以及放飞的巧用力学原理，构成了浓郁的乡土气息和独特神韵，蜚声古今中外。

三是天津风筝。天津风筝的代表是魏元泰制作的风筝，其人人称"风筝魏"。他的风筝以造型、图案彩绘、放飞技巧的不断创新而著称。他博采众长，技艺精湛，用锡焊铜箍衔接风筝骨架的首、身、翼、层，数丈长的风筝能折叠装进一尺（1尺≈0.33米）大小的盒子或纸袋，携带方便。他制作的蝴蝶风筝在空中可以自动调换位置，飞机风筝能撒传单，小鹰风筝能两翅扇动，两眼启闭。

四是南通风筝。南通风筝的艺术风格可以概括为：简朴的造型、高低音交响的哨笛装置和富丽典雅的工笔彩绘。南通风筝的基本样式可以分为"板鹞式"与"活鹞"。

南通风筝最具有特色的是它的音响装置，在风筝上，成排成行的装有各种大小不同的哨笛，数目从一百到三百不等。南通风筝被称为"空中交响乐"。

五是江南风筝。江南许多地方有灯节——"落灯"（过了农历正月十八），风筝就陆续升天了。清明、重阳节前后是放风筝的高潮。江南风筝名目繁多，样式各异。软翅小型风筝到处可见，闽南一带最简单的是"瓦刀"块。广东阳江县扎制的一种"灵芝"风筝，高三米，顶架铜弦巨弓。在高空受风鸣响，声传十余里，深受人们喜爱。还有一种名叫"崖鹰"的风筝，可以在一条线上同时放飞三只。飞翔时两只在上，一只在下，轮番调换位置，忽上忽下，动作优美，据说曾经引得林中栖息的鸟类误以为同类召唤而赶来合群嬉游。阳江的"娱蚁"风筝，独具一式，头部是联蚁的写实形状，总长十余丈（1丈≈3.33

米），腾空后如长蛇飞舞，栩栩如生。

六是台湾风筝。台湾风筝的造型强调特征、概括简化、夸张变形。台湾风筝以软翅造型见长。一类是取自然物体的部分美妙线条构成风筝的形状，另一类是模拟自然物的形状构成风筝。主要的自然物有陀螺、龙、八角、中国城、老鹰、蝴蝶、蜻蜓、金鱼挑、双鱼、海燕、七星、海鸥、宫灯、飞虎、蜈蚣、大蝴蝶、大彩蝶等二十多个品种。

【军事用途】

古代风筝，曾被用作军事侦察工具外，更进行测距、越险、载人的历史记载。汉代楚汉相争时，韩信曾令人制作大型风筝，并装置竹哨弓弦，于夜间漂浮楚营，使其发出奇怪声音，以瓦解楚军士气。

南北朝时，风筝曾是被作为通信求救的工具。梁武帝时，侯景围台城，简文尝作纸鸢，飞空告急于外，结果被射落而败，台城沦陷，梁武帝饿死留下这一风筝求救的故事。

明代以风筝载炸药，依"风筝碰"的原理，引爆风筝上的引火线，以达成杀伤敌人之目的。

此后，风筝在军事上也曾屡被使用。

【风筝历史】

风筝，古时称为"鹞"，北方谓"鸢"。风筝真正的起源，现在已无法考证。有些民俗学家认为，古人发明风筝主要是为了怀念世故的亲友，所以在清明节鬼门短暂开放，将慰问故人的情意寄托在风筝上，传送给死去的亲友。大多数的人认为风筝起源于中国，而后广传于全世界，是一种传统的民间工艺品。中国风筝已有两千年以上历史了。

中国最早出现的风筝是用木材作的。春秋战国时，东周哲人墨翟（公元前478 年—公元 392 年），曾"费时三年，以木制木鸢，飞升天空……"。墨子在鲁山（今山东潍坊境内），"斫木为鹞，三年而成，飞一日而败"。这是说墨子研究试制了三年，终于用木板制成了一只木鸟，但只飞了一天就坏了。墨子制造的这只木鹞是最早的风筝，也是世界上最早的风筝，距今已有二千四百年。

墨子把制风筝的事业传给了他的学生公输班（也称鲁班），《墨子·鲁问篇》中说，鲁班根据墨翟的理想和设计，用竹子做风筝。鲁班把竹子劈开削光滑，用火烤弯曲，做成了喜鹊的样子，称为"木鹊"，在空中飞翔达三天之久。

《书》上说："公输班制木鸢以窥宋城。"

公元前190年，楚汉相争，汉将韩信攻打未央宫，利用风筝测量未央宫下面的地道的距离。而"垓下之战"，项羽的军队被刘邦的军队围困，韩信派人用牛皮作风筝，上敷竹笛，迎风作响（一说张良用风筝系人吹箫），汉军配合笛声，唱起楚歌，涣散了楚军士气，这就是成语"四面楚歌"的故事。

【风筝寓意】

中国的风筝不仅历史悠久，种类繁多，并且还富有很深的寓意。从传统的中国风筝上到处可见吉祥寓意和吉祥图案的影子。在漫长的岁月里，我们的祖先不仅创造出优美的凝聚着中华民族智慧的文字和绘画，还创造了许多反映人们对美好生活向往和追求、寓意吉祥的图案。风筝通过图案形象，给人以喜庆、吉祥如意和祝福之意；它融合了群众的欣赏习惯，反映人们善良健康的思想感情，渗透着我国民族传统和民间习俗，因而在民间广泛流传，为人们喜闻乐见。例如一对凤鸟迎着太阳比翼飞翔的图案，称为"双凤朝阳"，它以丰富的寓意、变化多姿的图案，体现了人们健康向上的进取精神和对美好幸福的追求。

中国吉祥图案内容丰富，大体有"求福"、"长寿"、"喜庆"、"吉祥"等类型，其中以求福类图案为多。

一是寓意求福。人们对幸福有共同的追求心理。蝙蝠因与"遍福"、"遍富"谐音，尽管它形象欠美，但经过充分美化，把它作为象征"福"的吉祥图案。以蝙蝠为图案的风筝比比皆是，如在传统的北京沙燕风筝中，以"福燕"为代表，在整个硬膀上，可以画满经过美化的蝙蝠。其他的取其寓意的风筝有："福中有福"、"福在眼前"、"五福献寿"、"五福捧寿"、"福寿双全"、"五福齐天"、"五福献寿"等。与此有关的吉祥图案与风筝有"连年有鱼"、"喜庆有余"、"鲤鱼跳龙门"、"百事如意"、"必定如意"、"平安如意"等。

二是长寿寓意。古往今来人们都希望健康长寿。寄寓和祝颂长寿的图案很多：有万古长青的松柏，有据说能享几千年寿命的仙鹤及色彩缤纷的绶带鸟，有据传食之可以长命百岁的"仙草"灵芝和能够使人长生不老的西王母仙桃等。追求和表达长寿的"寿"字有三百多种字形，变化极为丰富。源于佛教的"万"字纹样，寓"多至上万"之意。在沙燕风筝中，腰部的图案就多为回转"万"字纹样。与此有关的吉祥图案与风筝有"祥云鹤寿"、"八仙贺寿"等。

三是喜庆寓意。该寓意表达人们美好、愉快、幸福的心情。喜鹊是喜事的

"征兆"，风筝中有"喜"字风筝等，与此有关的风筝和吉祥图案有"喜上眉梢"、"双喜登眉"、"喜庆有余"、"福禄寿喜"、"双喜福祥"，以及百蝶、百鸟、百花、百吉、百寿、百福、百喜等图案。

四是吉祥寓意。龙、凤、麒麟是人们想象中的瑞禽仁兽。龟在古代是长寿的象征，后来以龟背纹代替。特别需要强调的是关于龙的话题，中国是个尚龙的国家，在我们国家里龙是有着特别的意味的，龙是有着鹿的角、牛的头、蟒的身、鱼的鳞、鹰的爪的神奇生物，被视为中华古老文明的象征。以瑞禽仁兽及其他物象构成的传统吉祥图案有"龙凤呈祥"、"二龙戏珠"、"彩凤双飞"、"百鸟朝凤"等。中国传统风筝——龙头蜈蚣长串风筝，尤其是大型龙类风筝，以其放飞场面壮观、气势磅礴而受人喜爱。

放风筝还有另一个作用是"放晦气"的风俗。就是把自己的不幸、烦恼和灾难写在风筝上，风筝升空后有意扯断或剪断风筝线，让风筝飘走，这样也把晦气放走了。《红楼梦》第七十回就写到了贾宝玉、林黛玉、薛宝钗、探春和一群丫鬟放晦气的场面。

从空中安全落地的航空工具——降落伞

【概述】

降落伞俗称"保险伞"，是利用空气阻力，依靠相对于空气运动充气展开的可展式气动力减速器。它是使人或物从空中安全降落到地面的一种航空工具，主要由柔性织物制成。降落伞起源于中国。中国古代文献如《史记》中就记载过降落伞源于尧舜时代。国外的一些军事书刊评述，也认为降落伞"是中国传来的"。

【伞体结构】

降落伞的主要组成部分有伞衣、引导伞、伞绳、背带系统、开伞部件和伞包等。伞绳采用空芯或有芯的编织绳，要有结构紧凑、强度高、柔软、弹性好、伸长不匀率小等性能。伞带采用双层或三层织物的厚型带，要求具备很高的强度和断裂功。伞线是缝合降落伞绸、带、绳各部件的连接材料，要求强度高、润滑好和捻度均匀稳定。

【起源回溯】

早在西汉时代的《史记》中，就有降落伞原理应用的记载。史学家司马迁在他的著作中写道："使舜上涂廪，瞽叟从下纵火焚廪。舜乃以两笠自杆而下，得不死。"他叙述的故事是，上古时代，有个叫舜的人，有次上到粮仓顶部，瞽叟从下面点起了大火，舜利用两个斗笠从上面跳下，没有被烧死。这是人类最早应用降落伞原理的记载。

1192 年，云集广州的不少阿拉伯人曾亲眼目睹中国人使用降落伞。法国人西蒙在《历史性的关系》一书中也说过，他曾亲眼看到过中国人使用降落伞表演杂技。中国确实是发明降落伞的国家，用伞当作降落伞是其古老的传统。

相传 1306 年前后，在元朝的一位皇帝登基大典中，宫廷里表演了这样一个节目：杂技艺人用纸质巨伞，从很高的墙上飞跃而下。由于利用了空气阻力的原理，艺人飘然落地，安全无恙，这可以说是最早的跳伞实践了。这个跳伞杂技节目后来传到了东南亚的一些国家，不久又传到了欧洲。到 17 世纪，各种各样的跳伞杂技表演在欧洲各国盛行一时，伞也由纸质改成布质、绸质，形状由圆形改成多样形。

在国外的一些军事书刊中，会看到不少这样的评述："像火药一样，降落伞也是从中国传来的。"

日本 1944 年出版的《落下伞》一书写到了这件事，书中介绍降落伞说："由北京归来的法国传教士发现如下文献，1306 年皇帝即位大典中，杂技师用纸做的大伞，从高墙上跳下来，表演给大臣看。"从飞行中的航空器上安全降落到地面，完全借助于降落伞，降落伞是利用空气阻力，使人或物从空中缓慢向下降落的一种器具，它是从杂技表演开始发展起来的。

1977 年出版的《美国百科全书》中也写到："一些证据表明，早在 1306 年，中国的杂技演员们便使用过类似降落伞的装置。"

酿酒技术上的一项重要发明——酒曲造酒

【概述】

中国是最早掌握酿酒技术的国家之一。中国古代在酿酒技术上的一项重要发明，就是用酒曲造酒。《尚书》曰："若作酒醴，尔惟曲蘖。"可见，我国是世界上最早以制曲培养微生物酿酒的国家。

用曲酿酒是我国劳动人民的独创。曲的出现，是我国古代发酵技术的最大发明，并给现代工业带来了极其深远的影响。有了曲，才由蘖糖化（乙醇很低）发展到边糖化边发酵的双边发酵（复式发酵）直到今天的酿酒工业。

【制曲原料】

酒曲一般以稻米、大小麦、高粱等谷物为原料，通过蒸煮使谷物淀粉糊化，再利用曲霉、酵母的代谢作用制曲。

酒曲之所以能够大大提高酿酒效率，主要是因为酒曲上有大量微生物以及微生物所分泌的酶（淀粉酶、糖化酶和蛋白酶等）。酶具有生物催化作用，可大大加快谷物中淀粉、蛋白质等转化为糖、氨基酸的速度。糖分在酵母菌作用下，再氧化成为酒精。中国古人其实并不知道酒曲起作用的真正原因，但他们从长期实践中认识到了酒曲的重要性，从此口口相传，代代延用。

【酒曲种类】

酒曲种类很多，按制曲原料可分为稻米制作的米曲和小麦制作的麦曲，按酒曲用途可分为酿造黄酒（米酒）的小曲和酿造白酒（烧酒）的大曲。

中国古代的酒曲从外形上看，主要有散曲和块曲两种类型。散曲即呈松散状态的酒曲，是用被磨碎或压碎的谷物，在一定温度、湿度和水分含量下，经由微生物生长而制作的酒曲。块曲，顾名思义，就是具有一定形状的酒曲，其制法是将原料（如面粉）加入适量的水，揉匀后填入模具中，压紧，使形状固定，然后在一定温度、水分和湿度情况下培养微生物。块曲制作复杂，使用前还要碾碎，但其发酵性能优于散曲，故而在汉代出现后，逐渐获得广泛使用。

【酒曲历史】

酒曲的发明，是我们祖先对人类酿酒业的一项重大贡献。中国先人从自发地利用微生物到人为地控制微生物，利用自然条件选优限劣而制造酒曲，经历了漫长的岁月。

在殷商时代，人们就已掌握了微生物繁殖的规律，已经能成熟地、大规模地制曲和用曲酿酒。商代后期的古墓有酒出土，殷墟发现的酿酒遗址中用大缸酿酒的情况，以及出土的商代青铜器中酒器之多，都可以证明这一点。但那时的酒曲，也就是曲蘖，是松散的发霉发芽的谷粒，所以叫散曲。它含有有用的微生物不是很纯，糖化和酒化力也不是很强，因此酿酒时使用酒曲的数量很大。

到了周代，由于酒曲的发展，曲蘖这个名称的含义也起了变化。因为谷芽（蘖）中含有糖化酵素即糖化酶，所以人们用蘖来生产饴糖，而曲则专指酒曲。此时曲的种类也增加了，例如《左传》中记有"麦曲"的名称，在"曲"前加麦字限制，可见已不止一种曲。当时制的散曲中，一种叫黄曲霉的霉菌已占了优势。黄曲霉有较强的糖化力，用它酿酒，用曲量较之过去有所减少。有趣的是由于黄曲霉呈现美丽的黄色，周代王室也许认为这种颜色很美，所以用黄色制作了一种礼服，就叫"曲衣"，黄色后来甚至成了历代帝王家专用的颜色。现代科学研究知道黄曲霉素是强致癌物质，古人大概也逐渐知道黄曲霉并不是好东西，所以周代以后就再也没有用黄曲霉酿酒了。

两汉时期，曲的种类更多了，例如有大麦制的，有小麦制的；有曲表面长有霉菌的，有表面没有长霉菌的。特别是当时除了散曲外，还出现了制成块状的曲，这种曲叫饼曲，并且不止一种饼曲。从松散的曲到成块的曲，不只是形式的变化。因为饼曲外面和内部接触空气面不一样，外面有利于曲霉的增长，内部则有利于根霉和酵母的繁殖。根霉菌有很强的糖化力，也有一定的酒精发酵力，它能在发酵过程中不断繁殖，不断地把淀粉分解成葡萄糖，使酵母菌可以再将葡萄糖变为酒精。东汉时代，有种叫"九酝酒法"的酿酒法，用曲量仅为原料的百分之五，这表明当时的曲已是根霉为主，且曲的作用也从仅仅是糖化发酵剂变成了制酒所必需的微生物繁殖的菌种。从散曲到饼曲，是酒曲发展史上的一个重要的里程碑。中国酒史上汉代还值得大书一笔的是公元前138年张骞出使西域带回葡萄，引进酿酒艺人，自此中土开始有了葡萄酒。

小曲一般是南方所特有，从晋代第一次在文献中出现以来，名称繁多，宋代《北山酒经》中共有四例。其制法大同小异：采用糯米或粳米为原料，先浸泡蓼叶或蛇麻花，或绞取汁。取其汁拌米粉，揉面米团。小曲中的微生物主要是根霉，据有关科技工作者分离鉴定，在分离到的828株毛霉科的霉菌中，其中根霉占643株。根霉不仅具有糖化作用，还具有酒化酶，故具有酒化作用。小曲中还有许多其他微生物，现代工业微生物从中得到不少有益的菌种，继续为人类做出贡献。

红曲是红曲霉寄生在粳米上而成的曲。唐宋时期，中国发明了红曲，并以此酿成"赤如丹"的红酒，就是现在黄酒的一个品种，宋代我国已能较普遍地制作红曲了。红曲霉虽然耐酸、耐较浓的酒精、耐缺氧，但生长得慢，只有在较高的温度下才能繁殖，所以成为我国南方浙江、福建、广东、台湾一带酿酒的重要酒曲。红曲制作工艺难度较高，稍有不慎红曲霉就很容易被繁殖迅速的其他菌所压倒。无怪明代李时珍赞美说："此乃窥造化之巧者也。"唐代和宋代是我国黄酒酿造技术最辉煌的发展时期。在经过了数千年的实践之后，传统的酿造经验得到了升华，形成了传统的酿造理论。传统的黄酒酿酒工艺流程、技术措施及主要的工艺设备至迟在宋代基本定型。宋徽宗政和五年（1115 年）前后，曾在杭州开设酒坊、有丰富的酿酒经验的朱翼中撰成了《北山酒经》，这是一部在我国古代酿酒历史上学术水平最高、最能完整体现我国黄酒酿造科技精华，在酿酒实践中最有指导价值的酿酒专著。全书分为三卷，中卷论述制曲技术，并收录了十三种酒曲的配方及制法，与《齐民要术》上的记述相比，有明显的改进。

元代以来，蒸馏烧酒开始普及，很大一部分麦曲用于烧酒的酿造。因而传统的麦曲中分化出一种大曲，虽然在原料上与黄酒用曲基本相同，但在制法上有一定的特点。明清时期，河南、淮安一带成了我国大曲的主要生产基地。到了近现代，大曲与黄酒所用的麦曲便成为两种不同类型的酒曲。在古代酒的文献资料中大曲的概念并不明确，一般指曲的形体较大的麦曲。这里所说的大曲，是指专门用于蒸馏酒酿造所用的麦曲。大曲与黄酒所用的麦曲的主要区别在于制曲原料、曲型和培养温度这三个方面。大曲中主要微生物是曲霉，适宜于北方天气寒冷的各省。制造大曲的原料为大麦、豌豆或小麦，例如大麦为汾酒、西凤酒的大曲原料，豌豆或小麦为茅台、泸州的酒曲原料等。

现代大致将酒曲分为五大类，分别用于不同的酒。麦曲，主要用于黄酒的酿造；小曲，主要用于黄酒和小曲白酒的酿造；红曲，主要用于红曲酒的酿造（红曲酒是黄酒的一个品种）；大曲，用于蒸馏酒的酿造；麸曲，这是现代才发展起来的，用纯种霉菌接种以麸皮为原料的培养物，可用于代替部分大曲或小曲。目前麸曲法白酒是我国白酒生产的主要操作法之一。现代工业化制曲酿酒和过去最大的不同在于，从前用尚未分离酒和糟的酒醅作为酒母制曲，工业化生产则培养纯种霉菌，以加入少量特殊的霉菌生产出不同风味的酒来。

【曲酿黄酒】

世界上三大古酒——黄酒、啤酒、葡萄酒，唯有黄酒源于中国，是中国最古老的酒种，而且最富民族特色。而黄酒就是用谷物做原料，用麦曲或小曲做糖化发酵剂制成的酿造酒。晋代江统在《酒诰》中说："有饭不尽，委于空桑，郁结成味，久蓄气芳。本出于此，不由奇方。"说的就是粮食酿造黄酒的起源。

在历史上，黄酒的生产原料在北方用粟，在南方普遍用稻米。在宋代，由于政治、文化、经济中心的南移，黄酒的生产局限于南方数省。南宋时期，烧酒开始生产。元朝，黄酒开始在北方得到普及，北方的黄酒生产逐渐萎缩，南方人饮烧酒者不如北方普遍，在南方，黄酒生产得以保留。在清朝时期，南方绍兴一带的黄酒称雄国内外。目前黄酒生产主要集中于浙江、江苏、上海、福建、江西和广东、安徽等地，山东、陕西、大连等地也有少量生产。

我国的黄酒酿造工艺发展可分为两个阶段，第一阶段是自然发酵阶段，经历数千年，传统发酵技术由孕育、发展乃至成熟。即使在当代，天然发酵技术并未完全消失，其中的一些奥秘仍有待于人们去解开。人们主要是凭经验酿酒，生产规模一般不大，基本上是手工操作。酒的质量没有一套可信的检测指标作保证。第二阶段是从民国开始的，由于引入西方的科技知识，尤其是微生物学、生物化学和工程知识后，传统酿酒技术发生了巨大的变化，人们懂得了酿酒微观世界的奥秘，生产上劳动强度大大降低，机械化水平提高，酒的质量更有保障。

【黄酒文化】

黄酒是中国最古老的独有酒种，被誉"国粹"；儒家文化乃中国最具特色的民族文化，称之"文化精髓"。两者源远流长，博大精深。黄酒生性温和、风格雅致，酒文化古朴厚重，传承人间真善之美、忠孝之德；儒家内涵讲究中庸之道，主张清淡无为，宣扬仁、义、礼、智、信等人伦道德。细细体味，黄酒与儒家文化可谓一脉相承，有着异曲同工之妙。

首先，黄酒之格为"中庸"。中庸曰："中者，天下之大本也；和者，天下之达道也。"儒家把"中"与"和"联系在一起，主张"和为贵"、"普通的和谐"。中庸之道即中正不偏、经常可行之道。中庸既是一种伦理原则，又是一种人与人之间互动的方式方法，中庸之道无处不在，深深地影响着国人的生活。黄酒以"柔和温润"著称，恰与中庸调和的儒家思想相吻合。

黄酒集甜、酸、苦、辛、鲜、涩六味于一体，自然融合形成不同寻常之"格"，独树一帜，令人叹为观止。黄酒兼备协调、醇正、柔和、幽雅、爽口的综合风格，恰如国人"中庸"之秉性，深得人们青睐，被誉为"国粹"也就不为过了。黄酒之"和谐"，与今日我们倡导"构建和谐社会"也是相符的。儒家"和为贵"、"普通的和谐"与黄酒"中和"之理念，正好给予了现代意义"和谐"诠释、发挥和想象的一个空间。

其次，黄酒之礼为"仁义"。"仁"是儒家思想的中心范畴和最高道德准则。子曰："仁者，爱人。""克己复礼为仁"，其中"仁"是目标，"克己"而使"礼"得到遵守和恢复的实践途径。孟子则经常以"仁义"并重。"仁"体现了人与人的关系，是在尊重关怀他人的基础上，获得他人的尊重和关怀。黄酒是一种物质，它自古与人们结下了"仁义"之缘。

酒是作用于人的精神的东西，可使人为善，也可使人为恶。酒虽有利有弊，但适度把握，裨益颇多。酒的功能有三，一是可解除疲劳恢复体力，二可药用治病滋补健身，三是酒可成礼。黄酒承载着释放人们精神、惠泽健康、表达情感、体现爱心、激发睿智的作用，这与儒家崇尚"仁义"，主张"天地人合一"的精神境界，提倡友善、爱护是息息相通的。

黄酒生性温和、醇厚绵长，在漫漫中国酒文化长河中，黄酒以其独有的"温和"受国人称道，黄酒的文化习俗始终以"敬老爱友、古朴厚道"为主题，这与儒家所追求的"忠孝"精神一脉相承。

古代绿色健康食品——豆腐

【概述】

豆腐是我国炼丹家——汉代淮南王刘安发明的绿色健康食品。时至今日，已有二千多年的历史，深受我国人民、周边各国及世界人民的喜爱。

发展至今，豆腐已品种齐全，花样繁多，其有风味独特、制作工艺简单、食用方便的特点。有高蛋白、低脂肪、降血压、降血脂、降胆固醇的特点。是生熟皆可、老幼皆宜、益寿延年的美食佳品。

【发明过程】

相传豆腐是公元前164年，由中国汉高祖刘邦之孙——淮南王刘安所发明。中国是确信无疑的豆腐之乡，它的老家就在安徽淮南。据五代谢绰《宋拾遗录》载："豆腐之术，三代前后未闻。此物至汉淮南王亦始传其术于世。"南宋大理学家朱熹也曾在《素食诗》中写道："种豆豆苗稀，力竭心已腐；早知淮南术，安坐获泉布"。

可能有人会问，堂堂一淮南王怎么是豆腐的发明者呢？原来，刘安雅好道学，欲求长生不老之术，不惜重金广招方术之士，其中较为出名的有苏非、李尚、田由、雷波、伍波、晋昌、毛被、左昊八人，号称"八公"。由于这些僧道长期吃的都是素食，为了改善伙食，他们中就有人经常用黄豆磨浆喝。突然有一次，刘安无意中将盐卤滴进了豆浆，没想到豆汁与盐卤化合成一片芳香诱人、白白嫩嫩的东西。当地胆大农夫取而食之，竟然称其美味可口，于是取名"豆腐"。北山从此更名"八公山"，刘安也于无意中成为豆腐的老祖宗。自刘安发明豆腐之后，八公山方圆数十里的广大村镇，成了名副其实的"豆腐之乡"。

【营养价值】

豆腐营养丰富，有"植物肉"之称。其蛋白质可消化率在90%以上，受到普遍欢迎。豆腐除直接或烹调食用外，又可进一步作成豆腐乳，最宜于病人佐餐食用。

豆腐不仅是味美的食品，它还具有养生保健的作用。中医书籍记载：豆腐性味甘微寒，能补脾益胃，清热润燥，利小便，解热毒。这些，都陆续为现代医学、营养学所肯定，比如，豆腐确有解酒精的作用；豆腐可消渴，是糖尿病人的良好食品；用以补虚，可将豆腐做菜食，如砂锅豆腐、鱼香豆腐、番茄烧豆腐、麻辣豆腐等。

豆腐是中药炮制辅料之一。豆腐煮制，系中药炮制方法中的一种。系将药物植入豆腐中并复以豆腐盖上，用火煮至豆腐呈蜂窝状，药物颜色变浅，时间约四小时即可。如硫黄，含有毒成分，经用豆腐煮制后，一可减毒，二可洁净。因豆腐含有丰富的蛋白质，系两性化合物，既可与碱性物质生成沉淀，又能溶解部分酸性有毒物质，减低毒性成分，且因其表面积大、空隙多而具有良好的吸附作用。

俗话说"青菜豆腐保平安"，这正是人们对豆腐营养保健价值的赞语。经过千百年的演化，豆腐及其制品已经形成为中国烹饪原料的一大类群，有着数不清的地方名特产品，可以烹制出不下万种的菜肴、小吃等食品。这是同豆腐及其制品具有广泛的可烹性分不开的。比如：它可以单独成菜，也可以作主料、辅料，或充作调料；它可以作多种烹调工艺加工，切成块、片或丁或炖或炸；它可做成多种菜式，多种造型，可为冷盘、热菜、汤羹、火锅，可成卷、夹、丸、包等，还可调制成各种味型，既有干香的本味，更具独一无二的吸味特性，"豆腐得味，远胜燕窝"。由于豆腐及其制品具有这么多的优点，难怪它脍炙人口，久盛不衰了。

【对外传播】

豆腐在宋朝时传入朝鲜，19 世纪初才传入欧洲、非洲和北美。如今豆腐在越南、泰国、韩国、日本等国家已成为主要食物之一。

日本以天然色素为原料，生产出红、蓝、绿等七彩豆腐；朝鲜人民根据本地资源，制作了风味各异的豆腐汤：豆酱豆腐汤、明太鱼豆腐汤等；印尼人普遍爱吃"酱拌炸豆腐"；缅甸人、越南人则创制了颇具东南亚风格的"酱拌蛋花豆腐"、"什锦盘"。特别值得一提的是新加坡与马来西亚风行的"肉骨茶"，其实也是豆腐菜肴中的一种。在美国，商人们则把豆腐加工成色香味俱全的快餐食品，诸如豆腐色拉、豆腐汉堡包、豆腐冰淇淋、豆腐烤鸭、豆腐结婚蛋糕等，在市场上十分畅销。

随着中西文化交流以及素食主义和健康食物日趋重要，豆腐在 20 世纪末期广为西方食用。现今，在西方的亚洲产品市场、农产品市场、健康食品店和大型超级市场中都能买到豆腐。在中国的超级市场，可以找到数种不同软硬度的豆腐。豆腐，已经成为中国饮食文化中不可或缺的一部分。

中国 17 世纪的"工艺百科全书"——《天工开物》

【概述】

明末科学家宋应星的《天工开物》初刊于明崇祯十年（1637 年）。《天工开物》是世界上第一部关于农业和手工业生产的综合性著作，是中国古代一部综合性的科学技术著作，有人也称它是一部百科全书式的著作。外国学者称它为"中国 17 世纪的工艺百科全书"。作者宋应星在书中强调人类要和自然相协调，人力要与自然力相配合。

【作品简介】

《天工开物》的书名取自《易·系辞》中"天工人其代之"及"开物成务"。全书分上、中、下三卷，又细分做十八卷。上卷记载了谷物豆麻的栽培和加工方法，蚕丝棉苎的纺织和染色技术，以及制盐、制糖工艺。中卷内容包括砖瓦、陶瓷的制作，车船的建造，金属的铸锻，煤炭、石灰、硫黄、白矾的开采和烧制，以及榨油、造纸方法等。下卷记述金属矿物的开采和冶炼，兵器的制造，颜料、酒曲的生产，以及珠玉的采集加工等。

全书按"贵五谷而贱金玉之义"分为乃粒（谷物）、乃服（纺织）、彰施（染色）、粹精（谷物加工）、作咸（制盐）、甘嗜（食糖）、膏液（食油）、陶埏（陶瓷）、冶铸、舟车、锤锻、燔石（煤石烧制）、杀青（造纸）、五金、佳兵（兵器）、丹青（矿物颜料）、曲蘖（酒曲）和珠玉，共十八卷。书中包括当时许多工艺部门世代相传的各种技术，并附有大量插图，注明工艺关键，具体描述生产中各种实际数据，如重量准确到钱、长度准确到寸。

我国古代物理知识大部分分散体现在各种技术过程的书籍中，《天工开物》也是如此。如在提水工具（筒车、水滩、风车）、船舵、灌钢、泥型铸釜、失蜡铸造、排除煤矿瓦斯方法、盐井中的吸卤器（唧筒）、熔融、提取法等中都有许多力学、热学等物理知识。此外，在"论气"中，宋应星深刻阐述了发声原因及气波，他还指出太阳也在不断变化。

宋应星的著作都具有珍贵的历史价值和科学价值。如在"五金"卷中，宋应星是世界上第一个科学地论述锌和铜锌合金（黄铜）的科学家。他明确指出，锌是一种新金属，并且首次记载了它的冶炼方法。这是我国古代金属冶炼史上的重要成就之一，使中国在很长一段时间里成为世界上唯一能大规模炼锌的国家。宋应星记载的用金属锌代替锌化合物（炉甘石）炼制黄铜的方法，是人类历史上用铜和锌两种金属直接熔融而得黄铜的最早记录。

特别是宋应星注意从一般现象中发现本质，在自然科学理论上也取得了一些成就。首先，在生物学方面，他在《天工开物》中记录了农民培育水稻、大麦新品种的事例，研究了土壤、气候、栽培方法对作物品种变化的影响，又注意到不同品种蚕蛾杂交引起变异的情况，说明通过人为的努力，可以改变动植物的品种特性，得出了"土脉历时代而异，种性随水土而分"的科学见解，把我国古代科学家关于生态变异的认识推进了一步，为人工培育新品种提出了理论根据。在物理学方面，新发现的佚著"论气·气声"篇是论述声学的杰出篇章。宋应星通过对各种音响的具体分析，研究了声音的发生和传播规律，并提出了声是气波的概念。

宋应星出版《天工开物》后，还曾任福建汀州府推官（1638年）、亳州知府（1643年），至1644年明亡。由于他的反清思想，《四库全书》没有收入他的《天工开物》，但《天工开物》在日本、欧洲广泛传播，被译为日、法、英、德、意、俄文，三百多年来国内外也发行多个版次，其中关于制墨、制铜、养蚕、用竹造纸、冶锌、农艺加工等方法，都对西方产生了影响，代表了中国明代的技术水平。

【传播情况】

首先是国内传播情况。

《天工开物》一书在崇祯十年出版发行后，很快就引起了学术界和刻书界的注意。明末方以智的《物理小识》较早地引用了《天工开物》的有关论述。在《天工开物》出版后，福建书商杨素卿于清初刊行第二版。几年后，书商杨素卿认为有利可图，决定翻刻。雕版已成，未及印刷，适值明朝灭亡。因为宋应星有反清思想，在清朝文字狱高压下传播艰涩，官方书籍引用《天工开物》时相当谨慎。

1725年，进士陈梦雷受命组织编撰，蒋廷锡等人续编的官刻大型著作《古今图书集成》在食货、考工等典中有一些地方取自《天工开物》，在引用时对《天工开物》中的"北虏"等反清字样改为"北边"。1742年，翰林院掌院学士张廷玉任总裁的官修农书《授时通考》，在第二十、二十三、二十六等卷中，仅引用了《天工开物》中"乃粒"、"粹精"等章。18世纪后半叶，乾隆设四库馆修《四库全书》时，在江西进献书籍中，发现宋应星的哥哥宋应升的《方玉堂全集》、宋应星友人陈弘绪等人的一些著作具有反清思想，提倡"华夷之辨"，因此《四库全书》借收书之名尽可能地销毁《天工开物》。乾隆以后，再没有人刊刻此书，自此《天工开物》在清代的市面上彻底绝版。

距离乾隆修《四库全书》一个多世纪后，防汉政策已经瓦解，太平天国运动则使得大权下放。1840年，著名学者吴其濬在《滇南矿厂图略》关于采矿冶金方面的叙述中，参考了《天工开物》。1848年，吴其濬在他的《植物名实图考》谷类等部分引用了《天工开物》的"乃粒"章。1870年，刘岳云的《格

手工机械

物中法》中，几乎把《天工开物》中的所有主要内容都逐条摘出，还进行了评论和注释，他是中国第一个用近代科学眼光研究《天工开物》的人。1877 年，岑毓英撰修的《云南通志》的食货矿政部分引用了《天工开物》"五金"章关于铜、银等金属冶炼技术的叙述。而民国年间，正是因为有人看到了《云南通志》对于《天工开物》的引用，才开始追查《天工开物》的下落。1899 年，直隶候补道卫杰写的《蚕桑萃编》引用了《天工开物》中的"乃服"、"彰施"等章。

其次是《天工开物》在国外的传播情况。

日本著名本草学家贝原益轩在 1694 年和 1704 年成书的《花谱》和《菜谱》二书的参考书目中列举了《天工开物》，这是日本提到《天工开物》的最早文字记载。1771 年，日本书商柏原屋佐兵卫（菅王堂主人），发行了刻本《天工开物》，这是《天工开物》在日本的第一个翻刻本，也是第一个外国刻本。从此，《天工开物》成为日本江户时代各界广为重视的读物，刺激了 18 世纪时日本哲学界和经济界，兴起了"开物之学"。1952 年，日本京都大学人文科学研究所中国科技史研究班的学者们将《天工开物》全文译成现代日本语，并加译注、校注及标点，至今畅销。

1783 年，朝鲜李朝著名作家和思想家朴趾源完成的游记《热河日记》，书中向朝鲜读者推了《天工开物》。

19 世纪 30 年代，有人把《天工开物》摘译成了法文之后，不同文版的摘译本便在欧洲流行开来，对欧洲的社会生产和科学研究都产生过许多重要的影响。如 1837 年时，法国汉学家儒莲把《授时通考》的"蚕桑篇"，《天工开物》"乃服"的蚕桑部分译成了法文，并以《蚕桑辑要》的书名刊载出去，马上就轰动了整个欧洲，当年就译成了意大利文和德文，分别在都灵、斯图加特和杜宾根出版，第二年又转译成了英文和俄文。当时欧洲的蚕桑技术已有了一定发展，但因防治疾病的经验不足等而引起了生丝的大量减产。《天工开物》和《授时通考》则为之提供了一整套关于养蚕、防治蚕病的完整经验，对欧洲蚕业产生了很大的影响。

1830 年，法国著名汉学教授儒莲首次把《天工开物》"丹青"章关于银朱的部分译成法文，题为《论中国的银朱》。后来英国著名生物学家达尔文在读了儒莲翻译的《天工开物》中论桑蚕部分的译本后，把《天工开物》称为"权威著作"。达尔文在他的《动物和植物在家养下的变异》卷一谈到养蚕时写道："关于中国古代养蚕的情况，见于儒莲的权威著作。"他把中国古代养蚕技术措施作为论证人工选择和人工变异的例证之一。

1964 年，德国学者蒂路把《天工开物》前四章"乃粒"、"乃服"、"彰施"及"粹精"译成德文并加了注释，题目是《宋应星著前四章》。

1966 年，美国宾夕法尼亚大学的任以都博士将《天工开物》全文译成了英文，并加了译注，在伦敦和宾夕法尼亚两地同时出版。这是《天工开物》的第一个欧洲文全译本。

目前，《天工开物》已经成为世界科学经典著作在各国流传，并受到高度评价。如法国的儒莲把《天工开物》称为"技术百科全书"，英国的达尔文称之为"权威著作"。20 世纪以来，日本学者三枝博音称此书是"中国有代表性的技术书"，英国科学史家李约瑟博士把宋应星称为"中国的阿格里科拉"和"中国的狄德罗"。

【著作评价】

《天工开物》是世界上第一部关于农业和手工业生产的综合性著作，是中国历史上伟大的科技著作，其特点是图文并茂，注重实际，重视实践。被欧洲学者称为"17 世纪的工艺百科全书"。它对中国古代的各项技术进行了系统的总结，构成了一个完整的科学技术体系。对农业方面的丰富经验进行了总结，全面反映了工艺技术的成就。书中记述的许多生产技术，一直沿用到近代。

比如，此书在世界上第一次记载炼锌方法；"物种发展变异理论"比德国卡弗·沃尔弗的"种源说"早一百多年；"动物杂交培育良种"比法国比尔慈比斯雅的理论早两百多年；挖煤中的瓦斯排空等，也都比当时国外的科学先进许多。尤其"骨灰蘸秧根"、"种性随水土而分"等研究成果，更是农业史上的重大突破。

手工机械

数 学 成 就

　　中国古代数学具有悠久的传统，中国古代数学和天文学以及其他许多科学技术一样，也取得了极其辉煌的成就，既有系统的理论又有丰硕的成果。可以毫不夸张地说，直到明代中叶以前，在数学的许多分支领域里，中国一直处于遥遥领先的地位。本章介绍的几项重大发明，如乘法口诀、十进位值制记数法、筹算、算盘、天元术、杨辉三角，就是最好的证明。

　　乘法口诀也叫"九九歌"，在我国很早就已产生。远在春秋战国时代，九九歌就已经广泛地被人们利用着。在当时的许多著作中，已经引用部分乘法口诀。十进位值制记数法是我国古代劳动人民一项非常出色的创造，给计算带来了很大的便利，对我国古代计算技术的高度发展产生了重大影响。它比世界上其他一些文明发生较早的地区，如古巴比伦、古埃及和古希腊所用的计算方法要优越得多。十进位值制记数法，是我们祖先对人类文明的一项不可磨灭的贡献。马克思称赞它是"最妙的发明之一"。英国著名科技史专家李约瑟博士评价说："如果没有这种十进位制，就几乎不可能出现我们现在这个统一化的世界了。"我国古代数学以计算为主，取得了十分辉煌的成就。其中筹算在数学发展中所起的作用和显示出来的优越性，在世界数学史上也是值得称道的。作为同是中国古代数学在计算方法方面的又一项重大发明，算盘的实用性至今不减。著名科学家钱学森说："算盘的发明，并不比中国古代的四大发明逊色，在某种程度上来说，算盘对世界的贡献要远大于四大发明。"此外，天元术和杨辉三角的发明，也能够有力地证明中国古代数学的非凡成就。

　　中国古代的许多数学家曾经写下了不少著名的数学著作，如《周髀算经》、《九章算术》、《五经算术》、《缀术》、《孙子算经》、《张丘建算经》、《五曹算经》、《海岛算经》、《缉古算经》和《夏侯阳算经》等，许多具有世界意义的成就正是因为有了这些古算书而得以流传下来。唐初著成书的《算经十书》，较完备地体现了中国古代数学各方面的内容，是了解古代数学成就的重要文献。

中国古代筹算的基本规则——乘法口诀

【概述】

乘法口诀，即《九九乘法歌诀》，又常称为"小九九"。是中国古代筹算中进行乘法、除法、开方等运算中的基本计算规则，沿用到今日，已有两千多年。现在小学初年级学生、一些学龄儿童都会背诵。不过欧洲直到 13 世纪初都不知道这种简单的乘法表。

【表现形式】

现在使用的"小九九"口诀，是从"一一得一"开始，到"九九八十一"止，而在古代，却是倒过来，从"九九八十一"起，到"一一得一"止。因为口诀开头两个字是"九九"，所以，人们就把它简称为"九九"。大约到 13、14 世纪的时候才倒过来像现在这样"一一得一……九九八十一"。乘法口诀的一般表现形式如下所示：

一一得一；

一二得二，二二得四；

一三得三，二三得六，三三得九；

一四得四，二四得八，三四十二，四四十六；

一五得五，二五一十，三五十五，四五二十，五五二十五；

一六得六，二六十二，三六十八，四六二十四，五六三十，六六三十六；

一七得七，二七十四，三七二十一，四七二十八，五七三十五，六七四十二，七七四十九；

一八得八，二八十六，三八二十四，四八三十二，五八四十，六八四十八，七八五十六，八八六十四；

一九得九，二九十八，三九二十七，四九三十六，五九四十五，六九五十四，七九六十三，八九七十二，九九八十一。

【口诀特点】

乘法口诀从春秋战国时代就用在筹算运算中，到明代则改良并用在算盘上，是古代世界乘法运算最短的口诀，而且朗读时有节奏，便于记忆。现在，乘法口诀是小学算术的基本功。

比照中国春秋战国时代的乘法口诀，古希腊、古埃及、古印度、古罗马没有进位制，原则上需要无限大的乘法表，因此不可能有九九表。例如希腊乘法表必须列出 7×8，70×8，700×8，7000×8……相形之下，由于九九表基于十进位制，$7 \times 8 = 56$，$70 \times 8 = 560$，$700 \times 8 = 5600$，$7000 \times 8 = 56000$，只需 $7 \times 8 = 56$ 一项代表。

古埃及没有乘法表。考古学家发现，古埃及人是通累次迭加法来计算乘积的。例如计算 5×13，先将 $13 + 13$ 得 26，再叠加 $26 + 26 = 52$，然后再加上 13 得 65。

巴比伦算术有进位制，比希腊等几个国家有很大的进步。不过巴比伦算术采用 60 进位制，如一个 "59×59" 乘法表就需要 1770 项。由于乘法表太庞大，巴比伦人从来不用类似于九九表的 "乘法表"。考古学家也从来没有发现类似于九九表的 "59×59" 乘法表。不过，考古学家发现巴比伦人用独特的计算方式：$1 \times 1 = 1$，$2 \times 2 = 4$，$3 \times 3 = 9$……$7 \times 7 = 49$……$9 \times 9 = 81$……$16 \times 16 = 256$……$59 \times 59 = 3481$ 的 "平方表"。要计算两个数 a，b 的乘积，巴比伦人则依靠他们最擅长的代数学，$a \times b = \{(a+b) \times (a+b) - a \times a - b \times b\}/2$。例如 $7 \times 9 = \{(7+9) \times (7+9) - 7 \times 7 - 9 \times 9\}/2 = (256 - 49 - 81)/2 = 126/2 = 63$。

古玛雅人用 20 进位制，跟现代世界通用的十进位制最接近。一个 19×19 乘法表有 190 项，比九九表的 45 项虽然大 3 倍多，但比巴比伦方法还是简便得多。可是考古学家至今还没有发现任何玛雅乘法表。

用乘法表进行乘法运算，并非进位制的必然结果。巴比伦有进位制，但它们并没有发明或使用九九表式的乘法表，而是发明用平方表法计算乘积。玛雅人的数学是古文明中较先进的，用 20 进位制，但也没有发明乘法表。可见，具有古代中国特色的乘法口诀是一个不少的进步。

【使用与传播】

中国使用乘法口诀的时间较早。在《荀子》、《管子》、《淮南子》、《战国策》等书中就能找到 "三九二十七"、"六八四十八"、"四八三十二"、"六六三十六" 等句子。《管子》云："宓戏（伏羲）作造六峜以迎阴阳，作九九之数以合天道。"《韩诗外传》云："齐桓公设庭宴僚，待人士不至，有以九九见者。" 由此可见，早在 "春秋"、"战国" 的时候，《九九乘法歌诀》就已经开始流行了。

乘法口诀后来东传入高丽、日本，经过丝绸之路西传印度、波斯，继而流行全世界。是古代中国对世界文化的一项重要的贡献。

"最妙的发明之一" ——十进位值制记数法

【概述】

中国古代数学以计算为主。其中十进位值制记数法在数学发展中所起的作用和显示出来的优越性，在世界数学史上是值得称道的。十进位值制记数法曾经被马克思称为"最妙的发明之一"。

【进位方法】

十进，就是以十为基数，逢十进一位，位值这个数学概念的要点，在于使同一数字符号因其位置不同而具有不同的数值。例如同样是2，在十位就是20，在百位就是200；又如4676这个数，同一个6在右数第一位表示的是个位的6，在右数第三位则表示600。

【历史记载】

从有文字记载开始，我国的记数法就遵循十进制。殷代的甲骨文和西周的钟鼎文都是用一、二、三、四、五、六、七、八、九、十、百、千、万等字的合文来记十万以内的自然数的。例如甲骨文中就有二千六百五十六的写法，钟鼎文中也有六百五十九的写法。这种记数法含有明显的位值制意义，实际上，只要把"千"、"百"、"十"和"又"的字样取消，便和位值制记数法基本一样了。

【历史意义】

十进位值制记数法，是我国古代劳动人民一项非常出色的创造，给计算带来了很大的便利，对我国古代计算技术的高度发展产生了重大影响。它比世界上其他一些文明发生较早的地区，如古巴比伦、古埃及和古希腊所用的计算方法要优越得多。印度则一直到公元6世纪还用特殊的记号表示二十、三十、四十等"10"的倍数，7世纪时才有采用十进位值制记数法的明显证据。

十进位值制记数法，是我们祖先对人类文明的一项不可磨灭的贡献。马克思称赞它是"最妙的发明之一"。英国著名科技史专家李约瑟博士评价说："如果没有这种十进位制，就几乎不可能出现我们现在这个统一化的世界了。"

我国古代独有的计算方法之一——筹算

【概述】

筹算，亦称"筹策"，是我国古代独有的计算方法之一。以刻有数字的竹、木、骨等制成小棍状的算筹记数，并以此进行加、减、乘、除、开方等计算。该方法约是从春秋时期开始的，直到明代才让位于珠算。

【发明背景】

筹算完成于春秋战国时期，理由是：第一，春秋战国时期，农业、商业和天文历法方面有了飞跃的发展，在这些领域中，出现了大量比以前复杂得多的计算问题。例如，由于井田制的废除，各种形状的私田相继出现，并相应实行按亩收税的制度，这就需要计算复杂形状的土地面积和产量；再如，商业贸易的增加和货币的广泛使用，提出了大量比例换算的问题，适应当时农业需要的历法，要计算多位数的乘法和除法。为了解决这些复杂的计算问题，才创造出计算工具算筹和计算方法筹算。第二，现有的文献和文物也证明筹算出现在春秋战国时期。例如"算"和"筹"二字出现在春秋战国时期的著作（如《仪礼》、《孙子》、《老子》、《法经》、《管子》、《荀子》等）中，甲骨文和钟鼎文中到现在仍没有见到这两个字。一二三以外的筹算数字最早出现在战国时期的货币（刀、布）上。《老子》提到，"善计者不用筹策"，可见这时筹算已经比较普遍了。因此，筹算是完成于春秋战国时期的。这并不否认在春秋战国时期以前就有简单的算筹记数和简单的四则运算。

【大小形状】

算筹是在珠算发明以前中国独创并且是最有效的计算工具。中国古代数学的早期发达与持续发展是受惠于筹的。筹，又称为策、筹策、算筹，后来又称之为算子。它最初是小竹棍一类的自然物，以后逐渐发展成为专门的计算工具，质地与制作也愈加精致。根据文献的记载，算筹除竹筹外，还有木筹、铁筹、玉筹和牙筹，还有盛装算筹的算袋和算子筒。

关于算筹大小和形状，最早见于《汉书·律历志》。根据记载，算筹是直径1分（合0.23厘米）、长6寸（合13.86厘米）的圆形竹棍，以271根为一"握"。南北朝时期《数术记遗》和《隋书·律历志》记载的算筹，长度缩短，并且把圆的改成方的或扁的。这种改变是容易理解的：长度缩短是为了缩小所占的面积，以适应更加复杂的计算；圆的改成方的或扁的是为了避免圆形算筹容易滚动而造成的错误。

唐代曾经规定，文武官员必须携带算袋。1971年8月中旬，在陕西宝鸡市千阳县第一次发现西汉宣帝时期（公元前73年—公元前49年）的骨制算筹三十多根，大小长短和《汉书·律历志》的记载基本相同。1975年上半年在湖北江陵凤凰山168号汉墓又发现西汉文帝时期（公元前179年—公元前157年）的竹制算筹一束，长度比千阳县发现的算筹稍大一点。1980年9月，在石家庄市又发现东汉初期（1世纪）的骨制算筹约三十根，长度和形状同《隋书·律历志》的记载相近，这说明算筹长度和形状的改变早在东汉初期已经开始。算筹的出土，为研究我国数学发展史提供了可贵的实物资料。

【计算方法】

筹算一出现，就严格遵循十进位值制记数法。九以上的数就进一位，同一个数字放在百位就是几百，放在万位就是几万。

筹算是以算筹作工具，摆成纵式的和横式的两种数字，按照纵横相间即"一纵十横，百立千僵"的原则表示任何自然数（如表示6708，遇到零的时候用空位表示），从而进行加、减、乘、除、开方以及其他的代数计算。

这种记数法，除所用的数字和现今通用的阿拉伯数字形式不同外，记数法实质是一样的。筹算是把算筹一面摆成数字，一面进行计算，它的运算程序和现今珠算的运算程序基本相似。

负数出现后，算筹分成红黑两种，红筹表示正数，黑筹表示负数。算筹还可以表示各种代数式，进行各种代数运算，方法和现今的分离系数法相似。

【筹算歌诀】

唐宋时期的实用算术是一个相当活跃的领域，不少人积极从事筹算算法的改进，尤其是筹算乘除法的简化工作，并取得了一些重要的进展。如把筹算乘除需要摆放三层的摆法简化为在一个横列里演算，提出了求一、上驱、搭因、重因、增成、身外加减、损乘、九归等筹算乘除捷法，并且其中一些方法还被编成容易上口和便于记忆的歌诀形式。

南宋杨辉也有斤价化两价的歌诀："一求，隔位六二五；二求，退位一二五；三求，一八七五记……"《算学启蒙》还记载了26句的"九归"（除数为一位数的除法）歌诀，如"二一添作五，逢二进一十"，"三一三十一，三二六十二"等，这些比杨辉的九归歌诀简单明确。

到了元代，这种简化筹算乘除法的歌诀经过不断改进而更加简练和完备。这一时期新编成的比较重要的歌诀有"化零歌"、"归除歌诀"、"撞归诀"、"起一诀"等，如朱世杰《算学启蒙》记载有"化零歌"："一退六二五，二留一二五，三留一八七五……"即当时一斤等于十六两，这个歌诀就是以斤化两的算法。

此外，在元代还很流行"归除"，在做多位数除法时先"归"后"减"，以简化除法运算。贾亨《算法全能集》记有算法歌诀："唯有归除法更奇，将身归了次除之。有归若是无除数，起一回将原数施。或值本归归不得，撞归之法莫教迟。若还识得中间法，算者并无差一厘"，其中提到的撞归诀和起一诀也趋于完善。如《丁巨算法》提到的撞归诀是"二归撞归九十二，三归撞归九十三……"，元末何平子《详明算法》已将其改为"见二无除作九二，见三无除作九三……"，等等。

以上这些口诀与珠算的口诀已经基本相同，只不过当时还是用于筹算而已。根据这些口诀作除法时，一念口诀便能立即得到商数。在这种情况下，只要熟练掌握口诀，具体计算本来可以变成相当简便的事情，然而当时的计算工具却还是那些不很便于取用的小竹条，因此手不应心的矛盾，也就是计算工具与计算方法的矛盾显得更加突出了。

由于社会经济的发展，迫切需要改进计算方法和计算工具，而筹算口诀的完备，已经提供了更为简便的计算方法，于是，一种崭新的计算工具——珠算盘便应运而生了。珠算是在我国筹算基础上发展起来的，它的计算方法吸取了筹算方法，尤其是筹算口诀的产生和改进，对于从筹算向珠算的演变起了十分重要的作用。

【作用与意义】

中国古代的筹算不仅是正、负整数与分数的四则运算和开方，而且还包含着各种特定筹式的演算。算家不仅利用筹码不同的"位"来表示不同的"值"，发明了十进位值制记数法，而且还利用筹在算板上各种相对位置排列成特定的数学模式，用以描述某种类型的实际应用问题。例如列衰、盈朒、"方程"诸术所列筹式描述了实际中常见的比例问题和线性问题；天元、四元及开方诸式，则刻画了高次方程问题；而大衍求一术则是为"乘率"而设计的特殊筹式。筹式以不同的位置关系表示特定的数量关系。在这些筹式所规定的不同"位"上，可以布列任意的数码（它们随着实际问题的不同而取不同的数值），因而，中国古代的筹式本身就具有代数符号的性质。可以认为，是一种独特的符号系统。

中国古代的筹算表现为算法的形式，而具有模式化、程序化的特征。中国的筹算不用运算符号，无须保留运算的中间过程，只要求通过筹式的逐步变换而最终获得问题的解答。因此，中国古算中的"术"，都是用一套一套的"程序语言"所描写的程序化算法，并且算家经常将其依据的算理蕴含于演算的步骤之中，起到"不言而喻，不证自明"的作用。可以说"寓理于算"是古代筹算在表现形式上的又一特点。

我国古代在数字计算和代数学方面取得的辉煌成就，都和筹算有密切的关系。筹算在我国古代用了大约两千年，在生产和科学技术以至人民生活中，发挥了重大的作用。但是它的缺点也是十分明显的：首先，在室外拿着一大把算筹进行计算就很不方便；其次，计算数字的位数越多，所需要的面积越大，受环境和条件的限制；此外，当计算速度加快的时候，很容易由于算筹摆弄不正而造成错误。从遗留下来的著作中可以看出，筹算的改革是从筹算的简化开始而不是从工具改革开始的，这个改革，最后导致了珠算的出现。

人类历史上计算器的重大改革——算盘

【概述】

珠算盘是中国独有的计算工具。珠算盘由一木框中嵌有细杆，杆上串有算盘珠，算盘珠可沿细杆上下拨动，通过用手拨动算盘珠来完成算术运算。由于珠算盘运算方便、快速，几千年来一直是汉族普遍使用的计算工具。

算盘的出现，被称为人类历史上计算器的重大改革，即使现代最先进的电子计算器也不能完全取代珠算盘的作用。因此，人们往往把算盘的发明与中国古代四大发明相提并论。

【算盘形制】

算盘的新形状为长方形，周为木框，内贯直柱，俗称"档"。一般从九档至十五档，档中横以梁，梁上两珠，每珠作数五，梁下五珠，每珠作数一，运算时定位后拨珠计算，可以做加减乘除等算法。

现存的算盘形状不一、材质各异。一般的算盘多为木制（或塑料制品），算盘由矩形木框内排列一串串等数目的算珠，中有一道横梁把珠统分为上下两部分，算珠内贯直柱，俗称"档"，一般为9档、11档或13档。档中横以梁，梁上1珠，这珠为5；梁下5珠，每珠为1。

【算盘种类】

值得注意的是，算盘一词并不专指中国算盘。从现有文献资料来看，许多文明古国都有过各自的与算盘类似的计算工具。古今中外的各式算盘大致可以分为三类：沙盘类，算板类，穿珠算盘类。在世界各种古算盘中，中国的算盘是最先进的计算工具。

沙盘是在桌面、石板等平板上，铺上细沙，人们用木棍等在细沙上写字、画图和计算。后来逐渐不铺沙子，而是在板上刻上若干平行的线纹，上面放置小石子（称为"算子"）来记数和计算，这就是算板。19世纪中叶在希腊萨拉米斯发现的一块1米多长的大理石算板，就是古希腊算板，现存在雅典博物馆中。算板一直是欧洲中世纪的重要计算工具，不过形式上差异很大，线纹有直有横，算子有圆有扁，有时又造成圆锥形（类似现在的跳棋子），上面还标有数码。穿珠算盘指中国算盘、日本算盘和俄罗斯算盘。日本算盘叫"十露盘"，和中国算盘不同的地方是算珠的纵截面不是扁圆形而是菱形，尺寸较小而档数较多。俄罗斯的算盘有若干弧形木条，横镶在木框内，每条穿着10颗算珠。

【珠算方法】

用算盘计算称珠算，珠算有对应四则运算的相应法则，统称珠算法则。随着算盘的使用，人们总结出许多计算口诀，使计算的速度更快了。相对一般运算来看，熟练的珠算不逊于计算器，尤其在加减法方面。用时，可依口诀，上下拨动算珠，进行计算。珠算计算简便迅捷，在计算器及电脑普及前，为我国商店普遍使用的计算工具。

【文献记载】

我国的算盘由古代的"筹算"演变而来。由于算盘普及，论述算盘的著作也随之产生。现存文献中最早提到珠算盘的是明初的《对相四言》。明代中期15世纪中叶《鲁班木经》中有制造珠算盘的规格："一尺二寸长，四寸二分大。框六分厚，九分大……线上二子，一一寸一分；线下五子，三寸一分。长短大小，看子而做。"把上二子和下五子隔开的不是木制的横梁，而是一条线。比较详细地说明珠算用法的现存著作有徐心鲁的《盘珠算法》（1573年）、朱载堉（1536年—1611年）的《算学新说》（1584年）、程大位的《直指算法统宗》（1592年）等，其中，以程大位的著作流传最广。

值得指出的是，在元代中叶和元末的文学、戏剧作品中提到珠算。例如元世祖至元十六年（1279年）刘因在他的《静修先生文集》中有一首关于算盘的五言绝诗；陶宗仪在他的《辍耕录》中把婢仆贬作算盘珠，要拨才动；等等。文学、戏剧中用算盘珠作比喻，说明珠算盘已经比较流行，也说明它是比较时新的东西。因此可以认为，珠算出现在元代中叶，元末明初已经普遍应用了。

【对外传播】

由于算盘制作简单，价格便宜，珠算口诀便于记忆，运算又简便，所以在中国被普遍使用，并且陆续流传到了日本、朝鲜、美国和东南亚等国家或地区。

现在，已经进入了电子计算机时代，但是古老的算盘仍然发挥着一定的作用。在中国，各行各业都有一批打算盘的高手。使用算盘和珠算，除了运算方便以外，还有锻炼思维能力的作用，因为打算盘需要脑、眼、手的密切配合，是锻炼大脑的一种好方法。

一般方程式的雏形——天元术

【概述】

天元术就是建立代数方程的一般方法。由于所说的未知数在当时称为天元，所以这种方法就被称为天元术。天元术是中国数学的又一项杰出创造。

【原理解释】

天元术是利用未知数列方程的一般方法，与现在代数学中列方程的方法基本一致，但写法不同。天元术的原理首先是"立天元一为某某"，亦即现代的"设 X 为某某"的意思，其次再根据问题给出的条件列出两个相等的多项式，令二者相减即可得出一个一端为零的方程。这种以相等两个多项式相减以列出方程的步骤，被称为"同数相消"或"如积相消"。

天元术的表示方法不完全一致。1248 年，金代数学家李冶在其著作《测圆海镜》中，系统地介绍了天元术。他改进前人的工作，用天、地分别表示方程的正次幂和负次幂，设天元一为未知数，根据问题的已知条件，列出两个相等的多项式，经相减后得出一个高次方程（天元开方式），这与设 X 为未知数列方程一样。其表示法为：在一次项系数旁记一"元"字（或在常数项旁记一"太"字），"元"以上的系数表示各正次幂，"元"以下的系数表示常数和各负次幂（或"太"以上的系数表示各正次幂，"太"以下的系数表示各负次幂）。利用它，可解决一元高次方程式列方程的问题。

【起源与发展】

在古代数学中，列方程和解方程是相互联系的两个重要问题。宋代以前，数学家要列出一个方程，如唐代王孝通运用几何方法列三次方程，往往需要高超的数学技巧、复杂的推导和大量的文字说明，这是一件相当困难的工作。随着宋代创立的增乘开方法的发展，解方程有了完善的方法，这就直接促进了对于列方程方法的研究，于是，又出现了中国数学的又一项杰出创造——天元术。

据史籍记载，金、元之际已有一批有关天元术的著作，如蒋周《益古》、李文一《照胆》、石信道《钤经》、刘汝锴《如积释锁》等，可惜都已失传。但在稍晚的李冶和朱世杰的著作中，都对天元术作了清楚的阐述。

李冶（1192 年—1279 年），真定栾城（今河北栾城县）人。生于大兴府（今北京市）。曾为金代词赋科进士，做过钧州（今河南禹州市）知州，元翰林学士知制诰同修国史。晚年隐居于河北元氏县封龙山下，收徒讲学并勤于著述，与元好问、张德辉交往密切，时人尊称"龙山三老"。他在数学专著《测圆海镜》中通过勾股容圆问题全面地论述了设立未知数和列方程的步骤、技巧、运算法则，以及文字符号表示法等，使天元术发展到相当成熟的新阶段。《益古演段》则是他为天元术初学者所写的一部简明易晓的入门书。

朱世杰，字汉卿，号松庭，生平不详。所著《算学启蒙》内容包括常用数据、度量衡和田亩面积单位的换算、筹算四则运算法则、筹算简法、分数、比

人间巧艺夺天工——发明创造卷

例、面积、体积、盈不足术、高阶等差级数求和、数字方程解法、线性方程组解法、天元术等，是一部较全面的数学启蒙书籍。《数学启蒙》曾传入朝鲜和日本，产生了一定的影响。

除李冶、朱世杰外，赡思《河防通议》中也有天元术在水利工程方面的应用。

【历史作用】

天元术的出现，提供了列方程的统一方法，其步骤要比阿拉伯数学家的代数学进步得多。而在欧洲，只是到了 16 世纪才做到这一点。此外，宋代创立的增乘开方法又简化了求解数字高次方程正根的运算过程。因此，在这一时期，列方程和解方程都有了简单明确的方法和程式，中国古典代数学发展到了比较完备的阶段。

不仅如此，继天元术之后，数学家又很快把这种方法推广到多元高次方程组，如李德载《两仪群英集臻》有天、地二元，刘大鉴《乾坤括囊》有天、地、人三元等，最后又由朱世杰创立了四元术。

中国古代数学的灿烂篇章——杨辉三角

【概述】

杨辉三角形，又称"贾宪三角形"、"帕斯卡三角形"，是二项式系数的一种几何排列。这种排列是南宋时期杰出的数学家和数学教育家杨辉发现的。

【原理介绍】

北宋人贾宪首先使用"贾宪三角"进行高次开方运算，到了宋代，数学家杨辉在他 1261 年所著的《详解九章算法》一书中，辑录了他自己的三角形数表，称之为"开方作法本源"图。故此，杨辉三角又被称为"贾宪三角"。元朝数学家朱世杰在《四元玉鉴》扩充了"贾宪三角"成"古法七乘方图"。

杨辉三角的三个基本性质主要是二项展开式的二项式系数即组合数的性质，它是研究杨辉三角其他规律的基础。杨辉三角横行的数字规律主要包括横行各数之间的大小关系、组合关系及不同横行数字之间的联系。简单地说，就是两个未知数和的幂次方运算后的系数问题。这就是杨辉三角，也叫贾宪三角。

【原理评价】

中国古代数学家在数学的许多重要领域中处于遥遥领先的地位。中国古代数学史曾经有自己光辉灿烂的篇章，而杨辉三角的发现就是十分精彩的一页。

杨辉三角形本来就是二项式展开式的算图，这与我们现在的学习联系最紧密的是二项式乘方展开式的系数规律。二项式定理与杨辉三角形是一对天然的数形趣遇，它把数形结合带进了计算数学。

中国古代数学成就的完美体现——算经十书

【概述】

我国古代在数学方面有很高的成就，出现过许多优秀的数学家，留下了不少数学典籍。其中，《周髀算经》、《九章算术》、《五经算术》、《缀术》、《孙子算经》、《张丘建算经》、《五曹算经》、《海岛算经》、《缉古算经》和《夏侯阳算经》十部书是汉至唐一千多年间的最重要的数学著作。唐初著名学者李淳风奉诏为这十部数学著作作注，书成后成为国家最高学府——国子监算学馆学生必读的教科书，因而有"算经十书"之称。

【十书简介】

在"算经十书"中，以《周髀算经》为最早，是中国流传至今的一部最早的数学著作，同时也是一部天文学著作。据考证，现传本《周髀算经》大约成书于西汉时期（公元前1世纪），为李君卿所作，北周时期甄鸾重述，唐代李淳风等注。历代许多数学家都曾为此书作注，其中最著名的是唐李淳风等人所作的注。《周髀算经》还曾传入朝鲜和日本，在那里也有不少翻刻注释本行世。《周髀算经》原名《周髀》，主要阐明当时的盖天说和四分历法。唐初规定它为国子监明算科的教材之一，故改名《周髀算经》。《周髀算经》在数学上的主要成就是介绍了勾股定理及其在测量上的应用以及怎样引用到天文计算。《周髀算经》记载了勾股定理的公式与证明，相传是在商代由商高发现，故称为商高定理；三国时代的赵爽对《周髀算经》内的勾股定理作出了详细注释，又给出了另外一个证明。

《九章算术》是"算经十书"中最重要的一部。《九章算术》是在长时期经过多次修改逐渐形成的，虽然其中的某些算法可能早在西汉之前就已经有了。西汉早期的著名数学家张苍、耿寿昌等人都曾经对它进行过增订删补。《九章算术》记载了当时世界上最先进的分数四则运算和比例算法，有解决各种面积和体积问题的算法以及利用勾股定理进行测量的各种问题。《九章算术》中最重要的成就是在代数方面，书中记载了开平方和开立方的方法，并且在这基础上有了求解一般一元二次方程（首项系数不是负）的数值解法。还有整整一章是讲述联立一次方程解法的，这种解法实质上和现在中学里所讲的方法是一致的。这要比欧洲同类算法早出一千五百多年。在同一章中，还在世界数学史上第一次记载了负数概念和正负数的加减法运算法则。《九章算术》不仅在中国数学史上占有重要地位，它的影响还远及国外。在欧洲中世纪，《九章算术》中的某些算法，例如分数和比例，就有可能先传入印度再经阿拉伯传入欧洲。再如"盈不足"（也可以算是一种一次内插法），在阿拉伯和欧洲早期的数学著作中，就被称作"中国算法"。现在，作为一部世界科学名著，《九章算术》已经被译成许多种文字出版。

《五经算术》为北周甄鸾所著，共二卷。书中对《易经》、《诗经》、《尚书》、《周礼》、《仪礼》、《礼记》、《论语》、《左传》等儒家经典及其古注中与数字有关的地方详加注释，对研究经学的人或可有一定的帮助。就数学的内容而论，其价值有限。现传本亦系抄自《永乐大典》。

《缀术》是南北朝时期著名数学家祖冲之的著作。很可惜，这部书在唐宋之际（10世纪前后）失传了。宋人刊刻《算经十书》的时候就用当时找到的另一部算书《数术记遗》来充数。祖冲之的著名工作——关于圆周率的计算（精确到第七位小数），记载在《隋书·律历志》中。

《孙子算经》约成书于四五世纪，作者生平和编写年代都不清楚。现在传本的《孙子算经》共三卷。其中，卷上叙述算筹记数的纵横相间制度和筹算乘除法则，卷中举例说明筹算分数算法和筹算开平方法。中国是世界上最早采用十进位值制记数的国家，春秋战国之际已普遍应用的筹算，即严格遵循了十进位值制。关于算筹记数法现在仅见的资料载于《孙子算经》。《孙子算经》三卷，具有重大意义的是卷下第二十六题："今有物不知其数，三三数之剩二，五五数之剩三，七七数之剩二，问物几何？答曰：'二十三'。"不但提供了答案，而且还给出了解法。南宋大数学家秦九韶则进一步开创了对一次同余式理论的研究工作，推广"物不知数"的问题。德国数学家高斯（1777 年—1855 年）于 1801 年出版的《算术探究》中明确地写出了上述定理。1852 年，英国基督教士伟烈亚士（1815 年—1887 年）将《孙子算经》"物不知数"问题的解法传到欧洲。1874 年马蒂生指出孙子的解法符合高斯的定理，从而在西方的数学史里将这一个定理称为"中国的剩余定理"。

《张丘建算经》的作者是张邱建，大约作于 5 世纪后期，里面有对最大公约数、最小公倍数的应用问题。书中概括地叙述了乘除速算法则、分数法则，解释了"法除"、"步除"、"约除"、"开平方"、"方立"等法则，另外推广了十进小数的应用，全与现在的表示法不同，计算结果有奇零时借用分、厘、毫、丝等长度单位名称表示文以下的十进小数。最著名的是提出了不定方程组——百鸡问题："今有鸡翁一，值钱五；鸡母一，值钱三；鸡雏三，值钱一。凡百钱买鸡百只，问鸡翁母雏各几何。"但是没有具体说明其解。此后，中国数学家对百鸡问题的研究不断深入，百鸡问题也几乎成了不定方程的代名词，从宋代到清代围绕百鸡问题的数学研究取得了很好的成就。

《五曹算经》是一部为地方行政人员所写的应用算术书。它的著者和年代都没有记载。欧阳修《新唐书》卷五十九《艺文志》有："甄鸾《五曹算经》五卷"一语。其他各书也有类似的记载。甄鸾是 535 至 566 年前后的人。全书分为田曹、兵曹、集曹、仓曹、金曹等五个项目，所以称为"五曹"算经。所讲问题的解法都浅显易懂，数字计算都尽可能地避免分数。全书共收 67 个问题。

《海岛算经》是三国时期刘徽所作。这部书中讲述的都是利用标杆进行两次、三次，最复杂的是四次测量来解决各种测量数学的问题。这些测量数学，正是中国古代非常先进的地图学的数学基础。此外，刘徽对《九章算术》所作的注释工作也是很有名的。一般地说，可以把这些注释看成是《九章算术》中若干算法的数学证明。刘徽注中的"割圆术"开创了中国古代圆周率计算方面的重要方法，他还首次把极限概念应用于解决数学问题。

《缉古算经》为王孝通撰，唐武德八年（公元 625 年）五月在长安成书，这是中国现存最早解三次方程的著作。唐代立于学官的十部算经中，王孝通《缉古算经》是唯一的一部由唐代学者撰写的，被用作国子监算学馆数学教材，奉为数学经典。全书共二十题。第一题为推求月球赤纬度数，属于天文历法方

人间巧艺夺天工——发明创造卷

面的计算问题，第二题至十四题是修造观象台、修筑堤坝、开挖沟渠，以及建造仓廪和地窖等土木工程和水利工程的施工计算问题，第十五至二十题是勾股问题。这些问题反映了当时开凿运河、修筑长城和大规模城市建设等土木和水利工程施工计算的实际需要。

《夏侯阳算经》原书已失传无考。北宋元丰九年（1084年）所刻《夏侯阳算经》是唐中叶的一部算书。该书引用当时流传的乘除捷法，解答日常生活中的应用问题，保存了很多数学史料。

【刊刻历史】

北宋雕版印刷术甚为发达，曾将十部算经刊刻发行（1084年），这是世界上最早的印刷本数学书。但此时《缀术》已经失传，实际刊刻的只有九种。到南宋时期，又进行了一次翻刻（1213年），在这次南宋翻刻本中，则是用《数术记遗》替代了已失传的《缀术》。

在明代，由于不够重视以及其他的社会原因，这十部算经几乎失传。直到清乾隆年间，由于《四库全书》的编辑和乾嘉学派的兴起，十部算经才被重新整理出版。当时发现流传下来的南宋刻本（均系孤本）有《周髀算经》、《九章算术》（只有前五章）、《孙子算经》、《五曹算经》、《夏侯阳算经》、《张丘建算经》等七种，其影抄本呈入清宫，收藏于北京故宫博物院。其后，除了《夏侯阳算经》一种又不知去向外，其余六种南宋刻本经历代藏书家收藏流传至今。

清代学者戴震在参加编辑《四库全书》时，又由明代《永乐大典》中抄出《周髀算经》、《九章算术》、《孙子算经》、《五曹算经》、《夏侯阳算经》、《海岛算经》、《五经算经》七种，从影宋抄本中抄出《张丘建算术》、《缉古算经》二种，《记遗》是由明刻本抄出，十部算经于是都被抄入《四库全书》。由《永乐大典》中抄出的七种还曾用武英殿聚珍版刊印。1773年孔继涵以戴震的校订本为主，将十部算经刻入《微波榭丛书》之中，题名为"算经十书"。这是"算经十书"名称的首次出现。

因此，"算经十书"按狭义的理解，是专指孔刻《微波榭丛书》之一的书名；按广义的理解，则是指上述汉唐千余年间陆续出现的十部算书。通常都是按广义来理解。

【成就总结】

"算经十书"记载了有一些具有世界意义的成就。例如《孙子算经》中的

"物不知数"问题（一次同余式解法），《张丘建算经》中的"百鸡问题"（不定方程问题）等都比较著名。而《缉古算经》中的三次方程解法，特别是其中所讲述的用几何方法列三次方程的方法，也是很具特色的。

"算经十书"中用过的数学名词，如分子、分母、开平方、开立方、正、负、方程，等等，都一直沿用到今天，有的已有近两千年的历史了。

"算经十书"较完备地体现了中国古代数学各方面的内容。其中大多数还曾传入朝鲜和日本，成了各国进行数学教育和考试的教科书。

哲 学 成 就

　　中国古代哲学是最深奥的哲学，它所包含的博大精深的思想内涵和巨大的精神力量是其他文化形式难以替代的，它对中国的文学、艺术、史学、科学、教育等都产生过巨大的影响，也是人们从事各种活动的引导。在西方文化中，宗教处于核心地位。在中国古代文化中，哲学处于核心地位。中国古人讲究言行一致、知行统一，修道积德，追求人与自然、人与人、人与社会、人与天道之间的和谐与平衡，中庸之道是中国古代哲学的基本精神之一。本章内容从中国古代哲学派系影响最大的先秦哲学、两汉经学、佛教哲学和宋明理学四个方面，介绍中国古代哲学关于人生研究的成就。

　　中国古代哲学思想源远流长，博大精深。中国古代哲学萌芽于殷周。这一时期的《周易》，就有了原始的"阴阳"观念，《易经》从人们生活经常接触的自然界中选取了天（乾）、地（坤）、雷（震）、山（艮）、火（离）、水（坎）、泽（兑）、风（巽）八种东西作为说明世界上其他更多东西的根源，体现了朴素的唯物主义，同时，它又以上述八卦来说明自然现象和社会关系，体现了朴素辩证法思想。西周初年的《尚书》就提出五行学说，以金木水火土五种元素作为构成世界最基本的事物。

　　春秋战国时期，诸子蜂起，百家争鸣，成为中国哲学史上最为辉煌的时期。在此基础上，中国哲学在其两千多年的发展中出现了许多的哲学流派及其代表人物。其中最重要的是以儒、墨、道三家为代表的先秦哲学，以先秦儒家思想为经典发展起来的两汉经学，以流传最长、影响最大、最中国化、最世俗化的禅宗为代表的佛教哲学，标志儒学发展史上一个新阶段的宋明理学。它们各自体现了时代的精神面貌，成为中华民族精神文化的不同基因，至今仍然有着广泛而深刻的影响。

哲学成就

朴素的唯物辩证思想——阴阳五行学说

【概述】

阴阳五行学说，是中国古代朴素的唯物论和自发的辩证法思想。阴阳学说是说明事物对立双方的互相依存、互相消长和互相转化的关系；五行学说是用事物属性的五行归类及生克规律，说明事物的属性和事物之间的相互关系。阴阳五行学说对后来古代唯物主义哲学有着深远的影响，如古代的天文学、气象学、化学、算学、音乐和医学，都是在阴阳五行学说的影响下发展起来的。

【哲学含义】

阴阳是属于中国古代哲学的范畴。阴阳的最初含义是很朴素的，表示阳光的向背，向日为阳，背日为阴，后来引申为气候的寒暖，方位的上下、左右、内外，运动状态的躁动和宁静等。中国古代的哲学家们进而体会到自然界中的一切现象都存在着相互对立而又相互作用的关系，就用阴阳这个概念来解释自然界两种对立和相互消长的物质，并认为阴阳的对立和消长是事物本身所固有的。

阴阳学说的基本内容包括阴阳对立、阴阳互根、阴阳消长和阴阳转化四个方面。阴阳学说认为，世界是一个物质性的整体，自然界的任何事物都包括阴和阳两个相互对立的方面，而对立的双方又是相互统一的；任何事物均以阴阳的属性来划分，但必须是针对相互关联的一对事物，或是一个事物的两个方面，这种划分才有实际意义；事物的阴阳属性在一定的条件下可以发生相互转化，即阴可以转化为阳，阳也可以转化为阴，另一方面，体现于事物的无限可分性。

五行是指木、火、土、金、水五种物质的运动。中国古代人民在长期的生活和生产实践中认识到木、火、土、金、水是必不可少的最基本物质，并由此引申为世间一切事物都是由木、火、土、金、水这五种基本物质之间的运动变化生成的，这五种物质之间，存在着既相互产生又相互制约的关系，在不断的相生相克运动中维持着动态的平衡，这就是五行学说的基本含义。

五行学说以五行的特性对事物进行归类，将自然界的各种事物和现象的性质及作用与五行的特性相类比后，将其分别归属于五行之中。五行学说认为，五行之间存在着生、克、乘、侮的关系。五行的相生相克关系可以解释事物之间的相互联系，而五行的相乘相侮则可以用来表示事物之间平衡被打破后的相互影响。

阴阳属于阴阳五行学说立论的基础。阴阳与五行属于形式与内容的关系，即阴阳的内容是通过木火土金水物象反映出来的，五行属于阴阳内容的存在形式。如宇宙虽然无边无际，但在地球这个视角其相互对立的两个方面就是天地，天地的空间就是通过东南中西北显示出来的。

【思想考源】

阴阳五行学说是我国古代哲学思想的重要组成部分，具有朴素的唯物论和自发的辩证法思想。它起源于殷周之际，原是"阴阳"、"五行"两个学说，到战国时期由阴阳家把二者统一到一起，成为一种影响广大的哲学思想，为各门科学所运用。医家把它引进《内经》，作为自己的方法论和哲学基础。在祖国医学理论体系中，用以说明人体的组织结构、功能活动和疾病的发生、发展规律，指导临床诊断和治疗。

阴阳的概念起源很早，在原始社会后期就有了。最初，是指日光向背而言，即向着日光、太阳照射的地方叫作"阳"；而太阳照不到的地方叫作"阴"。《说文》中有"阴，暗也。"阳，明也。"之说这就是证明。《诗·公刘》中说："既景乃岗，相其阴阳。"在山冈上观察日影，以定山阴山阳，诸多先秦文献中对阴阳都有些记载，但论述最精深的要算《周易》。《庄子》："《易》以道阴阳。"《周易》的内容就是讲阴阳的道理。可见阴阳学说，渊源《周易》。虽然《周易》中没有"阴"、"阳"两字，但已有阴阳对立双方的概念。《周易》中的"—""——"两个符号，后来称为"阳爻"和"阴爻"。

阴阳一词的出现，则最早见于《国语·周语》上，书中记载公元前 8 世纪西周末年伯阳父曾用阴阳解释地震，他说："阴伏而不能出，阳迫而不能蒸，于是有地震。"又如《左传》昭公元年（前 540 年）记载，秦国的著名医生医和在阐述病因时指出："天有六气……曰：阴、阳、风、雨、晦、明也。"再如《管子》一书也用阴阳说明某些自然现象："春秋冬夏，阴阳之推移也。""时之短长，阴阳之利用也。日夜之易，阴阳之化也。"战国时期的荀况也讲过阴阳。《周易》、《易传》、诸子的辩证法思想，以及当时自然科学如天文、历法、数学、地学、农学等成就，使之与医学结合起来，从而奠定了中医理论体系的基

哲学成就

础。尤其是在论述阴阳的基本概念和阴阳相反相成的基本规律方面，广泛联系自然界和人体生理、病理变化的许多征象加以具体论证。这就是"阴阳"的最早出现和阴阳与祖国医学的最早结合。

"五行学说"起源也是很早的，据甲骨文卜辞所载的情况可知，滥觞于殷周时代的五方观念就是五行学说的最早萌芽。继此之后，西周末年，史伯说："以土与金、木、水、火杂以成百物。"（《国语·郑语》）春秋时宋国子罕说："天生五材，民并用之，废一不可。"（《左传·襄公二十七年》）五材就是指金、木、水、火、土五种物质原料。从这些记载中可以看出：五方说、五材说已经有了最早整体观念的萌芽，表现出一种朴素唯物主义的观点，而其后的《尚书·洪范》则最早明确提出五行这一概念，书中认为，所谓"五行"，就是"一曰水，二曰火，三曰木，四曰金，五曰土。水曰润下，火曰炎上，木曰曲直，金曰从革，土爰稼穑。润下作咸，火上作苦，曲直作酸，从革作辛，稼穑作甘"。到《黄帝内经》出现时，"五行"知识已经比较熟练地被运用到医学方面了。

【思想意义】

阴阳五行思想作为一种基本的宇宙观，支撑着整个传统文化的宏伟殿堂，影响深远。阴阳五行思想在中国思想史上的意义主要由以下几个方面体现：

第一，阴阳五行思想是中国古代精英思想家们用来理解其宇宙观的基本概念。

现代古史辨学派的创始人顾颉刚先生说，阴阳五行是"中国人的思想律，是中国人对于宇宙系统的信仰"，可以这样理解，阴阳五行从殷周产生、发展之际，就融入了中国思想当中，是春秋战国诸子思想的思想背景。由于阴阳五行合流后，以系统的、相互联系的、运动变化的观点来看宇宙万物成为其最基本的特点，而关于事物联系的思想又是人民所最为关切和需要的，也就是说阴阳五行作为一种普遍的宇宙观，实际上构成了先秦各学派思想的一个基本的背景与前提，各家学说都或多或少借用了阴阳五行观念去进行理论阐发。因此，从整体上说，阴阳五行思想并不属于哪家哪派，它是整个诸子思想共同的"思想律"。阴阳五行作为整个思想文化史的背景，其核心内容已经融会贯通到各大经典当中去了，特别是以儒、道为代表的两个最为重要的思想体系。下面就以儒家为例，看看阴阳五行对这个系统产生了怎样的影响。

在春秋战国时期，阴阳五行学说已经被广泛接受，此时产生的精英思想又对其进行升华，这当然包括我们所熟知的儒家。当时许多儒学家的经典都受到阴阳五行理论的影响，甚至有些本身也是阴阳五行的著作，如《周易》、《尚书·洪范》等。孔子就认为"君子和而不同"（"万物负阴而抱阳，冲气以为和"），他编的《春秋》里面的经纬也有阴阳五行的影子。至于《孟子》、《中庸》的"五行说"也被后世加以肯定。就连荀子，他一方面批判子思、孟子的五行思想，另一方面他自己也难逃阴阳五行思想的影响。等到了两汉时期，董仲舒将阴阳五行学说导入神学，认为阴阳五行的变化是"天"的意志的体现，创造出"天人感应"的思想体系，对以后的中国思想界产生了重大影响。阴阳五行、灾异谴告也成为这时期经学发展的一个突出特征。可以说，在董仲舒之后，阴阳五行理论就更深地植入儒家思想之中了。宋代的朱熹等理学大家又把阴阳五行纳入理学的范畴，把其看作是从属于理、体现着理的物质实体。后来，这一理论又被陆九渊等人继承。

由上观之，阴阳五行学说在其发展和衍变过程中，受到了历代儒学家们的重视。当然，阴阳五行不仅影响了儒学，对其他思想家的影响也很广泛。墨子、韩非子、周敦颐、王安石，甚至康有为等，都曾以阴阳五行为依据来讨论他们对宇宙自然乃至某些社会问题的看法。

最终，阴阳五行思想经过漫长的历史发展，成为笼罩思想界的思想律，这个思想框架一旦形成，便具有很大的稳定性，身处其中的思想家很难突破。

第二，阴阳五行学说是民间宗教信仰和宗教实践的主要理论依据。

由于阴阳五行蜕变于原始的宗教巫术文化，而且也始终难以摆脱其神秘性的阴影。上层统治阶级赋予它以天意的代表，下层的神秘术数也借它以高其术。于是，阴阳五行思想逐渐成为各种方术、风水等活动的理论基础。甚至，对道家与道教的形成和发展都有很大的影响，亦是汉代流行的谶纬迷信的重要思想来源。

《史记》记载，汉武帝时，曾召各类占家聚会朝廷，询问皇子某日可否娶妇。经过一番推算，各家说法不一，辩论不决，最后只好矛盾上交，汇报上去，请皇帝裁决。汉武帝当即下了一道旨令说："一切宜忌，以五行家为主。"从此，一言定乾坤，"人取五行者也"。其实，汉武帝推崇五行也不是没有原因的。当时已臻成熟的阴阳五行理论提供了物质世界构成和变化的答案，是中国人高度智慧的结晶，闪耀着思辨哲学的光芒。人们也普遍接受和相信它可以使宇宙整齐有序，而且有条不紊正是符合宇宙法则和人类理性的，要是阴阳五行体系发生紊乱，那么宇宙就会无序，人类社会就会混乱。这时人们只有运用方术才能将其调整过来。所以，汉代之后，民间的神秘术数都借阴阳五行理论以高其术，而在各种术数中，阴阳五行又都以通神通灵的面目出现，显然，将阴阳五行导入术数无疑是误入歧途。比如说，以观察人的面貌长相、身材、声音等因素来判断人的前途命运和预测人的祸福凶吉的相术，就是通过阴阳八卦和五行来解释有关人体与命运的一些很具体的问题。古人对相术相当信服，无论正史、野史都记载了不少有关相术方面的故事。据《宋史》记载，钱若水"幼聪悟，十岁能属文，华山陈抟见之，谓曰：'子神清，可以学色，不然当富贵，但忌太速尔'"。文中所提到的陈抟是宋初著名的隐士和术士，而他所预言的钱若水果然以儒臣而知兵事，受到皇帝重用，可惜辛劳过度，英年早逝。野史之流所记固然不乏道听途说的成分，但作为正史也有相关内容，可见作为朝廷正统史家也是相当信奉相术的。

此外，在风水学中，阴阳五行理论的运用也是十分驳杂的。古人认为，人和水土、阴阳五行存在某种必然的联系，因此，人民便试图探究水土对人大命运的影响，其所用的原理自然离不开贯穿这一系列因素的主线——阴阳五行理论。《宅经》、《葬经》等都是以阴阳五行学说为基础的。

中国本来是个多神崇拜的国家，从殷周时代起，万物有灵似已深入人心。到汉代，阴阳五行说的流行，谶纬的发达，使得鬼神世界日益清晰，这为道教的产生提供了肥沃的宗教土壤。而阴阳五行说经过阴阳家和众多方士、儒生的着意加工之后，却带有了扑朔迷离的神学性格，是人和宇宙万物的行为指南，这些思想为道教全盘吸收，并且构成了道教理论的哲学基础。

第三，阴阳五行观念对人类生产生活有着重要的意义。

阴阳五行学说的广泛流传对一代代中国人的思维方式造成越来越深的影响，许多自然和社会的现象也成为证明它正确的依据，这其中也囊括了包括农业、医药学等方面的使中华民族得以生存繁衍下去的日常生产生活实用知识。反过来说，阴阳五行学说同样也成为它们重要的理论基础。

阴阳五行所包含的朴素的唯物主义和辩证法对我国古代的自然科学的发展有很大的影响。用于预测气象变化的运气学说，便是以实践经验为依据，应用五行思想来说明天象气候内部关系的复杂性和变异性，以及在变异中保持稳定性的学说。历代正史中的《五行志》记载了大量天灾人祸和怪异现象，是我们探究自然奥秘的重要资料。此外，阴阳五行学说应用于养生学、地理学以及原始化学都取得了一定的成果。

阴阳五行学说还是中国医学的理论支柱，中医运用五行原理进行病理辩证和药学辩证，在世界医学界独树一帜。同时，它也是中国药学的理论主干。几千年的中国医学发展的实践证明，运用阴阳五行学说进行医学和药学的辩证，是行之有效的中医哲学和方法，其所具有的抽象意义和思辨意义，使中国医学蕴含着独特的魅力和奥秘。

作为一个很早就开始从事农业的民族来说，阴阳五行学说在农业方面的广泛运用更有实践意义。人们认识到农业上的一切活动都与季节有关，春种夏长秋收冬藏，年复一年。导致人们从总体上把时间看成是一个不断循环的圆圈，宇宙万物又被认为是一种先天的特定的依次排列出现而又周而复始地展现着的东西。阴阳五行说就是解释这种现象的最好的理论体系，阴阳被用来解释运行的动力，五行则被用来解释运行的过程。马一龙的《农说》就是用阴阳五行来解释土壤的不同状况及其植物生长的关系。不仅与农业生产密切相关的天文气象历法方面的知识少不了阴阳五行，农业生产过程本身也经常以阴阳五行理论为指导。

当然，影响的程度和效果是不尽相同的，农学、地学、医学等受到影响多数是积极的，而数学等学科所受到的影响却是消极因素大于积极因素。此外，阴阳五行说一方面使中国古代科学技术在以阴阳五行说为骨架的科技哲学指导下取得许多巨大成就；另一方面却使中国古代科学家囿于固有的思维观和哲学观，习惯于进行经验性的类比，把一切都比类于阴阳五行及其变化关系，跳不出既有的思维的框架，不能作出科学的推理和大胆假设，也在一定程度上制约了中国古代科学技术的发展。

有人说，任何民族的思想文化中，都必须包含一套足以使这个民族能够在其所处的自然环境中得以生存繁衍下去的实用的生产生活方面的知识。而在古代中国，这类知识又或多或少地受到了阴阳五行说的影响。由此可见，阴阳五行在中国思想文化中占有极为重要的地位。

第四，政治法律文化中的阴阳五行。

阴阳五行说作为中国传统哲学的重要观念之一，对封建政治也产生了重要影响。阴阳五行的合流，体现了中国哲学适应封建社会的政治需要，把封建伦理道德与礼法制度变成内在于人，并将其与"自然的天"完全结合的过程，即"天人合一"的过程。

阴阳五行在"天人感应"说中充当"上天"使者的角色，人间的政治如不合"天意"，上天便通过灾异变化显示出天的谴责。它还认为，人君的行政，必须符合天地四季的特性，将政治与自然规律相配合，使之具有客观的依据。因此，封建统治者在实施具体的行动计划或策略时，往往利用阴阳五行作为自己的舆论工具。如北魏孝文帝为了实现南下迁都中原的计划，便召集公卿宣布南下伐齐的计划，并说，近来方士们都说，现在前往征伐，一定能够取胜。遂借助五行术数，达到了南下的目的。

另外，作为中国人的思想律，五行很早便渗透到中国的政治法律之中。把阴阳五行理论引入政治法律领域，淡化了法律文化的政治性和阶级性，或者说，是遮盖了封建社会法律的政治目的和阶级利益，为之披上了天道的外衣。董仲舒在《春秋繁露》中提到："故王者唯天之施，施其时而成之，法其命而循之诸人。"意思就是，王者的统治、国家的法律都是效法天道，依据阴阳五行的特性制定的，它代表上天的意志，符合自然的规律，所以必须为人们所遵守。抗拒它就是与天意、自然相悖，受到法律的处罚，是天地所予的报应，必须毫无怨言地承受。阴阳五行说嵌入政治法律，转移了被统治阶级对统治阶级不满的视线，起到了维护封建统治的作用。政治思想家们还赋予阴阳五行以道德属性，五行与"仁、义、礼、智、信"五伦的配合，给封建的道德观念找到了神圣和天然的依据。

总之，在阴阳五行说指导下的政治，一方面通过天意对人间君主有所约束，另一方面又为封建统治抹上一层神圣的色彩，起到了维护封建统治的作用。

第五，阴阳五行说支配下的历史哲学体系。

阴阳五行不仅是传统中国人看待宇宙、看待自然的工具，也是解释人生、解释历史的理论，极大影响了古代中国的历史学。

自从司马迁把阴阳五行引入历史著述，用以解释历史的发展，封建专制时代的正史皆不能脱其窠臼。如果说，司马迁所认识的阴阳五行多少还带有一点朴素色彩的话，后代正史和史家所倡导的阴阳五行则完全与神意史观和复古史观相结合，成为体现天命意志的手段或宣扬王道政治的工具，就像王夫之那样一流的思想家也未能摆脱这种倾向。

阴阳五行说给中国历史观念带来的一个明显的特征就是展现在思想家头脑中的循环的历史发展法则。他们把历史看作是一个封闭循环的圆圈，尽管是处在不断的演动中，然而这种演动不过是回归历史原点的运行。并且这种历史哲学又经常与他们的政治学说联系在一起，使得这种观念更加牢不可破。

历史循环论是经由孟子的倡导才在中国历史观念中发展起来的。孟子一方面认定"先王之法"为万世不变之圭臬，一方面又创发"一治一乱"的循环史观，坚信历史终将复归先王的黄金时代。循环论的历史观也存在于荀子的思想中，他认为历史变化只是一种循环的运动，某些原则性的东西是"与天地同理，与万世同久"的亘古不变的存在。

在战国思想家邹衍那里，阴阳五行学说正式成为用来解释历史发展过程与发展动力的理论。他创始的"五德终始说"就是这样一种学说。它在中国历史上第一次从理论上说明了任一历史朝代的合理性都不是永恒的，它如同阴阳五行的盛衰一样必然有其发生发展和消亡的历史，并必将为新生的反映德运要求的朝代所代替。秦始皇首先付诸实践，从此之后，历代的帝王或以相生或以相胜来推衍五德，确定自己的德运表明自己顺应天命、承受大统的神圣性。直到元代以后，社会发生了变更，五德终始说已不能适应统治阶级的需要而被逐渐冷落下来。

阴阳五行学说支配下的历史观念的另一种特征是天人感应说的出现。所谓的天人感应，最基本的意义就是认为天道与人道是相类而相通的，人间的政治状况与历史进程固然是属于人自身的事务，然而天又不断地受到人的种种行为的感应，天通过一些异常的自然现象来给予人们以某些启示，而最高统治者由于所处的特殊的地位，成为联系天人的中介。用这个思想去解释历史，历史就会变得与现实政治紧密相关。

这种天人感应的理论在西汉董仲舒手中系统化、圆满化了，因为他通过一种目的论的推论，突出了天作为有意志的人格神的地位，并且用阴阳五行作框架来阐释天道与人道的融通感应，成为解释天人感应学说的一种工具。董仲舒把这种学说应用于政治与历史领域，历史便形成了一种天命所定循环的模式，支配这种循环运动的便是阴阳五行之气的运动。但是，使历史学家接受天人感

哲学成就

341

应理论并用以解释政权兴替的，还是刘向和他的《洪范五行传论》。刘向把从先秦至西汉成帝时的一切灾异都与统治者的言论、行为、政治措施联系在一起，以天人感应的理论进行解释。这样使得历史与政治紧紧相连，历史就是政治史，而政治史又只是统治者言行的记录，历史的进程都取决于统治者的言行。由于天人相类而相通，天的意志也就无所不在，最后也就成为政权更替的力量。

总之，阴阳五行思想在中国思想史上，几乎渗透于文化的各个领域，深嵌到生活的一切方面。对传统文化进行点的考察，无论从哪个角度切入，深入下去，都会触及阴阳五行这个问题。或许正如胡适所说，它是被用来"解释宇宙，范围历史，整理常识，笼罩人生"的。所以，研究传统文化，不研究阴阳五行，将会是一个很大的缺陷。

"群经之首，大道之源"——《易经》

【概述】

《易经》也称《周易》或《易》，是中国最古老的占卜术原著，是中国传统思想文化中自然哲学与伦理实践的根源。《易经》有三个版本：《连山易》、《归藏易》、《周易》，分别形成于夏、商、周三代，其中《连山易》最早，《周易》最晚。《周礼·春官》："太卜掌三《易》之法，一曰《连山》；二曰《归藏》；三曰《周易》。"现存于世的只有《周易》，相传是周文王所著。

《易经》据说是由伏羲氏与周文王姬昌根据《河图》、《洛书》演绎并加以总结概括而来（同时产生了易经八卦图），是华夏五千年智慧与文化的结晶，被誉为"群经之首，大道之源"。据文献记载：相传秦始皇焚书坑儒之时，李斯将《周易》列入医术占卜之书而得以幸免。各个朝代都有人研究《周易》。

【著作内容】

《易经》包括《经》和《传》两大部分。

《经》分为《上经》和《下经》。《上经》三十卦，《下经》三十四卦，一共六十四卦。六十四卦是由乾、坎、艮、震、巽、离、坤、兑这八卦重叠演变而来的。每一卦由卦名、卦画、卦辞、爻辞组成。

爻的名称叫作爻题，爻题组成了爻辞，共三百八十四爻题。对应爻辞也有的三百八十四条，其中乾坤两卦的"用九"和"用六"不是说明爻的，故不算爻辞。

爻辞就是说明六十四卦中各爻要义和判断吉凶的文辞，如坤卦第一爻"初六"的文辞"履霜，坚冰至"，就是一条爻辞；爻题就是说明爻在卦中的位置和阴阳性质的，如坤卦中的"初六"和"六二"等都是爻题，其中"初"表示爻的位置是六爻中的第一爻，其位置在六个爻的最下方。

每个卦画都有六爻，爻又分为阳爻（记作"—"）和阴爻（记作"— —"）。阳性称为"九"，阴性称为"六"。从下向上排列成六行，依次叫作"初"、"二"、"三"、"四"、"五"、"上"。六十四个卦画共有三百八十四爻。

《易经》另一部分"传"一共七种十篇，分别是：《彖》上下篇、《象》上下篇、《文言》、《系辞》上下篇、《说卦》、《杂卦》和《序卦》。古人把这十篇"传"叫作"十翼"，意思是说"传"是附属于"经"的羽翼，即用来解说"经"的内容。

《彖》是专门对《易经》卦辞的注释。卦辞原来称彖辞。相传彖是一种长着利牙的怪兽，能咬断铁。故引申其意为断、判断等意。唐代以后改称卦辞，这样就比较通俗易懂和合乎文义。卦辞就是说明每一卦的要义和判断吉凶的断语，如乾卦中的"元亨利贞"，就是卦辞。解释卦辞的《彖传》仍沿袭原称使用至今。《象》是对《易经》卦名及爻辞的注释。其中解释六十四卦卦名卦义的有六十四条，称为"大象"；解释三百八十六爻爻辞的有三百八十六条，称为"小象"。六十四卦，每卦六爻辞，共三百八十四爻辞，此外再加"用九"、"用六"两爻，于是就成了共三百八十六爻。解释卦名和卦义的都以卦象为根据来解释爻辞，也多以爻象（包括爻位）为根据，因此题其篇曰"象"，也称象辞。

《象》包括《大象传》和《小象传》。《大象传》对卦象的解释，是从经卦的取象入手的。六十四别卦由八经卦重合而成，其中乾、坤、震、巽、坎、离、艮、兑自身重合为八纯卦，其余五十六卦为不同的八经卦的重合。《大象传》对八纯卦解释是立足于经卦的取象，如以"天行"、"地势"解释乾、坤，乾取象为天，坤取象为地。对其余五十六卦的解释亦是立足于上下两经卦的取象，如屯卦由上坎下震组成，坎取象为水，为云，震取象为雷，故说"云雷屯"。《大象传》的前句往往讲天道，后句往往讲人道。人道从天道而来，天道与人道有同一性，这种由天道而明人道的思维方式受到先秦道家的影响。《大象传》针对全卦而言，与《彖》相同，但《大象传》绝不涉及卦辞内容，与《彖》有不同之处。

《小象传》共有三百八十六条，与《大象传》在解释方法上并不相同。《大象传》主要采用取象法，而《小象传》则主要采用爻位法和取义法，以解释爻象。如《小象传》对乾卦六爻的解释，从下爻到上爻依次为："阳在下也"、"德施普也"、"反复道也"、"进无咎也"、"大人造也"、"盈不可久也"。对"用九"爻的解释为："天德不可为首也。"其中"阳在下也"，是从爻位上解说。"初九"爻居最下位，故谓"潜龙勿用"。其他则从义理入手进行解释。对六爻之位，《小象传》总体看法是：初爻为"始"、"下"、"卑"、"穷"，三四爻为"犹豫"、"疑惑"、"反复"，二五爻居中，得"中"，即中道，上爻为"终"、"上"、"亢"、"盈"。与《彖》一样，《小象传》亦用"中"、"正"、"应"、"乘"、"承"等术语进行解释，只是《彖传》用以解释卦辞，《小象传》用以解释爻辞。

《文言》则专门对乾、坤两卦作了进一步的解释。

《系辞》与《彖》和《象》不同，它不是对《易经》的卦辞和爻辞的逐项注释，而是对《易经》的整体评说。它是我国古代第一部对《易》的产生、原理、意义及易卦占法等方面，全面而系统的说明。它阐发了许多从《易经》本义中看不到的思想，是《易经》的哲学纲领。其内容博大精深，是学《易》的必读之篇。

《说卦》是对八卦卦象的具体说明，是研究术数的理论基础之一。

《杂卦》将性质相对或其义相近的卦组合起来说明卦义，因不按《易经》六十四卦的顺序，错杂而述之，故得名杂卦。

《序卦》则讲述了六十四卦的排列次序。

另外需要了解的是，最初《经》和《传》是分开的。东汉郑玄将《彖》和《象》分附到相关各卦下；魏王弼又将《文言》分附到乾、坤二卦下；南宋朱熹《周易本义》恢复郑玄以前的经、传分开的原始排序；明代官方刊行时再次采用用郑玄和王弼的方法，只将《系辞》、《说卦》、《杂卦》和《序卦》四篇单列。

【成书过程】

关于《易经》的成书年代，目前说法不一。传统上则一般认为，《易传》是春秋时期的孔子所作。所以《易经》又有"人更三圣，世历三古"的说法。意思是说：《易经》的成书，经历了上古、中古、下古三个时代，由伏羲、文王、孔子三个圣人完成。

也有传说认为，《易经》起源自《河图》、《洛书》。传说在远古时代，黄河出现了背上画有图形的龙马，洛水出现了背上有文字的灵龟，圣人伏羲因此画出了"先天八卦"。殷商末年，周文王被囚禁在羑里（古地名，在今河南省汤阴县北），又根据伏羲的"先天八卦"演绎出了"后天八卦"，也就是"文王八卦"，并进一步推演出了六十四卦，并作卦辞和爻辞。

历史上的《易经》有三种，即所谓的"三易"：一是产生于神农时代的《连山易》，是首先从"艮卦"开始的，象征"山之出云，连绵不绝"；二是产生于黄帝时代的《归藏易》，则是从"坤卦"开始的，象征"万物莫不归藏于其中"，表示万物皆生于地，终又归藏于地，一切以大地为主；三是《周易》，产生于殷商末年的《周易》，是从"乾、坤"两卦开始，表示天地之间，以及"天人之际"的学问不同。《连山易》和《归藏易》已经失传，我们看到的易经也就只有《周易》一种了。

关于《易经》的成书时代，学术界目前有三种观点。郭沫若认为，成书于春秋时期。这一观点的根据是，天地对立观念，在中国思想史上出现很晚；周金文中无八卦的痕迹，甚至无"地"字；乾坤等字古书中很晚才出现，足见《易经》不能早于春秋时期。张岱年根据卦爻辞中的故事，认为成书于西周初年。如"丧牛于易"、"丧羊于易"、"高宗讨鬼方"和"帝乙归妹"、"箕子之明夷"等，都是商和西周的故事，周成王以后的故事，没有引用，推论《易经》成书不能晚于成王时代。金静芳等认为，《易经》是殷周之际的作品。他们肯定"卦出于筮"。古之巫史逐年总结占筮活动的大量记录，经过筛选整理，写成《易经》。有的学者还从中国思想发展的逻辑进程和殷商之际社会矛盾中，考察《易经》的成书时代，也认为是殷周之际。

【思想内涵】

首先，"天人合一"是一种宇宙思维模式，它是《易经》哲学思想体系中最重要的一个概念，也是我国传统文化中的一个重要概念。《易经》的最高理想，就是实现"天人合一"的境界。《易经》中用"乾、坤"两卦代表"天、地"，而天地便代表了自然界。在《易经》看来，天地间的万物均"统"之于天，地与天相辅相成，不可缺一。但地毕竟是"随顺"的，所以，天可以代表整个自然界。尽管人作为天地之所"生"，只是万物中的一个自然成员，但人毕竟不同于万物。因为人有"仁义"之性、有"性命"之理，所以这就决定了人在天地万物之中，负有一种神圣的使命。用《易经》的话来说，就是"裁成天地之道，辅相天地之宜"。自然界提供了人类生存所需要的一切，人在获得自然界所提供的一切生存条件的同时，更要"裁成"、"辅相"自然界完成其生命意义，从而达到人之生命目的。《易经》的这种"天人合一"的宇宙思维模式，充分注重了从整体的角度去认识世界和把握世界，把人与自然看作是一个互相感应的有机整体。

其次，《易经》的总体哲学思想是"阴阳"。《系词》中说："一阴一阳之谓道。"阴阳是我国古代哲学的重要思想之一，也是《易经》的总体哲学思想，是《易经》内涵的核心所在。一方面，"阴阳"是《易经》卦象的核心。《易经》的卦象就是建立在"阴"、"阳"两爻两个符号的基础上的，这两个符号按照阴阳二气消长的规律，经过排列组合而成八卦。八卦的构成和排列，就体现了阴阳互动、对立统一的思想。八卦又经过重叠排列组合而成六十四卦，阴阳就是其核心。另一方面，除了"卦"本义上的一阴一阳，《易经》还将"阴阳"当成事物的性质及其变化的法则，把许多具体的自然的和社会的事物都赋予了"阴阳"的含义。从自然现象来看，"阳"代表天、日、暑、昼、明等；"阴"代表地、月、寒、夜、暗等。从社会现象来看，"阳"代表男、君、君子等；"阴"女、民、小人等。除以上两个方面的现象外，《易经》对自然和社会中共有的现象也以"阴阳"来解释，并赋予其"阴阳"的含义。例如：刚、柔，健、顺，进、退，伸、屈，贵、贱，高、低……依上述，《易经》认为：无论是社会生活，还是自然现象，都存在着对立面，而这个对立面就是"阴阳"。

再次，《易经》的根本精神是"生生之谓易"。一方面，《系辞》中的"生生之谓易"，是对"易是什么"的最好回答，也是对"易"的根本精神的最透彻的说明。"易"以"生生"为基本的存在形式。"易"就是"生"、"因"，而"生生"、"因缘"则是一个连续不断的生成过程，没有一刻停息。它并没有由一个"主宰者"来创造生命，而是由自然界本身来不断地生成，不断地创造。

天地本来就是这个样子，以"生生"为基本的存在方式。另一方面，"易"表现着宇宙的生化过程。"易"的这个生成过程，表现的就是宇宙的生生化化。宇宙是从混沌未分的"太极"发生出来的，而后有"阳"、"阴"，再由阳阴两种性质分化出"太阳"、"太阴"、"少阳"、"少阴"等四象，四象又分化为八卦。八卦的八组符号代表着万物不同的性质，据《说卦》的解释："乾，健也；坤，顺也；震，动也；巽，入也；坎，陷也；离，丽也；艮，止也；兑，说也。"这八种性质又可以用"天、地、雷、风、水、火、山、泽"的特征来表示。由八卦又分出六十四卦，但并非说到了六十四卦，这个宇宙的生成过程就完结了，实际上仍然可以展开。所以六十四卦最后两卦为"既济"和"未济"，这说明事物发展到最后必然有一个终结，但此一终结却又是另一新的开始。

最后，《易经》的辩证法则是"通变致久"。"易，穷则变，变则通，通则久。"这是《系辞》中说的，也是《易经》中的一个重要的辩证法则："通变致久"。《易经》自古就有"变经"的说法，但变与不变是统一联系在一起的。一方面，天道运行的规律是"唯变所适"。《系辞》说："《易经》之为书也，不可远，道也屡迁，变动不居，周流六虚，上下无常，刚柔相易，不可为典要，唯变所适。"事物有变就有常，有常就有变。《易经》就在这种"变动不居"中显示了"恒常通久"的不变法则，又在这种"恒常通久"中表现了"唯变所适"的可变规律。这种规律就是所谓的"天行"，即天道运行的规律。另一方面，事物变化遵循天道运行的规律。古人认为世间万物都是变化着的，只有天道规律本身不变，所以事物变化必须遵循天道运行的规律。《易经》说："是以立天之道曰阴与阳，立地之道曰柔与刚，立人之道曰仁与义，兼三才而两之，故《易》六画而成卦。分阴分阳，迭用柔刚，故《易》六位而成章。"《易经》每卦六爻，代表天、地、人、三才之道，三才之道又各有阴阳、柔刚、仁义之分。六位的阴阳与六爻的柔刚，也就是"道"的常变，彼此交错，互相迭用，才构成了易卦的根本演变规律。所以《易经》认为既然世间万物都是变化着的，只有天道规律本身不变，那么人就应该效法天道，不违天逆常，顺时适变，如此才可以保持长久。

另外，在《易经》中还有两个指导人行为的概念："时"与"中"。在道德修养上，《易经》要求人们的行为符合"时"与"中"这两个概念。这种时、中概念是一种很高的生存智慧，它要求人"时行时止"，要求人的行为与天地人万物的运动变化产生协动，发生共振，在顺应性的相通、相协的一致性中，顺畅地实现人的存在。"中"指中庸之道，即在天地自然之道正中运行，既不太过，又不不及。"时"指与时势一致，即察觉时机的来临，重视来到身边的机会；知道时机来临时，如何抓住机会；掌握、利用来到身边的机会，不要错过而后悔；一旦时机到来，立即行动；能够看到时机的变化，并随着它的变化对自己的行为做出调整；在恰当的时机开始，恰当的时机停止，在与天地万物相通相协中，顺畅地实现人的存在。《易经》的这种主动性适应，创造性顺应的"时、中"生存智慧，是和那些庸俗的生存方式的本质完全不同的，它构成了中国人积极进取和待时而动的性格。

【历史影响】

《易经》是中华文化的根，是中国进入文明社会的重要标志。它不但是最早的文明典籍，同时也对中国的道教、儒家、中医、文字、数术、哲学、民俗文化等产生了重要影响。

《易经》是一种人工编码系统。它由阴阳通码卦符组成了八卦、六十四卦、三百八十四爻三个不同水平的系统层次，同时配以卦辞和爻辞进行文字说明，有着严密、完美的内码数理结构，是目前所知的上古文明中层次最强、结构最严密的符号系统，也是最早运用系统论的典型。

《易经》系统的开放性和兼容性为后世系统论应用树立了典范。《易经》编码遵循严密的相似论、相应论、相关论、相对论规律，运用简单卦符系统对宇宙万物发展演化规律进行模拟，找到了事物间的抽象关联，比之研究具象关联的现代科学可谓是一个全新的领域，其中的奥妙至今仍值得深入研究。

《易经》编码的阴阳学说及其极变规律和先后天八卦思想对道家影响深远，是道家学说的思想根基，被道家崇为"三玄之一"。

《易经》也是儒家中庸之道、仁义礼智信、三纲五常等思想的重要来源，被儒家尊为"群经之首"。

《易经》阴阳学说是中医阴阳学说的基础。《易经》的实时定位思想、与时偕行等思想对中医有着至为重要的影响，一人一方、因病成方的治疗原则皆源于此。同时对子午流注、八纲辨证、风寒暑湿燥火六邪等学说的形成都有重要影响。中医经典著作《黄帝内经》受《易经》的影响很大。东汉时期的《神农本草经》运用八卦取象的观念，明确了中医用药原则。张仲景《伤寒论》把阴阳学说和太极含三为一发展为六经学说，创立了六经辨证的原则，奠定了临床医学的基础。

《易经》对军事理论有直接影响。宋代王应麟在《通鉴答问》中称："盖易之为书，兵法尽备。"《易经》六十四卦，适合战争机动战略的选择，历史上著名的军事家孙膑、吴起、诸葛亮等，都根据《易经》原理排兵布阵。历史上戚继光抗倭，在创立阵法时也是参考《易经》原理。

《易经》对武术发展也有很大启发。《易经》中有"君子以除戎器，戒不虞"的辞，说"君子应整治兵器，以防不测"，对习武健身、防身观念的形成有直接影响。八卦掌、太极拳等，都来自《易经》理论。

《易经》对建筑学的影响主要和"风水"学说紧密相关，古代的城建布局、建筑设置等都要以《易经》理论为指导，四合院就是阴阳平衡、和谐观念建筑的典型。传统建筑中的"九梁十八柱"等都是从《易经》中获得灵感，故宫角楼就是这种风格的典型。

围棋也是根据《易经》原理演变的游戏，被认为是世界上最复杂的游戏之一。

此外，《易经》在园林、养生、环保、农业等方面都产生过巨大影响，有的至今仍是重要的参考文献。

《易经》编码独特的实时定位系统论思想，从根本上打破了现代科学可以"重复"的神话，强调了事物矛盾的特殊性一面，具有重要的世界观和方法论意义。随着科学的发展，其深远意义将日益被证明。

《易经》强调与时偕行的变易思想，是和谐文化、与时俱进等国学传统思想的主要来源。

《易经》编码的序结构思想，是已知最早研究事物序结构的典范，比现在的基因排序早了五千多年。同样的卦符，由于序结构不同而有《连山》、《归藏》、《周易》、《邵氏易》之别。

《易经》实时定位的思想，是形成"天人合一"思想的根源，至今对环保、保健仍有重要的借鉴意义。

《易经》编码的模糊观念，是后世的模糊数学的先驱。《易经》编码所依据的四论对中国文字造字、用字的"六书"有着直接影响，直联"象形"，复联"会意"，谕义"指事"，意声"形声"，复合"转注"，错用"假借"，都可以在《易经》的相似论、相应论、相关论、相对论中找到依据。

《易经》回答了诸多哲学、天文、预测等方面问题，是真正的一分为二观点，比马克思学说早了几千年。它注重推理和条件约束，没有任何宗教色彩，通过象、数、理的推演，展示了独特的宇宙观，回答了物质、能量、信息、质量转换、辩证法则、人的意志等纯哲学命题，具有世界观和方法论方面的重要意义，独树一帜。其辩证观念是唯物辩证法的先驱。《易经》预测所利用的偶合律，最早找到偶然性和必然性的完美结合点，是探讨偶然和必然哲学范畴的先声；其二元世界和统一论思想，揭示了我们目前所处的宇宙空间的真柑，暗示了二元世界解决一切问题的不二法门。

《易经》中常用的很多词语至今仍在我们口头应用，如"突如其来"、"夫妻反目"、"谦谦君子"、"虎视眈眈"等。

21世纪中国的崛起，正在彰显中华民族精神的深层结构。《易经》对中国文化影响的领域非常广泛，可以说是无处不在。同时，也是世界上传承非常完整、绵延不绝、生生不息的文化活化石。

中国哲学的历史源头——先秦哲学

【概述】

先秦哲学主要指先秦至汉初这一时期的哲学。在诸子蜂起、百家争鸣的环境下，产生了儒、道、墨、名、法、阴阳、纵横、农、杂等各家。其中，最为重要的是儒、墨、道三家。

【儒家思想】

儒家的开山鼻祖是孔子，孔子儒学思想产生的时代是春秋战国时期，其时，"天下无道"（《论语·季氏》），周礼已崩溃。为了恢复周礼，实现自己的政治理想，孔子提出了以"仁"为核心的一整套学说。孔子关于"仁"的论述很多，最基本的是"仁者爱人"和"克己复礼为仁"（《论语·颜渊》）。先秦的儒家也往往被称之为原始儒家。从原始儒家的经典《诗》、《书》、《礼》、《乐》、《易》、《春秋》、《论语》、《孟子》、《荀子》、《礼记》等可以了解原始儒家的思想。

　　孟子继承和发展了孔子的"仁"的思想，不仅为"仁"找到了人性的根据，即人天生就有"恻隐、羞恶、辞让、是非"四种善端的萌芽，经过一番"修身"、"养性"的培养，就可以发展成为仁义礼智"四德"，而且他进一步以这种人性论为基础，提出了"仁政"学说。孟子对儒家学说的另一重大发展，是建构了一个天人合一的思维模式，以及与之相应的尽心、知性、知天的认识路线，"尽其心者，知其性也；知其性，则知天矣。存其心，养其性，所以事天也。"

　　和孟子天人合一的思路不同，荀子主张"天人相分"，即自然界和人类社会各有其职分和规律，他提出了"天行有常，不为尧存，不为桀亡"（《荀子·天论》），即自然运行法则是不以人们意志为转移的客观存在，并提出"制天命而用之"（《荀子·天论》）的人定胜天思想。和孟子的性善说相反，荀子认为人性生来是"恶"的，"其善者伪也"（《荀子·性恶》），要有"师法之化，礼义之道"，才可以为善，他重视环境和教育对人的影响，这就是他所谓的"化性而其伪"（《荀子·性恶》）。同孔子和孟子不同，荀子不仅"隆礼"，而且"重法"，认为礼和法是同时产生，作用相同，密不可分，从这里荀子建立他的礼治和法治相结合的政治观，坚持儒家"正名"之说，强调尊卑等级名分的必要性，主张"法后王"，即效法文、武、周公之道。先秦儒家思想奠定了整个儒家学说的基本格局，奠定了中国政治哲学、道德哲学和历史哲学的基础，对中国传统文化的形成和发展，产生了极其深远的影响。

　　【道家思想】

　　在中国的历史上，能够长期与儒家相抗衡的是道家。道家自先秦时期形成后，历两千年而不衰，深刻地影响了我们民族的心理状态、思维方式和精神面貌。先秦时期的道家的代表人物是老子和庄子。

　　老子建构了一个以"道"为核心的哲学体系，"道"既是宇宙万物的本原，又是天地万物运动变化的规律，同时也是人们在社会生活中应该遵循的准则。他用"道"来说明宇宙万物的产生和演变，提出了"道生一，一生二，二生三，三生万物"（《老子·四十二章》）的观点；他提出"道"是"莫之命而常自然"（《老子·五十一章》），即"道法自然"（《老子·二十五章》），"道"完全是在按照自身固有的规律运动变化，"道"对万物的作用是自然而然的，即"生而不有，为而不恃，长而不宰"（《老子·十章》），然而没有一件事物不是它的所为，"道常无为而无不为"（《老子·三十七章》），据此，他还提出了"无为而治"的政治主张；他提出了包含丰富辩证法思想的——"反者道之动"的命题，猜测到一切事物都有正反两面的对立，并意识到对立面的转化，如"祸兮福之所倚，福兮祸之所伏"，并从事物的矛盾性角度，提出了"不争"的处世与修养原则。

庄子继承和发展了老子"道法自然"的观点，认为"道"产生天地，天地和气产生万物，物生是气的"聚"，物灭是气的"散"；他也认为"道"是无限的、"自本自根"、"无所不在"的，强调事物的自生自化，否认有神的主宰，这些思想都包含了丰富的辩证法思想；庄子哲学最有特点的是他的人生哲学，他认为，儒家所高扬的仁、义、礼、智恰恰是违背"民之常性"的，应当全部抛弃，以使人们能按本性生活。除此之外，要按人的自然本性生活，还要消除名利欲望，保持心灵的恬淡虚静。然而，现实生活与他的理想却是大相径庭的，因为在现实世界中人要受到是非之辨、贵贱升降、贫富变迁、生死祸福等因素的困扰，受到各种物质条件的限制，人们有所依赖，有所期待，有所追求，这一切造成了人们的痛苦、不自由，这叫作"有待"。而此身有限，吾生有涯，以有形有限之生投入天下，人们要面对无限的时空、知识、意义、价值，这一"无限"令他不安。如何化解这些痛苦、困惑和不安？庄子的人生哲学提示人们超越有待，而达到无己、无待。无己，就是从精神上超越一切自然和社会的限制，泯灭物我的对立，忘记社会和自我；无待，就是不依赖任何条件。庄子在《逍遥游》中为我们描述了这样的人生境界：超越有待，不为俗累，宛若大鹏神鸟，遗世独立，飘然远行，背云气，负苍天，翱翔太虚。

老子、庄子哲学开创了中国哲学自然主义先河，对中国哲学中的本体论、辩证法有较大贡献，他们人生哲学中的反等级、宗法、专制思想，以及崇尚自由的思想，对中国知识分子的心理有较大的影响，成为中国文化深层结构的一部分。

【墨家思想】

墨家是先秦时期与儒家双峰并峙的学派，同被称为"显学"，墨子是墨家的创始人。

在反对儒家学说的过程中，墨子提出"兼爱"的思想。他认为，当时天下的种种纷争、世风日下，是"以不相爱生也"（《墨子·兼爱中》），要稳定社会秩序，就要使人们"兼相爱，交相利"，即"视人之国若视其国，视人之家若视其家，视人之身若视其身"（《墨子·兼爱中》）。与孔子"仁爱"的"差等之爱"不同，墨子主张"兼爱"应当是"爱无差等"，与孔子主张的"义以为上"不同，墨子认为"利"是"爱"的具体内容和表现。为了贯彻他的"兼爱"思想，墨子抬出了"天志"和鬼神，认为"天志"是一种"规矩"，是评判社会政治、判别是非的标准，按"天志"的要求，人们应当实行"兼爱"。但他在宣扬"天志"鬼神的同时，又赋以"非命"的内容，对当时盛行的命定论进行了揭露和批判，认为天下的治乱、人们的生死祸福、寿夭贫富在于人事本身，而不在于"命"，"命者，暴王所作，穷人所述，非仁者之言也"，所以"不可不强非也"（《墨子·非命下》）。在认识论方面，他制定了作为认识真理准则的"三表"："上本之于古者圣王之事"；"下原察百姓耳目之实"；"废以为刑政，观其中国家百姓人民之利"（《墨子·非命上》），把人民群众的经验和实际利益作为判断是非的标准，这在真理标准问题的探讨上，确实是一个贡献。

墨家在战国时期一直保持着"显学"的地位，与儒家争雄一时，但随着封建大一统帝国的建立和巩固，儒学"独尊"地位的确立，墨家就由"显学"而成为"绝学"了。

【历史背景】

公元前21世纪的夏代，中国进入奴隶社会，殷商和西周是奴隶社会的发展时期。中国奴隶社会保留了公社共同体形式，以血缘关系为纽带。土地属奴隶主国家所有，强迫奴隶集体耕作，春秋至战国初，由于铁器和耕牛的使用，产生了用个体生产代替集体耕作、用地主土地私有制代替奴隶主土地所有制的经济条件，宗族奴隶制在奴隶和平民的反抗斗争中逐渐瓦解。

战国时期，新兴地主阶级和没落奴隶主阶级在经济上和政治上进行了反复的斗争和较量，封建制终于战胜了奴隶制，先后建立了魏、赵、韩、齐、楚、燕、秦七个封建国家。秦国实行封建化改革最晚，也最为彻底，商鞅变法的成功使秦国一跃而为战国后期的强国，奠定了后来统一中国的基础。封建制度的确立促进了社会经济的繁荣，生产的发展又促进了科学技术的发展。先秦哲学随之产生和发展。

先秦哲学的发展大体可分为三个阶段：萌芽时期、诸子前哲学和诸子哲学。

哲学的萌芽是同原始宗教相联系的，主要表现为相信灵魂不死和崇拜自然物的自发观念。在殷商奴隶社会占统治地位的思想是上帝神权观念，周灭殷后发展为天命主宰一切的观念，周公提出"敬德保民"、"以德配天"的思想。以《易经》和《洪范》为代表的早期阴阳、五行观念尚未完全摆脱宗教神学的束缚，表现了科学思维的萌芽同宗教、神话幻想的一种联系。

西周末至春秋时期，奴隶主阶级的统治出现了危机，天命神权也发生了动摇。在《诗经》中出现了疑天、责天的思想。出现了原始的阴阳、五行观念，对自然界的变化作了某些唯物主义的解释，表现出无神论的倾向，同时发展了朴素辩证法的思想。伯阳父、史伯、管仲、医和、子产、晏婴、史墨等人，可以称为先秦诸子前哲学思想的主要代表。

春秋末年，孔子创立儒家学派，是中国哲学进入诸子百家之学的开端。在春秋战国时期的社会大变革中，先后出现儒、墨、道、法、名、阴阳等重要学派，围绕着天人之际和古今之变以及名实、礼法等问题展开了激烈的哲学论辩，学派之间既互相斗争又互相吸取，每个学派内部也不断分化和发展，使这个时期的思想斗争呈现出错综复杂的情况，从而促进了哲学的繁荣。

【历史地位】

在中国哲学的历史长河中，先秦是形成学派和建立哲学体系的重要历史时期。从一定意义上可以说，哲学的基本范式在先秦时期即已形成，而后世哲学则只是不断地对先秦哲学进行诠释与发挥、发展。

先秦哲学广泛地探讨了宇宙本原和自然规律问题、天人关系问题、人性善恶问题、认识论和逻辑学等哲学命题，把哲学研究伸展到各个领域和各个方面，内容极为丰富，已包含着以后各个历史时期各种哲学观点的胚胎和萌芽，对中国哲学的发展产生了深远影响。

"罢黜百家，独尊儒术"——两汉经学

【概述】

经学是指中国古代研究儒家经典学说，并阐明其含义的学问。两汉经学是以先秦儒家思想为经典发展起来的经院哲学体系，它以宣扬天人感应、君权神授为特色，其代表人物是董仲舒和公孙弘。汉朝是经学发展最为繁荣和昌盛的时期，在这一过程中，儒生通过对经学进行阐述、发展的过程，使经学的思想深深渗透到普通民众之中。

【历史成因】

汉代实行"罢黜百家，独尊儒术"的文化政策。公元前140年，汉武帝即位。他召集全国文士，亲自出题考试，并亲自阅卷，重用董仲舒和公孙弘，并下令非儒学的诸子百家一概被罢斥。据《后汉书·儒林列传》记载："于是立五经博士，各以家法教授，《易》有施、孟、梁丘、京氏，《尚书》欧阳、大、小夏侯，《诗》，齐、鲁、韩，《礼》，大、小戴，《春秋》，严、颜，凡十四博士。"从此，哲学流变由先秦诸子之学转入两汉经学，儒学取得了独尊的地位。

【重要思想】

公孙弘（公元前200年—公元前121年），字季，一字次卿，汉族，西汉淄川国薛（今山东滕县南）人，军事家、文学家。公孙弘在学术上并无所长，但在汉武帝"罢黜百家，独尊儒术"的转折过程中作用巨大。汉初，公孙弘建议汉武帝：《易》、《书》、《诗》、《礼》、《春秋》每经只有一家，每经置一博士，各以家法教授。汉武帝按公孙弘建议设置的学官名，称"五经博士"。到西汉末年，研究五经的学者逐渐增至十四家，所以也称"五经十四博士"。

公孙弘实施的"五经博士"措施是一整套的关于儒家经学教育和选拔国家官员的方案，其中包括教育方针、选择条件、学习和考核方法、修业期满后的分配等一整套措施。公孙弘著有《公孙弘》十篇，《汉书艺文志》著录（已佚）。尤其他的"非学无以广才，非志无以成学"的精神，已成为历史长卷中最醒目的一章，永垂后世。

董仲舒（公元前179年—公元前104年），汉族，汉广川郡（今河北省枣强县）人，汉代思想家、哲学家、政治家、教育家。董仲舒以《公羊春秋》为依据，将周代以来的宗教天道观和阴阳、五行学说结合起来，吸收法家、道家、阴阳家思想，建立了一个新的思想体系，成为汉代的官方统治哲学，对当时社会所提出的一系列哲学、政治、社会、历史问题，给予了较为系统的回答。在著名的《举贤良对策》中，提出其哲学体系的基本要点。

董仲舒的哲学基本上是《易经》阴阳学说的引申。董仲舒认为，天人是相互感应的，感应的根据是天人皆有阴阳，而阴阳消长的原因，在于五行的"相生"和"相胜"，五行生胜，才导致了宇宙间万事万物的生成变化，诸如自然

哲学成就

355

界的四时代谢，社会上王者四政（庆赏刑罚）迭用，个人四气（喜怒哀乐）转换。在这种运动变化中，始终体现着天的意志和德行，阳是天的恩德的体现，阴是天的刑罚的体现，天"亲阳而疏阴，任德而不任刑"（《春秋繁露·基义》）。根据"天人感应"的原理，他认为，"天"对地上统治者经常用符瑞、灾异分别表示希望和谴责，用以指导他们的行动，他为君权神授制造理论。从"天人感应"论出发，董仲舒提出了他的"性"、"情"说，性是先天素质，其中包括贪仁或称善恶两方面，情是"人欲"，虽然人性中有善质，但要变成现实的善，还需要一番严格的修炼，这就是要按照"三纲五常"的标准严格要求自己，发挥善性，克制人欲，最终达到善的境界。董仲舒以他的天人感应论为基础，对君臣、父子、夫妻之间的主从关系，作了全面系统的神学论证，同时提出了仁义礼智信五常之道，是包括王者在内的所有人的修身正己的道德要求。"三纲"、"五常"结合起来，形成了一个完整的社会规范系统，这对维护社会稳定、巩固封建统治的作用是非常巨大的。董仲舒还将天道和人事牵强比附，企图论证"道之大原出于天，天不变，道亦不变"。假借天意把封建统治秩序神圣化、绝对化。

董仲舒的思想，是西汉皇朝总结历史经验，经历了几十年的选择而定下来的官方哲学，对巩固其统治秩序与维护大一统的局面起了积极的作用。董仲舒不仅是正宗神学的奠基者，又是著名的经学家。他是一位承前启后、继往开来的思想家，为以后的封建统治者提供了如何进行统治的理论基础。

董仲舒思想的主要特色，是以儒家学说为基础，引入阴阳五行理论，建成新的思想体系。董仲舒说："王道之三纲，可求于天"，"天不变，道亦不变"，董仲舒以"天人感应"的神学思想宣称：帝王受命于天，是秉承天意统治天下的，因此成为"天子"。按照这个说法，帝王自然就具有绝对的统治权威，这是汉武帝最需要的精神武器。董仲舒从天人关系出发，又根据"阳尊阴卑"的思想，建立一套"三纲"、"五常"的伦理学。董仲舒建议统一学术，统一思想，直截了当地提出了"大一统"的政治思想，为维护封建统治帝王的绝对统治服务。

【历史地位】

两汉经学是中国文化在先秦学术大发展的基础上以儒家为主所进行的第一次综合，是儒家思想发展到了一个新阶段的产物。

两汉经学的天人感应论使儒家"天人合一"的思想罩上了神学的色彩，而"三纲五常"的伦理规范，一方面是对先秦儒家崇尚仁义、注重个人修养思想的继承；另一方面，则是从社会制度的角度，以明显的自觉意识，从社会控制的角度，对先秦儒家修养论的理论性发展。"阳德阴刑"、"独尊儒术"的主张，则反映了儒家学说与封建专制王权相结合、为专制王权服务的自觉性。如汉朝的"以经义决狱"是汉朝经学与王朝政治相结合的一大特色，也是汉朝经学繁盛的一大标志。儒生通过司法实践和官学、私学教育，移风易俗，把经学思想深深地植入了普通民众之中。

佛教的中国化——中国佛教哲学

【概述】

中国佛教哲学是印度佛教与中国封建传统哲学相结合的产物。佛教自印度传入中国后，通过由汉代到唐代六百余年的消化，中国人创造了自己的中国化了的佛教哲学，渗透了中国哲人的智慧，特别是吸收了道家、儒家和魏晋玄学的哲理，构成中国哲学的一部分。

【基本教义】

佛教的基本教义是，把现实断定为"无常"、"无我"、"苦"，认为人类的社会生活、家庭生活以及个人生活都充满着苦。富贵者有富贵者的苦，贫贱者有贫贱者的苦，整个现实世界是一苦难的集合体。

造成苦难的原因不在客观环境，与社会制度无关，完全在于人类自己的思想意识和行为自身，即所谓"惑"、"业"所致。"惑"指错误的认识、思想，主要是"贪"、"嗔"、"痴"，佛教称这三者为根本性的烦恼。"业"指思想、言论和行为等一切身心活动。惑业为因，造成生生世世不得解脱的可怕后果，佛教称为轮回报应。只有依照佛教指引的道路，进行宗教训练，彻底改变世界观，才可以超出生死轮回报应，得到彻底解脱。这种最后的精神解脱境界，叫作"涅"。这些道理包括在"五蕴"、"四谛"、"十二因缘"等最基本的教理之中，这些教理成为以后佛教各派教义的基础。

【佛教传播】

佛教与基督教、伊斯兰教并称世界三大宗教。佛教创始人是悉达多（约公元前563—约公元前483年），族姓为乔达摩，中国古译为瞿昙。相传，为净饭王之子，生于迦毗罗卫国（现为尼泊尔王国境内）。他一生在印度次大陆北部、中部恒河流域一带传教。释迦牟尼是佛教徒对他的尊号。根据文献史料推断，悉达多的出生略早于中国的孔子。

佛教的宣传方法多用理论思辨、逻辑推论、概念分析来论证其基本教义。从理论思维的方式开始，把信徒引向信仰主义、出世主义，以思辨的哲学为宗教服务。

公元前6世纪至公元前4世纪中叶，因对教义及戒律的认识产生分歧，佛教内部开始分化，出现了许多教团。公元1世纪左右，出现大乘佛教（大乘佛教把以前的佛教称为小乘佛教）。13世纪初，佛教在印度本土趋于消失，19世纪末，又稍有恢复。佛教经典先是口头传诵，后来才有写在贝叶上的写本。经典繁多，浩如烟海，总称为"经"、"律"、"论"三藏，这是佛教全书。"经"是以佛说教名义流传下来的记录；"律"是用来维系出家僧众及在家信徒的宗教生活规范；"论"是后世各教派阐发佛教原理的一些专著。

佛教开始传播于尼泊尔、印度、巴基斯坦一带，以后南到斯里兰卡、印度支那半岛，北到中亚细亚。东汉末，汉译大量佛教经典，佛教教义开始同中国传统伦理和宗教观念相结合，得到传播。当时的主要译作有安世高传译的《小乘佛典》，支娄迦谶传译的《大乘佛典》。随着中国与中亚各国的经济文化交流，佛教于西汉哀帝元寿元年（公元前2年）传入中国内地，在中国的社会历史条件下得到发展，成为中国封建社会上层建筑的组成部分。佛教初传入时被看作是神仙方术。魏晋时，佛教般若空观受到门阀士族的欢迎。与魏晋玄学密切结合，形成风靡一时的般若学。

至南北朝，佛教势力在内地又有所扩大。南方的宋文帝、梁武帝为首的帝王贵族，大力提倡佛教，用国家的力量支持佛教的发展，修塔、建寺、度僧、译经，把佛教作为"坐致太平"的思想工具，扶植寺院经济及义学发展。北朝各代帝王贵族也以国家的力量资助译经、建寺，开凿石窟，雕造佛像，比南朝有过之而无不及。北朝佛教虽曾遭到北魏太武帝及北周武帝"灭佛"的打击，但很快就得到了恢复，并且得到更大的发展。

隋唐时期，佛教与儒、道并称"三教"。三教之间，进行长期争论，互相斗争和渗透。上层统治集团采取三教并用方针，佛教进入鼎盛时期，寺院经济得到高度发展，译经的规模和水平高出于前代。代表人物有玄奘、义净等。此时，佛教理论也由依附汉文译经进而建立起多种独立的宗派体系，适应中国封建社会的宗教仪式、教规基本完成。这时形成了天台宗、律宗、净土宗、法相宗、华严宗、禅宗、密宗及三阶教等中国宗派，并传到了朝鲜、日本和越南。佛教信仰深入民间，佛教思想影响到哲学、道德、文学、艺术等各个领域。

宋代以后，一些主要佛教宗派的基本观点为儒学所吸收，佛教思想日益与儒、道相融合。在西藏地区，唐初的松赞干布提倡佛教，以后逐渐形成藏传佛教，俗称喇嘛教；到了元初，忽必烈封喇嘛八思巴为帝师，逐步确立政教合一的统治体制。喇嘛教还流传于中国藏族居住的其他地区。在中国云南省傣族地区还流传《小乘佛教》。

【主要派别】

天台宗：中国佛教中影响很大、持续时间较长的派别，开创于南北朝末、隋朝初。创始人常住天台山，故名天台宗。其派主张定慧并重的原则。所著的《法华玄义》、《摩诃止观》、《法华文句》被奉为"天台三大部"，是天台宗的基本经典。天台宗认为，一切事物都是法性、真如的表现，并以"一念三千"、"三谛圆融"为观察世界和宗教修持的方法。认为物质世界及其多样性，不过是人心一念的产物。事物皆因缘和合而生，"无自性"，是空的，即"空谛"；"空"并非绝对的"无"，而是假有，即"假谛"；佛教把万物看成非真非假，亦真亦假，即"中谛"。认为三谛互相包容，互不妨碍。"一念三千"与"三谛圆融"之说集中地反映了天台宗的主观唯心主义观点。天台宗以《法华经》的教义为佛教的最高原理，主张以五时判八教。唐代的湛然，进一步阐明了天台宗的教义，提出"无情有性"的学说，认为草木瓦石也有佛性。北宋初，因争论《金光明玄义》广本的真伪问题，天台宗内部分成山家、山外两派。9世纪初，日本僧人最澄入唐求法，从学于天台湛然弟子道邃，回国后，传天台教义。13世纪日本僧人日莲根据《法华经》创立"日莲宗"。11世纪末，朝鲜僧人义天入宋学天台教义，从此天台宗传入朝鲜。

律宗：全称"南山律宗"，创立者为唐代终南山道宣。律宗主要在于约束僧众的戒行，理论上阐发较少，社会影响不大。唐天宝十三年（公元754年），鉴真和尚传律宗于日本。

净土宗：唐代善导创立，主要以《无量寿经》、《观无量寿经》、《阿弥陀经》和世亲著《往生论》为经典依据。这派认为只要信佛，每日念佛万声以至十万声，死后便可往生净土（西方极乐世界）。由于修行方法简易，信徒颇多。公元9世纪时，日本僧人圆仁入唐，学天台宗，并学净土宗。12世纪，源空在日本开创日本净土宗。

法相宗：唐玄奘及弟子窥基创立。通过分析法相即事物的相状、性质和名词、概念的含义以表达"唯识真性"，因而又称"法相唯识宗"、"唯识宗"。它继承了古印度瑜伽行派的学说。窥基依据《解深密经》和《瑜伽师地论》等六经十一论等经典，糅合印度瑜伽行派著名"十师"对世亲著《唯识三十论》的注释，编为该宗的代表作《成唯识论》，又作《成唯识论述记》和《成唯识论掌中枢要》等加以发挥，主张外境非有，内识非无，建立"唯识无境"的基本理论。并用遍计所执性、依他起性和圆成实性之"三性说"概括全部学说，同时介绍和运用佛教逻辑（因明）。这一派主张八识，认为第八识即阿赖耶识（种子）是苦难的主要根源。公元7世纪时，日本僧人道昭从玄奘学法相义。8世纪时，日本僧人玄昉入唐，从智周学法相义。

华严宗：以《华严经》为主要经典，故名。创始人为法藏，因武则天赐号"贤首"，又称"贤首宗"。华严宗判教，自称为"一乘圆教"。重要经典著作为《华严一乘教义分齐章》、《华严经探玄记》、《华严经义海百门》等。华严宗认为"一真法界"为世界的最高本原，用法界缘起说明现象间的关系，其中"四法界"说、六相圆融说、十玄门说都是华严宗说明本体和现象的关系，尤其是现象界各种关系的重要理论。"缘起"说本是佛教的一个根本观念。华严宗对"缘起"的解释有所发展，它把一多、大小、同异、善恶等相反的现象或者表面没有联系的现象，都解释为具有相互依存、和谐统一、不可相离的整体。这个包罗万象的整体叫作"一真法界"。华严宗已接触到哲学上的本质与现象的关系，提出了理事无碍的观点，标志着认识的深化。但它不是引导人们认识现实世界，而是教人脱离现实世界；不是改变世界的不合理，而是为这个不合理的世界寻求合理性的理论论证。华严宗的宗密著有《原人序》、《禅源诸诠集》，进一步调和儒、道、佛三家思想。

禅宗：创始人传说为菩提达摩。主张理入、行入的修行方法。禅宗从唐初弘忍以后，分为南北两派。北派以神秀为代表，南派以慧能为代表。中唐以后，北派不传，慧能一派取得禅宗正统地位，影响遍及大江南北。慧能的《坛经》是禅宗的代表作，提倡佛性本有，佛性不假外求，不读经，不礼佛，也不参禅，以无念为宗，即心即佛，自称顿教法门。慧能以下，有行思、怀让、慧忠、神会诸弟子，以后又分为五个支派（五家），即曹洞宗、云门宗、法眼宗、沩仰宗、临济宗。其中以临济、曹洞两家流行时间较长，影响也大。12世纪时，日本僧人多传临济禅法。13世纪初，曹洞宗传入日本。公元8世纪，新罗僧信行入唐从神秀受法，传北宗禅到朝鲜。新罗僧人道义传南宗禅。

密宗：亦称"秘教"，自称受法身佛大日如来深奥秘密教旨传授，为真实言教。一般认为，密宗是公元7世纪以后，印度大乘教的部分派别与婆罗门教相结合的产物。以高度组织化的咒术、仪礼、民俗信仰为其特征。主要经典为《大日经》、《金刚顶经》、《苏悉地经》。密宗认为，世界万物、佛和众生皆由地、水、火、风、空、识所造。前"五大"为色法，属"胎藏界"，识为心法，属"金刚界"。色、心二法摄宇宙万物，佛与众生体性相同。众生依法修行，手结印契，口诵真言，心观佛尊，就能使身、口、意三业清净，与佛的身、口、意相应，即身成佛。密宗仪式复杂，有严格的规范。必须由导师秘密亲授。公元8世纪末，密宗传入日本，称"真言宗"。在这以前由不空弟子传入新罗。

三阶教：亦称"三阶宗"或"普法宗"，隋代信行创立。其代表作是三十五部、四十四卷的《三阶佛法》。三阶教把全部佛教按"时"、"处"、"机"（指人）分为三阶：第一阶是正法时期，"处"是"佛国"，只有佛、菩萨修持的是大乘一乘佛法。第二阶是像法时期，"处"是"五浊诸恶世界"，人是凡圣混杂，流行大小乘（三乘）佛法；第三阶是末法时期，"处"也是"五浊诸恶世界"，人都是"邪解邪行"，当信奉"三阶教"，"普信"，"一切佛乘及三乘法"。该宗强调苦行、忍辱、乞食、一日一餐，认为一切众生皆是真佛。死后尸体置林间，供鸟兽食，称以身布施。隋开皇二十年（公元600年），朝廷明令禁止，武则天圣历二年（公元699年）、玄宗开元十三年（公元725年）又两次申令禁止。

【历史地位】

中国佛教由于经济和政治的原因，以及地区和民族的差别，形成了许多不同的支派，但总的看来，它是中国社会的产物，属于封建社会的上层建筑。汉传佛教是儒学的必要补充。藏传佛教则为西藏历代农奴主及蒙古王公贵族服务。傣族地区的小乘佛教则为当地头人服务。中国佛教既有佛教的共同性，以人生为苦，宣传五蕴、四谛、十二因缘等出世哲学，又有中国地域的特性，它结合了中国社会需要、民族文化的特点，形成了具有中国特色的佛教教义。广大汉族地区的儒、佛、道三教融合思想构成了中国后期佛教的特殊内容和典型基调。

中国化的佛教哲学融合了中国的儒学、道学、玄学，对佛教宗教唯心主义哲学体系进行了特有的论证、解释和发挥。它继承了佛教哲学的论证方法，利用非科学的抽象，在相对的现实的现象界背后设置一个绝对的超现实的"本体"，或说"真如"，或说"实相"、"佛性"。它运用"缘起论"等进行相对主义的论证，借以歪曲和虚构事物现象界的关系和人类认识的矛盾，否定客观世界的实在性和人的主观认识能力的可靠性。在论证、解释过程中，中国佛教哲学突出了它的思辨性的特点。特别是华严宗和禅宗的理论，在本体论、认识论、发展观方面对中国哲学思维的前进起了一定的推动作用。中国佛教哲学的发展，在客观上也促进了中国无神论和唯物主义思想的深化，构成了中国哲学史的重要一环。

需要指出的是，从人生哲学的角度看，中国佛教的人生哲学模式渗透了儒家乐天知命、安贫乐道、顺应时势以及道家无为不争、安时处顺的人生理想，只是这种人生哲学更加消极。佛教理想的人格是超尘脱俗、泯灭七情六欲的"超人"。这种人对尘世的一切荣辱沉浮、喜怒哀乐，都可以无动于衷，可谓"心如古井"、"形如枯木"；这种人不关心现实的命运，更无从向未来进取，只能是随缘而安；这种人认为，世界上的一切都是命定的，一切要顺其自然，与世无争，任何计较都是违背佛性的。佛教的这种人生哲学模式给后世的中国社会心理产生了深远的影响，特别是对中国广大的知识分子更是产生了极其消极的影响。

时代的产物——宋明理学

【概述】

宋明理学，亦称"道学"，指宋明时代占主导地位的儒家哲学思想体系。

它发端于北宋，创始人为周敦颐、邵雍、张载、程颢、程颐；成熟于南宋，朱熹集大成，建立起比较完备的理学体系；兴盛于明代，王守仁发展了陆九渊的学说，建立起心学体系，以与程朱理学相抗衡。理学是北宋以后社会经济政治发展的理论表现，是中国古代哲学长期发展的结果，特别是批判佛、道哲学的直接产物。理学在中国哲学史上占有特别重要的地位，它持续时间很长，社会影响很大，讨论的问题也十分广泛。

【研究内容】

宋明理学讨论的问题主要有以下三个：

一是本体论问题，即世界的本原问题。在这个问题上，理学家虽然有不同的回答，但都否认人格神和彼岸世界的存在。北宋哲学家，理学创始人之一张载提出气本论哲学，认为太虚之气是万物的本原。二程（程颢、程颐）建立"天即理"的理本论哲学，认为观念性的理是世界的本原。南宋著名理学家、思想家、哲学家、诗人、教育家、文学家朱熹提出理为"本"，气为"具"的学说。

二是心性论问题，即人性的来源和心、性、情的关系问题。张载提出天地之性与气质之性和心统性情的学说，认为天地之性来源于太虚。宋代理学家、教育家程颢提出了心即天以及性无内外的命题，把心、性、天统一起来。程颐则提出性即理的命题，把性说成形而上之理。朱熹认为心之本体是性，是未发之中；心之作用便是情，是已发之和；性和情是体用关系，而心是"主宰"。

三是认识论问题，即认识的来源和认识方法问题。张载首先提出"见闻之知"与"德性之知"两种知识，并提倡穷理尽性之学，成为理学家共同讨论的问题。"二程"提出"格物致知"的认识学说；朱熹提出"即物穷理"的系统方法。

【历史背景】

宋明理学作为一种影响广泛而久远的学说与思潮，其兴起、形成乃至确立、发展，自有多种因素的促进作用，而归根到底则与一定的社会经济、政治体制乃至文化形态密切相关，是一种时代的产物。

北宋王朝一开始就实行"不抑兼并"的政策，纵容大地主、大官僚以随意购买的方式兼并土地，把日益繁重的赋税和徭役压倒农民的身上，迫使自耕农沦为佃户，即变成没有土地的农民。于是，宋朝开国不久，便爆发了由王小波和李顺领导的起义。起义者鲜明地提出了"均贫富"的口号"吾疾贫富不均，今为汝均之"。起义者的这种在经济上均分财产的迫切要求，在理学家看来，是可怕的"人欲"，为了不让这种"人欲"横流，他们便针锋相对地提出了以论证"存天理，灭人欲"为目标的哲学理论。

宋明理学的产生与地主阶级内部斗争相关。王安石认为只有实行变法，打击大地主兼并势力，才能改变宋王朝积贫积弱的局面。王安石变法遭到了理学家的反对，程颢专门写了《论王霸》的札子，用"天理"和"人欲"来区分"王"和"霸"，说王道得"天理之正"，而霸者"用其私心"。司马光在他的《与王介甫书》中，用孔子的"君子喻于义，小人喻于利"和孟子的"仁义而已，何必曰利"等语句，来责备王安石"大讲财利之事"。

理学的兴起与宋代政治特点密切相关。隋唐五代的长期分裂和混乱，使传统伦理道德规范遭到极大破坏，纲常松弛，道德渐微，显然不利于大一统政治的稳定和巩固，因此，宋代统治者一开始就倡导尊儒读经，宋代的儒学复兴便由此而形成。理学的产生，出于儒家革除时弊、拯救文化、整顿人心、重树人伦与儒家价值、重建儒学道德形而上学的主观努力。理学适应了唐末以来重建伦理纲常的需要。

理学的兴起与宋代经济、文化的发展密切相关。宋代农业、手工业得到迅速恢复和大规模发展，在此基础上，科学文化的进步尤其引人注目。哲学本来就以自然科学的发展为基础，理学对自然及社会规律的思考，正是宋代科学文化发展的必然结果。

理学的兴起与思想史自身进程密切相关。理学是儒、释、道三教长期论争和融合的果实。中国思想史在唐代中后期形成一个重要转折，韩愈倡儒学道统，辟佛、道，打破了三教并盛的局面。宋代儒学为了与统治建设相适应，儒学道统自然成为其承续的对象。理学也是北宋初期思想解放的产物。北宋学者大胆抛弃汉唐学者师古泥古的学风，敢于疑经改经，相互辩论，相互启发，独立思考，大胆立论，讲注义理，为理学的产生提供了一个相对宽松的思想环境。

还有学者认为，理学的产生与上述政治、学术思想无关或关系不大，主要原因应是北宋建立八十年后，在政治上，皇帝绝对集权或专制，对外屈膝苟安，兵变与起义频繁，上层统治者极度荒淫，"三冗"问题严重等；在思想上，大力宣扬文治，学术上主张儒、释、道合流，思想禁锢等。

【历史评价】

明末清初思想家、史学家、语言学家顾炎武曾痛责明末以来的清谈理学："刘石乱华，本于清谈之流祸，人人知之。孰知今日之清谈，有甚于前代者。昔之清谈老庄，今之清谈孔孟。"清初思想家、教育家、颜李学派创始人颜元以为："秦火之后，汉儒掇拾遗文，遂误为训诂之学。晋人又诬为清谈，汉唐又流为佛老，至宋而加甚矣。仆尝有言，训诂、清谈、禅宗、乡愿，有一皆足以惑世诬民，而宋人兼之，乌得不晦圣道误苍生至此也！仆窃谓其祸甚于杨墨，烈于嬴秦。每一念及，辄为太息流涕，甚则痛哭！"颜元指责"宋元来儒者，却习成妇女态，甚可羞。无事袖手谈心性，临危一死报君王，即为上品也。"颜元的门生王源对理学虚伪性的无情揭露更为露骨，他说："明季流贼之祸，皆阳明所酿也。"当代华人世界著名历史学者余英时说："理学家虽然以政治主体的'共治者'自待，但毕竟仍旧接受了'君以制命为职'的大原则。"

宋明理学以"三纲五常"维持专制统治，压制扼杀人的自然欲望和创造性，适应了统治阶级压制人民的需要，成为南宋以后长期居于统治地位的官方哲学。宋明理学积极的一面是，有利于塑造中华民族的性格特征。宋明理学重视主观意志，注重气节道德，自我调节，发愤图强，强调人的社会责任感和历史使命，凸显人性。

文学艺术

　　中国古代文学艺术具有极为丰富的内容和多样化的体系。它有诗歌、散文、戏剧、小说、音乐等多种艺术类型，有艺术构思、艺术形象、艺术表现、艺术风格、创作方法等多方面的文艺理论。在艺术表现方面，又涉及文与气、文与理、文与质、文与性、情与景、情与理、情与性、形与神、形与意、风骨与辞彩、法度与自然等一系列的概念和范畴。且从文学艺术的历史发展来看，在不同时代又有不同的形式、内容和风格。对于这样一个博大而生动的领域，我们无法在短短的篇幅里概括无余，只能就中国古代文学艺术方面的一些成就展示给读者，如历代诗文、中国书法与国画、围棋和象棋、曾侯乙编钟等，做点以木见林的工作，以期窥见艺术殿堂的庄严与辉煌。

　　中国历代诗文，无论诗歌、散文，还是小说、戏剧，在内容上的最大特征是偏重于政治主题和伦理主题。所谓"诗以言志，文以载道"，这是中国文学艺术的道德性格所决定的。国家兴亡、战争成败、民生苦乐、宦海沉浮、人生聚散、纲常序乱、伦理向背等，一直是中国文学的基本内容。先秦散文、汉赋、唐诗、宋词、元曲、明清小说，以及诸多文集和理论著述，无不具有极强的艺术感染力，被后世尊为经典，对中国文学产生了巨大而深远的影响。

　　中国书法以其抽象的点线组合与节奏变幻，洋溢着书法家们生命的意念和心灵的律动，给人以情绪上的感染和审美上的享受；中国古代绘画取得了很高的艺术成就，流传于世的著名作品都从不同层面反映了中国绘画以线条为主要表现手段和以形传神的传统，成为国画的垂范之作。

　　围棋和中国象棋都起源于中国，两者一雅一俗、一柔一刚、一实一虚、一道一法，各自蕴含高深莫测的奥秘。小小一棋盘，一方大世界。如果你细细品味，必然能体会到古代发明带给你的美妙感觉。

　　中国古代音乐曾长期领先于世界，这是一个鲜有人提及的事实。1978年在湖北随县（今随州市）成功发掘的战国早期文物曾侯乙编钟，令世人对中国古代音乐有了新的认识。编钟虽作为一种较为古老的打击乐器，但其音质、音准、音色等方面，绝不逊色于排鼓、大鼓，大锣、小锣等民族打击乐器，也不逊色于定音鼓、马林巴、铝板琴等西洋打击乐器，更不逊色于架子鼓等爵士打击乐器。曾侯乙编钟已在世界打击乐界中确立了根深蒂固的地位。无疑，这是每一个炎黄子孙的骄傲！

开中国古代文明之先河——汉字

【概述】

汉字，亦称中文字、中国字、国字，是汉字文化圈广泛使用的一种文字，属于表意文字的词素音节文字，为上古时代的华夏族人所发明创制并作改进的。汉字是迄今为止连续使用时间最长的主要文字，也是上古时期各大文字体系中唯一传承至今的文字。中国历代皆以汉字为主要官方文字。

【构字原理】

"六书"是古人解说汉字的结构和使用方法而归纳出来的六种条例。《周礼》中提到的六书并没有说明具体内容。到了东汉，许慎在《说文解字》中，详细阐述了"六书"构造原理，即"象形、指事、会意、形声、转注、假借"。象形、指事、会意、形声指的是文字形体结构，转注、假借指的是文字的使用方式。其实，构字原理是古代文字学学者群策群力归纳出来的文字学理论，其所含的汉字构成法则，并非一人独创，是人们在使用过程中长期演化而成，是一代又一代集体智慧的结晶。

【汉字数量】

汉字的数量并没有准确数字，大约 10 万个，日常所使用的汉字只有几千字。据统计，1000 个常用字能覆盖约 92% 的书面资料，2000 字可覆盖 98% 以上，3000 字时已到 99%。简体与繁体的统计结果相差不大。

【汉字特点】

汉字是世界上最古老的文字之一，它是记录事件的书写符号。在形体上逐渐由图形变为由笔画构成的方块形符号，所以汉字一般也叫"方块字"。它由象形文字（表形文字）演变成兼表音义的意音文字，但总的体系仍属表意文字。所以，汉字具有集形象、声音和辞义三者于一体的特性。这一特性在世界

文学艺术

367

文字中是独一无二的，因此它具有独特的魅力。汉字是汉民族几千年文化的瑰宝，也是我们终生的良师益友。汉字往往可以引起我们美妙而大胆的联想，给人美的享受。

【起源演变】

汉字的演变经历了几千年的漫长历程，经历了甲骨文、金文、篆书、隶书、楷书、草书、行书等阶段，至今仍未完全定型。

从仓颉造字的古老传说到甲骨文的发现，历代中国学者一直致力于揭开汉字起源之谜。关于汉字的起源，中国古代文献上有种种说法，如"结绳"、"八卦"、"图画"、"书契"等，古书上还普遍记载有黄帝史官仓颉造字的传说。现代学者认为，成系统的文字工具不可能完全由一个人创造出来，仓颉如果确有其人，应该是文字整理者或颁布者。

甲骨文主要指殷墟甲骨文，是中国商代后期（前14世纪～前11世纪）王室用于占卜记事而刻（或写）在龟甲和兽骨上的文字。它是中国已发现的古代文字中体系较为完整、时代最早的文字。金文是指铸刻在殷周青铜器上的文字，也叫钟鼎文。商周是青铜器的时代，青铜器的礼器以鼎为代表，乐器以钟为代表，"钟鼎"是青铜器的代名词。所以，钟鼎文或金文就是指铸在或刻在青铜器上的铭文。大篆起于西周晚期，春秋战国时期兴起于秦国，其代表为今存的石鼓文，以周宣王时的太史籀所书而得名。小篆也叫"秦篆"，即秦朝李斯受命统一后的文字，通行于秦代。隶书基本是由篆书演化来的，主要将篆书圆转的笔画改为方折，书写速度更快，在木简上用漆写字很难画出圆转的笔画。楷书又称正书，或称真书，始于东汉，其特点是形体方正，笔画平直，可作楷模，故名为楷书。行书是介于楷书、草书之间的一种字体，可以说是楷书的草化或草书的楷化，大约是在东汉末年产生的。

【汉字传播】

汉字对日本文字的影响：日本民族虽有着古老的文化，但其本族文字的创制则相当晚。长期以来，其人民是以汉字作为自己传播思想、表达情感的载体，称汉字为"真名"。公元5世纪初，日本出现被称为"假名"的借用汉字部首的标音文字。公元8世纪时，以汉字标记日本语音的用法已较固定，其标志是《万叶集》的编定，故称"万叶假名"。该假名是纯粹日语标音文字的基础。日本文字的最终创制是由吉备真备和弘法大师（空海）来完成的。时至今天，已在世界占据重要地位的日本文字仍保留有一千多个简体汉字。

汉字对朝鲜文字的影响：朝鲜文字称谚文。它的创制和应用是古代朝鲜文化的一项重要成就。实际上，中古时期的朝鲜亦如日本没有自己的文字，而是使用汉字。新罗统一后稍有改观，时人薛聪曾创造"吏读"，即用汉字表示朝鲜语的助词和助动词，辅助阅读汉文书籍，但终因言文各异，无法普及。李朝初期，世宗在宫中设谚文局，令郑麟趾、成三问等人制定谚文。他们依中国音韵，研究朝鲜语音，创造出 11 个母音字母和 17 个子音字母，并于 1446 年正式颁布《训民正音》，公布使用。朝鲜从此有了自己的文字。

汉字对越南文字的影响：越南受中国文化的影响较深。无论是越南上层人士的交往，还是学校教育以及文学作品的创作，均以汉字为工具。直至 13 世纪，越南才有本国文字——字喃。字喃是以汉字为基础，用形声、假借、会意等方法创制的表达越南语音的新字。15 世纪时，字喃通行全国，完全取代了汉字。

最典型的书写工具——文房四宝

【概述】

汉族的用具，不少独具一格，它既表现了汉族不同于其他民族的风俗，又为世界文化的进步和发展做出了贡献。其最典型的是被称为"文房四宝"的书写工具：纸、笔、墨、砚。

【四宝之源】

"文房"之名，起于我国历史上南北朝时期（公元 420 年—公元 589 年），专指文人书房，因笔、墨、纸、砚为文房所使用，而被人们誉为"文房四宝"。

中国书法的工具和材料基本上是由笔、墨、纸、砚演变而来的，人们通常把它们称为"文房四宝"，大致是说它们是文人书房中必备的四件宝贝。因为中国古代文人基本上都是或能书，或能画，或既能书又能画，是离不开笔墨纸砚这四件宝贝的。

文房用具除四宝以外，还有笔筒、笔架、墨床、墨盒、臂搁、笔洗、书镇、水丞、水勺、砚滴、砚匣、印泥、印盒、裁刀、图章、卷筒等，也都是书房中的必备品。

【文化内涵】

纸，中国古代四大发明之一，曾经为历史上的文化传播立下了卓著功勋。即使在机制纸盛行的今天，某些传统的手工纸依然体现着它不可替代的作用，焕发着独有的光彩。现在世界上，纸的品种虽然以千万计，但"宣纸"仍然是供毛笔书画用的独特的手工纸，宣纸质地柔韧、洁白平滑、色泽耐久、吸水力强，在国际上有"纸寿千年"的声誉。

笔，是我国重要的书写工具之一。笔起源很早，根据未经刀刻过的甲骨文字判断，夏商时期就已经有原始的笔了。如果再从新石器时期彩陶上面的花纹图案来看，笔的产生还可以追溯到五千多年以前。到春秋战国时期，各国都已经制作和使用书写用笔了。那时笔的名称繁多：吴国叫"不律"，燕国叫"拂"，楚国叫"聿"，秦国叫"笔"。秦始皇统一全国以后，"笔"就成了定名，一直沿用至今。

毛笔是古代汉族与西方民族用羽毛书写风采迥异的独具特色的书写、绘画工具。当今世界上虽然流行铅笔、圆珠笔、钢笔等，但毛笔是替代不了的。据传毛笔为蒙恬所创，所以毛笔之乡每逢农历三月初三，如同过年，家家包饺子，饮酒庆贺，纪念蒙恬创毛笔。自元代以来，浙江湖州生产的具有"尖、圆、健"特点的"湖笔"成为全国最著名的毛笔品种之一。

墨，是书写、绘画的色料。墨是古代书写中必不可少的用品。借助于这种独创的材料，中国书画奇幻美妙的艺术意境才能得以实现。墨的世界并不乏味，而是内涵丰富。唐代制墨名匠奚超、奚廷父子制的好墨，受南唐后天李煜的赏识，全家赐国姓"李氏"。从"李墨"名满天下。

砚，俗称砚台，是汉族书写、绘画研磨色料的工具。汉代时砚已流行，宋代则已普遍使用，明、清两代品种繁多，出现了被人们称为"四大名砚"的端砚、歙砚、洮砚和澄泥砚。古代汉族文人对砚十分重视，不仅终日相随，而且死后还用之殉葬。

世界文学圣坛上最重要的领域——中国历代文学

【概述】

中国古代历代文学包括先秦散文、汉赋、唐诗、宋词、元曲、明清小说，以及诸多文集和理论著述，是我国千百年来文学圣坛上最重要的作品，堪称一个极为庞大的信息库。本文大致介绍了这些文章最精华的部分。通过它，可以不必再费力地寻找古典文献，也不必担心对古典文献的了解不够。当然，将它作为对中国整体文学发展历程的参考也是一个不错的选择。

【先秦散文】

春秋战国时期，是我国古代散文蓬勃发展的阶段，出现了许多优秀的散文著作，这就是文学史上的先秦散文、历史散文和诸子散文。先秦散文是古代散文的雏形，也是中国散文的发轫。先秦散文虽然不是纯文学的著作，但它们对于中国文学的发展，影响是巨大而深远的。在文体方面，后世各种文体的滥觞，多见于先秦。在文风方面，先秦各家的散文风格，从不同方面滋养着后代作者。在表现手法上，"《春秋》笔法"、"《左传》义法"，曾被推崇为文之准绳。因此，先秦散文与《诗经》、《楚辞》一起成为中国文学的基石。

历史散文产生于春秋战国时代，《左传》、《国语》、《战国策》等是其代表。诸子散文指的是战国时期各个学派的著作，在这一时期比较重要的有儒、法、道、墨四家。主要作品有《道德经》、《论语》、《孟子》、《庄子》、《荀子》、《韩非子》、《吕氏春秋》、《告子下》等。

【汉赋】

赋是汉代最流行的文体。汉赋是指在汉代涌现出的一种有韵的散文，它的特点是散韵结合，专事铺叙。从赋的形式上看，在于"铺采摛文"；从赋的内容上说，侧重"体物写志"。汉赋在文学史上仍然有其一定的地位。首先，赋中对封建统治者的劝谕之词，也反映了这些赋作者反对帝王过分华奢淫靡的思想，表现了这些作者并非是对帝王贵族们毫无是非原则的奉承者和阿谀者。尽管这方面的思想往往表现得很委婉，收效甚微，但仍然是不应抹杀的。其次，汉赋虽然炫博耀奇，堆垛辞藻，以至好用生词僻字，但在丰富文学作品的词汇、锻炼语言词句、描写技巧等方面，都取得了一定的成就。建安以后的很多诗文，往往在语言、辞藻和叙事状物的手法方面，从汉赋得到不少启发。最后，从文学发展史上看，两汉辞赋的繁兴，对中国文学观念的形成及对文学基本特征的探讨和认识，也起到一定促进作用，文学观念由此日益走向明晰化。

汉赋主要代表有司马相如的《子虚赋》、《上林赋》、《大人赋》、《哀二世赋》、《长门赋》、《美人赋》，枚乘的《七发》、《柳赋》、《梁王菟园赋》，贾谊的《鵩鸟赋》、《吊屈原赋》，扬雄的《河东赋》、《校猎赋》、《长杨赋》、《酒赋》，王褒的《洞箫赋》，班婕妤的《自悼赋》，刘向的《九叹》，刘歆的《遂初赋》，班固的《两都赋》，班彪的《北征赋》，司马迁的《壮士不遇赋》，张衡的《二京赋》。汉赋在流传过程中多有散佚，现存作品包括某些残篇在内，共约二百多篇，分别收录在《史记》、《汉书》、《后汉书》、《文选》等书中。

【唐诗】

唐诗泛指创作于唐代的诗。唐代（公元 618—公元 907 年）是我国古典诗歌发展的全盛时期。唐诗是我国优秀的文学遗产之一，也是全世界文学宝库中的一颗灿烂的明珠。唐诗总的特点是用感性形象来把握现实，诗味较浓，因此尽管离现在已有一千多年了，但许多诗篇还是为我们所广为流传。

山水田园诗派作为唐诗的重要派别，其特点是题材多青山白云、幽人隐士；风格多恬静雅淡，富于阴柔之美；形式多五言、五绝、五律、五古。代表作有王维的《山居秋暝》、《送元二使安西》、《九月九日忆山东兄弟》，孟浩然的《过故人庄》等。边塞诗派的特点是描写战争与战场，表现保家卫国的英勇精神，或描写雄浑壮美的边塞风光，奇异的风土人情，又或描写战争的残酷，军中的黑暗，征戍的艰辛，表达民族和睦的向往与情怀。代表作有高适的《别董大》，岑参的《白雪歌送武判官归京》等。浪漫诗派的特点是以抒发个人情怀为中心，咏唱对自由人生个人价值的渴望与追求，诗词自由、奔放、顺畅、想象丰富、气势宏大，语言主张自然，反对雕琢。代表作有李白的《月下独酌》、《梦游天姥吟留别》、《蜀道难》。现实诗派的特点是诗歌艺术风格沉郁顿挫，多表现忧时伤世、悲天悯人的情怀。代表作有杜甫的《三吏》、《三别》、《兵车行》。

【宋词】

宋词是中国古代文学皇冠上光辉夺目的一颗巨钻，在古代文学的阆苑里，她是一座芬芳绚丽的园圃。她以姹紫嫣红、千姿百态的风神，与唐诗争奇，与元曲斗艳，历来与唐诗并称双绝，都代表一代文学之盛。宋词是继唐诗之后的又一种文学体裁，基本分为婉约派、豪放派两大类，还有一种为花间派。

婉约派的特点，主要是内容侧重儿女风情。结构深细缜密，重视音律谐婉，语言圆润，清新绮丽，具有一种柔婉之美。内容比较窄狭。由于长期以来词多趋于宛转柔美，人们便形成了以婉约为正宗的观念。就以李后主、柳永、周邦彦等词家为"词之正宗"，正代表了这种看法。婉约词风长期支配词坛，直到南宋姜夔、吴文英、张炎等大批词家，无不从不同的方面受其影响。代表作有柳永的《雨霖铃》（寒蝉凄切）、《蝶恋花》（伫倚危楼风细细），晏殊的《浣溪沙》（一曲新词酒一杯）、《浣溪沙》（一向年光有限身），晏几道的《临江仙》（梦后楼台高锁）、《鹧鸪天》（彩袖殷勤捧玉钟），周邦彦的《兰陵王》（柳阴直）、《蝶恋花》（月皎惊乌栖不定），李清照的《如梦令》（常记溪亭日暮）、《醉花阴》（薄雾浓云愁永昼），姜夔的《扬州慢》（淮左名都）、《暗香》（旧时月色），吴文英的《莺啼序》（残寒正欺病酒）、《风入松》（听风听雨过清明），李煜的《虞美人》（春花秋月何时了）、《相见欢》（林花谢了春红）。

豪放派的特点，大体是创作视野较为广阔，气象恢宏雄放，喜用诗文的手法、句法和字法写词，语词宏博，用事较多，不拘守音律，北宋黄庭坚、晁补之、贺铸等人都有这类风格的作品。南渡以后，由于时代巨变，悲壮慷慨的高亢之调应运发展，蔚然成风，辛弃疾更成为创作豪放词的一代巨擘和领袖。豪放词派不但屹然别立一宗，震烁宋代词坛，而且广泛地影响词林后学，从宋、金直到清代，历来都有标举豪放旗帜，大力学习苏、辛的词人。代表作有苏轼的《念奴娇·赤壁怀古》（大江东去）、《江城子·密州出猎》，辛弃疾的《破阵子·为陈同甫赋壮词以寄之》、《永遇乐·京口北固亭怀古》（千古江山），张元干的《贺新郎》（梦绕神州路），张孝祥的《六州歌头》（长淮望断），岳飞的《满江红》（怒发冲冠）。

花间派的特点是诗辞藻华丽，感慨深切，气韵清新，犹存风骨。代表作有被称为"花间鼻祖"温庭筠的《梦江南》（千万恨）、《玉蝴蝶》（秋风凄切伤离）、《菩萨蛮》（夜来皓月才当午），等等。

【元曲】

一般来说，元杂剧和散曲合称为元曲，两者都采用北曲为演唱形式。散曲是元代文学主体。不过，元杂剧的成就和影响远远超过散曲，因此也有人以"元曲"单指杂剧，元曲也即"元代戏曲"。这一时期有四位元代杂剧作家关汉卿、白朴、马致远、郑光祖，被称为"元曲四大家"，他们代表了元代不同时期不同流派杂剧创作的成就（历史上还有部分人认为元曲四大家是关汉卿、王实甫、马致远和白朴）。元曲是中华民族灿烂文化宝库中的一朵奇葩，它在思想内容和艺术成就上都体现了独有的特色，和唐诗宋词鼎足并举，成为我国文学史上三座重要的里程碑。

元曲有四大悲剧与四大爱情剧。元曲四大悲剧是关汉卿的《窦娥冤》、白朴的《梧桐雨》、马致远的《汉宫秋》和纪君祥的《赵氏孤儿》，元曲四大爱情剧是关汉卿的《拜月亭》、王实甫的《西厢记》、白朴的《墙头马上》和郑光祖的《倩女离魂》。

【明清小说】

明清是中国小说史上的繁荣时期。从明代始，小说这种文学形式充分显示出其社会作用和文学价值，打破了正统诗文的垄断，在文学史上，取得与唐诗、宋词、元曲并列的地位。清代则是中国古典小说盛极而衰并向近现代小说转变的时期。明代文人创作的小说主要有白话短篇小说和长篇小说两大类。这两大类小说从思想内涵和题材表现上来说，明清小说最大限度地包容了传统文化的精华，而且经过世俗化的图解后，传统文化竟以可感的形象和动人的故事而走进了千家万户。并对中国后世的文学、戏剧、电影有巨大影响，也对日本、朝鲜、越南等国的文学创作产生过巨大影响，其中的优秀作品被翻译成十几种文字，为世界文化交流作出了重要贡献。

短篇小说有冯梦龙辑纂的《喻世明言》（一名《古今小说》）、《警世通言》、《醒世恒言》合称"三言"。常与"三言"并称，地位相当的是凌蒙初编著的拟话本集《初刻拍案惊奇》、《二刻拍案惊奇》，合称"二拍"，拟话本小说集《石点头》、《醉醒石》、《西湖二集》等十多种。

明代的长篇小说有元末明初罗贯中的《三国演义》，施耐庵的《水浒传》，吴承恩的《西游记》，曹雪芹的《红楼梦》，这四部小说被称为中国古典文学"四大名著"。此外，有影响的明代的长篇小说还有署名兰陵笑笑生的《金瓶梅》，冯梦龙改编的《新列国志》，无名氏所作的《杨家府演义》，郭勋的《皇明英烈传》，袁于令的《隋史遗文》，许仲琳的《封神演义》，罗懋登的《三宝太监西洋记通俗演义》，董说的《西游补》，西周生所著的《醒世姻缘传》等，成书于明末清初的《玉娇梨》、《好逑传》，李春芳的《海刚峰先生居官公案传》，无名氏的《包孝肃公百家公案演义》。

【专集著述】

中国古代文学史上的文集、个人专集和理论著述浩如烟海，如《诗经》、《楚辞》、《乐府诗集》、《全唐诗》、《李白集》、《杜甫集》、《全宋词》、《苏轼集》、《李清照集》、《古文观止》、《文心雕龙》、《诗品》、《人间词话》等，同样深刻而且生动地体现着中国文化的基本精神，对现代中国乃至世界文明的发展都产生了广泛而深远的影响。

以汉字为依托的视觉艺术——中国书法

【概述】

中国书法是一门古老的汉字的书写艺术，从甲骨文、石鼓文、金文（钟鼎文）演变而为大篆、小篆、隶书，至定型于东汉、魏、晋的草书、楷书、行书等，书法一直散发着艺术的魅力。中国书法是一种很独特的视觉艺术，汉字是中国书法中的重要因素，因为中国书法是在中国文化里产生、发展起来的，而汉字是中国文化的基本要素之一。以汉字为依托，是中国书法区别于其他种类书法的主要标志。

【书写方法】

中国书法包括描摹、临写、背临、创作几种方法。

描摹是用薄纸（绢）蒙在原作上面依照原来的样子去写或去画。描红即是其中的一种方法。临写是对照着原作，在另外一张纸上尽可能和原作模样一模一样地书写出来。背临就是多次临写之后，根据头脑记忆中留下的原作形象，再次书写出来。创作是依据不断修正的背临书写习惯和书写风格，重新选择书写内容，书写出来新作品的方法。

【书法简史】

中国的书法历史有记载可考者，当在汉末魏晋之间（约公元 2 世纪后半期—公元 4 世纪），然而，这并不是忽视、淡化甚至否定先前书法艺术形式存在的艺术价值和历史地位。中国文字的滥觞、初具艺术性早期作品的产生，无不具有自身的特殊性和时代性。就书法看，尽管早期文字——甲骨文，还有象形字，同一字的繁简不同，笔画多少不一，但已具有了对称、均衡的规律，以及用笔（刀）、结字、章法的一些规律性因素。而且，在线条的组织，笔画的起止变化方面已带有墨书的意味、笔致的意义。因此可以说，先前书法艺术的产生、存在，不仅属于书法史的范畴，而且也是后代的艺术形式发展、嬗变中可以借鉴与思考的重要范例。

中国的历史文明是一个历时性、线性的过程，中国的书法艺术在这样大的时代背景下展示着自身的发展面貌。在书法的萌芽时期（殷商至汉末三国），文字经历由甲骨文、古文（金文）、大篆（籀文）、小篆、隶（八分）、草书、行书、真书等阶段，依次演进。在书法的明朗时期（晋南北朝至隋唐），书法艺术进入了新的境界。由篆隶趋从于简易的草行和真书，它们成为该时期的主流风格。大书法家王羲之的出现使书法艺术大放异彩，他的艺术成就传至唐朝备受推崇。同时，唐代一群书法家蜂拥而起，如虞世南、欧阳询、褚遂良、颜真卿、柳公权等大名家。在书法造诣上各有千秋、风格多样。经历宋、元、明、清，中国书法成为一个民族符号，代表了中国文化博大精深和民族文化的永恒魅力。

中国文字起源甚早，把文字的书写性发展到一种审美阶段，即融入了创作者的观念、思维、精神，并能激发审美对象的审美情感，也就是一种真正意义上的书法的形成。它既体现了万事万物的"对立统一"这个基本规律，又反映了人作为主体的精神、气质、学识和修养。

东方艺术的主要形式——国画

【概述】

国画，被称为"中国画"、"宣画"，即用毛笔蘸水、墨、彩在生宣纸、宣绢上的绘画，是东方艺术的主要形式。工具和材料有毛笔、墨、国画颜料、宣纸、绢等，题材可分人物、山水、花鸟等，技法可分工笔和写意，它的精神内核是"笔墨"。

【国画分类】

国画的分类包括人物画、山水画、水墨画、院体画、工笔画、文人画、漫画、花鸟画。

画好人物画，除了继承传统外，还必须了解和研究人体的基本形体、比例、解剖结构，以及人体运动的变化规律，方能准确地塑造和表现人物的形和神。画人物有几种表现方法，各有所长，如白描法、勾填法、泼墨法、勾染法。历代著名人物画有东晋顾恺之的《洛神赋图》卷，唐代韩滉的《文苑图》，五代南唐顾闳中的《韩熙载夜宴图》，北宋李公麟的《维摩诘像》，南宋李唐的《采薇图》、梁楷的《李白行吟图》，元代王绎的《杨竹西小像》，明代仇英的《列女图》卷、曾鲸的《侯峒曾像》，清代任伯年的《高邕之像》等。

山水画的组成包括：山、水、石、树、房、屋、楼台、舟车、桥梁、风、雨、阴、晴、雪、日、云、雾及春、夏、秋、冬等。主要代表有：用矿物质石青、石绿作为主色的青绿山水；在水墨勾勒皴染的基础上，敷设以赭石为主色的浅绛山水；以泥金、石青和石绿三种颜料作为主色的金碧山。山水画名家在隋唐始独立，如展子虔的设色山水，李思训的金碧山水，王维的水墨山水，王洽的泼墨山水等；五代、北宋山水画大兴，作者纷起，如荆浩、关仝、李成、董源、巨然、范宽、许道宁、燕文贵、宋迪、王诜、米芾、米友仁的水墨山水，王希孟、赵伯驹、赵伯骕的青绿山水，南北竞辉，形成南北宗两大派系。自唐代以来，每一时期，都有著名画家，专尚从事山水画的创作。尽管他们的身世、素养、学派、方法等不同；但是，都能够用笔墨、色彩、技巧，灵活经营，认真描绘，使自然风光之美，欣然跃于纸上，其脉相同，雄伟壮观，气韵清逸。元代山水画趋向写意，以虚带实，侧重笔墨神韵，开创新风；明清及近代，续有发展，亦出新貌。

水墨画指纯用水墨所作之画，基本要素有三：单纯性、象征性、自然性。相传始于唐代，成于五代，盛于宋元，明清及近代以来续有发展。长期以来，水墨画在中国绘画史上占着重要地位。

院体画简称"院体"、"院画"，是中国画的一种，一般指宋代翰林图画院及其后宫画家的绘画。亦有专指南宋画院作品，或泛指非宫廷画家效法南宋画院风格之作。这类作品为迎合帝王宫廷需要，多以花鸟、山水、宫廷生活及宗教内容为题材，作画讲究法度，重视形神兼备，风格华丽细腻。

工笔画须画在经过胶矾加工过的绢或宣纸上。

文人画亦称"士夫画",泛指中国封建社会中文人、士大夫所作之画。多取材于山水、花鸟、梅兰竹菊和木石等,借以发抒"性灵"或个人抱负,间亦寓有对民族压迫或对腐朽政治的愤懑之情。他们标举"士气"、"逸品",崇尚品藻,讲求笔墨情趣,脱略形似,强调神韵,很重视文学、书法修养和画中意境的缔造。

水墨漫画,即构思上具有漫画的特点,题材广泛,或讽刺或赞美,但表现手法上运用中国传统水墨画技巧,兼具其雅致。较之一般的漫画,水墨漫画更具有观赏价值。中国的水墨漫画也涌现了很多优秀作者,如丰子恺是代表性人物,他创作了许多优秀作品。

花鸟画的画法大致可分为两类,即工笔花鸟和写意花鸟。昆虫亦有工、写之分。表现的方法有白描(又称双勾)、勾勒、勾填、没骨、泼墨等;表现的主题有竹、兰、梅、菊、牡丹、荷花,鸡、鹅、鸭、仙鹤、杜鹃、翠鸟、喜鹊、鹰、鹦鹉、蝴蝶、蜂、蜻蜓、蝉、蝈蝈、蟋蟀、蚂蚁、蜗牛、蜘蛛等。代表作品有顾恺之的《凫雁水鸟图》和《洛神赋图》、史道硕的《鹅图》、陆探微的《半鹅图》、顾景秀的《蝉雀图》、袁倩的《苍梧图》、丁光的《蝉雀图》、萧绎的《鹿图》、韩干的《照夜白》、韩滉的《五牛图》及传为戴嵩的《半牛图》等,这些都表明了这一题材所具有的较高的艺术水准。

【国画流派】

国画流派,简称国画派,是指由独特的中国绘画艺术理念,通过绘画艺术家艺术实践,并逐步形成"独特美的符号"的中国绘画形式,包括传统的中国画流派和发展中的现代中国画派等。

黄派又称"黄筌画派"、"黄家富贵"。在中国花鸟画史上占有重要地位。它是五代花鸟画两大流派之一。黄派代表了晚唐、五代、宋初时西蜀和中原的画风,成为院体花鸟画的典型风格。

徐派又称"徐家野逸",是中国著名的画派之一,也是五代花鸟画两大流派之一。代表画家为南唐的徐熙。他的作品注重墨骨勾勒,淡施色彩,流露潇洒的风格,故后人以徐熙野逸称之。徐氏的笔墨技巧,对于后世影响很大,至徐熙之孙徐崇嗣出,徐熙画派名声渐振。后经张仲、王若水、沈周、陈道复、文征明、徐渭等人加以发展,成定型的水墨写意花鸟画,从而与黄筌的花鸟画派，互相竞争，影响了宋、元、明、清千余年的花鸟画坛。

北方山水画派，亦称"北宗山水画派"。中国山水画至北宋初，始分北方派系和江南派系。郭若虚《图画见闻志》说："唯营丘李成，长安关仝、华原范宽，智妙入神，才高出类，三家鼎峙，百代标程。"又说："夫气象萧疏，烟林清旷，毫锋颖脱，墨法精微者，营丘之制也；石体坚凝，杂木丰茂，台阁古雅，人物幽闲者，关氏之风也。"李、关、范的画风，风靡齐、鲁，影响关、陕，实为北方山水画派之宗师。

南方山水画派亦称"江南山水画派"或"南宗山水画派"。此派以董源和巨然为一代宗师，世称"董巨"。惠崇和赵令穰的小景，为此派支流。米芾父子的"米派云山"，画京口一带景色，显出此派新貌。南宋末法常（牧溪）和若芬（玉涧）等，属南画体系，至元代而大盛。

湖州竹派以竹为表现对象，以宋文同、苏轼为代表，尤以文同画竹最著称。明莲儒曾作《湖州竹派》，述自北宋至明代画家共有 25 人之多。元代张退之认为墨竹始于唐玄宗李隆基，吴道子、王维、李昂、萧悦等也善画竹。白居易曾作《画竹歌》赞萧。

常州画派亦称"毗陵画派"、"武进画派"。此派以花卉、草虫写生为胜。所绘花卉，不用墨线勾勒，直接用彩色描绘。常州画派自宋以来画家云集。始于北宋毗陵僧人居宁，居宁草虫似属禅林墨戏一路。南宋元初于青言、于务道祖孙以画荷著称。明代孙龙擅画泼彩写意花鸟。清代唐于光以"唐荷花"和恽寿平的"恽牡丹"为著名。到了清初常州画派画花卉已达高峰。

米派指宋代米芾、米友仁父子所绘之画。画史上称"大米、小米"，或名"二米"。米芾画山水从董源变来，突破勾廓加皴的传统技法，多用水墨点染，不求工细，自谓"信笔作之，多以烟云掩映树石，意似便已。""二米"山水画多以云山、雨霁、烟雾为题材，纯以水墨烘托，用卧笔横点成块面的"落茄法"表现烟雨云雾、迷茫奇幻的妙趣，世称"米点山水"、"米氏云山"，这类属水墨大写意。南宋牧溪、元代高克恭、方从义等皆师之，此派对后世影响甚大。

松江派，即"松江画派"，是晚明松江府（今属上海市）治下三个山水画派的总称。一是以赵左为首的，称"苏松画派"；二是以沈士充为首的，称"云间画派"；三是顾正谊及其子侄辈为代表的，称"华亭画派"。其中"苏松派"和"云间派"都导源于宋旭，赵左和宋懋晋同师宋旭，沈士充师宋懋晋，兼师赵左。这些画家除宋旭外，都是松江府人，风格互相影响，故称"松江派"。此派虽活动地区都在松江，但实际上是吴派的延续，将文人画的创作推向高峰。其实际首领为董其昌。由于受到山水画分宗说的影响，此派极为突现其南宋风貌，以温润、娴雅、含蓄、重视笔墨情趣享誉画坛。明唐志契云："苏州画论理，松江画论笔。"（《绘事微言》）松江派发展高峰之际取代了吴门派，在明末清初的画坛被视为正宗。

浙派亦称"浙江画派"，由明代前期主要画家戴进开创。戴进（1388年—1462年），字文进，号静庵，又号玉泉山人。钱塘（今浙江杭州）人。作画受李唐、马远影响很大，取法南宋画院体格。擅山水、人物、花果、翎毛，画艺很高，风行一时，从学者甚多，逐渐形成"浙派"。后江夏（今湖北武昌）人，学戴进而更为豪放，也有不少人追踪他的画风，又形成浙江派的支流——"江夏派"。浙派的著名画家有戴进、吴伟、张路、蒋三松、谢树臣、蓝瑛等。明代中叶后，吴派兴起，主宰画坛。至明末"浙派"不再出现于画坛。

黄山派，亦称"黄山画派"。以清初宣城（今属安徽）梅氏一家为嫡系。他们是梅清、梅羽中、梅庚、梅府等，及流寓宣城的石涛。石涛法名原济，早年喜山水，屡登庐山、黄山诸名胜，在宣城十载，与梅氏、戴本孝等交往。这些画家，相互影响，以画黄山而著名，故称作"黄山派"。新安画派主要亦师黄山派，故有人主张归入黄山画派，但风格与"黄山派"不同，正如浙江与程邃各有特色，故有人将其归入"黄山画派"，实误。

虞山派亦称"虞山画派"。代表人物是清代山水画家王翚，其崇古风尚，对清代山水画影响颇大。

江西派亦称江西画派，是以清初画家罗牧为代表的画派。评其画者云："稳当有余而灵秀不足"。作品有《墨笔山水图》、《林壑萧疏图》轴等。

海上画派简称"海派"。形成于近代，即清末上海辟为商埠以后，一些文人墨客从各地流寓于上海，以卖画为生，日久，遂成绘画活动中心。人数达百余人，主要以赵之谦、任颐、虚谷、吴昌硕、黄宾虹等为代表，有"海派"之称。这一画派的特点十分明显，即在继承传统绘画技法与风格的基础上，破格创新，既融合民族艺术之精华，又善于借鉴吸收外来的艺术，尽可能达到雅俗共赏。此派既重品学修养，又讲个性鲜明，形成不拘一格的新型画风，时人称之"海上画派"。

【表现方法】

中国画在创作上重视构思，讲求意在笔先和形象思维，注重艺术形象的主客观统一。造型上不拘于表面的相似，而讲求"妙在似与不似之间"和"不似之似"。其形象的塑造以能传达出物象的神态情韵和画家的主观情感为要旨。因而可以舍弃非本质的、或与物象特征关联不大的部分，而对那些能体现出神情特征的部分，则可以采取夸张甚至变形的手法加以刻画。

在构图上，中国画讲求经营，它不是立足于某个固定的空间或时间，而是以灵活的方式，打破时空的限制，把处于不同时空中的物象，依照画家的主观感受和艺术创作的法则，重新布置，构造出一种画家心目中的时空境界。于是，风晴雨雪、四时朝暮、古今人物可以出现在同一幅画中。因此，在透视上它也不拘于焦点透视，而是采用多点或散点透视法，以上下或左右、前后移动的方式，观物取景，经营构图，具有极大的自由度和灵活性。同时在一幅画的构图中注重虚实对比，讲求"疏可走马"、"密不透风"，要虚中有实，实中有虚。

中国画以其特有的笔墨技巧作为状物及传情达意的表现手段，以点、线、面的形式描绘对象的形貌、骨法、质地、光暗及情态神韵。这里的笔墨既是状物、传情的技巧，又是对象的载体，同时本身又是有意味的形式，其痕迹体现了中国书法的意趣，具有独立的审美价值。由于并不十分追求物象表面的相似，因此中国画既可用全黑的水墨，也可用色彩或墨色结合来描绘对象。越到后来，水墨所占比重愈大，现在有人甚至称中国画为水墨画。其所用墨讲求墨分五色，以调入水分的多寡和运笔疾缓及笔触的长短大小的不同，造成了笔墨技巧的千变万化和明暗调子的丰富多变。同时墨还可以与色相互结合，而又墨不碍色，色不碍墨，形成墨色互补的多样性。而在以色彩为主的中国画中，讲求"随类赋彩"，注重的是对象的固有色，光源和环境色并不重要，一般不予考虑。但为了某种特殊需要，有时可大胆采用某种夸张或假定的色彩。

中国画，特别是其中的文人画，在创作中强调书画同源，注重画家本人的人品及素养。在具体作品中讲求诗、书、画、印的有机结合，并且通过在画面上题写诗文跋语，表达画家对社会、人生及艺术的认识，既起到了深化主题的作用，又是画面的有机组成部分。

文学艺术

【造型特征】

中国画在观察认识、形象塑造和表现手法上，体现了中华民族传统的哲学观念和审美观，在对客观事物的观察认识中，采取以大观小、小中见大的方法，并在活动中去观察和认识客观事物，甚至可以直接参与到事物中去，而不是做局外观，或局限在某个固定点上。它渗透着人们的社会意识，从而使绘画具有"千载寂寥，披图可鉴"的认识作用，又起到"恶以诫世，善以示后"的教育作用。即使山水、花鸟等纯自然的客观物象，在观察、认识和表现中，也自觉地与人的社会意识和审美情趣相联系，借景抒情，托物言志，体现了中国人"天人合一"的观念。

【文化内涵】

中华民族文化的中国画具有"诗、书、画"等中华民族文化特征，这是中国画的根本，其最高境界就是诗情画意。

中国画在内容和艺术创作上，反映了中华民族的民族意识和审美情趣，体现了古人对自然、社会及与之相关联的政治、哲学、宗教、道德、文艺等方面的认识。中国画强调"外师造化，中得心源"和深厚的传统文化内涵；融化物我，创作意境，要求"意存笔先，画尽意在"，达到以形写神，形神兼备，气韵生动。由于书画同源，两者在达意抒情上都强调骨法用笔，因此绘画同书法、篆刻相互影响，相互促进。

【国画欣赏】

欣赏国画，不只是观看画面，还要看以下几项是否精美。

一是画工。人们往往主观批判该画的好与坏，就是受画工的影响最大。

二是书法。中国画与西方绘画不同之处，其中一项就是书法。国画画面上常伴有诗句，而诗句是画的灵魂，有时候一句题诗如画龙点睛，使画生色不少，而画中的书法，亦影响画面至大。书法不精的画家，大多不敢题字，虽然仅具签署，亦可窥其功底一二。

三是印章。画面上常见印章有各方面使用。画家的印玺、题字者私章、闲章、收藏印章、欣赏印章、鉴证印章等。而各种印章的雕工、印文内容、印章位置，都在评价之列。尤其古画，往往有皇帝、名家、藏家及鉴赏家的印鉴，可佐真伪。

四是装框。中国画装裱独具一格，常见有纸裱、绫裱两大类。纸裱较粗，绫裱较精。裱边的颜色、宽窄、衬边、接驳、裱工等都十分讲究。

五是功力。从事书画修养越久的人，他表现出的功力，是初学者无法掌握。尤其是书法，老手多苍劲有力，雄浑生姿。国画方面，其线条、设计、意境亦表现出作者功力。所以人生经验丰富的艺术家，其作品往往较年轻画家有不同的表现，这就是功力。

六是布局。布局看来似是画面的设计，其实是作者胸怀中的天地，从画面布局中表现出来。中国画与西方绘画不同地方甚多，最明显之处就是"留白"，国画传统上不加底色，于是留白甚多，而疏、密、聚、散称为留白的布局。在留白之处，有人以书法、诗词、印章等来补白，亦有让其空白，故从布局可见作者独到之处。

七是诗句。字画中的诗词，往往代表主人的心声。一句好诗能表现作者的内涵和修养，一句好诗，亦能起到画龙点睛的作用。

八是印文。无论字或画，常有"压角"的闲章出现。所谓闲章就是画面或书法留白的角落。而印上的文字，有时影响字画甚大。从印文中也可看到作者心态，或当时的环境。好的印文，配以好的雕刻刀法，盖在字画上，使作品更添光彩。

整个古代棋类中的鼻祖——围棋

【概述】

围棋起源于中国古代，是一种策略性二人棋类游戏，使用格状棋盘及黑白二色棋子进行对弈。目前围棋流行于亚太，覆盖世界范围，是一种非常流行的棋类游戏。围棋，在我国古代称为弈，在整个古代棋类中可以说是棋之鼻祖，相传已有四千多年的历史。

【发展历史】

春秋、战国时期，围棋已在社会上广泛流传了。《左传·襄公二十五年》曾记载"宁氏要有灾祸了，弈者举棋不定，不胜其耦，而况置君而弗定乎？"用"举棋不定"这类围棋中的术语来比喻政治上的优柔寡断，说明围棋活动在当时社会上已经成为人们习见的事物。秦灭六国一统天下，有关围棋的活动鲜有记载。至东汉中晚期，围棋活动才又渐盛行，已初步具备现行围棋定制。南北朝时期由于玄学的兴起，导致文人学士以尚清谈为荣，因而弈风更盛，下围棋被称为"手谈"。隋时期19道棋盘成为主流。而随着隋帝国对外的政策，围棋被带到了朝鲜半岛，遣隋使把围棋带到了日本国。唐宋时期，可以视为围棋游艺在历史上发生的第二次重大变化时期。唐代"棋待诏"制度的实行，是中国围棋发展史上的一个新标志。所谓棋待诏，就是唐翰林院中专门陪同皇帝下棋的专业棋手。从唐代始，昌盛的围棋随着中外文化的交流，逐渐越出国门，日本遣唐使团将围棋带回并很快在日本流传。明清两代，棋艺水平得到了迅速的提高，形成了围棋流派。一些民间棋艺家编撰的围棋谱也大量涌现，如《适情录》、《石室仙机》、《三才图会棋谱》、《仙机武库》等。清初，已有一批名手，以过柏龄、盛大有、吴瑞澄诸为最。尤其是过柏龄所著《四子谱》二卷，变化明代旧谱之着法，详加推阐以尽其意，成为杰作。

【文化内涵】

围棋是汉民族传统文化中的瑰宝，它体现了汉民族对智慧的追求，古人常以"琴棋书画"论及一个人的才华和修养，其中的"棋"指的就是围棋。被人们形象地比喻为黑白世界的围棋，是我国古人所喜爱的娱乐竞技活动，同时也是人类历史上最悠久的一种棋戏。由于它将科学、艺术和竞技三者融为一体，有着发展智力、培养意志品质和机动灵活的战略战术思想意识的特点，因而，几千年来长盛不衰，并逐渐地发展成了一种国际性的文化竞技活动。

蕴含中华民族的道德修养——象棋

【概述】

象棋，又称中国象棋。在中国有着悠久的历史，属于二人对抗性游戏的一种，由于用具简单，趣味性强，成为流传极为广泛的棋艺活动。

【发展历史】

中国象棋具有悠久的历史。战国时期，已经有关于象棋的名称，但是指象牙作的六博棋子，如《楚辞·招魂》中有"蓖蔽象棋，有六簿些；曹并进，遒相迫些；成枭而牟，呼五白些。"《说苑》载：雍门子周以琴见孟尝君，说：

"足下千乘之君也……燕则斗象棋而舞郑女。"由此可见，远在战国时代，六博已在贵族阶层中流行开来了。秦汉时期，塞戏颇为盛行，当时又称塞戏为"格五"。至南北朝时期的北周朝代，武帝制《象经》，王褒写《象戏·序》，庾信写《象戏经赋》，标志着象棋形制第二次大改革的完成。隋唐时期，象棋活动稳步开展，史籍上屡见记载，其中最重要的是牛僧孺《玄怪录》中关于宝应元年（公元762年）岑顺梦见象棋的一段故事。经过近百年的实践，象棋于北宋末定型成近代模式：三十二枚棋子，黑、红棋各有将（帅）一个，车、马、炮、象（相）、士（仕）各两个，卒（兵）五个。南宋时期，象棋"家喻户晓"，成为流行极为广泛的棋艺活动。元明清时期，象棋继续在民间流行，技术水平不断得以提高，出现了多部总结性的理论专著，其中最为重要的有《梦入神机》、《金鹏十八变》、《橘中秘》、《适情雅趣》、《梅花谱》、《竹香斋象棋谱》等。杨慎、唐寅、郎英、罗颀、袁枚等文人学者都爱好下棋，大批著名棋手的涌现，显示了象棋受到社会各阶层民众喜爱的状况。

【文化内涵】

象棋是智慧的体现，是我们的"国粹"，一副象棋就可以体现一部兵法。有些传统是可以随着时间慢慢改进的，但象棋规则是古人给我们留下的最宝贵的财富，不单单是象棋本身的棋规，更重要的是当中蕴含着中华民族的仁、义、智、礼、信、忠，以及中国人对待事务的中正仁和。留给中国象棋一片净土，让我们还能感受到传统的中国象棋风，甚至通过棋谱能和古人对话。

"稀世珍宝"——曾侯乙编钟

【概述】

曾侯乙编钟为战国早期文物，1978年在湖北随县（今随州市）成功发掘。出土后的编钟是由65件青铜编钟组成的庞大乐器，其音域跨五个半八度，十二个半音齐备。它高超的铸造技术和良好的音乐性能，改写了世界音乐史，被中外专家、学者称之为"稀世珍宝"。

【编钟介绍】

在湖北省随州市出土的曾侯乙墓编钟共有65件，是迄今发现的最大、最完整的一套编钟，曾侯乙墓编钟铸造于两千五百年前的战国时代，它气势恢宏，总重量为两千五百多千克，加上横梁、立柱等构件，用铜量达五吨之多，这在世界乐器史上是绝无仅有的。更神奇的是，每一个编钟都能发出两个乐音，这两个音恰好是三度的关系。曾侯乙墓编钟的音域宽达五个半八度，而且十二个半音齐备，是世界上已知的最早具有十二个半音的乐器。

钟架为铜木结构，呈曲尺形。横梁木质，绘饰以漆，横梁两端有雕饰龙纹的青铜套。中下层横梁各有三个佩剑铜人，以头、手托顶梁架，中部还有铜柱加固。铜人着长袍，腰束带，神情肃穆，是青铜人像中难得的佳作。以之作为钟座，使编钟更显华贵。

编钟的发声原理大体是，编钟的钟体小，音调就高，音量也小；钟体大，音调就低，音量也大，所以铸造时的尺寸和形状，对编钟有重要的影响。有的编钟形体很大，高度超过 1.5 米，制造时需要用 136 块陶制的模子组合成一个铸模，灌注摄氏近 1000 度的铜水才能得到。从出土得编钟来看，它们不仅音调准确，而且纹饰极为精细，这说明商周时期对青铜模具的制造技术运用得极为熟练。

编钟在铸造时，除了考虑钟的美观，还要注意它的声学特点。青铜是一种合金，主要成分是铜，又加进了少量的锡和铅，各种金属成分的微妙的比例变化，对钟的声学性能、机械性能有重大的影响。青铜中锡含量的增加，能提高青铜的硬度。但含量过多，青铜就会变脆，不耐敲击。铜中加铅，可降低熔点，增加青铜熔铸时的流动性，还可以减弱因加锡导致的脆性，使所铸的钟耐击经用。但是，含铅量过高，钟的音色又会干涩无韵。而曾侯乙编钟里，铜、锡、铅的含量达到了最合理的比例，可见春秋战国时期，人们已经对合金成分与乐钟性能的关系有精确的认识，正因为如此，铸出的钟才音色优美、经久耐用。

曾侯乙编钟在一个钟上能敲出两个准确的乐音，这一现象一度使人感到惊奇和困惑。经声学检测发现编钟能发双音的机制在于它的合瓦形状。当敲击钟的正面时，侧面的振幅为零，敲击侧面时，正面的振幅为零。这样双音共存一体，又不会互相干扰。

【历史意义】

曾侯乙墓编钟的出土，使世界考古学界为之震惊，因为在两千多年前就有如此精美的乐器，如此恢宏的乐队，在世界文化史上是极为罕见的。曾侯乙墓编钟的铸成，表明我国青铜铸造工艺的巨大成就，更表明了我国古代音律科学的发达程度，它是我国古代人民高度智慧的结晶，也是我们"文明古国"的历史辉煌。